普通高等教育“十一五”国家级规划教材

测 量 学

第二版

武汉大学 杨正尧 主编

化学工业出版社
·北京·

本书依据高等学校土木工程专业教学指导委员会编制的测量学课程教学大纲的要求编写。全书共分十六章。在阐述测量基础知识、基础理论和基本测量方法的基础上，结合土木工程施工测量的特点，介绍了一般土木工程施工测量的内容和方法。教材中包括了多方面的基础知识以扩展视野、拓宽知识面，力求做到简明扼要，实用性强，有新意。反映现代测绘新技术、新仪器的应用。为满足教学的需要，在每章之后附有思考题与习题。

本书具有较宽的专业适应面，可作为高等院校土木工程专业本科测量学课程通用教材，也可用作其他非测绘工程专业测量学课程的教材，并可供广大工程技术人员阅读参考。

图书在版编目（CIP）数据

测量学/杨正尧主编．—2版．—北京：化学工业出版社，2009.6（2024.1重印）
普通高等教育“十一五”国家级规划教材
ISBN 978-7-122-05192-9

Ⅰ．测…　Ⅱ．杨…　Ⅲ．测量学-高等学校-教材
Ⅳ．P2

中国版本图书馆CIP数据核字（2009）第045092号

责任编辑：王文峡　　文字编辑：吴开亮
责任校对：宋　玮　　装帧设计：周　遥

出版发行：化学工业出版社（北京市东城区青年湖南街13号　邮政编码100011）
印　　装：北京印刷集团有限责任公司
787mm×1092mm　1/16　印张17½　字数437千字　　2024年1月北京第2版第8次印刷

购书咨询：010-64518888　　售后服务：010-64518899
网　　址：http://www.cip.com.cn
凡购买本书，如有缺损质量问题，本社销售中心负责调换。

定　　价：49.00元

前　言

本书是化学工业出版社2005年出版的《测量学》的再版。在第一版的基础上，对教材内容作了较多增删，部分内容进行了重新编写。

本书2008年通过评审为普通高等教育“十一五”国家级规划教材。为适应土木工程专业教学改革的需要，在基本保持第一版教材原有体系的基础上，本次修订对第一版中传统测量方法的部分内容作了适当的删减和修改，对存在的疏漏或不妥之处进行了更正，新增和重绘了一些插图。本书较多介绍了当前测绘新技术，并按照国家最新测量规范编写，力求做到概念清晰、简明易懂、适应面广、应用性强。

在第二版教材的修订中，根据测绘科技的发展，重写了以下内容：测绘学的任务和内容；电子水准仪的使用；电子测角原理；测绘新技术在施工测量中的应用；变形观测方法和自动化。简要介绍了以下内容：自动安平水准仪的检验；手持式激光测距仪；全自动陀螺经纬仪；地籍图测绘；盾构法施工测量。当前，全球定位系统GPS广泛应用于控制测量、地形测量、地籍测量、工程测量中，特别是利用高精度GPS实时动态定位技术RTK已很普遍，故本次修订重写了第七章第五节，介绍了GPS定位原理、GPS测量方法、GPS在控制测量中的应用。在第八章中增加了GPS RTK测图，在第十章中增加了GPS RTK法坐标放样。根据新的地形图图式，对第八章中相关内容进行了更新。按照新的工程测量规范，改写了第十章～第十五章中的有关内容。

本书由武汉大学杨正尧主编。编写分工如下：杨正尧编写第一章和第六章～第九章，广西大学陈伟清编写第二章～第四章，浙江大学陈丽华编写第十章～第十五章，武汉大学向东编写第五章和第十六章，全书由杨正尧执笔修改定稿。对编写中参考的有关书籍和资料的原作者，在此表示衷心的感谢！感谢化学工业出版社为本书再版所做的辛勤工作！

由于测绘科技和工程技术的迅速发展，尽管我们尽了最大努力完成修订工作，但限于编者水平，书中仍可能存在不足和不妥之处，敬请读者批评指正。

编者

2009年5月

第一版前言

本书是依据高等学校土木工程专业指导委员会编制的“测量学”课程教学大纲的要求组织编写的。本书为高等院校土木工程专业本科“测量学”课程通用教材，也可作为其它非测绘工程专业本科“测量学”课程的教材，并可供广大工程技术人员阅读参考。

教材建设是教学改革的重要环节之一。全面做好教材建设工作，是提高教学质量的重要保证。本教材结合我国当前高等教育改革和课程设置的实际情况编写，具有以下特点：

1. 当前正处于新老测绘技术的转换时期，在教材内容上正确处理现代测绘技术与传统测绘技术的关系。在介绍测绘新技术的同时，注意精选保留传统测绘技术的基本内容。教材内容精练，专业覆盖面广，能满足培养宽口径、复合型人才的需求。

2. 考虑到我国地区间经济发展的不平衡以及各高校之间的发展不平衡，本教材可满足教学需求多样性的要求。

3. 教材编写着眼于培养学生的学习能力，突出基础理论和基本概念，加强理论联系实际，每章后有思考题与习题。

4. 把握测绘科学技术发展与教学需要的关系，努力体现教育面向现代化、面向世界、面向未来的要求，着力提高学生的创新思维能力，使所编教材具备先进性与实用性。

本书共分十六章，参加本书编写工作的有：武汉大学杨正尧（编写第一、六、七、八、九章），浙江大学陈丽华（编写第十、十一、十二、十三、十四、十五章），广西大学陈伟清（编写第二、三、四章），武汉大学向东（编写第五、十六章）。全书由杨正尧主编并统稿。本书承武汉大学潘正风教授担任主审，在此深表谢意！对于本书中引用的有关文献资料的原作者表示诚挚的谢意！感谢化学工业出版社所做的辛勤工作！

由于编者水平有限，书中疏漏与不妥之处恳请使用本教材的教师和广大读者提出宝贵意见。

编　者

2005年4月

目　录

第一章 测量基础知识

第一节 测绘学的任务及作用

一、测绘学的内容和任务

测绘学是研究与地球有关的基础空间信息的采集、处理、显示、管理、利用的科学与技术，是地球科学的重要组成部分。

测绘学按照研究范围、研究对象及采用技术手段的不同，分为大地测量学、摄影测量与遥感学、地图制图学、工程测量学和海洋测绘学等分支学科。

1．大地测量学

大地测量学是研究和确定地球的形状、大小、重力场、整体与局部运动和地表面点的几何位置以及它们的变化的理论和技术的学科。

大地测量学是测绘学各分支学科的重要理论基础，基本任务是建立国家平面控制网、高程控制网和重力控制网，精确测定控制点的空间三维位置和相互位置关系，研究和确定地球形状大小、地球外部重力场及其变化、地球潮汐、板块运动与地壳形变及地震预报等问题，为国民经济建设和社会发展、国家安全以及地球科学和空间科学研究等提供大地测量基础设施、信息和技术支持。现代大地测量学包含三个基本分支：几何大地测量学、物理大地测量学和空间大地测量学。

2．摄影测量与遥感学

摄影测量与遥感学是研究利用摄影或遥感的手段获取目标物的影像数据，从中提取几何的或物理的信息，并用图形、图像和数字形式表达测绘成果的学科。

摄影测量最主要的摄影对象是地球表面，用来测绘国家各种基本比例尺的地形图，为各种地理信息系统与土地信息系统提供基础数据。摄影测量的发展经历了模拟、解析和数字摄影测量三个阶段。根据对地面获取影像位置的不同，摄影测量可分为航空摄影测量、航天摄影测量、地面（近景）摄影测量。航空摄影测量是根据在航空飞行器上利用航空摄影机对地摄取的影像获取地面信息，测绘地形图。航天摄影测量是根据在航天飞行器（卫星、航天飞机、宇宙飞船）中利用摄影机或其他遥感探测器（传感器）摄取的地球图像资料和有关数据获取地面信息，测绘地形图。当代遥感技术可以提供比光学摄影所获得的相片更为丰富的影像信息，它促进了航天测绘的发展。地面摄影测量是利用安置在地面上基线两端点处的专用摄影机拍摄的立体像对，对所摄目标物进行测绘的技术。地面摄影测量可用来测绘地形图，也可用于工程测量。一切用于非地形测量的摄影测量均称为近景摄影测量，可应用于工业、建筑、考古、医学测量等。

3．地图制图学（地图学）

地图制图学是研究模拟地图和数字地图的基础理论、地图设计、地图编制和复制的技术方法以及应用的学科。地图制图学的内容一般包括：地图投影、地图编制、地图设计、地图制印和地图应用。

地图的基本任务是以缩小的图形来表示客观世界。地图是测绘工作的重要产品。计算机地图制图技术的发展实现了地图产品从模拟地图转向数字地图，使得地图手工生产为数字化地图生产所取代，提高了生产效率和地图制作质量。地图有纸质地图和电子地图等形式。纸质地图是由空间数据库中提取数据制作的国家基本比例尺地形图和各种专题地图、地图集；电子地图是空间数据最主要的一种可视化形式，它是以数字地图为基础，利用数字地图制图技术而形成的地图新品种，通常显示在屏幕上。此外，利用空间信息可视化技术，可实现三维仿真地图和虚拟环境。利用遥感技术获得的影像数据可编制卫星影像地图。

4．工程测量学

工程测量学是研究在工程建设和自然资源开发中各个阶段进行的控制测量、地形测绘、施工放样、设备安装、变形监测及分析与预报等的理论和技术的学科。它是测绘学在国民经济建设和国防建设中的直接应用。

一般来说，工程建设分为规划设计、施工建设和运营管理三个阶段。工程测量学的主要任务是为各种工程建设提供测绘保障，满足工程所提出的各种要求。工程测量学的研究应用领域主要包括以工程建筑为对象的工程测量和以机器、设备为对象的工业测量两大部分。在技术方法上可划分为普通工程测量和精密工程测量。

工程测量学按其研究对象可分为：土木工程测量、水利工程测量、矿山测量、军事工程测量以及精密工程测量、三维工业测量等。

5．海洋测绘学

海洋测绘学是研究以海洋水体和海底为对象所进行的测量和海图编制的理论和方法的学科。

海洋测绘的任务是对海洋及其邻近陆地和江河湖泊进行测量和调查，获取海洋基础地理信息，编制各种海图和航海资料，为航海、国防建设、海洋开发和海洋研究服务。海洋测绘的主要内容有：海洋大地测量、水深测量、海洋工程测量、海底地形测量、障碍物探测、水文要素调查、海洋重力测量、海洋磁力测量、海洋专题测量和海区资料调查，以及各种海图、海图集、海洋资料的编制，海洋地理信息的分析、处理和应用。

测量学是我国测绘工程专业及其他相关专业开设的一门专业技术基础课。在地球表面一个小区域内进行测绘工作时，可以把这块球面看作平面而不顾及地球曲率的影响。测量学研究地球表面局部地区内测绘工作的基本理论、技术、方法和应用。测量学课程的主要内容包括测量基本工作、地形图测绘和地形图的应用，属于普通测量学（亦称地形测量学）的范畴。

二、测绘学的发展概况

测绘学是一门历史悠久的学科，远溯到世界上古时代，我国古代夏禹治水，以及古埃及尼罗河泛滥后农田边界再划分中，就已使用简单的测量工具和方法。

我国历史悠久，测量在我国很早已得到发展。公元前7世纪前后，春秋时期，管仲在所著《管子》一书中已收集了早期的地图27幅。公元前5世纪～公元前3世纪，战国时期，我国就有用磁石制成的世界上最早的定向工具“司南”。公元前130年，西汉初期的《地形图》及《驻军图》于1973年从长沙马王堆三号汉墓中出土，为目前所发现我国最早的地图。公元前350年左右甘德和石申合编了世界第一个星表，即《甘石星表》。东汉张衡（78—139年）发明了“浑天仪”和“地动仪”，这是世界上最早的天球仪和地震仪。公元3～4世纪魏晋时期的刘徽所著《海岛算经》，论述了有关测量和计算海岛距离和高度的方法。西晋裴秀（224—271年）提出了绘制地图的六条原则，即《制图六体》，这是世界上最早的制图规范，他绘制了《禹贡地域图》18幅，缩编《天下大图》为《地形方丈图》。唐代贾耽（730—805年）根据《制图六体》理论编绘《海内华夷图》。公元9世纪李吉甫的《元和群县图志》为我国古代最完善的全国地图。世界上最早的实地子午圈弧度测量是在公元724年，在唐代高僧一行（673—727年，俗名张遂）主持下，丈量了自河南滑县到上蔡间的子午线弧长（约300km），用圭表测定日影长度，并用"复矩"测量北极高度，从而推算出纬度为1°的子午圈弧长。北宋沈括（1031—1095年）在他的《梦溪笔谈》中记载了磁偏角现象，他曾在1076～1087年间绘制《天下州县图》。1072～1074年间沈括创造使用分层筑堰法，用水平尺和罗盘进行地形测量，并制作了立体地形模型，称为"木图"，比欧洲最早的地形模型早700多年。元代郭守敬（1231—1316年）在全国进行了大规模的纬度测量，共实测了27个点。18世纪初（清康熙二十三年），开始了全国测图工作，1708～1718年间完成了《皇舆全览图》，在此基础上于1761年（清乾隆二十六年）又编成《大清一统舆图》。

17世纪初，测绘科学在欧洲得到较大发展。1608年荷兰人汉斯发明了望远镜，随后被应用到测量仪器上，这是测绘科学发展史上一次较大的变革。1617年荷兰人斯涅耳（W·Snell）首创三角测量法。1735～1744年间，法国科学院在南美洲的秘鲁和北欧的拉普兰进行了弧度测量，证实了地球是两极略扁的椭球体。1806年和1809年，法国的勒让德（A·M·Legendre）和德国的高斯（C·F·Gauss）分别提出了最小二乘法理论，为测量平差奠定了基础。1903年飞机的出现和摄影测量理论的发展，促进了航空摄影测量学的发展，使测绘地形图由野外向室内转移、由手工作业方式向自动化方式转移，又一次给测绘科学带来了巨大的变革。

20世纪50年代起，新的科学技术如电子学、信息论、激光技术、电子计算机和空间科学技术等迅速发展，它们又推动了测绘科学技术的飞跃发展。1947年研究利用光波进行测距到20世纪60年代中期激光测距仪的问世，测距工作发生了根本性的变革。20世纪40年代自动安平水准仪的问世，标志着水准测量自动化的开端。1990年电子水准仪的诞生，实现了水准测量的自动记录，自动传输、存储和数据处理。1968年生产出电子经纬仪，此后电子速测仪（全站仪）、自动全站仪（测量机器人）的问世，实现了观测、记录自动化，测量内外业的一体化。

1957年前苏联第一颗人造地球卫星上天后，测绘学科有了新的发展，出现了新的学科分支——卫星大地测量。20世纪80年代，全球定位系统（GPS）问世，由于GPS以全天候、高精度、自动化、高效益等显著优点，并具有定位、导航、测速和定时等功能而被广泛应用于大地测量、工程测量、摄影测量、海洋测绘、运载工具导航和管制、地壳运动监测、工程变形监测、地球动力学、资源勘察等多学科领域，从而使整个测绘科学技术的发展产生了深刻的变革。

20世纪50年代末，摄影测量由模拟法向解析法过渡；20世纪80年代末进入到信息时代，解析法摄影测量发展为数字摄影测量。数字摄影测量的发展还导致实时摄影测量的问世，在车载、机载或星载系统中，利用GPS定位技术和CCD摄像技术可以实时地直接为GIS采集所需的数据和信息。20世纪70年代，遥感技术在国民经济建设中获得了极为广泛的应用，可为国家基础测绘、资源勘察、环境监测和灾害监测及预报提供丰富的影像信息。摄影测量发展成为摄影测量与遥感。

中华人民共和国成立后，我国测绘事业进入了一个崭新的发展阶段。1956年成立了国家测绘总局（1982年改称国家测绘局），建立了测绘研究机构，组建了专门培养测绘人才的院校，并培养了大批测绘科技人才，配合国民经济建设进行了大量的测绘工作，建立了遍及全国的天文大地网、国家水准网和国家重力基本网，完成了国家大地网和水准网的整体平差、国家基本图的测绘工作，建立了我国“1980 西安坐标系统”和“1985 国家高程基准”。中国国家 A 级和 B 级 GPS 大地控制网分别于 1996 年和 1997 年建成并先后交付使用，2003 年又完成了 2000 国家 GPS 网的计算。在测绘仪器制造方面，从无到有，不仅能生产常规光学测量仪器，还能生产电磁波测距仪、卫星激光测距仪、电子经纬仪、全站仪、GPS 接收机和数字摄影测量系统等先进仪器设备。

近十几年来，随着空间技术、计算机技术、通信技术和地理信息技术的发展，使测绘学的理论基础、工程技术体系和研究领域发生了深刻的变化。全球定位系统（GPS）、遥感系统（RS）、地理信息系统（GIS）技术已成为当前测绘工作的核心技术。由“3S”技术（GPS、RS、GIS）支撑的测绘科学技术在信息采集、数据处理和成果应用等方面正步入数字化、网络化、智能化、实时化和可视化的新阶段。测绘领域早已从陆地扩展到海洋、空间，由地球表面延伸到地球内部；测绘技术体系从模拟转向数字、从地面转向空间、从静态转向动态，并进一步向网络化和智能化方向发展；测绘成果已从三维发展到四维、从静态到动态。测绘学已经成为研究对地球和其他实体的与空间分布有关的信息进行采集、量测、分析、显示、管理和利用的一门科学技术。它的服务对象和范围已扩大到国民经济和国防建设中与地理空间信息有关的各个领域。现代测绘学正向着近年来新兴的一门学科——地球空间信息学（Geo-Spatial Information Science，简称 Geomatics）跨越和融合。

三、测绘科学技术的地位和作用

测绘科学技术的应用范围非常广阔，测绘科学技术在国民经济建设、国防建设以及科学研究等领域，都占有重要的地位，对国家的可持续发展发挥着越来越重要的作用。

在国民经济建设方面，测绘信息是国民经济和社会发展规划中最重要的基础信息之一。测绘工作为国土资源开发利用，工程设计和施工，城市建设、工业、农业、交通、水利、林业、通信、地矿等部门的规划和管理提供地形图和测绘资料。土地利用和土壤改良、地籍管理、环境保护、旅游开发等都需要测绘工作，应用测绘工作成果。

在国防建设方面，测绘工作为打赢现代化战争提供测绘保障。各种国防工程的规划、设计和施工需要测绘工作。战略部署、战役指挥离不开地形图。现代测绘科学技术对保障远程导弹、人造卫星或航天器的发射及精确入轨起着非常重要的作用。现代军事科学技术与现代测绘科学技术已经紧密结合在一起。

在科学研究方面，诸如航天技术、地壳形变、地震预报、气象预报、滑坡监测、灾害预测和防治、环境保护、资源调查以及其他科学研究中，都要应用测绘科学技术，需要测绘工作的配合。地理信息系统（GIS）、数字城市、数字中国、数字地球的建设，都需要现代测绘科学技术提供基础数据信息。

四、学习测量学的目的和要求

本书主要介绍普通测量学中的测量基本工作、地形图测绘及地形图应用和工程测量学中有关施工测量的基本内容。对于土木工程专业的学生，学习本书时应掌握下列基本内容。

① 测量的基本知识、基本理论和处理测量数据的基本理论和方法，具有使用常规测量仪器的操作技能。

② 地形图测绘——基本掌握测绘大比例尺地形图的原理和方法。

③ 地形图应用——在工程规划、设计和施工中，能正确使用地形图和从地形图上获取所需的信息并进行地形分析等。

④ 施工放样——掌握施工测设最基本的测量方法，能正确使用测量仪器进行一般工程的施工放样工作。

⑤ 变形观测——监测建筑物或构筑物的倾斜、水平位移和垂直沉降等，以便采取措施，保证建筑物的安全。

⑥ 竣工测量——为了工程验收和今后的运营管理，测绘竣工图。

第二节　地球形状和大小

一、大地水准面

测量学的主要研究对象是地球的自然表面，但地球表面极不规则，有高山、丘陵、平原、河流、湖泊和海洋。世界第一高峰珠穆朗玛峰海拔 8844.43m，而世界海洋最深处位于太平洋西部的马里亚纳海沟裴查兹（Vitiaz）海渊，深达 11034m。两者高差近 20000m，约为地球半径的 3/1000，只能算是极其微小的高低起伏。地球形状是极其复杂的，地球表面海陆分布极不平衡，海洋面积约占地球总面积的 71%，陆地面积约占 29%。因此，可以把由静止的海水面向陆地延伸并围绕整个地球所形成的一个连续封闭曲面所包围的形体近似地看作是地球的形状。

地球表面任一质点都同时受到两个作用力：其一是地球自转产生的惯性离心力（简称离心力）；其二是整个地球质量产生的引力。这两种力的合力称为重力。引力方向指向地球质心；从物理学可知，离心力的方向垂直于地球自转轴向外；重力方向则是两者合力的方向，即铅垂线方向（亦称垂线方向），如图 1-1 所示。在地面上任一点，用细绳悬挂一个垂球，其静止时细线所指示的方向即为该点的铅垂线方向。

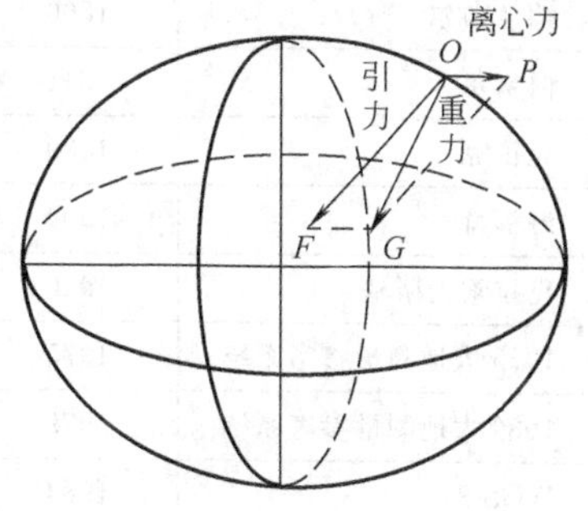

图 1-1　引力、惯性离心力和重力

处于静止状态的水面称为水准面。由物理学知道，这个面是一个重力等位面，水准面是一个处处与铅垂线正交的面。在地球表面重力的作用空间，通过任何高度的点都有一个水准面，因而水准面有无数个。其中，把一个假想的、与静止的平均海水面重合并向陆地延伸且包围整个地球的特定重力等位面称为大地水准面。

大地水准面和铅垂线是测量外业所依据的基准面和基准线。

二、参考椭球体

由于地球引力的大小与地球内部的质量有关，而地球内部的质量分布又不均匀，致使地面上各点的铅垂线方向产生不规则的变化，因而大地水准面实际上是一个略有起伏的不规则曲面，不能用简单的数学公式来表示，如图 1-2 所示。

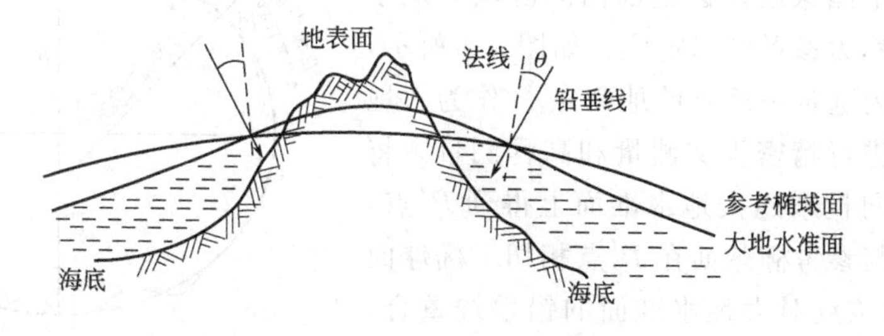

图 1-2　大地水准面

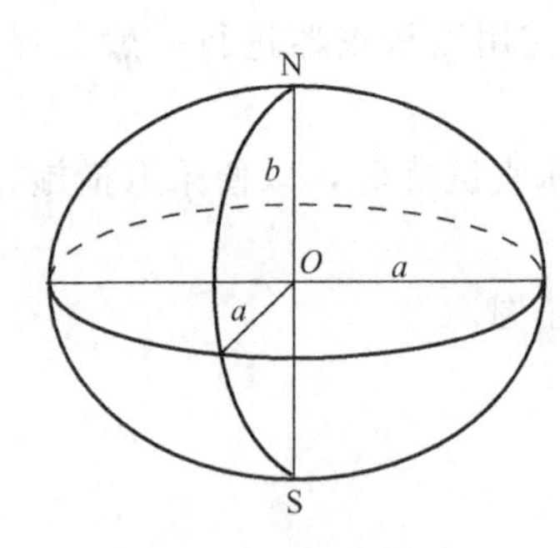

图 1-3 旋转椭球体

经过长期测量实践研究表明，地球形状近似于一个两极稍扁的旋转椭球，即一个椭圆绕其短轴旋转而成的形体。旋转椭球面可以用数学公式准确地表达，因此在测量工作中用这样一个规则的曲面代替大地水准面作为测量计算的基准面，如图1-3所示。

代表地球形状和大小的旋转椭球，称为“地球椭球”。与全球大地水准面最密合的地球椭球称为总地球椭球；与某个区域大地水准面（如国家大地水准面）最为接近的椭球称为参考椭球，其椭球面称为参考椭球面。由此可见，参考椭球有许多个，而总地球椭球只有一个。

在几何大地测量中，椭球的形状和大小通常用长半轴 a 和扁率 f（或短半轴 b）来表示。

$$f=\frac{a-b}{a}$$

几个世纪以来，许多学者曾分别测算出参考椭球体的参数值，表1-1为几次有代表性的测算成果。

表 1-1 地球椭球几何参数

椭球名称	年代	长半轴 a/m	扁率 f	备注
德兰布尔	1800	6375653	1∶334.0	法国
白塞尔	1841	6377397.155	1∶299.1528128	德国
克拉克	1880	6378249	1∶293.459	英国
海福特	1909	6378388	1∶297.0	美国
克拉索夫斯基	1940	6378245	1∶298.3	前苏联
1975 大地测量参考系统	1975	6378140	1∶298.257	IUGG 第 16 届大会推荐值
1980 大地测量参考系统	1979	6378137	1∶298.257222101	IUGG 第 17 届大会推荐值
WGS-84	1984	6378137	1∶298.257223563	美国国防部制图局(DMA)

注：IUGG——国际大地测量与地球物理联合会（International Union of Geodesy and Geophysics）。

由于参考椭球体的扁率很小，当测区面积不大时，在普通测量中可把地球近似地看作圆球体，其半径为

$$R=\frac{1}{3}(a+a+b)\approx 6371\text{km}$$

三、参考椭球定位

确定参考椭球面与大地水准面的相关位置，使参考椭球面与一个国家或地区范围内的区域大地水准面最佳拟合，称为参考椭球定位。如图1-4所示，在一个国家领域内选定一适宜的地面点 P 作为大地原点，并在该点进行精密天文测量和高程测量。将 P 点沿铅垂线方向投影到大地水准面上得到 P' 点，设想大地水准面与参考椭球面在 P' 点相切，椭球面上 P' 点的法线与该点对大地水准面的铅垂线重合，令椭球短轴与地球自转轴平行，其赤道面与地球赤

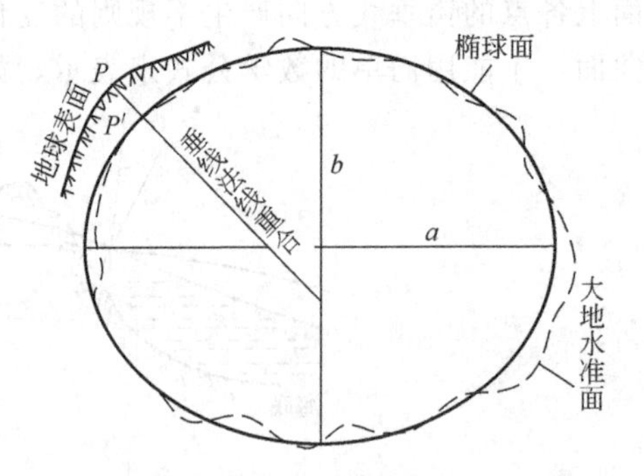

图 1-4 参考椭球体的定位

道面平行。这种定位方法称为单点定位法。

在领土辽阔的国家，在国家大地控制网布设到了一定阶段，掌握了一定数量的天文大地测量和重力测量数据后，就可利用天文大地网中许多点的观测成果和已有的椭球参数进行椭球定位，这种方法称为多点定位法。多点定位的结果使在大地原点处椭球的法线方向不再与铅垂线方向重合，椭球面与大地水准面不再相切。但在定位中所利用的天文大地网的范围内，椭球面与大地水准面有最佳的密合。

1949 年以后，我国采用了两种不同的大地坐标系，即 1954 北京坐标系和 1980 西安坐标系。

1954 年，由于缺乏天文大地网观测资料，我国暂时采用了克拉索夫斯基椭球参数（见表 1-1），并与前苏联 1942 年普尔科沃坐标系进行联测，通过计算建立了我国大地坐标系统，定名为 1954 北京坐标系。1954 北京坐标系可以认为是前苏联 1942 年普尔科沃坐标系在我国的延伸。它的大地原点位于前苏联的普尔科沃天文台。

为了适应我国大地测量发展的需要，我国在 1972～1982 年期间进行天文大地网平差时，针对 1954 北京坐标系采用的椭球参数不够精确、椭球面普遍低于我国大地水准面等缺点，建立了新的大地坐标系，定名为 1980 西安坐标系。在新的大地基准中，椭球参数采用 1975 年国际大地测量与地球物理联合会第 16 届大会的推荐值（见表 1-1），应用多点定位法定位；大地原点地处我国中部，位于陕西省西安市以北 60km 处的泾阳县永乐镇北洪流村，称为西安大地原点。该坐标系建立后，实施了全国天文大地网平差，平差后提供的大地点成果属于 1980 西安坐标系，它与原 1954 北京坐标系的成果是不同的，使用时必须注意所用成果相应的坐标系统。

第三节　测量坐标系

为了确定地面点的空间位置，需要建立坐标系。大地测量坐标系统是一种固定在地球上，随地球一起转动的非惯性坐标系统。根据其原点位置不同，分为地心坐标系统和参心坐标系统。前者的原点与地球质心重合，后者的原点与参考椭球中心重合。

一个点在空间的位置需要三个坐标量来表示。在一般测量工作中，常将地面点的空间位置用大地经度、大地纬度（或高斯平面直角坐标）和高程表示，它们分别从属于大地坐标系（或高斯平面直角坐标系）和指定的高程系统，即是用一个二维坐标系（椭球面或平面）和一个一维坐标系（高程）的组合来表示。在卫星大地测量中，采用三维的空间直角坐标系。

在各种坐标系之间，地面上同一点的坐标均可进行坐标换算。

一、大地坐标系

地面上一点的空间位置可用大地坐标（B，L，H）表示。大地坐标系是以地球椭球面作为基准面，以起始子午面和赤道面作为在椭球面上确定某一点投影位置的两个参考面。

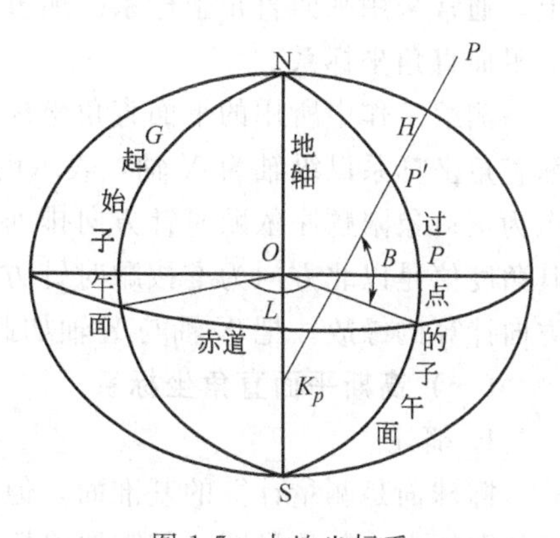

图 1-5　大地坐标系

图 1-5 中所示，过地面点 P 的子午面与起始子午面之间的夹角，称为该点的大地经度，用 L 表示。规定从起始子午面起算，向东为正，由 $0°$～$180°$称为东

经；向西为负，由 0°～180°称为西经。

过地面点 P 的地球椭球面的法线与赤道面的夹角称为该点的大地纬度，用 B 表示。规定从赤道面起算，向北为正，由 0°～90°称为北纬；向南为负，由 0°～90°称为南纬。

P 点沿法线至地球椭球面的距离，称为大地高，用 H 表示。从椭球面起算，向外为正，向内为负。

二、空间直角坐标系

空间直角坐标系原点位于地球椭球的中心 O，Z 轴指向地球椭球的北极，X 轴指向起始子午面与赤道的交点，Y 轴位于赤道面上，且按右手坐标系与 X 轴正交。P 点在空间中的坐标可用该点在此坐标系的三个坐标轴上的投影 x，y，z 表示，如图 1-6 所示。

地面上同一点的大地坐标和空间直角坐标之间可以进行坐标转换。

三、WGS-84 坐标系

WGS-84（World Geodetic System-84）世界大地坐标系是全球定位系统（GPS）采用的坐标系，属地心空间直角坐标系。WGS-84 大地坐标系的几何定义是：原点位于地球质心；Z 轴指向国际时间局 BIH 1984.0 定义的协议地球极（CTP）方向；X 轴指向 BIH 1984.0 的零子午面和 CTP 赤道的交点；Y 轴与 Z、X 轴构成右手坐标系，如图 1-7 所示。对应于 WGS-84 大地坐标系有一个 WGS-84 椭球，该椭球参数见表 1-1。

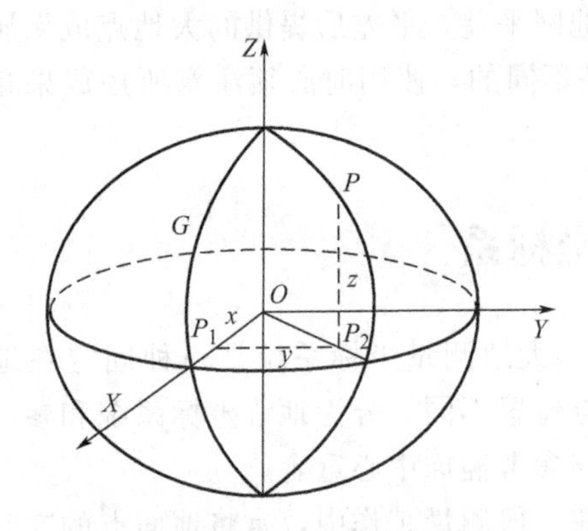

图 1-6 空间直角坐标系

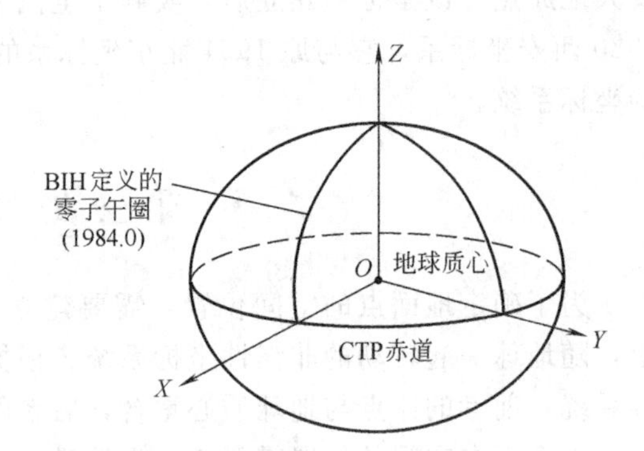

图 1-7 WGS-84 世界大地坐标系

四、平面直角坐标系

由于工程建设规划、设计是在平面上进行的，需要将点的位置和地面图形表示在平面上，通常采用平面直角坐标系。测量中常用的平面直角坐标系有：高斯平面直角坐标系和独立平面直角坐标系。

测绘工作中所用的平面直角坐标系与数学上的笛卡儿平面直角坐标系有所不同，测量平面直角坐标系以纵轴为 X 轴，表示南北方向，向北为正；横轴为 Y 轴，表示东西方向，向东为正；象限顺序依顺时针方向排列（图 1-8）。这是由于测绘工作中以极坐标表示点位时，其角度值是以北方向为准按顺时针方向计算，而笛卡儿坐标系是从横轴 X 东端起按逆时针方向计算的缘故。把 X 轴与 Y 轴如此互换后，全部平面三角公式均可直接用于测绘计算中。

（一）高斯平面直角坐标系

1. 概述

椭球面是测量计算的基准面，但是在它上面进行各种计算是相当复杂和烦琐的。若要在平面图纸上绘制地形图，就需要将椭球面上的图形转绘到平面上。另外，使用大地坐标对于

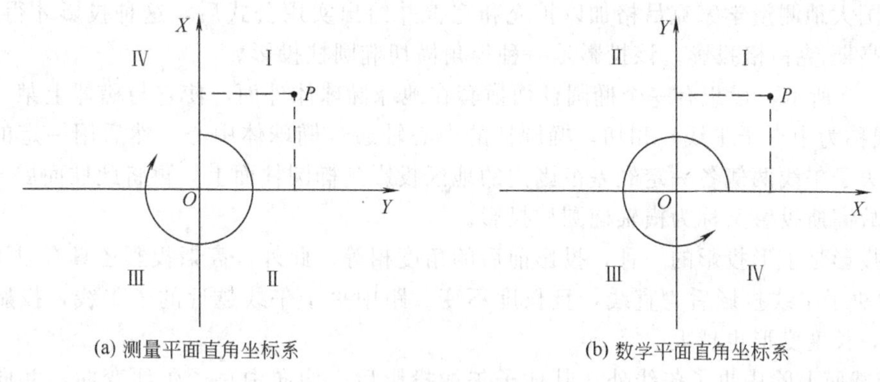

(a) 测量平面直角坐标系　　(b) 数学平面直角坐标系

图 1-8　两种平面直角坐标系

工程建设中的经常性的大比例尺测图控制网和工程建设控制网的建立和应用也很不方便。因此，为了便于测量计算和生产实践，需要将椭球面上的元素换算到平面上，这样就可以在平面直角坐标系中采用简单公式计算平面坐标了。将球面上点的位置或图形转换到平面上，就要采用地图投影方法。

地图投影，简称为投影，简略说来就是将椭球面上各元素（包括坐标、方向和长度）按一定的数学法则投影到平面上。这里所说的一定的数学法则可用两个方程式表示

$$\left.\begin{aligned} x&=F_1(L,B)\\ y&=F_2(L,B) \end{aligned}\right\} \tag{1-1}$$

式中，L、B 为椭球面上某点的大地坐标；x、y 为该点投影在投影平面上的平面直角坐标。

椭球面是一个凸起的、不可展平的曲面。如果将这个曲面上的元素，比如一段距离、一个角度、一个图形投影到平面上，就会和原来的距离、角度、图形呈现差异，这一差异称为投影变形。

地图投影必然产生变形。投影变形一般分为角度变形、长度变形和面积变形三种。在地图投影时，尽管变形是不可避免的，但是人们可以根据需要来掌握和控制它。选择适宜的投影方法，可以使某一种变形为零，也可以使全部变形都减小到某一适当程度。因此，在地图投影中产生了许多种投影法。

对于测绘各种比例尺地形图而言，对地图投影提出了以下要求。

应当采用等角投影（又称为正形投影）。正形投影有两个基本条件：一是保角性，即投影后角度大小不变；二是伸长的固定性，长度投影后会产生变形，但是任一点在所有方向上的微分线段投影前后长度之比——称为长度比，为一常数。采用等角投影可以保证在有限的范围内使得地图上图形同椭球上原形保持相似，在测量工作中可免除大量投影计算工作，这给识图用图将带来很大便利。

在所采用的正形投影中，还要求长度和面积变形不大。因此，为了测量目的的地图投影应该限制在不大的投影范围内，从而控制变形。测量上往往是将大的区域按一定规律分成若干小区域（或带）。这就要求投影能很方便地分带进行，并能按高精度的、简单的、同样的计算公式把各带连成整体。

2. 高斯-克吕格投影

高斯投影完全能满足测绘地形图的要求，高斯投影是德国数学家、物理学家、天文学家高斯于 1820～1830 年间，在对德国汉诺威地区三角测量成果进行数据处理时提出的。1912

年，经德国大地测量学家克吕格加以扩充和完善并给出实用公式后，这种投影才得到推广，所以又称高斯-克吕格投影。该投影是一种等角横切椭圆柱投影。

如图 1-9 所示，设想有一个椭圆柱面横套在地球椭球体外面，使它与椭球上某一子午线（该子午线称为中央子午线）相切，椭圆柱的中心轴通过椭球体中心。然后用一定的投影方法，将中央子午线两侧各一定经差范围内的地区投影到椭圆柱面上，再将此柱面展开即成为投影面。故高斯投影又称为横轴椭圆柱投影。

高斯投影是正形投影的一种，投影前后的角度相等。此外，高斯投影还具有以下特点。

① 中央子午线投影后为直线，且长度不变。距中央子午线越远的子午线，投影后变曲程度越大，长度变形也越大。

② 椭球面上除中央子午线外，其他子午线投影后，均向中央子午线弯曲，并向两极收敛，对称于中央子午线和赤道。

③ 在椭球面上对称于赤道的纬圈，投影后仍成为对称的曲线，并与子午线的投影曲线互相垂直且凹向两极。

我国从 1952 年开始正式采用高斯-克吕格投影。作为我国 1∶50 万及更大比例尺的国家基本地形图的数学基础。

3. 高斯平面直角坐标系

根据高斯-克吕格投影建立起来的平面直角坐标系称高斯平面直角坐标系。在投影面上，中央子午线和赤道的投影都是直线。以中央子午线和赤道的交点 O 作为坐标原点；以中央子午线的投影为纵坐标轴 X，规定 X 轴向北为正；以赤道的投影为横坐标轴 Y，Y 轴向东为正。这样便形成了高斯平面直角坐标系，如图 1-10 所示。高斯平面直角坐标系与大地坐标系之间的坐标换算可应用高斯投影坐标计算公式。

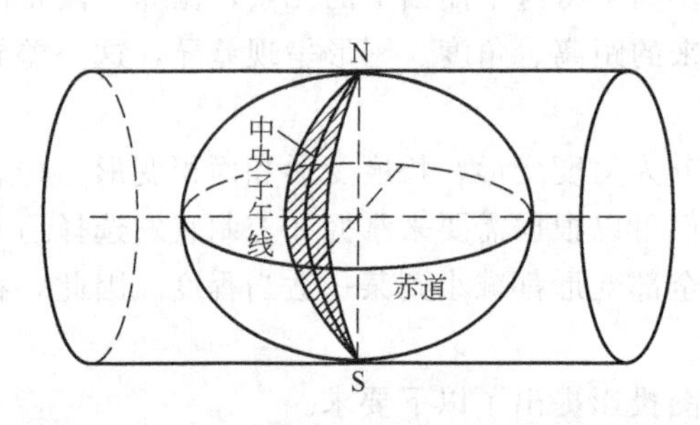

图 1-9 高斯投影

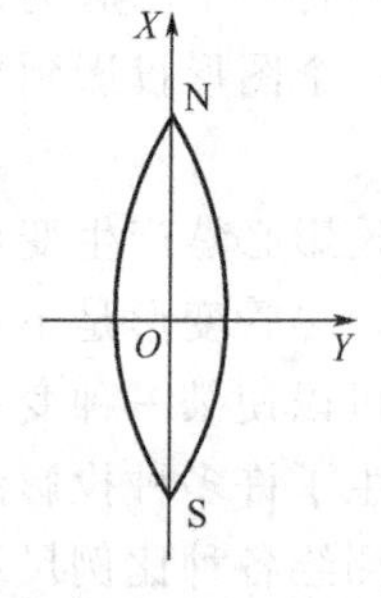

图 1-10 高斯平面直角坐标系

4. 投影带

在高斯投影中，除中央子午线上没有长度变形外，其他所有长度都会发生变形，且变形大小与横坐标 y 的平方成正比，即距中央子午线愈远，长度变形愈大。为了控制长度变形，将地球椭球面按一定的经度差分成若干范围不大的带，称为投影带。我国规定按经差 6°和经差 3°进行投影分带，分别称为 6°带、3°带，如图 1-11 所示。各带分别进行投影，为此各带均有自己的坐标轴和原点，形成各自独立的坐标系。

6°带：从 0°子午线起，每隔经差 6°自西向东分带，依次编号 1，2，3，…，60，每带中间的子午线称为轴子午线或中央子午线，各带相邻子午线叫分界子午线。我国领土跨 11 个 6°投影带，即第 13 带～第 23 带。带号 N 与相应的中央子午线经度 L_0 的关系是

$$L_0 = 6^\circ N - 3^\circ \tag{1-2}$$

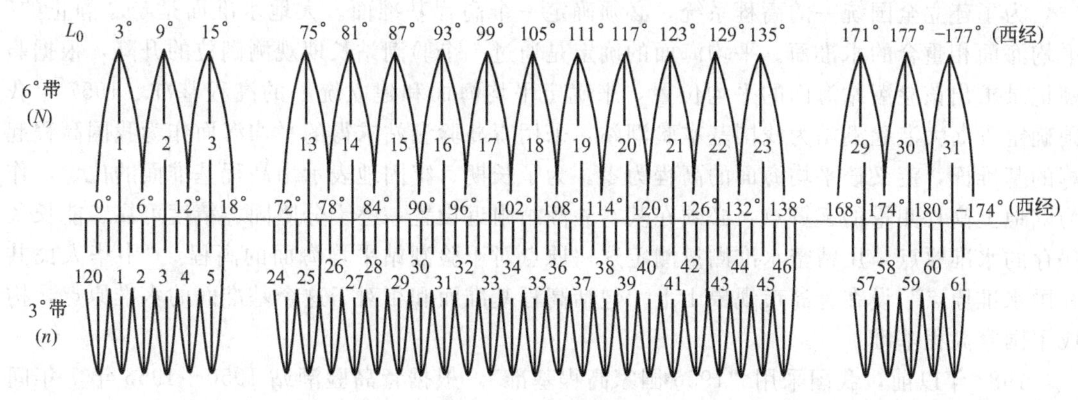

图 1-11 6°带与 3°带

3°带：以 6°带的中央子午线和分界子午线为其中央子午线。即自东经 1.5°子午线起，每隔经差 3°自西向东分带，依次编号 1，2，3，…，120。我国领土跨 22 个 3°投影带，即第 24 带～第 45 带。带号 n 与相应的中央子午线经度 l_0 的关系是

$$l_0 = 3^\circ n \tag{1-3}$$

我国规定：对于小于 1∶1 万比例尺的地形图采用 6°带投影，大于或等于 1∶1 万比例尺的地形图采用 3°带投影。

5. 国家统一坐标

我国位于北半球，在高斯平面直角坐标系内，X 坐标均为正值，而 Y 坐标值有正有负。Y 坐标的最大值（在赤道上）约为 330km，为避免 Y 坐标出现负值，规定将 X 坐标轴向西平移 500km，即所有点的 Y 坐标值均加上 500km，如图 1-12 所示。此外为便于区别某点位于哪一个投影带内，还应在横坐标值前冠以投影带带号。这种坐标称为国家统一坐标。

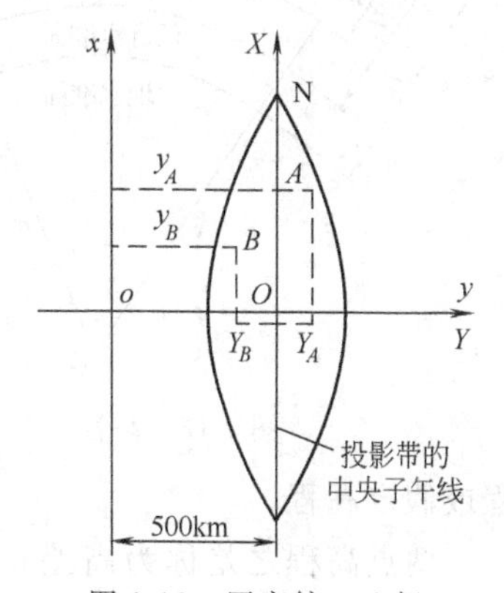

图 1-12 国家统一坐标

例如，P 点的坐标 X_P = 3275611.188m，Y_P = −276543.211m，若该点位于第 19 带内，则 P 点的国家统一坐标表示为

x_P=3275611.188m，y_P=19223456.789m

（二）独立平面直角坐标系

当测区范围较小时（如小于 100km²），常把球面看作平面建立独立平面直角坐标系。这样，地面点在投影面上的位置就可以用平面直角坐标来确定。建立独立坐标系时，坐标原点有时是假设的，假设的原点位置应使测区内各点的 X、Y 值为正。

在建筑工程中，为建筑物施工放样而设立的建筑坐标系（施工坐标系）便是一种独立平面直角坐标系。建筑坐标系与测量坐标系之间的坐标换算将在第十二章第二节建筑施工控制测量中阐述。

五、高程

地面点到高度起算面的垂直距离称为高程。高度起算面又称高程基准面。选用不同性质的面作高程基准面可定义不同的高程系统。通常，是以大地水准面作为高程基准面。某点沿铅垂线方向到大地水准面的距离称为该点的绝对高程或海拔高程，简称高程或海拔，用 H 表示。

为了建立全国统一的高程系统，必须确定一个高程基准面。大地水准面是与“静止的”平均海面相重合的水准面。平均海面的确定是通过一个验潮站长期观测潮位的升降，根据验潮记录求出该验潮站海面的平均位置，来确定平均海面和建立统一的高程基准。1957 年我国确定青岛大港验潮站为我国基本验潮站，采用青岛验潮站求得的平均海面作为我国高程起算的基准面，定义该平均海面的高程为零。为了长期、牢固地表示出高程基准面的位置，作为陆地上高程测量的起算点，必须在基本验潮站附近设置一座十分坚固、精度可靠、能长久保存的水准原点，用精密水准测量测定这一原点对于验潮站平均海面的高程。“中华人民共和国水准原点”设在青岛市观象山上。包括高程基准面和相对于这个基准面的水准原点，构成了国家高程基准。

1987 年以前，我国采用“1956 国家高程基准”，根据青岛验潮站 1950～1956 年 7 年间的潮汐资料推算的平均海面命名为“1956 黄海平均海面”，作为我国的高程基准面；由 1956 年黄海平均海面起算的我国水准原点高程为 72.289m。

1988 年 1 月 1 日起，我国正式启用“1985 国家高程基准”。它采用了青岛验潮站1952～1979 年期间的验潮结果计算了 10 组以 19 年为一个周期（潮汐变化的一个周期一般为 18.61 年）的平均海面，再取其平均值作为黄海平均海面，确定了新的国家高程基准面。由“1985 黄海平均海面”起算的我国水准原点高程为 72. 260m。

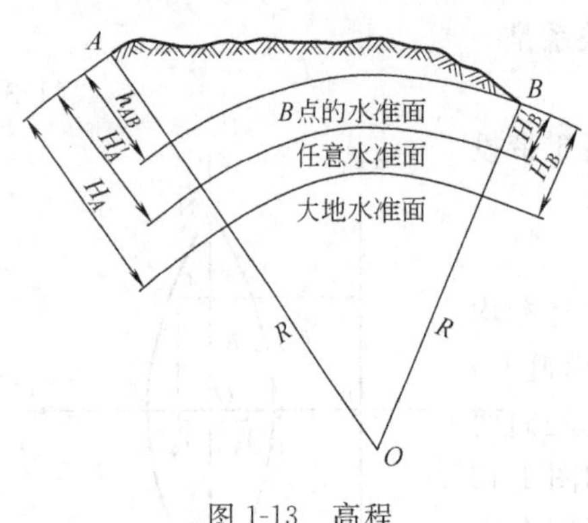

图 1-13　高程

“1985 国家高程基准”的平均海面比“1956 国家高程基准”的平均海面高 0.029m。

在局部地区，如果引用绝对高程有困难时，可采用假定高程系统。即假定一个水准面作为高程基准面，地面点至假定水准面的铅垂距离称为相对高程或假定高程。

两点高程之差称为高差。如图 1-13 中所示，H_A、H_B 为 A、B 点的绝对高程，H'_A、H'_B为相对高程，h_{AB}为 A、B 两点间的高差，即

$$h_{AB}=H_B-H_A=H'_B-H'_A$$

所以，两点之间的高差与高程起算面无关。

第四节　测量工作概述

一、测量的基本工作

地面点的空间位置，即它们的坐标和高程，通常不是直接测定的，多为推算求得。为了推算某点的坐标和高程，需要测量两点之间的水平距离、两条边之间的水平角和两点间的高差。可见水平距离、水平角和高差是确定地面点位的三个基本要素，距离测量、角度测量、高程测量是测量的基本工作。

二、测量工作的主要任务

面向土木工程的测量工作任务，概括而言包括两方面，即测定和测设。测定是使用测量仪器和工具，按一定比例尺，通过实地测量和计算获取地面点的空间信息，或把地球表面上的地形测绘成图，供科学研究、规划设计和工程建设使用。测设是把图上设计好的建筑物或

构筑物的位置标定在实地上，作为施工的依据。

地球表面复杂多样的形态可分为地物和地貌两类。地面上自然或人工形成的各种固定性的物体，如江河、湖泊、森林、草地、房屋、道路、桥梁等，称为地物。地表高低起伏的自然形态，如高山、深谷、陡坎、悬崖峭壁和雨裂冲沟等，称为地貌。地物和地貌总称为地形。

测绘地形图是指使用测量仪器和工具，通过测量和计算将地物和地貌的位置按一定比例尺和规定的符号缩小绘制成地形图。如图 1-14 所示，测区内有山丘、房屋、河流、小桥、公路等。测绘地形图的过程是先测量出这些地物、地貌特征点的坐标，然后按一定的比例尺和规定的符号缩小展绘在图纸上。例如要在图纸上绘出一幢房屋，就需要在这幢房屋附近、与房屋通视且坐标已知的点（如图中的 A 点）上安置测量仪器，选择另一个坐标已知的点（如图中的 F 点或 B 点）作为定向方向，才能测量出这幢房屋角点的坐标。地物、地貌的特征点又称碎部点，测量碎部点坐标的工作称为碎部测量。由图 1-14 所示可知，在 A 点安置测量仪器只能测绘附近的地物和地貌，对位于山北面的工厂区以及较远的地区就看不见了。为了控制误差的传递和积累，需要在若干个点上分别施测，最后拼成一幅完整的地形图。因此，还需要在山北面布置一些点，如图中的 C、D、E 点。由此可知，测绘地形图首先要在测区内选择一些有控制意义的点，把它们的平面位置和高程精确地测定出来。这些有控制意义的点组成了测区的测量骨干，称这类点为控制点。然后，再根据它们施测附近的碎部点。测量与计算控制点坐标的工作称为控制测量。

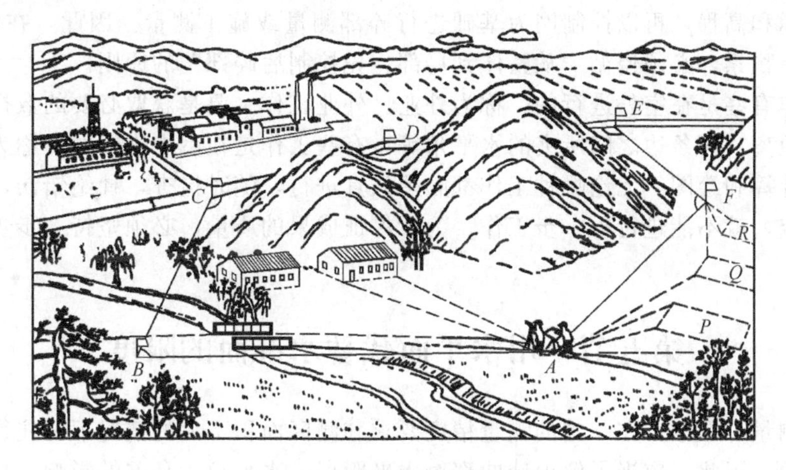

图 1-14　测图控制点的选择

施工测量的实质是测设点位。通过距离、角度和高程三个元素的测设，将图纸上设计好的建筑物或构筑物的平面位置和高程标定在实地上，以指导施工。施工测量贯穿于整个施工过程中，包括变形观测和竣工测量。图 1-15 所示是与图 1-14 中测区对应的地形图。设计人员在图纸上设计的 P、Q、R 三幢建筑物，可在控制点 A（或 F）安置仪器，用 F（或 A）点定向，用极坐标法测设水平角 β 和水平距离 S，将它们的位置在实地标定出来。

三、测量工作的基本原则

测量工作必须遵循两项基本原则：一是“从整体到局部，先控制后碎部”；二是“步步有检核”。

我国幅员辽阔，任何一项测绘工作都应先进行总体布置，然后分阶段、分区、分期实施。在具体实施过程中，要先建立全国和测区的统一坐标系，布置平面和高程控制网，确定

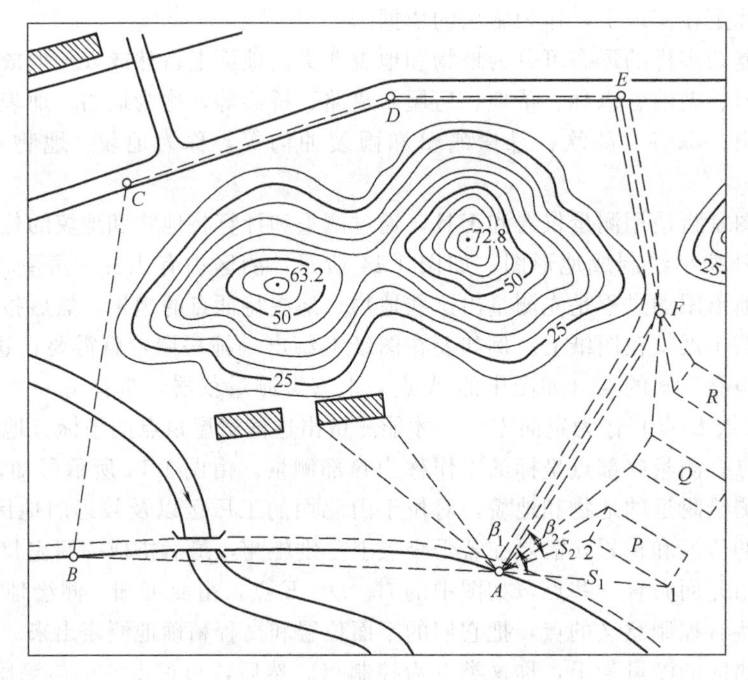

图 1-15　地形图测绘与施工放样

控制点的坐标和高程，再以控制网为基础进行碎部测量或施工测量。因此，在测量工作中，为了不使误差积累，必须遵循“从整体到局部，先控制后碎部”的原则。

测量工作有些是在室外进行的，称为外业。外业工作主要是获取必要的数据，如测量点与点之间的距离、两条边之间所夹的水平角等。有些工作是在室内进行的，称为内业。内业工作主要是计算和绘图。无论哪种工作都必须认真进行，随时检查，杜绝错误，没有对前一步工作的检查，就不能进行下一步工作。为了保证成果的质量，必须坚持“步步有检核”的原则。

第五节　用水平面代替水准面的限度

在实际测量工作中，在一定的测量精度要求和测区面积不大的情况下，往往以水平面直接代替水准面。因此，应当了解地球曲率对水平距离、水平角、高差的影响，从而决定在多大面积范围内能允许用水平面代替水准面。在分析过程中，将大地水准面近似看成圆球，半径 $R=6371\text{km}$。

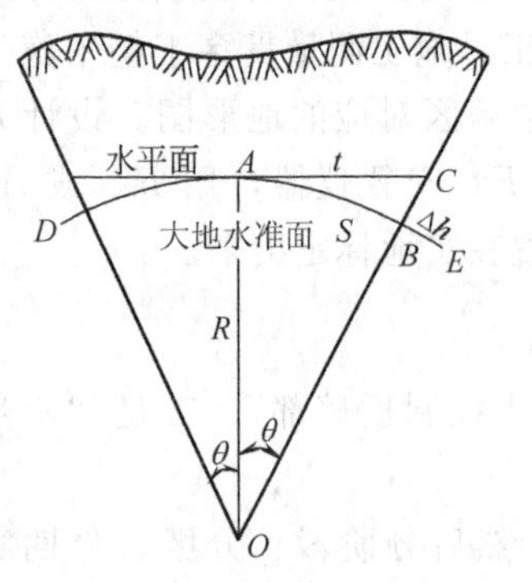

图 1-16　用水平面代替水准面

一、水准面曲率对水平距离的影响

如图 1-16 中所示，A、B 为地面点在水准面上的投影，AB 弧长为 S，所对圆心角为 θ，地球半径为 R。如果将切于 A 点的水平面代替水准面，即以切线段 t 代替弧长 S，则在距离上将产生误差 ΔS

$$\Delta S=t-S=R(\tan\theta-\theta) \tag{1-4}$$

将 $\tan\theta$ 按级数展开，即

$$\tan\theta=\theta+\frac{1}{3}\theta^3+\frac{2}{15}\theta^5+\cdots$$

因 θ 角值一般很小，故略去三次方以上各项，代入式(1-4)，顾及 $\theta=\frac{S}{R}$，则得

$$\Delta S=\frac{1}{3}\frac{S^3}{R^2} \qquad 或 \qquad \frac{\Delta S}{S}=\frac{1}{3}\frac{S^2}{R^2} \tag{1-5}$$

当 $S=10\text{km}$ 时，$\frac{\Delta S}{S}=\frac{1}{1217700}$，小于目前精密距离测量的允许误差。因此可得出结论：在半径为 10km 的范围内进行距离的测量时，用水平面代替水准面所产生的距离误差可以忽略不计。

二、水准面曲率对水平角的影响

由球面三角学可知，同一个空间多边形在球面上投影的各内角之和，较其在平面上投影的各内角之和大于一个球面角超 ε，它的大小与图形面积成正比。其公式为

$$\varepsilon=\rho''\frac{P}{R^2} \tag{1-6}$$

式中，P 为球面多边形面积；R 为地球半径；ρ''为一弧度对应的秒角值，$\rho''=180\times60\times60''/\pi\approx206265''$。

当 $P=100\text{km}^2$ 时，$\varepsilon=0.51''$。

由上式计算表明，对于面积在 100km^2 内的多边形，地球曲率对水平角的影响只有在最精密的测量中才考虑，一般测量工作是不必考虑的。

三、水准面曲率对高程的影响

图 1-16 中 BC 为水平面代替水准面产生的高程误差。令 $BC=\Delta h$

$$(R+\Delta h)^2=R^2+t^2$$

即

$$\Delta h=\frac{t^2}{2R+\Delta h}$$

上式中，可用 S 代替 t，Δh 与 $2R$ 相比可略去不计，故上式可写成

$$\Delta h=\frac{S^2}{2R} \tag{1-7}$$

式(1-6) 表明，Δh 的大小与距离的平方成正比。当 $S=100\text{m}$ 时，$\Delta h=0.8\text{mm}$；当 $S=200\text{m}$ 时，$\Delta h=3.1\text{mm}$。这样大的误差，在高程测量中是不允许的。因此，地球曲率对高程的影响，即使是在很短的距离内也必须加以考虑。

综上所述，在面积为 100km^2 的范围内，不论是进行水平距离或水平角测量，都可以不考虑地球曲率的影响。在精度要求较低的情况下，这个范围还可以相应扩大。但地球曲率对高程的影响是不能忽视的。

思考题与习题

1-1　什么是水准面？水准面有何特性？

1-2　何谓大地水准面？它在测量工作中有何作用？

1-3　测量中采用的平面直角坐标系与数学中的平面直角坐标系有何不同？

1-4　何谓高斯投影？高斯投影为什么要分带？如何进行分带？

1-5 地球上某点的经度为东经112°21′，求该点所在高斯投影6°带和3°带的带号及中央子午线的经度。

1-6 什么叫绝对高程？什么叫相对高程？

1-7 测定与测设有何区别？

1-8 测量工作的基本原则是什么？

1-9 用水平面代替水准面，地球曲率对水平距离、水平角和高程有何影响？

第二章　水准测量

测量地面点高程的工作称为高程测量。按所使用的仪器和施测方法的不同，高程测量主要分为水准测量、三角高程测量、气压高程测量和 GPS 高程测量。水准测量是目前精度最高的一种高程测量方法，被广泛应用于高程控制测量和工程施工测量中。本章介绍水准测量，三角高程测量将在第七章第四节中予以讨论。

第一节　水准测量原理

一、水准测量原理

水准测量的原理是利用水准仪提供的水平视线，读取竖立于两点上水准尺的读数，以测定两点间的高差，从而由已知点高程计算待定点高程。

如图 2-1 所示，欲测定地面上 A、B 两点间的高差 h_{AB}，将水准仪安置在 A、B 两点之间，在 A、B 两点分别竖立水准尺，利用水准仪提供的水平视线，分别读取 A 点水准尺的读数 a 和 B 点水准尺的读数 b，则 A、B 两点间的高差为

$$h_{AB}=a-b \tag{2-1}$$

若水准测量前进方向是由 A 点测到 B 点，如图 2-1 中所示箭头方向，此时规定：A 点为后视点，A 点尺上的读数为后视读数，B 点为前视点，B 点尺上的读数为前视读数。则式 (2-1) 可写成

高差＝后视读数－前视读数

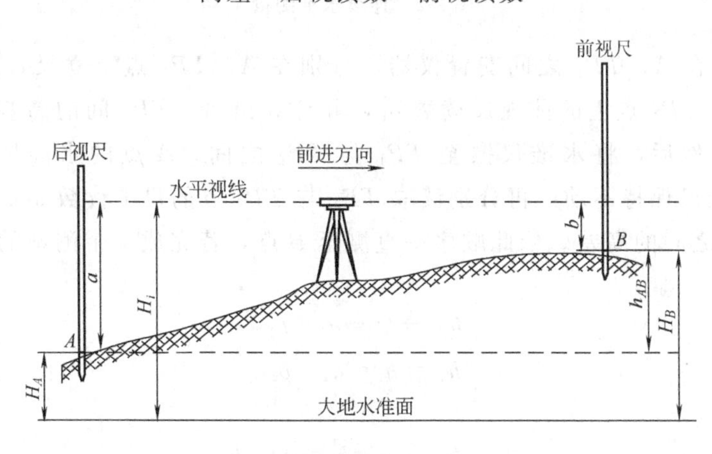

图 2-1　水准测量原理

当后视读数 a 大于前视读数 b 时，高差 h_{AB} 为正，说明 B 点高于 A 点；反之，高差 h_{AB} 为负，说明 B 点低于 A 点。为了避免在计算高差中发生错误，应特别注意：h_{AB} 表示从 A 点至 B 点的高差，h_{BA} 表示由 B 点至 A 点的高差。

根据已知点 A 的高程 H_A 和测定的高差 h_{AB}，可按下式计算 B 点高程

$$H_B=H_A+h_{AB}=H_A+(a-b) \tag{2-2}$$

此法适用于根据一个已知点确定单个点高程的情形，称为高差法。

如图 2-1 所示，还可以通过仪器的视线高程 H_i 计算 B 点高程

$$H_B=(H_A+a)-b=H_i-b \tag{2-3}$$

式中，$H_i=H_A+a$，称为视线高程。

此法适用于根据一个已知点确定多个前视点高程的情形，称为视线高法。

二、转点和测站

如图 2-2 所示，欲求 A 点至 B 点的高差 h_{AB}，若 A、B 两点之间相距较远或高差较大时，需要在 A、B 两点之间选择若干个临时立尺点，这些点起传递高程的作用，称为转点，用 TP_1，TP_2，…，TP_n（Turning Point TP）表示。转点把路线全长分成若干小段，依次测定相邻点间的高差，再将各段高差求和，就可以获得 A、B 之间的高差。

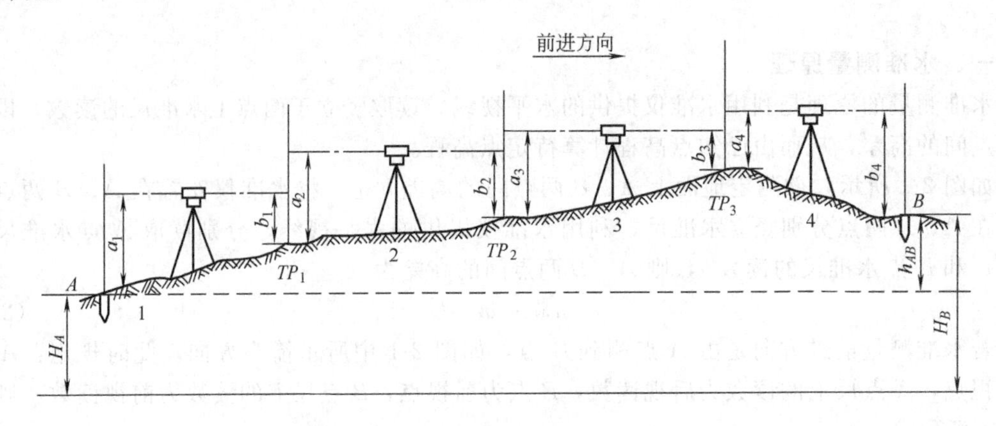

图 2-2　连续水准测量

观测时，先在 A、TP_1 之间安置仪器，分别在 A、TP_1 点上立尺，读取 A 点上的后视尺读数 a_1，TP_1 点上的前视尺读数 b_1，并计算出 A、TP_1 间的高差，即完成了一个测站的工作。然后，将水准仪搬至 TP_1 与 TP_2 之间，A 点的水准尺搬至 TP_2 点，TP_1 点上的水准尺保持不动，再分别读取 TP_1 与 TP_2 点的尺上读数 a_2、b_2，同样可求得 TP_1 与 TP_2 之间的高差。依此顺序一直测至 B 点，若完成 n 个测站的观测，可分别获得各站的高差，即

$$h_{A1}=h_1=a_1-b_1$$

$$h_{12}=h_2=a_2-b_2$$

$$\cdots$$

$$h_{(n-1)B}=h_n=a_n-b_n$$

则 A、B 之间的高差为

$$h_{AB}=h_1+h_2+\cdots+h_n=\sum_{i=1}^{n}a_i-\sum_{i=1}^{n}b_i \tag{2-4}$$

若已知 A 点的高程 H_A，则 B 点的高程为

$$H_B=H_A+h_{AB} \tag{2-5}$$

第二节 DS_3 微倾式水准仪

一、水准仪的分类

水准仪的种类很多，具体可按其精度标准和结构两种方式进行分类。

1. 按精度划分

可分为 DS_{05}、DS_1、DS_3、DS_{10} 等四个等级，其中“D”和“S”分别为“大地测量”和“水准仪”的汉语拼音第一个字母，下标 05、1、3、10 表示仪器的精度等级，即“每千米往返测高差中数的中误差（单位：mm）”。其中 DS_{05}、DS_1 称为精密水准仪，DS_3、DS_{10} 称为普通水准仪。

2. 按结构划分

可分为微倾式水准仪、自动安平水准仪和电子水准仪等类型。

在工程上广泛使用 DS_3 微倾式水准仪和自动安平水准仪。电子水准仪作为水准仪的发展方向，已广泛应用于各类工程测量。

二、DS_3 微倾式水准仪的基本构造

不同类型的仪器，或同一类型不同厂家生产的仪器，其外形各有不同，但结构基本一致，都是由望远镜、水准器和基座组成。图 2-3 所示为一种 DS_3 微倾式水准仪。

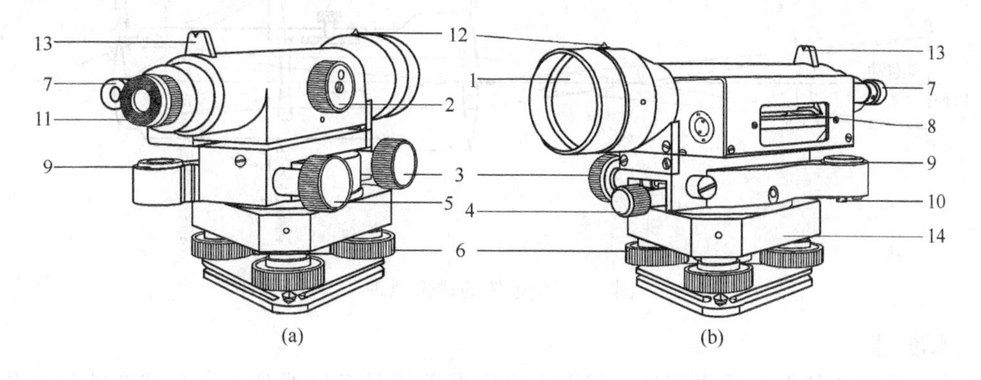

图 2-3 DS_3 微倾式水准仪

1—物镜；2—物镜调焦螺旋；3—微动螺旋；4—制动螺旋；5—微倾螺旋；6—脚螺旋；7—水准管气泡观察窗；8—管水准器；9—圆水准器；10—圆水准器校正螺丝；11—目镜；12—准星；13—照门；14—基座

1. 望远镜

望远镜的作用一方面用来看清远近距离不同的目标，另一方面用于提供一条能照准目标的视准线（即视准轴）。它主要由物镜、目镜、十字丝分划板、调焦透镜、调焦螺旋和镜筒组成，如图 2-4(a) 所示。物镜和十字丝分划板固定在镜筒内，调焦透镜与物镜调焦（对光）螺旋相连，转动物镜调焦螺旋，可使调焦透镜沿主光轴前后移动，从而使远近不同的目标都能成像在十字丝分划板上。目镜装在十字丝分划板后面，起放大十字丝分划板及物像的作用，转动目镜调焦螺旋，目镜在镜筒内前后移动，可使物像和十字丝影像清晰。

十字丝分划板为一圆形平板玻璃，安装在物镜和目镜之间，在平板玻璃上刻有相互垂直的细线，称为十字丝，作为瞄准目标和读数的标志。如图 2-4(b) 所示，中间水平的一根称

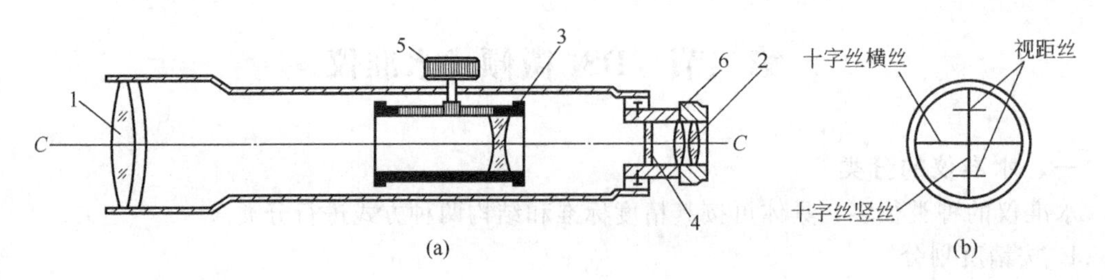

图 2-4　望远镜的构造

1—物镜；2—目镜；3—调焦透镜；4—十字丝分划板；5—物镜调焦螺旋；6—目镜调焦螺旋

为横丝或中丝，竖直的一根称为竖丝或纵丝，中丝上、下两根对称的水平丝，称为上丝、下丝（又称为视距丝），配合水准尺可进行视距测量。

十字丝中心交点与物镜光心的连线称为望远镜的视准轴，如图 2-4(a) 中的 CC。望远镜照准目标就是指视准轴对准目标。

望远镜成像原理如图 2-5 所示，观测者通过望远镜观察的目标影像大于人眼直接观察的目标，即起到了放大作用。通常定义从望远镜看到物体虚像的视角 β 与人眼直接看物体的视角 α 之比为望远镜的放大率 V（或放大倍数），即 $V=\beta/\alpha$。DS_3 水准仪的放大率一般在 25 倍以上。

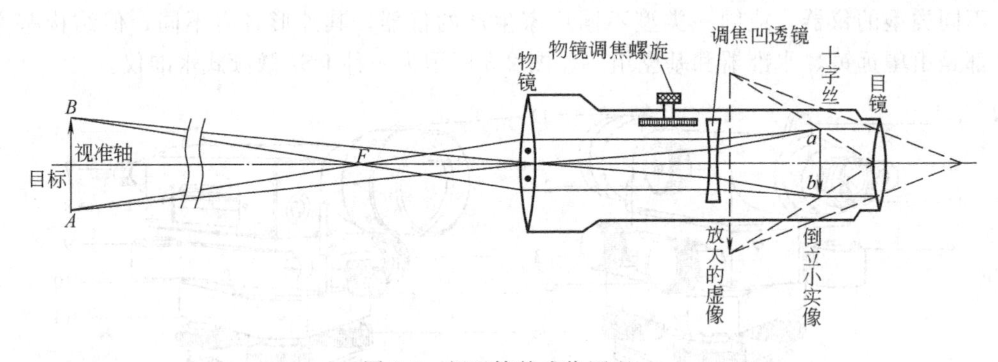

图 2-5　望远镜的成像原理

2. 水准器

水准器是测量仪器的重要部件，借助于水准器可使某条轴线处于水平状态或铅垂位置。水准器有圆水准器和管水准器之分。

（1）圆水准器　圆水准器装在基座上，是一个玻璃圆盒，盒内装有乙醇和乙醚的混合液，加热融封而形成一圆形气泡，如图 2-6 所示，圆盒顶面内壁磨成一定半径的球面，球面中心刻有一个小圆圈，小圆圈的中心称为圆水准器的零点。通过零点的球面法线称为圆水准器轴。当圆水准气泡中心与零点重合时，即气泡居中，说明圆水准器轴处于铅垂位置。

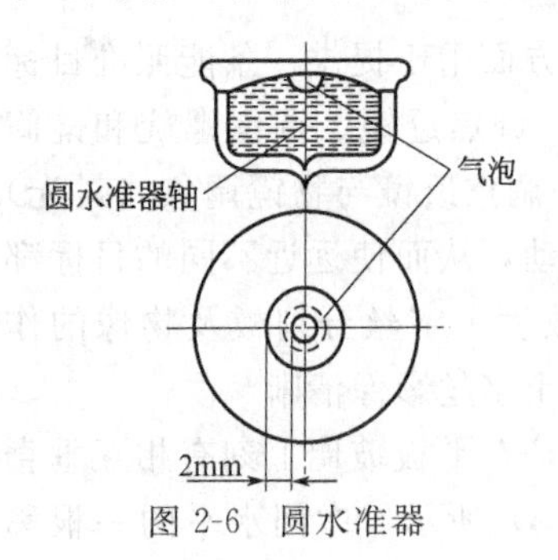

图 2-6　圆水准器

圆水准器分划值是指气泡由零点向任意方向移动 2mm 时所对应的圆心角值。DS_3 水准仪圆水准器分划值一般为 $8'/2\text{mm}$。

（2）管水准器　又称水准管，与望远镜连接在一起，它是把玻璃管纵向内壁磨成一定半径（7～20m）的圆弧，管内装有乙醇和乙醚的混合液，加热融封而成。如图 2-7(a) 所示，纵向圆弧的中心 O 为管水准器的零点，过 O 点的切线 LL 称为管水准轴。当水准管气泡中心位于零点时，称为气泡居中，此时管水准轴处于水平位置。图 2-7(b) 中水准管圆弧 2mm（$OO'=2$mm）所对的圆心角 τ，称为水准管分划值。水准管内壁圆弧半径越大，分划值越小，气泡的灵敏度越高。DS_3 水准仪的水准管分划值一般为 $20''/2$mm。

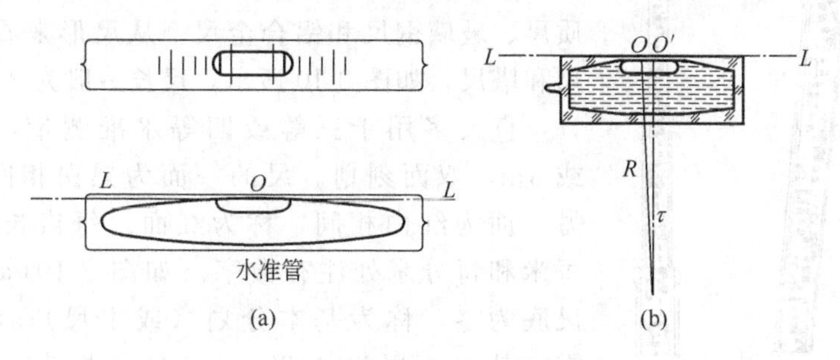

图 2-7　管水准器

为了提高观察水准管气泡居中的精度和速度，在水准管上方安装有一组符合棱镜，将气泡两端的半个影像反映到目镜旁的观察窗内，如图 2-8(a) 所示。若两端的影像错开，如图 2-8(b) 所示，说明气泡不居中。当气泡两端的影像符合，如图 2-8(c) 所示，说明气泡居中。

由于圆水准器和管水准器的分划值相差甚大，即管水准器的灵敏度比圆水准器高得多，因此，管水准器用于水准仪的精确整平，而圆水准器只能用于粗略整平。

3. 基座

基座的作用是支承仪器的上部并与三脚架相接。它主要由轴座、脚螺旋、底板和三角压板构成。通过调节三个脚螺旋可使圆水准器气泡居中，供粗略整平用。

另外，为了控制望远镜在水平面内的转动，仪器设有水平制动螺旋和水平微动螺旋。拧紧水平制动螺旋后，望远镜固定不动，通过转动水平微动螺旋可使望远镜在水平面内作微小移动。为了使管水准气泡居中，仪器视线精确水平，仪器上设有微倾螺旋，转动该螺旋，望远镜和管水准器一起在竖直面内做微小的俯仰，可使水准气泡精确符合，从而实现视准轴水平。

4. 脚架

如图 2-9 所示，脚架是用于支撑和安置水准仪的，分木质脚架和铝合金脚架两种。水准仪通过中心连接螺旋与脚架相连，并可根据需要调节脚架的高度。

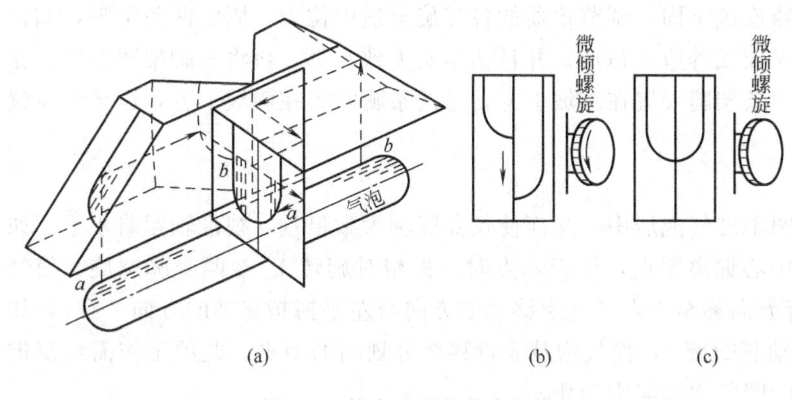

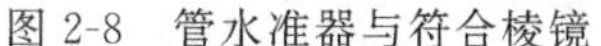

图 2-8　管水准器与符合棱镜

图 2-9　水准仪脚架

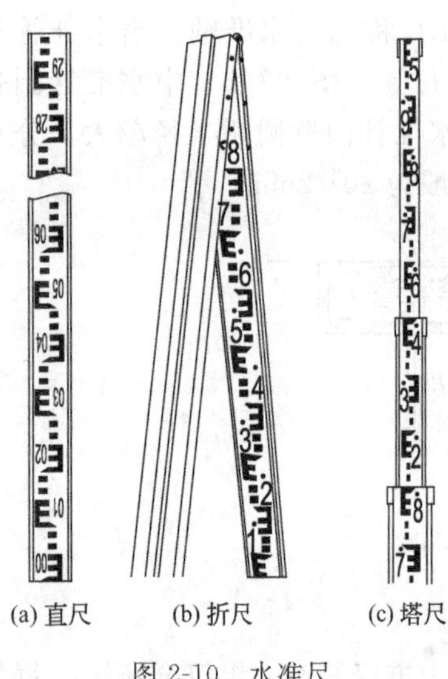

(a) 直尺　(b) 折尺　(c) 塔尺

图 2-10　水准尺

三、水准尺和尺垫

1. 水准尺

水准尺是水准测量的重要工具，其质量的好坏直接影响水准测量的精度。就尺面材料而言，水准尺分为木质尺、玻璃钢尺和铝合金尺。从尺形来看，有直尺、折尺和塔尺，如图 2-10 所示，尺长一般为 2～5m。

直尺多用于三等或四等水准测量，其长度为 2m 或 3m，双面刻划。尺的一面为黑白相间，称为黑面；另一面为红白相间，称为红面。每格长度为 1cm，在每米和每分米处注有数字。如图 2-10(a) 所示，黑面尺底为零，称为基本分划（或主尺）；红面尺底不为零，其中一根为 4687mm，另一根为 4787mm，称为辅助分划（或辅尺）。两根尺构成一对。这样注记的目的是为了避免观测时出现错误，利用同一水平线在同一尺上读取黑、红面的读数之差为一常数 K（4687mm 或 4787mm），来判断读数是否正确。

折尺主要用于矿山测量或其他地下测量，由两节构成，单面刻划，尺底为零，最小分划一般为 1cm，使用方便灵活，如图 2-10(b) 所示。

塔尺多用于等外水准测量和地形测量中，由两节或三节套接而成，双面刻划，尺底为零，尺面黑白相间，每格宽度为 1cm 或 0.5cm，在每米处和每分米处均有数字，如图 2-10(c) 所示。

2. 尺垫

尺垫（或称尺台）是用生铁铸成，一般为三角形，中央有一突出的半球圆顶，供立尺用，下面有三个尖脚，以便插入土中使其稳妥，如图 2-11 所示。在水准测量中，尺垫用在转点处。

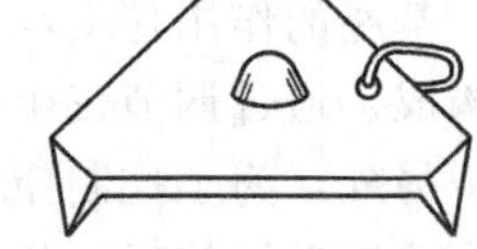

图 2-11　尺垫

四、DS_3 水准仪的使用

1. 安置水准仪

首先松开三脚架腿的蝶形螺旋，根据观测者的身高，调节架腿的长度，拧紧蝶形螺旋；然后张开三脚架，从箱中取出水准仪，并记住仪器在箱中的位置，将仪器安放在架头上，旋紧中心连接螺旋，确保仪器连接牢固；调节仪器的各螺旋至适中位置，固定两条架腿，调整第三条架腿的位置，使其大致成等边三角形，并且估架头大致水平，再将三脚架腿踩实。在斜坡上安置仪器时，应将一条架腿安置在斜坡上方，另两条腿安置在斜坡下方，这样可使仪器比较稳固。

2. 粗平

粗平是调节脚螺旋使圆水准气泡居中，从而使仪器竖轴大致铅垂，视准轴粗略水平。如图 2-12(a) 所示，当气泡中心偏离零点，位于 a 点时，先相对旋转 1、2 两个脚螺旋，使气泡沿 1、2 螺旋连线的平行方向移至 b 点（气泡移动的方向与左手拇指移动的方向一致），如图 2-12(b) 所示，然后转动脚螺旋 3，使气泡从 b 点移至分划圈的中央。此项工作需反复进行，直到仪器转到任何方向圆气泡均居中为止。

3. 瞄准目标

（1）目镜对光　将望远镜对向明亮背景，转动目镜调焦螺旋，使十字丝像清晰。

（2）粗略瞄准　松开制动螺旋，利用望远镜上面的粗瞄器（准星和照门）粗略瞄准水准尺后，拧紧制动螺旋。

（3）物镜调焦和精确瞄准　从望远镜内观察目标，旋转物镜调焦螺旋，使水准尺影像清晰，再转动微动螺旋使水准尺影像位于十字丝竖丝附近，如图 2-13 所示。

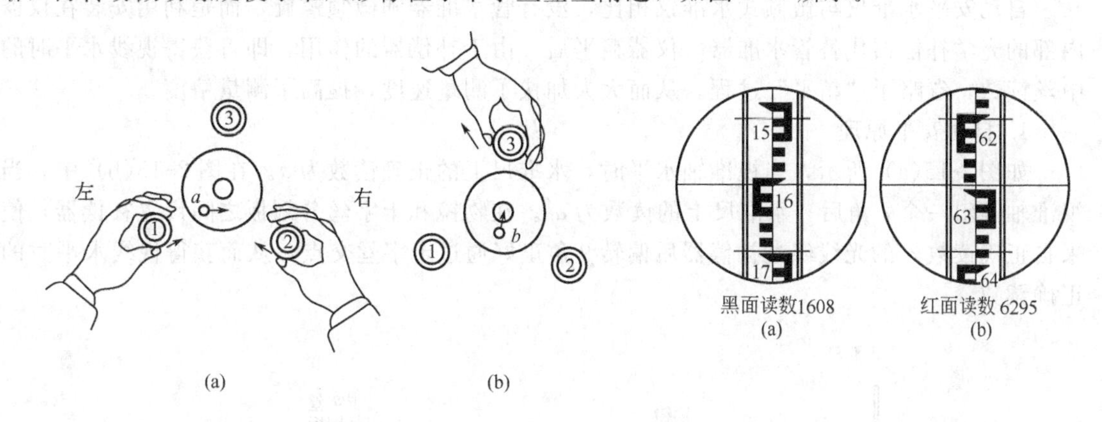

图 2-12　粗平　　图 2-13　瞄准与读数

（4）消除视差　当望远镜精确瞄准目标后，眼睛在目镜端上下作少量移动时，若发现十字丝和目标影像有相对运动，即读数发生变化，这种现象叫视差。

产生视差的原因是目标通过物镜所成的像与十字丝分划板不重合，如图 2-14(a)、(b) 所示。测量作业中是不允许存在视差的。

消除视差的方法是反复仔细进行物镜和目镜的对光，并控制眼睛本身不作调焦（即无论调节十字丝或目标影像都不要使眼睛紧张，保持眼睛处于松弛状态），直到眼睛在目镜端上下作微小移动时，读数不发生明显的变化为止，如图 2-14(c) 所示。

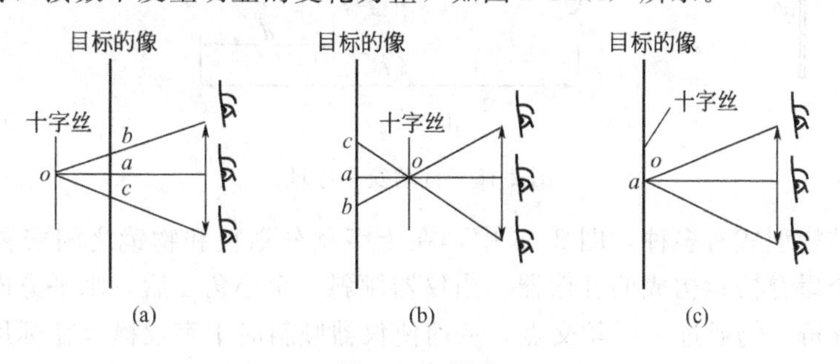

图 2-14　视差

4. 精平

在每次读数之前，都应转动微倾螺旋使水准气泡居中，即符合水准器的气泡两端影像对齐，如图 2-8(c) 所示。只有当气泡稳定不动而又居中时，仪器的视线才是水平的。

5. 读数

仪器精平后，即可在水准尺上读数。读数前先认清水准尺的注记特征，按由小到大的方向，读出米、分米、厘米数，并仔细估读毫米数。四位数应齐全，通常以 mm 为单位。图 2-13(a)、(b) 中所示的读数分别为 1608 和 6295。

精平与读数是两个不同的操作步骤，但在水准测量中，两者是紧密相连的，精平后才能读数。读数后，应检查精平。只有这样才能准确地读得视准轴水平时的尺上读数。

第三节 自动安平水准仪和精密水准仪

一、自动安平水准仪

自动安平水准仪与微倾式水准仪相比，没有管水准器和微倾螺旋，而是利用安装在仪器内部的光学补偿器代替管水准器。仪器粗平后，由于补偿器的作用，即可获得视线水平时的中丝读数，省略了“精平”过程，从而大大加快了测量速度，提高了测量精度。

1. 自动安平原理

如图 2-15(a) 所示，当视准轴水平时，水准尺上的正确读数为 a。在图 2-15(b) 中，当视准轴倾斜一个 α 角后，水准尺上的读数为 a'。在物镜和十字丝分划板之间设置补偿器，使来自正确读数 a 的光线经过补偿器后偏转 β 角正好通过十字丝交点，从而获得视线水平时的正确读数。

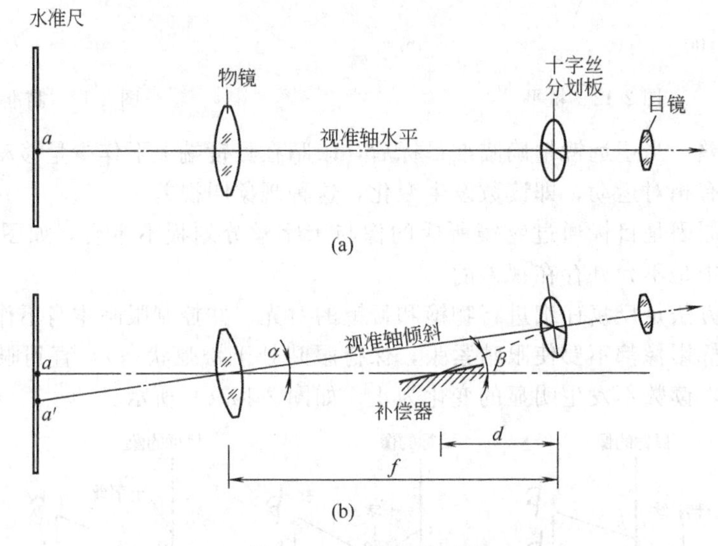

图 2-15 自动安平原理

补偿器的结构型式有多种，图 2-16 中，在十字丝分划板和物镜之间安置了一个由两个直角棱镜和一个屋脊棱镜构成的补偿器。当仪器倾斜一个小角 α 后，水平方向光线通过补偿器后偏转一个 β 角，仍通过十字丝交点，从而使仪器倾斜时十字丝横丝在标尺上的读数仍为 a_0，达到了自动补偿的目的。

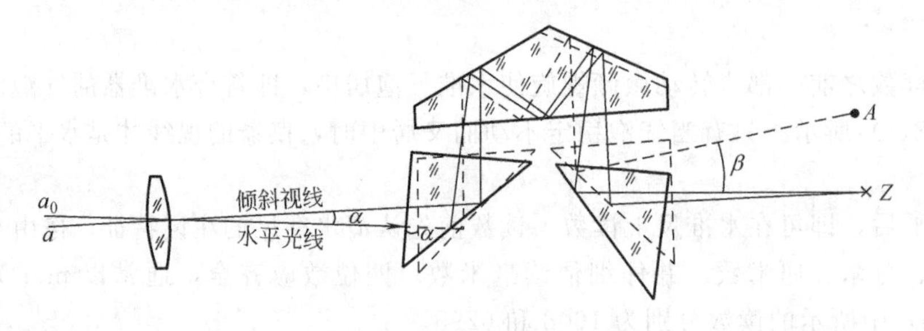

图 2-16 补偿器结构

2. 自动安平水准仪的使用

自动安平水准仪的使用与微倾式水准仪相比，无需精平，从而使操作更为简单方便。其操作步骤为：安置、粗平、瞄准和读数。

由于震动、碰撞等外力作用，补偿器可能失灵，甚至损坏。因此，在使用自动安平水准仪前，应对补偿器进行检验。将望远镜物镜转至任意脚螺旋方向，微微转动该脚螺旋，检查物像的复位情况，若水平丝回到原来位置，即读数无变化，表示补偿器处于正常工作状态。否则，可能是仪器倾斜超出补偿器补偿范围或者补偿器失灵。若补偿装置失灵，则应维修仪器。对装有补偿器检查按钮的仪器，在每次读数前轻按该按钮，确认补偿器能正常工作。由于补偿器相当于一个重力摆，无论采用何种阻尼装置，重力摆静止需要几秒钟，故照准后过几秒钟再读数。

自动安平水准仪装置中的金属吊丝很脆弱，使用时应特别注意保护，防止剧烈震动。

图 2-17 为北京博飞仪器公司生产的 DZS3-1 型自动安平水准仪的外形。

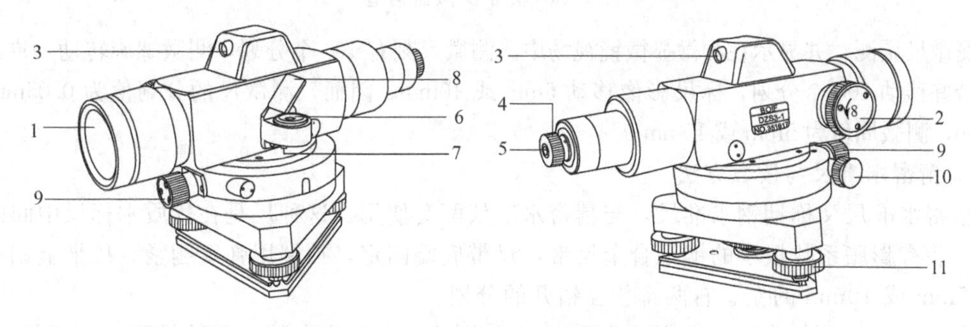

图 2-17　DZS3-1 型自动安平水准仪

1—物镜；2—物镜调焦螺旋；3—粗瞄器；4—目镜调焦螺旋；5—目镜；6—圆水准器；7—圆水准器校正螺丝；8—圆水准器反光镜；9—制动螺旋；10—微动螺旋；11—脚螺旋

二、精密水准仪

DS_{05}、DS_1 型水准仪属于精密水准仪，它主要用于国家一、二等水准测量，以及地震测量、大型建筑工程高程控制测量、沉降观测、精密机械设备安装等精密测量。图 2-18 所示为国产 DS_1 型精密水准仪。

1. 精密水准仪的构造特点与测微原理

精密水准仪的构造与 DS_3 型水准仪基本相同，也是由望远镜、水准器和基座三个主要部分组成。精密水准仪的主要特征是：为了提高安平精度，采用 τ 值为 $(8''\sim10'')/2mm$，安平精度不低于 $\pm0.2''$ 的符合水准器。望远镜和水准器均套装在隔热罩内，整体结构稳定，受外界因素影响小。同时，为了提高读数精度，望远镜放大倍率一般不小于 40 倍，并配有测量微小读数（0.05～0.1mm）的光学测微器和配套的精密水准尺。

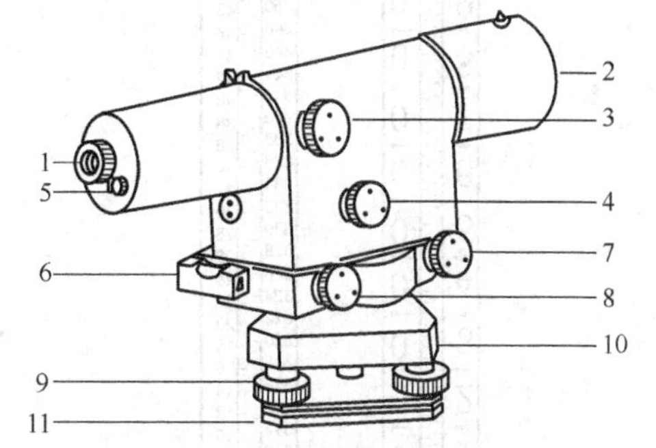

图 2-18　DS_1 型精密水准仪

1—目镜调焦螺旋；2—物镜；3—物镜调焦螺旋；4—测微螺旋；5—测微器读数镜；6—粗平水准管；7—微动螺旋；8—微倾螺旋；9—脚螺旋；10—基座；11—底板

图 2-19 所示为 DS_1 水准仪光学测微器构造示意图。望远镜前装有一块平行玻璃板，转动测微螺旋，齿轮带动齿条推动传导杆使平行玻璃板前后倾斜，固定在齿条上方的测微尺也随之移动。标尺影像的光线通过倾斜平行玻璃板后，在垂直面上移动一个量，该移动量的大小

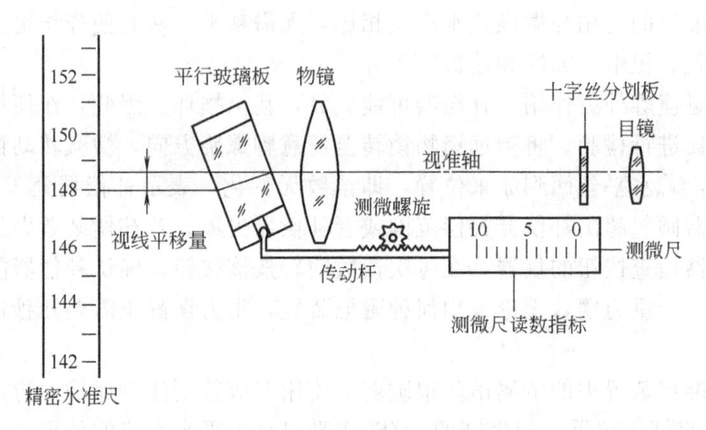

图 2-19 光学测微器构造

可由测微尺量测，并显示在测微显微镜视场中。测微尺刻有 100 个分划，测微螺旋转动一周，测微尺恰好移动 100 个分划，标尺影像移动 5mm 或 10mm。因而，测微尺的分划值为 0.05mm 或 0.1mm，测微周值为 5mm 或 10mm。

2. 精密水准尺与读数方法

精密水准尺又称铟钢水准尺，与精密水准仪配套使用。这种尺是在优质木标尺中间的尺槽内，装有膨胀系数极小的铟钢合金尺带，尺带底端固定，顶端用弹簧绷紧。尺带上刻有间隔为 5mm 或 10mm 的左、右两排相互错开的分划。

图 2-20(a) 所示水准尺分划值为 5mm，分别按左右分为奇数和偶数排列。由于将 5mm

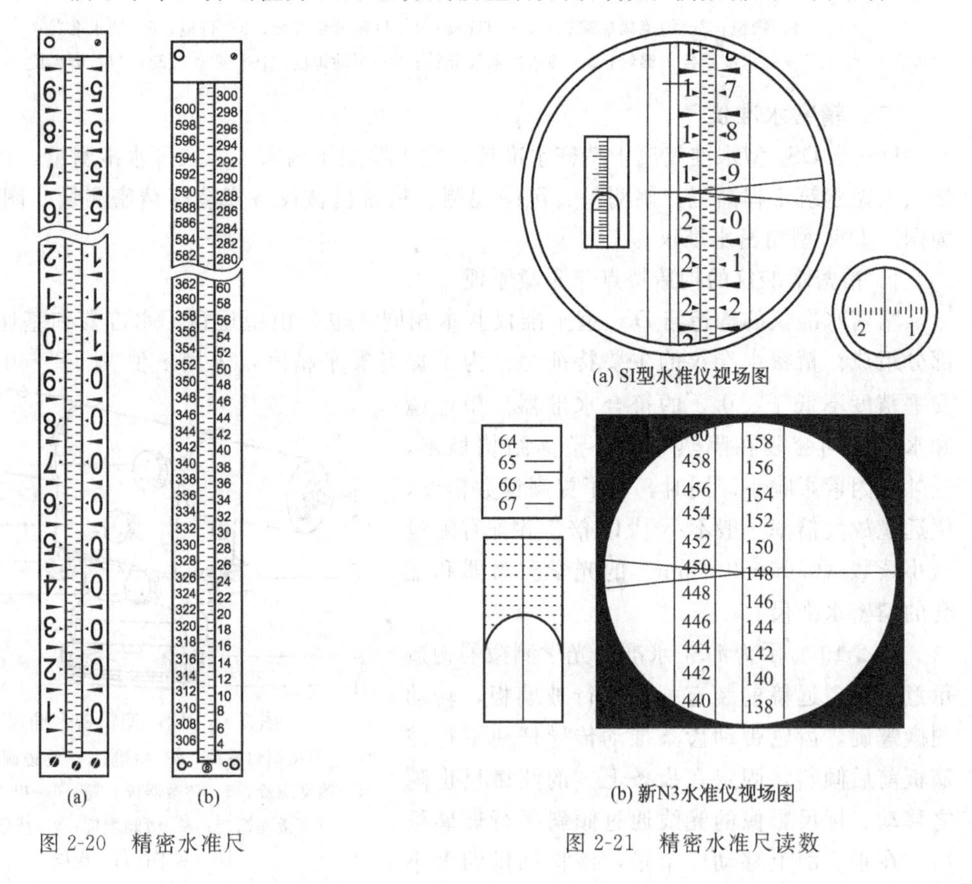

图 2-20 精密水准尺

图 2-21 精密水准尺读数

的分划间隔注记为1cm，所以分划注记值比实际长度数值大一倍，用这种水准尺读数应除以2才代表实际的视线高度。图2-20(b)所示水准尺分划值为10mm，右边为基本分划，左边为辅助分划，两种分划相差常数K（301.55cm），供读数检核用。两种精密水准尺应与相应测微周值的仪器配套使用。

精密水准仪的操作方法与DS_3型仪器相比，仅读数方法不同。读数时，先转动微倾螺旋使水准器气泡居中；再转动测微螺旋，调整视线上、下移动，使楔形丝精确夹住一个整分划线后才能读数。如图2-21(a)所示，先直接读出楔形丝夹住的整分划读数为1.98m，然后在望远镜旁测微读数显微镜中读得尾数1.50mm。全部读数为：1.98m＋1.50mm＝1.98150m，实际读数应为：1.98150m/2＝0.99075m。对于1cm分划的精密水准尺，所读的数即为实际读数，无需除2。如图2-21(b)所示的读数为1.48m＋6.55mm＝1.48655m。

第四节 电子水准仪

一、电子水准仪概述

电子水准仪是一种集电子、光学、图像处理、计算机技术于一体的智能水准仪。与传统光学水准仪相比电子水准仪不仅可以完成光学水准仪所能进行的测量，还可利用内置应用软件进行高程连续计算、多次测量取平均值、断面计算、水准路线和水准网测量闭合差调整（平差），实现测量数据的自动采集、储存、处理和传输等，具有测量速度快、精度高、作业强度小、易实现内外业一体化等特点。电子水准仪可视为CCD相机、自动安平水准仪、微处理器和条码水准尺组成的地面水准测量系统。当采用普通水准尺时，电子水准仪可当作普通自动安平水准仪使用。

二、电子水准仪的基本构造和原理

电子水准仪是在自动安平水准仪的基础上发展起来的。基本构造由基座、水准器、望远镜、自动安平补偿装置、操作面板和影像数据处理系统等组成。图2-22为徕卡DNA03中文电子水准仪，显示界面为中文，同时内置了适合我国测量规范的观测程序，可快速测量高程、高差和放样，用于进行线路水准测量、建筑测量、碎部测量以及一等、二等水准测量。

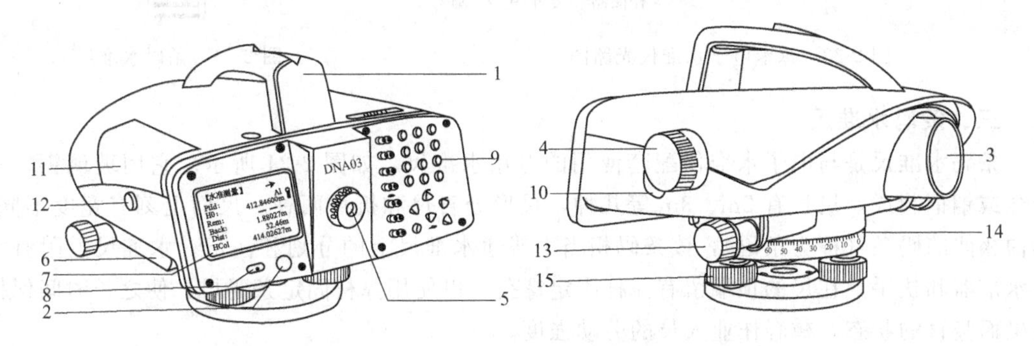

图2-22 徕卡DNA03中文电子水准仪

1—带粗瞄器的提把；2—圆水准器观察窗；3—物镜；4—物镜调焦螺旋；5—目镜；6—电池；7—显示屏；8—电源开关；9—键盘；10—测量按钮；11—CF存储卡插槽盖；12—自动安平补偿器检测按钮；13—无限位水平微动螺旋；14—水平度盘；15—脚螺旋

DNA03的主要技术参数如下。

精度：0.3mm/km（采用铟钢水准尺）。

最小读数：0.01mm。

测距精度：1cm/20m。

测距范围：1.8～60m。

内存：1650组测站数据或6000个测量数据。

补偿器：磁性阻尼补偿器。

补偿范围：±10′。

补偿精度：±0.3″。

单次测量时间：3s。

GEB111/121电池：连续供电12h/24h

仪器设有RS-232C接口和CF闪存卡插槽。具有单次测量、重复测量、均值测量、中值测量、多次测量求中间段平均值等多种测量模式。280×160像素的大屏幕LCD显示屏能将所有重要的测量数据显示在一个界面上，同时提示下一步操作。

电子水准仪测量的基本原理是：当照准条码标尺并调焦后，条码标尺的像经分光镜一路成像在望远镜的分化板上，供目视观测；一路成像在CCD探测器上，并传输给微处理器，利用自动编码程序，自动地进行编码、释译、对比、数字化等一系列数据处理，而后转换成中丝读数、视距或其他所需要的数据，并显示在LCD显示屏上或自动存储在仪器内存中。电子水准仪的关键技术是自动电子读数和数据处理，目前采用的数据处理方法有几何法、相关法和相位法三种。如德国蔡司DiNi系列采用几何法读数，瑞士徕卡NA系列采用相关法读数，日本拓普康DL系列采用相位法读数。图2-23为徕卡电子水准仪的光路图。

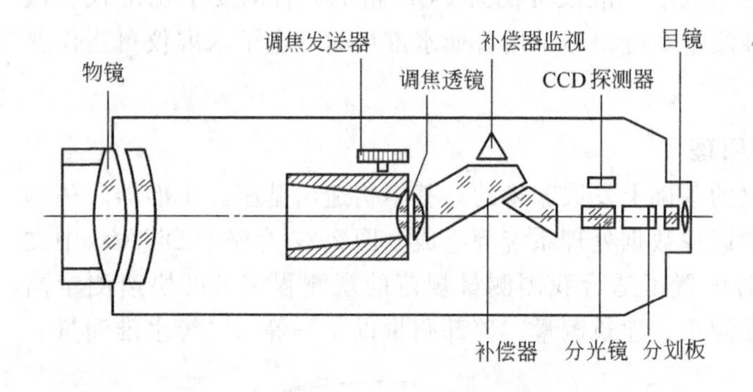

图2-23　徕卡电子水准仪光路图

图2-24　条码水准尺

三、条码水准尺

条码水准尺是与电子水准仪配套使用的专用水准尺，如图2-24所示。它用玻璃钢、铝合金或铟钢制成，尺长有2m、3m等几种，尺形分直尺和折尺两种。尺面上刻有宽度不同、黑白相间的码条（称为条码），该条码相当于普通水准尺上的分划和注记。水准尺上附有安平水准器和扶手，在尺的顶端留有撑杆固定螺孔，以便用撑杆固定条码尺，使之长时间保持准确而竖直的状态，减轻作业人员的劳动强度。

四、电子水准仪的使用

电子水准仪的操作步骤与自动安平水准仪基本相同，安置、粗平、照准标尺和调焦仍由人工目视进行。使用DNA03电子水准仪，在完成照准和调焦后，打开电源开关（开机），进入“水准测量”界面，该功能用于一般水准测量并可配合“碎部测量”及“放样”。

如图2-25(a)所示，在输入后视点号PtID和该点的高程H0后，按测量键，显示后视读数 Back、视距 Dist、视线高程 HCoL，这时后视测量完毕，光标进入→按回车键，即进入前视点测量，如图 2-25(b) 所示，此时显示后视点名 PtBS，输入前视点名后，按测量键，显示前视读数 Fore、前视视距 Dist、后视点 A1 到前视点 A2 的高差 dH 和前视点的高程 H。

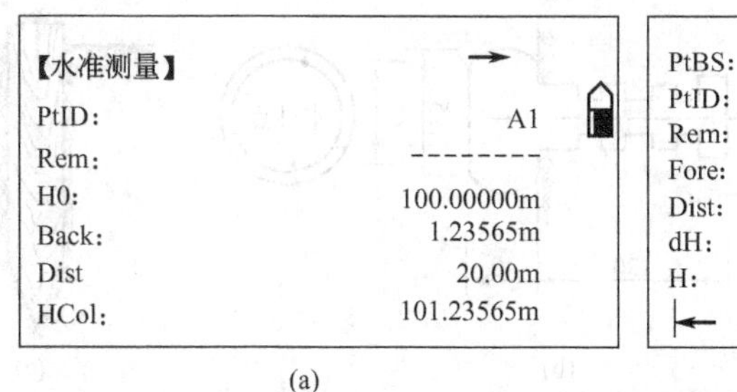

(a)

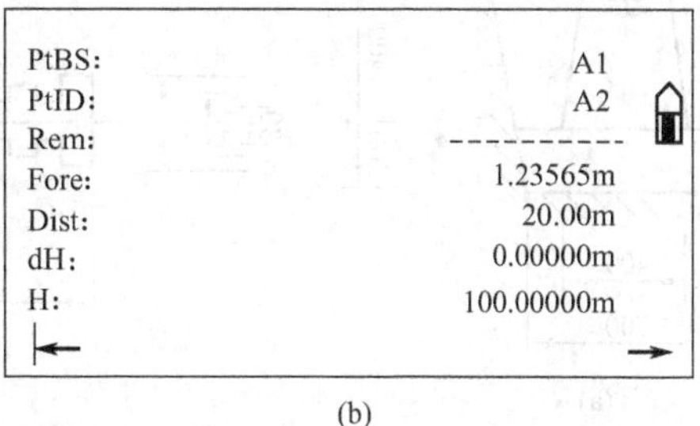

(b)

图 2-25 DNA03 电子水准仪的使用

光标进入→按回车键，即进入图 2-25(a) 所示界面，此时以 A2 为后视，按上述步骤进行所有的水准测量。

此外，在 DNA03 电子水准仪开机后，可按 MODE 键设置测量模式；按 PROG 键，显示程序清单，可选择简单测量或线路测量；按 INT 键可进行碎部测量；按 SHIFT INT 启动 SET OUT 放样功能。

使用电子水准仪时应注意以下问题。

① 使用电子水准仪前，应认真阅读用户操作手册。

② 电子水准仪是精密仪器，不宜受潮，使用时勿使仪器受到大的冲击或震动。

③ 测量时，要求条码水准标尺亮度均匀适中。应在有足够亮度的地方竖立条码标尺。若标尺被障碍物（如树枝）遮挡，应使局部遮挡的总量少于 30%。

④ 安置电子水准仪时，需避免在强磁场内作业。

⑤ 使用条码尺时要防摔、防撞，勿使尺面受到污损，要保持清洁、干燥，以防变形。

⑥ 保持目镜、物镜清洁。装卸电池时，必须先关机。

第五节 水准测量的外业施测

一、水准点

为了统一全国的高程系统和满足各种测量的需要，测绘部门在各地埋设且用水准测量方法测定的高程控制点，称为水准点，记为 *BM* (Bench Mark)。水准点是水准测量引测高程的依据。

水准点应设在土质坚实、便于保存和使用的地方，也可设在永久性的建筑物上。水准点分永久性水准点和临时性水准点两种。永久性水准点一般用混凝土预制而成，如图 2-26(a) 所示，亦可选择稳固建筑物墙脚埋设墙脚水准标志，如图 2-26(b) 所示。临时性水准点可用地面上突出的坚硬岩石作为标志，也可用大木桩打入地下，桩顶钉一半球形的铁钉作标记，如图 2-26(c) 所示。

二、水准路线布设

根据测区的情况和施测的要求，水准路线可布设成单一水准路线和水准网。

1. 单一水准路线

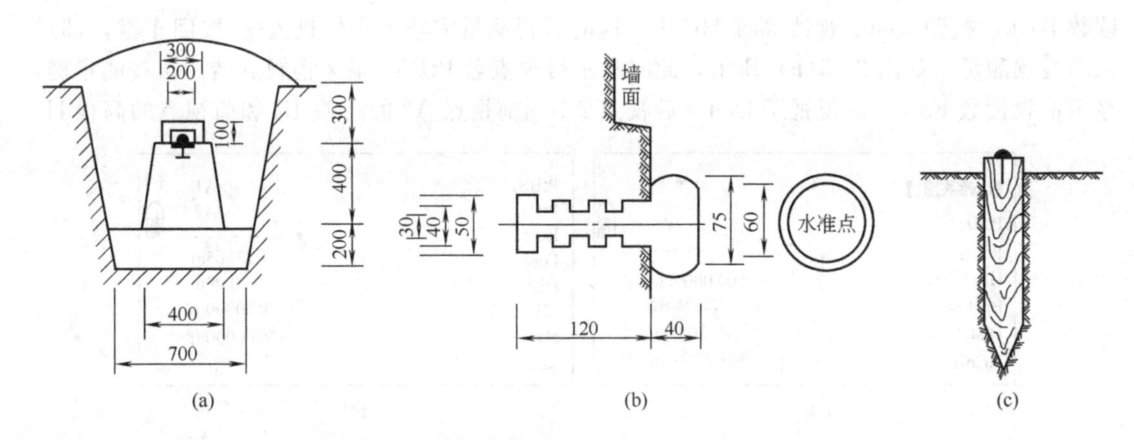

图 2-26 水准点标志（单位：mm）

(1) 闭合水准路线　如图 2-27(a) 所示，从一个已知高程的水准点 BM_A 出发，沿一条环形路线进行水准测量，依次测定若干个待定高程的水准点 1、2、3……最后又回到水准点 BM_A，称为闭合水准路线。在普通水准测量中，路线长一般不超过 8km。

(2) 附合水准路线　如图 2-27(b) 所示，从一个已知高程的水准点 BM_A 出发，沿一条路线进行水准测量，依次测定若干个待定高程的水准点 1、2、3……最后附合到另一个已知高程的水准点 BM_B 上，称为附合水准路线。在普通水准测量中，路线长一般不超过 8km。

(3) 支水准路线　如图 2-27(c) 所示，从一个已知高程的水准点 BM_A 出发，沿一条路线进行水准测量，依次测定若干个待定高程的点 1、2……最后既不回到起始水准点，也不附合到另一个已知高程的水准点上，称为支水准路线。由于支水准路线缺乏检核，故路线一般不超过 4km，且通常要进行往返观测，以加强检核。

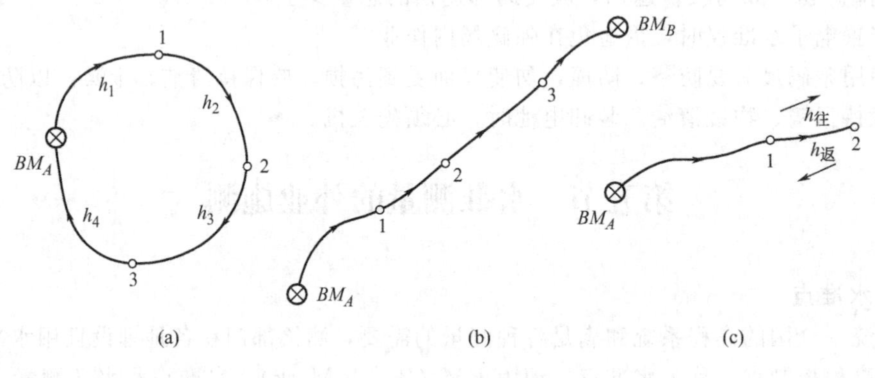

图 2-27 单一水准路线

2. 水准网

(1) 附合水准网　如图 2-28(a) 所示，从多个已知高程的水准点出发，由若干条单一水准路线相互连接而构成的网状图形。

(2) 独立水准网　如图 2-28(b) 所示，从一个已知高程的水准点 BM_A 出发，由若干条单一水准路线相互连接而构成的网状图形。

在水准网中，至少连接三条水准路线的水准点称为结点。

三、普通水准测量

普通水准测量常用于一般工程的高程测量和地形图测绘的图根控制点高程测量。本章介

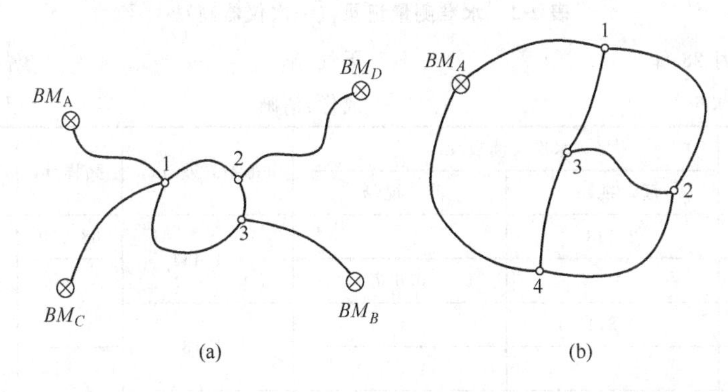

图 2-28 水准网

绍普通水准测量的施测方法。

1. 施测的一般要求

普通水准测量采用 DS_3 或 DS_{10} 级水准仪，测量前应对仪器进行检验和校正，采用中丝读数法单程观测，施测中各项限差应满足相应测量规范的各项要求。表 2-1 为《城市测量规范》(CJJ 8—99) 中图根水准测量的主要技术要求。

表 2-1 图根水准测量的主要技术要求

路线长度/km		仪器类型	视线长度/m	附合或环线闭合差/mm	
				平地	山地
附合或闭合路线	≤8	不低于 DS_{10}	100	$\pm 40\sqrt{L}$	$\pm 12\sqrt{n}$
支路线	≤4				

注：L 为路线长度，单位为 km；n 为测站数

2. 观测、记录和计算

按所选定的水准路线依次测量各测站的后视读数和前视读数，将观测数据准确及时地记入普通水准测量观测记录（见表 2-2），并及时计算高差、高程等数据。表 2-2 为单面尺一次仪器高水准测量的结果。对于一条水准路线，路线上通常有多个待求高程点。先按上述方法分别测出相邻两个待求点之间的高差，然后按本章第六节中的成果计算方法求得各待求点的高程。

3. 普通水准测量的检核

(1) 计算检核　由式(2-4)、式(2-5)可知，A 点到 B 点的高差等于各测站高差的代数和，也等于后视读数之和减去前视读数之和，因此，式(2-6) 可用来作为计算的检核。

$$H_B - H_A = \sum h = \sum a - \sum b \tag{2-6}$$

表 2-2 中的计算检核结果表明，高差计算是正确的。

(2) 测站检核　在水准测量中，为了保证观测精度，必须进行测站检核。检核的方法有两次仪器高法和双面尺法两种。

两次仪器高法是在每一测站上用两次不同的仪器高度（仪器高度差在 10cm 以上），测得两次高差进行比较，若两次高差之差不超过允许值（普通水准测量允许值为 6mm），则取平均值作为该测站观测高差，否则必须重测。表 2-3 为两次仪器高法水准测量记录。

双面尺法是保持仪器高度不变，用双面尺的黑、红面两次测量高差进行比较，若两次高差之差不超过允许值，则取平均值作为该测站观测高差，否则必须重测。有关双面尺法的记录将在第七章第四节中介绍。

表 2-2 水准测量记录（一次仪器高）

日期：2009 年 5 月 28 日　　天气：晴　　观测者　黄××

仪器型号：DS_3 703654　　成像：清晰　　记录者　刘××

测站	测点	水准尺读数/m		每站高差/m	高程/m	备注
		后视(a)	前视(b)			
1	A	2.138		+1.441	68.200	A 点为水准点
	TP_1		0.697			
2	TP_1	0.814		−1.739		
	TP_2		2.553			
3	TP_2	1.130		−0.318		
	TP_3		1.448			
4	TP_3	1.545		+0.887		B 点为待求点
	B		0.658		68.471	
Σ		5.627	5.356	+0.271		
计算检核	$\sum a-\sum b=5.627-5.356=0.271$ $\sum h=+0.271$　　$H_B-H_A=+0.271$ $H_B-H_A=\sum h=\sum a-\sum b$(说明计算无误)					

表 2-3 水准测量记录（两次仪器高法）

日期：2009 年 5 月 28 日　　天气：晴　　观测者　黄××

仪器型号：DS_3 703654　　成像：清晰　　记录者　刘××

测站	点号	水准尺读数/m		高差/m	平均高差/m	高程/m	备注
		后视	前视				
1	A	2.677				68.200	A 点为水准点
		2.554					
	TP_1		1.134	+1.543			
			1.011	+1.543	+1.543		
2	TP_1	0.844					
		1.024					
	TP_2		2.524	−1.680			
			2.708	−1.684	−1.682		
3	TP_2	1.435					
		1.540					
	TP_3		1.820	−0.385			
			1.923	−0.383	−0.384		
4	TP_3	1.822					
		1.710					
	B		1.030	+0.792		68.468	
			0.920	+0.790	+0.791		B 点为待求点
Σ		13.606	13.070	+0.536	+0.268		

续表

测站	点号	水准尺读数/m		高差/m	平均高差/m	高程/m	备注
		后视	前视				
计算检核		$\sum a-\sum b=13.606-3.070=+0.536$ $\sum h=+0.536$　　$\sum h_{平均}=+0.268$　　$H_B-H_A=+0.268$ $H_B-H_A=\sum h_{平均}=\frac{1}{2}\sum h=\frac{1}{2}(\sum a-\sum b)$（说明计算无误）					

第六节　单一水准路线的计算

一、附合水准路线的计算

1. 高差闭合差的计算

在水准测量中，由于测量误差的影响，使水准路线的实测高差值与应有高差值不相等，其差值称为高差闭合差，用 f_h 表示。(对于附合水准路线，f_h 按下式计算。)

$$f_h=\sum h_{测}-\sum h_{理}=\sum h_{测}-(H_{终}-H_{始}) \tag{2-7}$$

如果 f_h 在允许范围内，认为符合精度要求，否则，应查明原因，返工重测。

对于普通水准测量，不同地形的高差闭合差允许值 $f_{h允}$ 可分别按表 2-1 中的公式进行计算。

2. 高差闭合差的调整

当 $f_h \leqslant f_{h允}$ 时，即可进行高差闭合差的调整。消除闭合差的原则是将 f_h 反号，按与各测段的路线长度或测站数成正比地改正各段观测高差。根据式(2-8) 或式(2-9) 计算各测段的高差改正数，将闭合差调整至各测段上，进行高差改正。

$$v_i=-f_h\frac{L_i}{\sum L} \tag{2-8}$$

或

$$v_i=-f_h\frac{n_i}{\sum n} \tag{2-9}$$

式中，$\sum L$ 为水准路线的总长度；L_i 为第 i 测段路线长度；$\sum n$ 为水准路线的总测站数；n_i 为第 i 测段测站数。

高差改正数的计算检核

$$\sum v_i=-f_h \tag{2-10}$$

若式(2-10) 不满足，说明高差改正数计算有误。确认无误后，将实测高差加上高差改正数，得改正后的高差。

3. 待求点高程的计算

根据各段改正后的高差和起始点的高程，分别求得各待求点的高程。

【例 2-1】 图 2-29 所示为某附合水准路线，各测段的路线长、实测高差和起点高程均注于图中，该附合水准路线的计算结果见表 2-4。

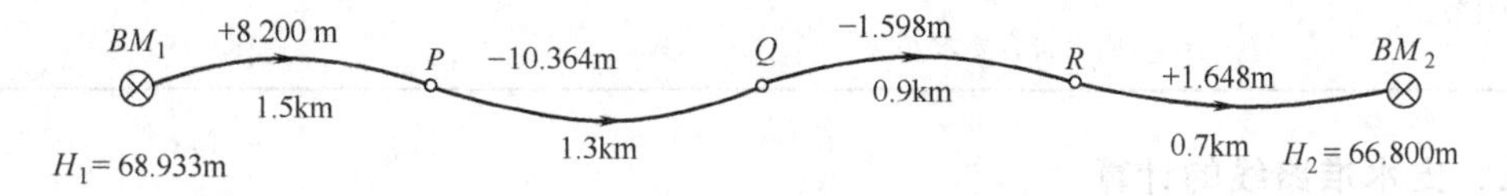

图 2-29　附合水准路线计算略图

表 2-4　附合水准路线成果计算

点名	路线长/km	实测高差/m	高差改正数/m	改正后高差/m	高程/m
BM_1					68.933
	1.5	+8.200	−0.006	+8.194	
P					77.127
	1.3	−10.364	−0.006	−10.370	
Q					66.757
	0.9	−1.598	−0.004	−1.602	
R					65.155
	0.7	+1.648	−0.003	+1.645	
BM_2					66.800
Σ	4.4	−2.114	−0.019	−2.133	
辅助计算	$f_h=\sum h-(H_2-H_1)=-2.114-(66.800-68.933)=+0.019\text{m}$ $f_{h允}=\pm 40\sqrt{L}=\pm 40\sqrt{4.4}=\pm 84\text{mm}$ $f_h<f_{h允}$，成果符合要求				

二、闭合水准路线的计算

闭合水准路线的计算方法与附合水准路线的计算基本相同，仅高差闭合差按下式计算。

$$f_h=\sum h_{测} \tag{2-11}$$

当 f_h 在允许范围内，成果符合精度要求，否则，应查明原因，返工重测。

【例 2-2】 图 2-30 所示为某闭合水准路线，各测段的路线长、实测高差和起点高程均注于图中，该闭合水准路线的计算结果见表 2-5。

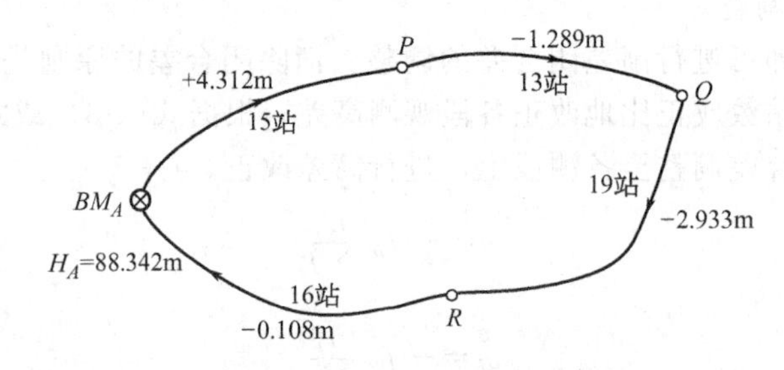

图 2-30　闭合水准路线计算略图

表 2-5　闭合水准路线成果计算

点　名	测站数	实测高差/m	高差改正数/mm	改正后高差/m	高程/m
BM_A					88.342
	15	+4.312	+4	+4.316	
P					92.658
	13	−1.289	+4	−1.285	
Q					91.373
	19	−2.933	+5	−2.928	
R					88.445
	16	−0.108	+5	−0.103	
BM_A					88.342
Σ	63	−0.018	+18	0	
辅助计算	$f_h=-18\text{mm}$　$f_{h允}=\pm 12\sqrt{n}=\pm 95\text{mm}$ $f_h<f_{h允}$，成果符合要求				

三、支水准路线的计算

对支水准路线，高差闭合差按式(2-12) 计算。

$$f_h=\sum h_{往}+\sum h_{返} \quad (2\text{-}12)$$

当 f_h 在允许范围内，成果符合精度要求。否则，应查明原因，返工重测。

设 A 点为已知点，高程为 68.200m，从 A 点测到 B 点，高差为 +4.385，若再从 B 点测到 A 点，高差为 −4.373，此时 B 点高程的计算方法如下：

高差闭合差为

$$f_h=h_{往}+h_{返}=+4.385-4.373=+0.012\text{m}$$

高差闭合差允许值为

$$f_{h允}=\pm12\sqrt{n}=\pm12\sqrt{(4+6)/2}=\pm27\text{mm}$$

$f_h<f_{h允}$，说明观测结果符合精度要求。

$$h_{AB}=(h_{往}-h_{返})/2=(+4.385+4.373)/2=4.379\text{m}$$

则 B 点的高程为

$$H_B=H_A+h_{AB}=68.200+4.379=72.579\text{m}$$

第七节　水准仪的检验与校正

一、微倾式水准仪的检验与校正

1. 微倾式水准仪应满足的几何条件

微倾式水准仪的主要轴线有：圆水准轴 $L'L'$、管水准轴 LL、视准轴 CC 和纵轴（竖轴）VV，如图 2-31 所示。

根据水准测量的原理，水准仪应满足的主要条件是 $LL/\!/CC$。如果该条件不满足，当水准管气泡居中后，视准轴是倾斜的，无法获得正确的读数。

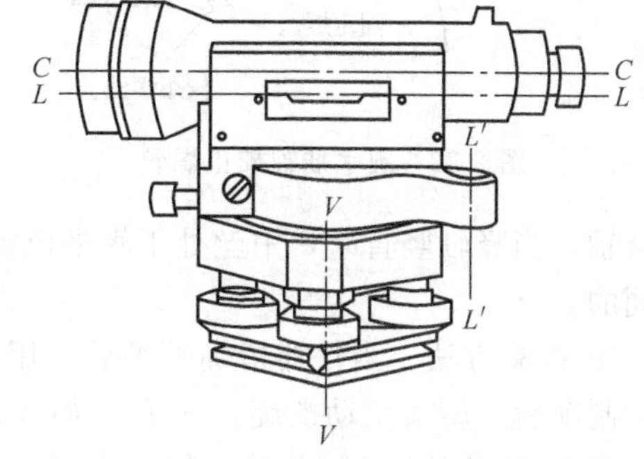

图 2-31　水准仪轴线图

此外，水准仪还要满足两个次要条件：

① $L'L'/\!/VV$；

② 十字丝中丝 $\perp VV$。

如果次要条件①不满足，圆水准器气泡居中后，仪器的竖轴不竖直，将不易于完成精平。若次要条件②不满足，当仪器竖轴竖直后，中丝上不同位置在标尺上截得的读数各不相同，这样不便于中丝在尺上读数。

水准仪在出厂时，一般都进行了严格的检查，各部分的轴线关系都是正确的。但由于长期使用和搬运过程中震动等原因，致使仪器各轴线关系发生变化。因此，在使用仪器前，必须对仪器进行检验和校正。

2. 微倾式水准仪的检验与校正

水准仪检验校正的顺序应使前面检验的项目不受后面检验项目的影响。

(1) 圆水准轴平行于仪器竖轴的检验与校正

① 目的　通过检校，可使仪器圆水准器气泡居中时，仪器竖轴基本竖直。

② 检验方法　先用脚螺旋使圆水准器气泡居中，如图 2-32(a) 所示，然后将仪器绕竖轴旋转 180°，若气泡仍然居中，说明条件满足；若气泡不居中，如图 2-32(b)，说明圆水准轴不平行于竖轴，需要校正。

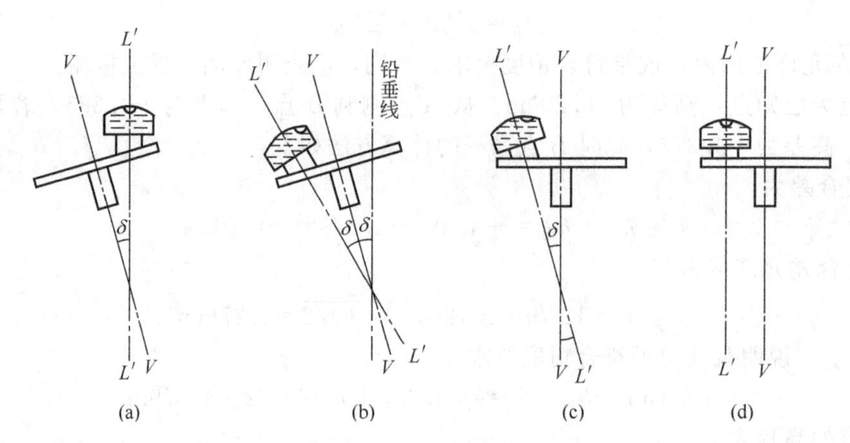

图 2-32　圆水准轴检校

③ 校正方法　首先调节脚螺旋使气泡向零点移动偏离值的一半，此时竖轴处于铅直位置，如图 2-32(c)。用校正针拨动圆水准器的三个校正螺丝（图 2-33）使气泡居中，此时圆水准轴与竖轴同时铅直，即两者平行，如图 2-32(d) 所示。再将仪器转动 180°，检查气泡是否居中，若仍不居中，需重复前面的校正工作，直至仪器转动到任何位置时圆水准器气泡仍然居中为止。最后应旋紧固定螺丝。

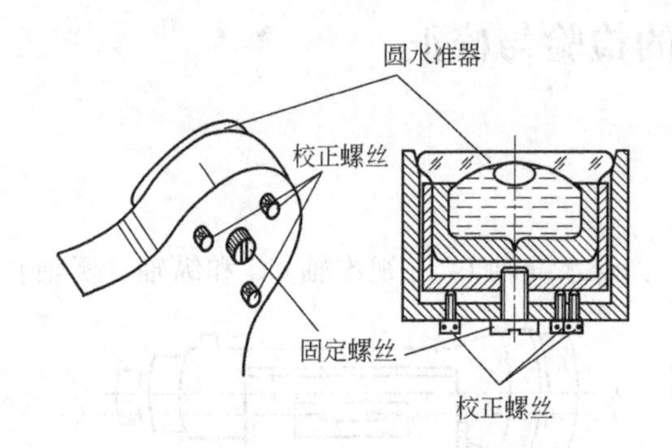

图 2-33　圆水准轴校正螺丝

(2) 十字丝中丝垂直于仪器竖轴的检验与校正

① 目的　通过检校使十字丝中丝垂直于仪器竖轴，当竖轴竖直时，中丝处于水平位置，即用中丝任何位置在水准尺上截得的读数都是相同的。

② 检验方法　当仪器精确整平后，用中丝的一端瞄准一点状目标 P，如图 2-34(a) 所示，制动后，转动微动螺旋。如 P 点始终落在中横丝上，如图 2-34(b) 所示，说明条件满足。若 P 点偏离中丝而移动，如图 2-34(c)、(d)所示，则条件不满足，需要校正。

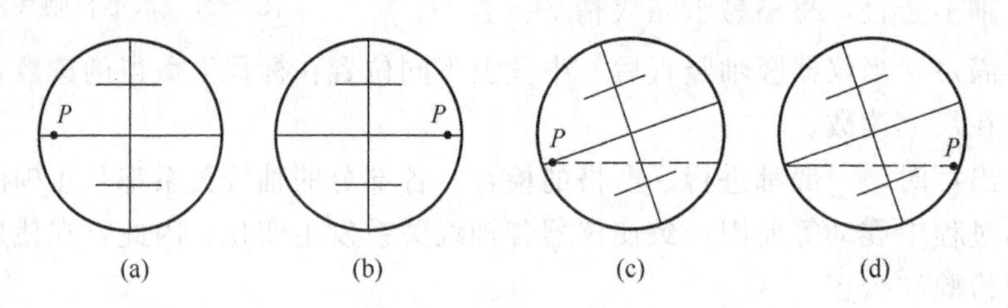

图 2-34　十字丝中丝检验

③ 校正方法　先取下十字丝分划板护罩，然后松开十字丝分划板压环螺丝，如图 2-35 所示，轻轻转动十字丝分划板，使中丝达到水平。反复检校，直至条件满足为止，拧紧压环螺丝，上好护罩。

(3) 管水准轴平行于视准轴的检验与校正

① 目的　使管水准轴平行于视准轴，当水准管气泡居中时，视准轴处于水平位置，即获得一条水平视线。

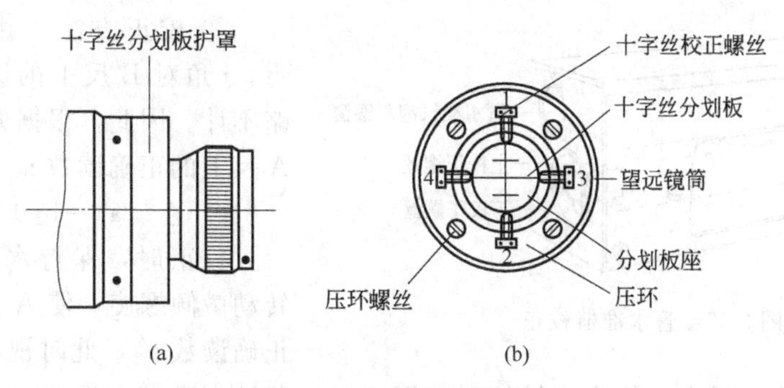

图 2-35　十字丝中丝校正

视准轴和管水准轴都是空间直线，如果它们相互平行，则在竖直面上的投影和水平面上的投影都应该是平行的。在竖直面上投影是否平行的检验，称为 i 角检验；在水平面上投影是否平行的检验，称为交叉误差检验。在普通水准测量中，只进行 i 角检校，该项检校是水准仪检校的重点。

② 检验方法　如图 2-36 所示，在坚实而平坦的地面上，选择相距 80～100m 的 A、B 两点，用木桩标定点位或放置尺垫（或选在固定点上），将水准仪安置在两点中间的 C 处，采用两次仪器高法测定 A、B 间的高差。当两次高差之差不超过 3mm 时，取平均值作为 A、B 间的正确高差 h_{AB}。

如图 2-36 所示，由于 i 角影响，在 A、B 两点水准尺上所引起的读数误差为

$$x=\frac{i''}{\rho''}S \tag{2-13}$$

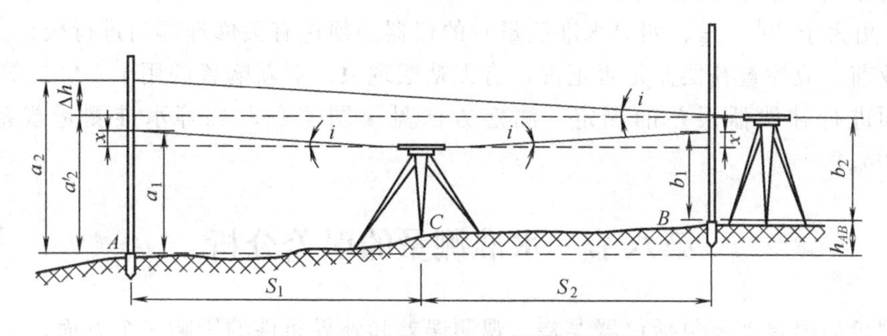

图 2-36　管水准轴平行于视准轴的检验

当仪器安置在中点时，i 角误差在两根尺上所引起的读数误差相同，则 A、B 间的正确高差为

$$h_{AB}=(a_1-x)-(b_1-x)=a_1-b_1$$

说明无论仪器是否存在 i 角，在中点上测得的高差始终是正确的。

将水准仪搬至距 B 点（或 A 点）2～3m 处，精平后分别读取 A 点和 B 点上水准尺的读数 a_2 和 b_2，则 $h'_{AB}=a_2-b_2$。两次设站观测的高差之差为

$$\Delta h=h'_{AB}-h_{AB}$$

由图 2-35 可知，i 角的计算公式为

$$\mathrm{i}=\frac{\Delta \mathrm{h}}{\mathrm{S}}\rho'' \tag{2-14}$$

对于 DS_3 水准仪，一般要求 i 角不得大于 20″，超过限值时需进行校正。

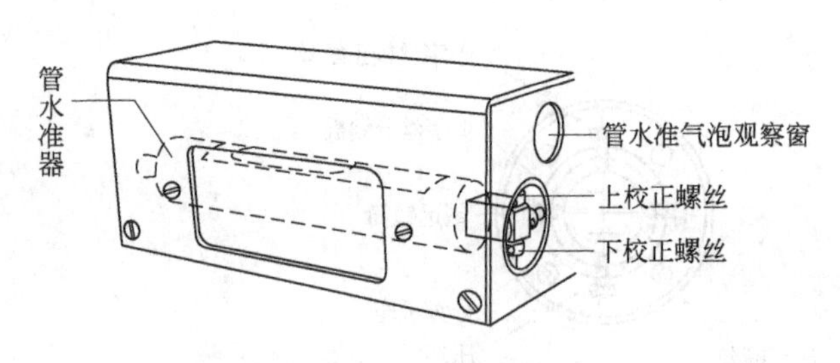

图 2-37 管水准器校正

③ 校正方法 由于仪器靠近 B 点，i 角对 B 尺上的读数影响可以忽略不计。因此，根据 b_2 和 h_{AB} 计算出 A 尺上的正确读数 a_2' 为

$$a_2' = b_2 + h_{AB}$$

校正时，保持水准仪位置不动，转动微倾螺旋，使 A 尺上的读数对准正确读数 a_2'，此时视准轴处于水平位置，但水准管气泡不居中，管水准轴倾斜。用校正针稍松水准管一端的左、右两个校正螺丝，再拨动上下两个校正螺丝，如图2-37所示，拨动校正螺丝时，不能用力过猛，应先松后紧，直到水准管气泡居中。校正结束后，应将左、右校正螺丝上紧。此项检验校正应反复进行，直至 i 角不大于 20″为止。

二、自动安平水准仪的检验与校正

自动安平水准仪检验与校正的主要项目如下。

① 圆水准轴平行于仪器竖轴的检验与校正；

② 十字丝中丝垂直于仪器竖轴的检验与校正；

③ 望远镜视准轴位置正确性的检验与校正；

其中，①和②的检验与校正方法与微倾式水准仪相同。第③项是检验望远镜视准轴与水平面的夹角（也称为 i 角），检验方法与微倾式水准仪 i 角的检验方法完全相同。为了减少仪器误差的影响，在进行此项检验时，应特别仔细地整平仪器，此外在观测中不要二次调焦。对于 i 角大于 20″（三、四等水准测量）的仪器必须送有关修理部门进行校正。

在作业前，应检查补偿器是否正常，有无粘摆现象。对新购置的用于一、二等水准测量的仪器还须进行补偿器误差的测定，测定方法见《国家一、二等水准测量规范》GB/T 12897—2006。

第八节 水准测量的误差分析

水准测量的误差来源包括仪器误差、观测误差和外界条件的影响三个方面。

一、仪器误差

1. 仪器检校后的残余误差

仪器虽经检校，但总是存在有残余误差。对微倾式水准仪主要是管水准轴与视准轴不平行的误差，而自动安平水准仪则主要是视线水平度的误差。由图 2-36 可知，若保持前后视距相等，i 角对高差的影响可以消除或削弱。因此，在普通水准测量中，要求前后视距差不超过 10m，目的就在于有效地削弱仪器检校后的残余误差。

2. 水准尺分划误差

由于尺子刻划不均匀、尺长发生变化、尺子弯曲等原因，引起水准测量的误差。在精度要求较高的水准测量中，应对水准尺进行检定，当每米长度误差超过±0.5mm 时，需对所测高差进行改正。在普通水准测量中，若将两根标尺交替放置，可以有效削弱该项误差。

3. 水准尺零点误差

由于水准尺长期使用而使底端磨损，或标尺底部沾上泥土，而改变了尺底的零点位置，造成标尺零点误差。在观测过程中，以两根标尺交替放置，并使每一测段的测站数为偶数，可以消除一对水准尺黑面零点差的影响。同时，应注意及时清除尺底的泥土。

二、观测误差

1. 水准管气泡居中误差

实验资料证明，水准管气泡居中误差对高差观测值的影响大小与仪器到标尺的距离成正比。在水准测量中，每次读数前，都应使水准管气泡严格居中，且距离愈远时，更应注意气泡的居中。

2. 视差

当目标影像与十字丝分划板面不重合时，随着人眼在目镜端的上下移动，标尺上的读数发生变化。因此，在水准测量时，应随时注意消除视差。

3. 读数误差

在消除视差的条件下，读数误差主要是估读毫米值的误差。估读精度一方面取决于人眼的判辨能力，同时与望远镜的放大率以及标尺离仪器的距离有关。在普通水准测量中，要求望远镜放大率在 20 倍以上，视线长度不超过 100m，以便有效地减小读数误差。

4. 标尺倾斜误差

若水准尺不竖直，无论是往前倾还是往后倾，始终使标尺上的实际读数大于应读数。如当标尺倾斜 3°30′，在标尺上截取的读数为 1m 时，将产生 2mm 的读数误差，且标尺上截得的读数越大，误差越大。因此，读数时应将标尺扶直，尤其是上坡或下坡测量时，处于低处的尺子应特别注意扶正。

三、外界条件的影响

1. 仪器下沉

在一个测站上，由于地面不坚实而产生仪器下沉，使视线降低，而引起高差误差。在一个测站观测时，采用“后—前—前—后”的观测顺序，可削弱仪器下沉对高差的影响。

2. 尺垫下沉

若在迁站过程中转点尺垫发生下沉，将使下一站后视读数增大，引起高差误差。对同一水准路线采用往返测高差取平均的方法，可削弱此项误差的影响。

3. 地球曲率和大气折光的影响

由第一章第五节可知，地球曲率对高差的影响，即使在很短的距离内也必须加以考虑。在图 2-38 中，C 为地球曲率差，按式(1-7) 计算，即 $C=\frac{s^2}{2R}$。

当仪器距后、前标尺的距离相等时，可消除地球曲率对高差的影响。

由于地面上空气密度不均匀，使视线并不水平而成弧线，如图 2-38 所示，大气折光对读数的影响称为大气折光差，用 r 表示。实验证明，折光曲线的曲率半径约为地球半径的 7 倍。对于该项误差对高差的影响，同样可采用前后视距相等的方法来消除或减弱。另外，应选择成像清晰的时间观测，一般在日出后或日落前 2 小时为好，并采用控制视线离地面的高度（不小于 0.3m）等方法，来减小大气折光差的影响。

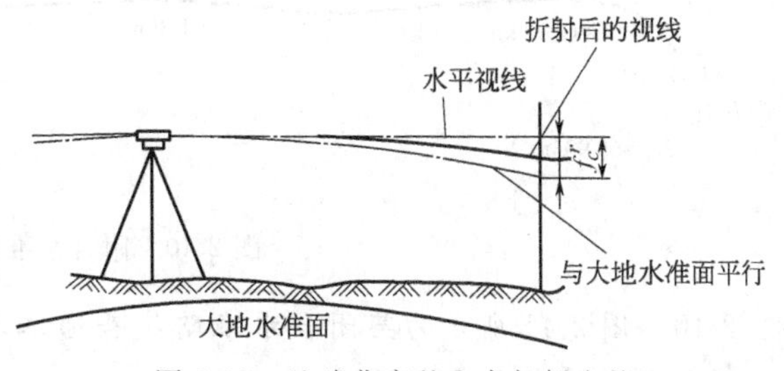

图 2-38　地球曲率差和大气折光差

地球曲率差 c 和大气折光差 r 的联合影响称为球气差 f。

$$f=c-r$$

4. 温度风力的影响

由于温度的变化使仪器各部分产生变形，在阳光直晒管水准器时，会影响水准管气泡居中，致使测量结果受到影响。因此，在阳光下观测时应撑伞。风力的影响会使仪器和水准尺晃动，难以精确整平仪器，影响测量成果的准确性。因此，观测时应选择有利的气候条件。

思考题与习题

2-1 微倾式水准仪上的圆水准器和管水准器各有何作用？

2-2 何谓视准轴？何谓管水准轴？它们之间应满足什么关系？

2-3 何谓视差？产生视差的原因是什么？如何消除视差？

2-4 水准仪的使用包括哪些基本操作？试简述其操作要点。

2-5 转点在水准测量中起什么作用？

2-6 在水准测量中，使前后视距相等，可消除哪些误差对高差的影响？

2-7 设 A 点为后视点，B 点为前视点，若后视读数为 1.358m，前视读数为 2.077m，问 A、B 两点的高差是多少？哪一点位置高？若 A 点高程为 63.360m，试计算 B 点高程，并绘图说明。

2-8 图 2-39 所示为某水准测量观测略图，试按表 2-2 的格式，将已知数据、观测数据填入表内，并计算出各测站的高差和 B 点高程。

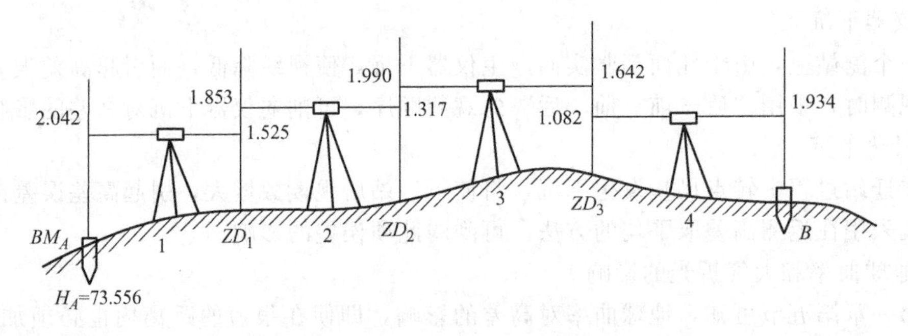

图 2-39 水准测量观测略图

2-9 图 2-40 所示为某附合水准路线普通水准测量观测成果，试按表 2-4 进行成果处理，并计算各待求点的高程。

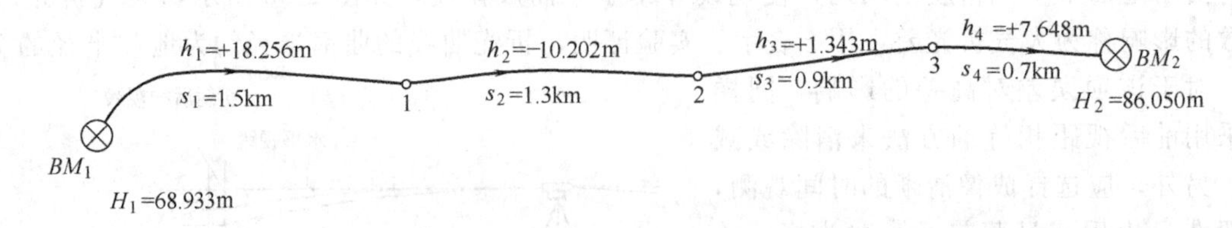

图 2-40 附合水准路线略图

2-10 图 2-41 所示为某闭合水准路线普通水准测量观测成果，试按表 2-5 进行成果处理，并计算各待求点的高程。

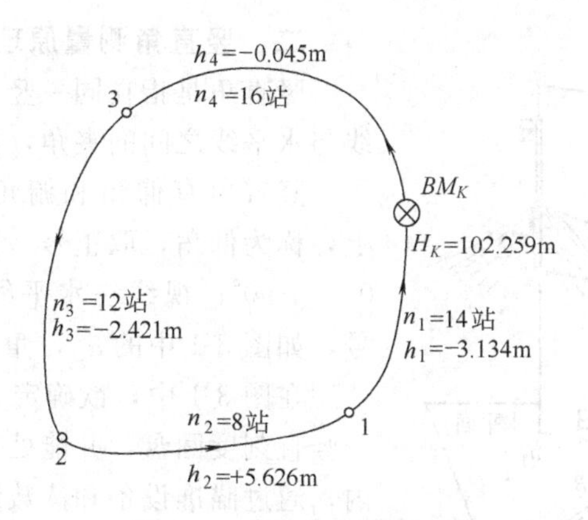

图 2-41　闭合水准路线略图

2-11　微倾式水准仪有哪些主要轴线？各轴线之间应满足什么条件？哪一个是主要条件？为什么？

2-12　在地面上选择相距 80m 的 A、B 两点，水准仪安置在中点 C，测得 A 尺上读数 $a_1=1.553$，B 尺上读数 $b_1=1.822$；在中点 C 变动仪器高后测得 A 尺读数 $a'_1=1.436$，B 尺读数 $b'_1=1.703$。仪器搬至 B 点附近，测得 A 尺读数 $a_2=1.373$，B 尺读数 $b_2=1.659$。试问：

(1) 管水准轴是否平行于视准轴？

(2) 如不平行，视准轴倾斜方向如何？

(3) 如何校正？05192 测量学（第二版）

第三章　角度测量

角度测量是确定地面点位的三项基本测量工作之一，包括水平角测量和竖直角测量。水平角测量用于确定点的平面位置，竖直角测量用于测定高差或将倾斜距离转化成水平距离。

第一节　角度测量原理

一、水平角测量原理

水平角是指相交的两条直线在同一水平面上投影的夹角，或指分别过这两条直线所作两竖直面所夹的二面角。

如图 3-1 所示，A、O、B 为地面上的三点，OA、OB 在同一水平面 P 上的投影 O_1a_1、O_1b_1 所构成的夹角 β，或分别过 OA、OB 所作的竖直面所夹的二面角，即为两方向线间的水平角。

在图 3-1 中，为了获得水平角 β 的大小，设想有一个能安置成水平的刻度圆盘，且圆盘中心可以处在过 O 点的铅垂线上的任意位置 O_2；另有一个瞄准设备，能分别瞄准 A 点和 B 点的目标，且能在刻度圆盘上获得相应的读数 a 和 b，则水平角

$$\beta=b-a \tag{3-1}$$

水平角取值范围为 0～360°。

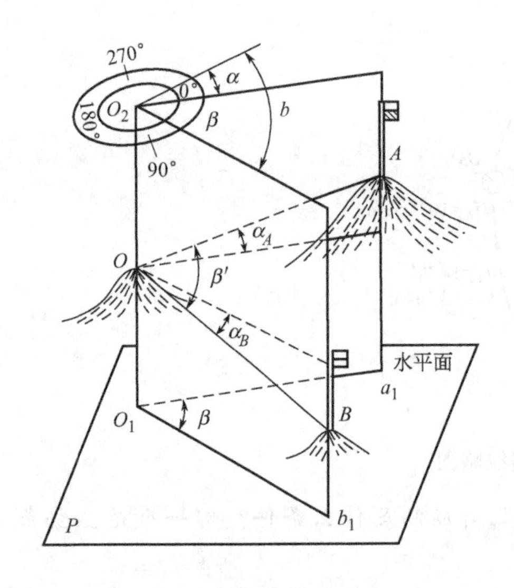

图 3-1 角度测量原理

二、竖直角测量原理

竖直角是指在同一竖直面内，观测目标的方向线与水平线之间的夹角，简称为竖角。

竖直角有仰角和俯角之分，视线在水平线以上，称为仰角，取正号，如图 3-1 中的 α_A，角值为 0°～＋90°；视线在水平线以下，称为俯角，取负号，如图 3-1 中的 α_B，角值为－90°～0°。

在图 3-1 中，欲确定 α_A 和 α_B 的大小，假想有一竖直刻度圆盘，并能处在过目标方向线的竖直面内，通过瞄准设备和读数装置可分别获得倾斜视线和水平视线的读数，从而计算出竖直角 α 的大小。值得注意的是，在过 O 点的铅垂线上不同位置设置竖直圆盘，所得的竖直角大小是不同的。

天顶距是指从测站点天顶方向（即铅垂线的反方向）到观测目标的方向线所构成的角，一般用 Z 表示，天顶距的大小为 0°～180°。

根据上述测角原理，用于角度测量的仪器应有带刻度的水平度盘、竖直度盘，以及瞄准设备、读数设备等，并要求水平度盘中心在过地面点的铅垂线上，瞄准设备能瞄准方向不同、高低不一的目标。经纬仪就是根据这些要求制成的一种测角仪器，它既可以测水平角，又可以测竖直角。

第二节 光学经纬仪

一、经纬仪的分类

我国生产的经纬仪按精度可分为 DJ_{07}、DJ_1、DJ_2、DJ_6 和 DJ_{30} 等型号，其中，“D”、“J”分别为“大地测量”、“经纬仪”的汉语拼音第一个字母；07、1……30 表示仪器的精度等级，即室外“一测回水平方向中误差”，单位为秒（″）。“DJ”常简写为“J”。

按读数设备将现在使用的经纬仪分为光学经纬仪和电子经纬仪。电子经纬仪作为一种现代测绘仪器，在工程中得到了广泛的应用。而光学经纬仪目前仍是常用的一种测角仪器。下面重点介绍最常用的 DJ_6 和 DJ_2 光学经纬仪。

二、DJ_6 光学经纬仪的构造与读数方法

1. DJ_6 光学经纬仪的构造

图 3-2 为一种 DJ_6 光学经纬仪。不同型号的光学经纬仪，其外形和各螺旋的形状、位置不尽相同，但基本构造相同，一般都包括照准部、水平度盘和基座三大部分，如图 3-3 所示。

图 3-2 DJ_6 光学经纬仪

1—望远镜制动螺旋；2—望远镜微动螺旋；3—物镜；4—物镜调焦螺旋；5—目镜；6—目镜调焦螺旋；7—瞄准器；8—度盘读数显微镜；9—度盘读数显微镜调焦螺旋；10—照准部管水准器；11—光学对中器；12—度盘照明反光镜；13—竖盘指标管水准器；14—竖盘指标水准管观察反射镜；15—竖盘指标管水准器微动螺旋；16—水平制动螺旋；17—水平微动螺旋；18—水平度盘变换手轮；19—基座圆水准器；20—基座；21—轴座固定螺旋；22—脚螺旋

（1）照准部　主要由望远镜、支架、旋转轴（竖轴）、望远镜制动螺旋、望远镜微动螺

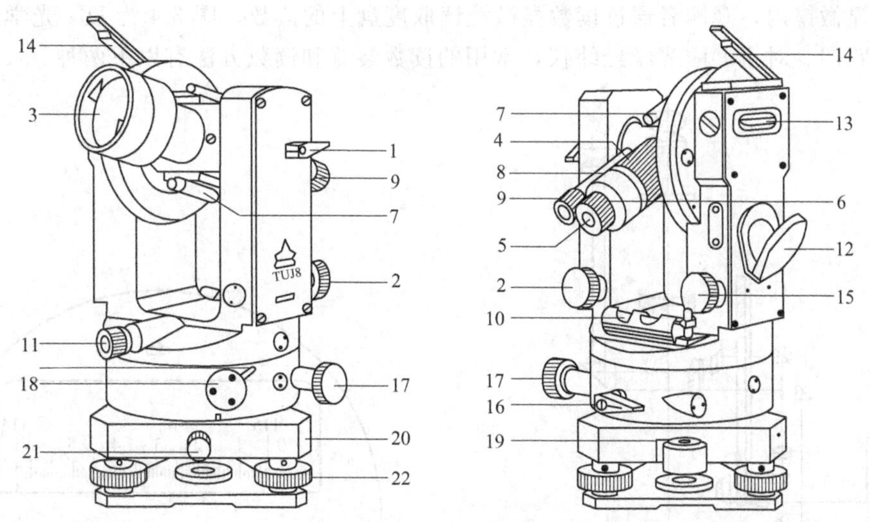

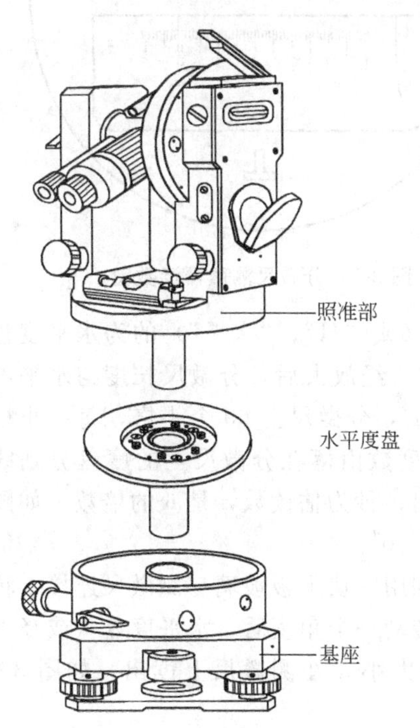

图 3-3　DJ_6 光学经纬仪的构造

旋、水平制动螺旋、水平微动螺旋、竖直度盘、读数设备、管水准器和光学对中器等组成。望远镜用于瞄准目标，其构造与水准仪相同。望远镜与横轴固连在一起，安放在支架上，望远镜可绕仪器横轴作上下转动，视准轴所扫出的面为一竖直面。望远镜制、微动螺旋用于控制望远镜的上下转动。竖直度盘固定在望远镜横轴的一端，随同望远镜一起转动，用于观测竖直角。借助支架上的竖盘指标管水准器微动螺旋可调节竖盘指标水准管气泡居中，以安置竖盘指标于正确位置。读数设备包括读数显微镜以及光路中一系列光学棱镜和透镜。仪器的竖轴处在管状轴套内，可使整个照准部绕仪器竖轴作水平转动。水平制动、微动螺旋用于控制照准部水平方向转动。管水准器用于精确整平仪器。光学对中器用于调节仪器使水平度盘中心与地面点位于同一铅垂线上。

(2) 水平度盘　水平度盘由光学玻璃制成，度盘边缘通常按顺时针方向刻有 0°～360°的等角距分划线，水平度盘不随照准部转动。对于方向经纬仪，在水平角测量中，可利用水平度盘变换手轮将水平度盘转到所需要的位置，配置好水平度盘后应及时盖好护盖，以免作业中碰动。

对于装有复测器的复测经纬仪，水平度盘与照准部之间的连接由复测器控制。将复测器扳手往下扳时，照准部转动时带动水平度盘一起转动；将复测器扳手往上扳时，水平度盘就不随照准部旋转。

(3) 基座　经纬仪基座与水准仪基座的构成和作用基本相同，有轴座、脚螺旋、底板和三角压板。但经纬仪基座上还有一个轴座固定螺旋，用于将照准部和基座固连在一起，通常情况下，轴座固定螺旋必须拧紧固定。

2. DJ_6 光学经纬仪的读数

DJ_6 光学经纬仪的水平度盘和竖直度盘分划线通过一系列的棱镜和透镜，成像于望远镜旁的读数显微镜内，观测者通过读数显微镜读取度盘上的读数，图 3-4 为 DJ_6 光学经纬仪读数系统光路图。对于 DJ_6 光学经纬仪，常用的读数装置和读数方法有以下两种。

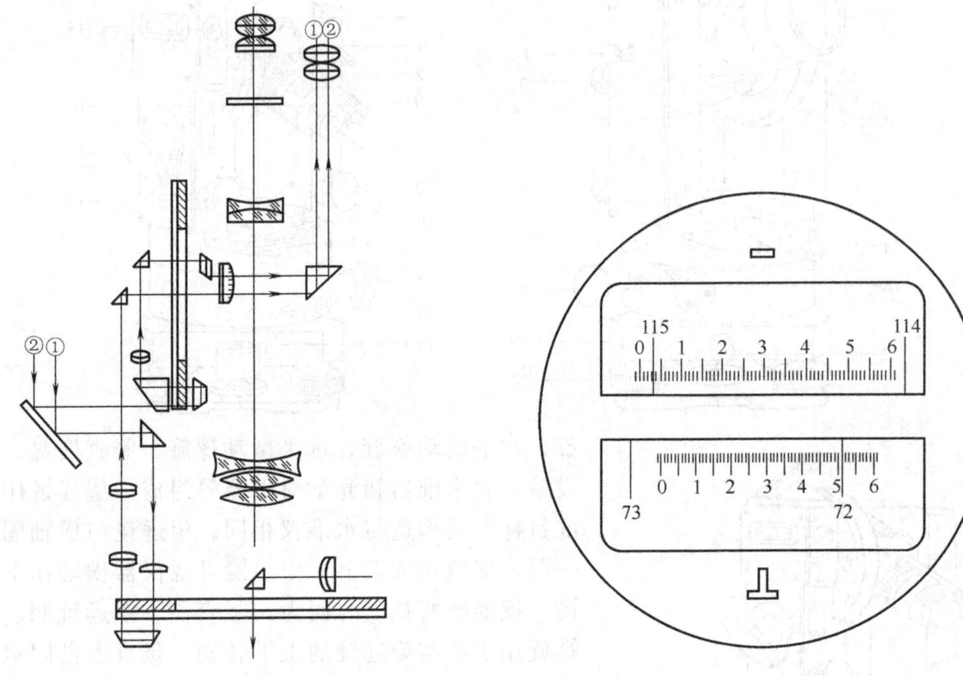

图 3-4 DJ_6 光学经纬仪光路

图 3-5 分微尺测微器读数窗

(1) 分微尺测微器读数 如图 3-5 所示，注有“—”(或“H”、“水平”) 的为水平度盘读数，注有“⊥”(或“V”、“竖直”) 的为竖直度盘读数。经放大后，分微尺长度与水平度盘或竖直度盘分划值 1°的成像宽度相等，分微尺长度为 1°，分微尺上 60 个小格，每一小格为 1′，可估读最小分划的 1/10，即 0.1′=6″。读数时，度数由落在分微尺上的度盘分划线注记数读出，分数则用该度盘分划线在分微尺上直接读出，秒为估读数，是 6 的倍数。如图 3-5所示的水平度盘读数为 115°03′24″，竖盘读数为 72°51′00″。

(2) 单平板玻璃测微器读数 单平板玻璃测微器是利用一块平板玻璃与测微尺连接，转动测微轮，平板玻璃和测微尺绕同一轴转动。平板玻璃转动一个角度后，水平度盘（或竖直度盘）分划线的影像也平行移动一微小距离，移动量的大小 a 在测微尺上读出，如图 3-6 所示。

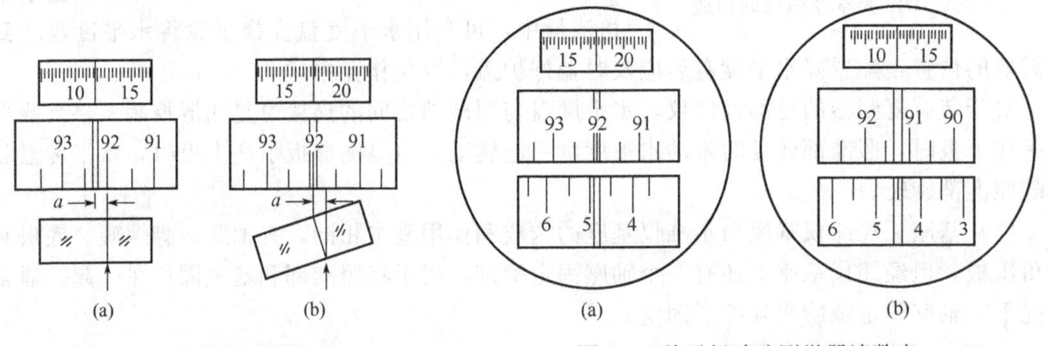

图 3-6 单平板玻璃测微器

图 3-7 单平板玻璃测微器读数窗

图 3-7 为单平板玻璃测微器读数窗的影像，下窗为水平度盘影像，中窗为竖直度盘影像，上窗为测微尺影像。度盘最小分划值为 30′，测微尺总长也为 30′。读数时转动测微轮，使度盘某一分划线精确地夹在双指标线中央，先读出度盘分划线的读数，再依指标线在测微尺上读出 30′以下的余数，两者相加可获得读数结果。图 3-7(a) 中所示的竖直度盘读数为 92°＋17′30″＝92°17′30″；图 3-7(b) 中所示的水平度盘读数为 4°30′＋12′00″＝4°42′00″。

三、DJ_2 光学经纬仪的构造与读数方法

1. DJ_2 光学经纬仪的构造

图 3-8 为苏州第一光学仪器厂生产的 DJ_2 光学经纬仪。其构造与 DJ_6 光学经纬仪相比，除轴系和读数方式不同外，其他基本相同，同样由照准部、水平度盘和基座三大部分构成。DJ_2 光学经纬仪常用于国家和城市三等三角测量、四等三角测量、精密导线测量和各种工程测量。

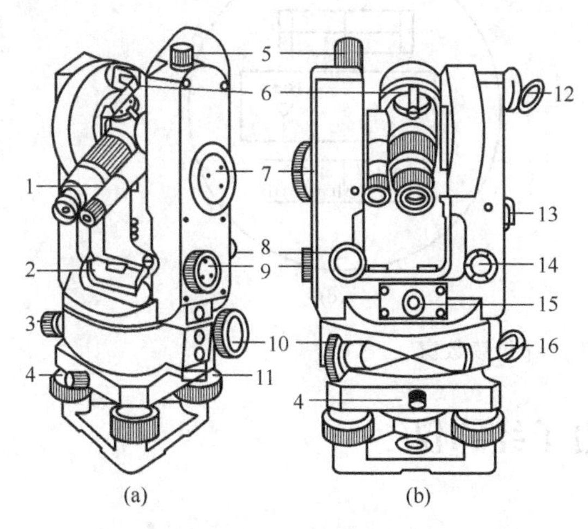

图 3-8　DJ_2 光学经纬仪

1—读数显微镜；2—照准部水准管；3—水平制动螺旋；4—轴座固定螺旋；5—望远镜制动螺旋；6—瞄准器；7—测微轮；8—望远镜微动螺旋；9—换像手轮；10—水平微动螺旋；11—水平度盘变换手轮；12—竖盘照明反光镜；13—竖盘指标器水准管；14—竖盘指标器水准管微动螺旋；15—光学对点器；16—水平度盘照明反光镜

2. DJ_2 光学经纬仪的读数

(1) 读数特点　DJ_6 光学经纬仪是单指标读数仪器，从读数显微镜内一次只能看到度盘上某一位置的读数，读数结果受度盘偏心差的影响，精度不高。在 DJ_2 光学经纬仪中，采用对径分划符合读数设备，将度盘上对径相差 180°的分划线，经过一系列棱镜和透镜的折射和反射，同时成像在读数显微镜内，通过读取对径相差 180°处两个分划的平均值，以消除度盘偏心差的影响，提高读数精度。在 DJ_2 读数显微镜内，一次只能看到水平度盘或竖直度盘的一种影像。读数前应根据需要调节图 3-8 中所示的换像手轮，并选择相应的照明反光镜，使所需度盘影像成像在读数显微镜中。

(2) 读数方法　DJ_2 光学经纬仪通常采用移动光楔测微器或双平板玻璃光学测微器。图 3-9(a) 所示为苏州第一光学仪器厂生产的 DJ_2 光学经纬仪水平度盘的读数窗影像。读数前应调节测微轮使对径分划线影像重合，如图 3-9(b) 所示。读数时，度数由上窗中央或偏左的数字读出；上窗中小框内的数字为整十分数；分数个位与秒数从左边的小窗内读得。测微尺上刻有 600 小格，每格为 1″，共计 10′，左边的数字为分，右边的数字为整 10″数，可估读至 0.1″。度盘上的读数加上测微尺上的读数即为全部读数。图 3-9(b) 的读数为 96°37′14.7″。

图 3-9(c)、(d) 所示为其他类型 DJ_2 光学经纬仪的读数窗，读数分别为 60°17′21.5″和 194°14′44.5″。

需要说明的是，在读取竖盘读数前，应先调节竖盘指标器水准管微动螺旋使竖盘指标水准管气泡居中，否则，读取的竖盘读数是不正确的。对于装有竖盘指标自动归零

装置的经纬仪，读取竖盘读数前，只需转动自动归零螺旋，使自动归零装置处于工作状态，并检查是否正常工作，确认无误后，即可读取竖盘读数，读数方法与水平度盘完全相同。

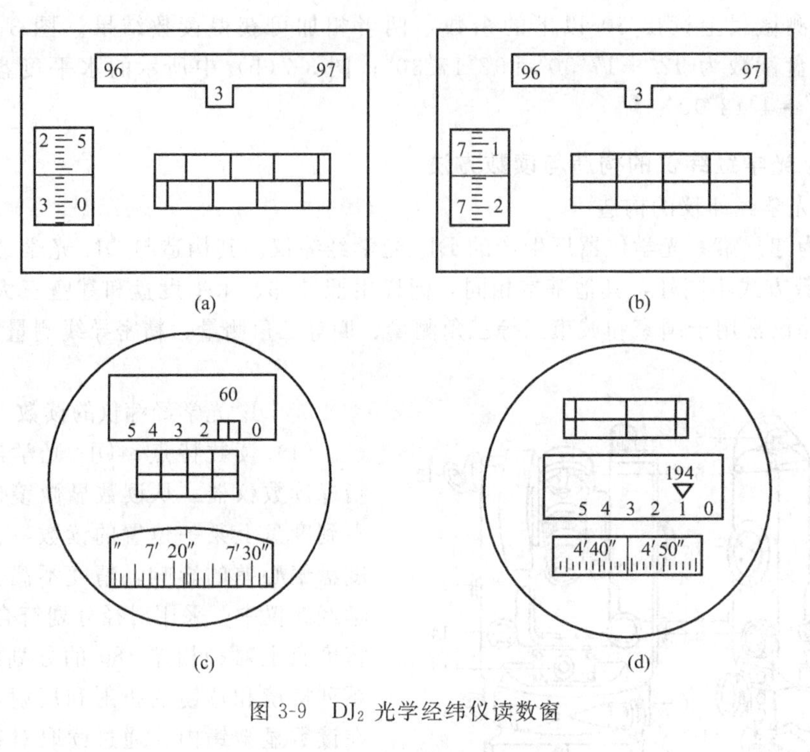

图 3-9　DJ_2 光学经纬仪读数窗

第三节　电子经纬仪

一、电子经纬仪概述

电子经纬仪是一种集机、光、电于一体，带有电子扫描度盘，在微处理器控制下实现测角数字化的一代新型仪器。与传统的光学经纬仪相比，它具有以下三方面的特点。

① 采用电子测角系统，利用不同类型的扫描度盘及相应的测角原理，实现了测角的自动化和数字化，并可将测量结果自动显示和储存，减轻了劳动强度，提高了工作效率。

② 采用轴系补偿系统，在微处理器支持下，配以相关的专用软件，可对各轴系误差进行补偿或归算改正。

③ 采用积木式结构，可与光电测距仪组合成全站型电子速测仪，配合适当的接口，可将电子手簿记录的数据输入计算机，实现数据处理和绘图的自动化。

图 3-10　ET-02 电子经纬仪

1—提把；2—提把固定螺旋；3—机载电池盒；4—电池盒按钮；5—望远镜物镜；6—物镜调焦螺旋；7—目镜调焦螺旋；8—光学瞄准器；9—望远镜制动螺旋；10—望远镜微动螺旋；11—测距仪数据接口；12—管水准器；13—管水准器校正螺丝；14—水平制动螺旋；15—水平微动螺旋；16—对中器物镜调焦螺旋；17—对中器目镜调焦螺旋；18—显示窗；19—电源开关；20—显示窗照明开关；21—圆水准器；22—轴套锁定旋钮；23—脚螺旋

图 3-10 所示为南方测绘仪器公司生产的 ET-02 电子经纬仪。

二、电子测角原理

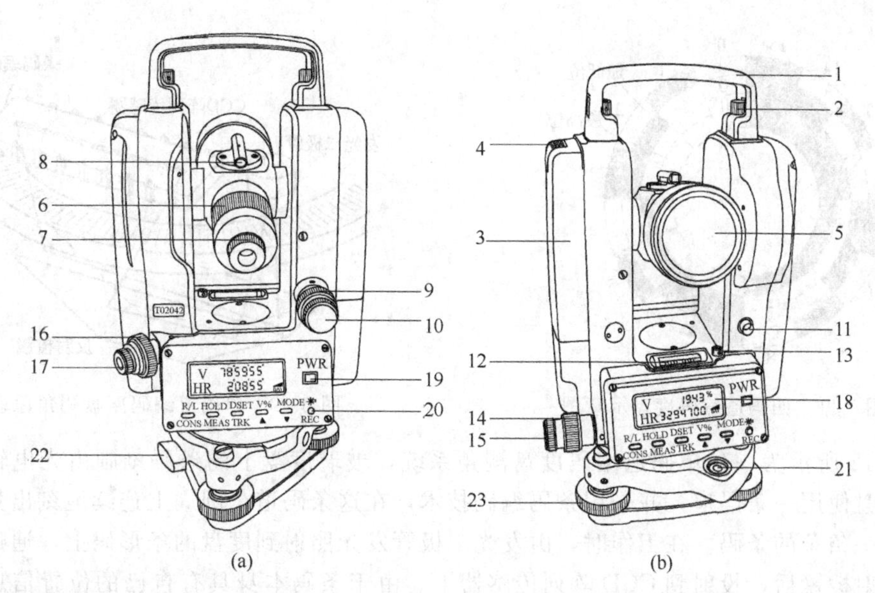

(a)　(b)

电子测角方法有编码度盘测角、光栅度盘测角和动态法测角。这里仅介绍编码度盘测角和光栅度盘测角的基本原理。

1．编码度盘测角系统

早期的编码度盘为多码道编码，即在光学度盘上刻制多道同心圆环，每一同心圆环称为码道，图 3-11 所示为一个四码道的纯二进制编码度盘。由于多码道编码度盘的角度分辨率有限，且又烦琐，现代仪器几乎都采用单码道编码度盘。

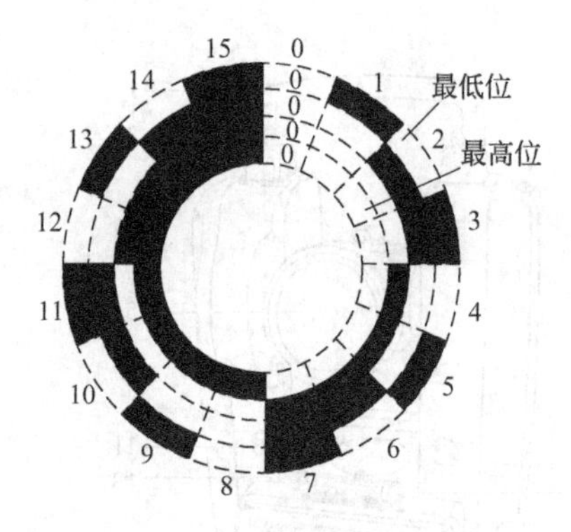

图 3-11 四码道编码度盘示意图

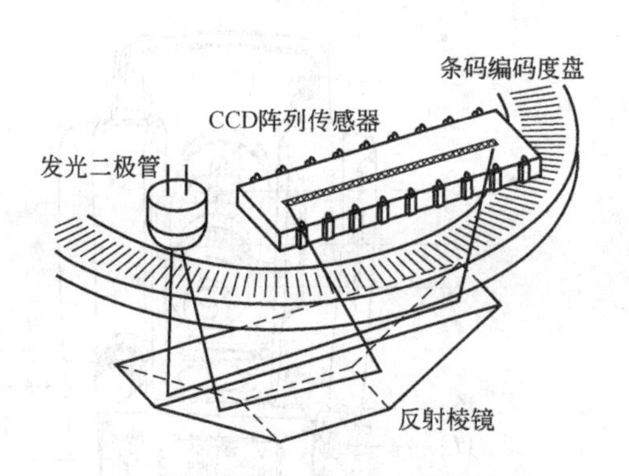

图 3-12 单码道编码度盘测角原理

图 3-12 所示为一种单码道编码度盘测角系统，玻璃度盘上的条码刻画由光电转换方法读出。度盘使用一条码道，并采用条码编码技术，在这条码道全圆周上连续地刻出具有伪随机特性的一条条的条码。在工作时，由发光二极管发光照射到度盘的条形码上，通过透明度盘经过反射棱镜后，投射到 CCD 阵列传感器上。由于条码本身具有自己的位置信息，并且相邻条码的位置信息是连续的变化，因此根据相关原理，由 CCD 传感器和一个 8 位 A/D 转换器便可读出条码的概略位置。为了精密测定传感器上条码中心的精确位置，必须在度盘上捕获至少 10 条条码信息，并逐一确定它们的中心位置，再用适当的算法求出平均值，把它作为精确位置。在实际角度测量时，单次测量可捕获 60 条编码线，用以改进插值的精度，提高角度测量的精度。一般在度盘的对径上设置一对 CCD 阵列传感器，以消除度盘偏心差的影响。

2. 光栅度盘测角系统

如图 3-13(a) 所示，在玻璃圆盘上均匀地刻划出明暗相间的等角距径向光栅，这种度盘称为光栅度盘。通常光栅的刻线不透光，缝隙透光，两者的宽度相等，两宽度之和 d，称栅距。度盘的光栅条纹数一般为 21600 条刻线，每一栅距对应角度为 $1'$。

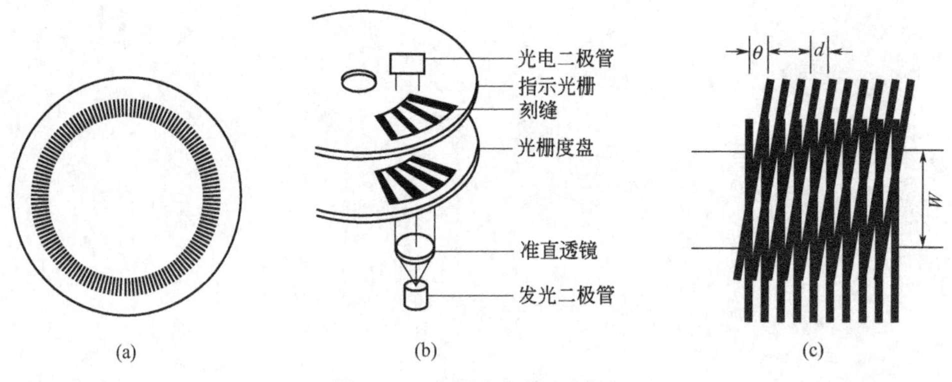

图 3-13 光栅度盘测角原理

如果将两块密度相同的光栅重叠，并使它们的刻线相互倾斜一个很小的角度 θ，就会出现如图 3-13(c) 所示的明暗相间的条纹，称为莫尔条纹。两光栅之间的夹角 θ 越小，条纹越粗，即相邻明条纹（或暗条纹）之间的间隔 W（简称纹距）越大。其关系为

$$W=\frac{d}{\theta}\rho'=kd \tag{3-2}$$

式中，θ 的单位为（$'$），$\rho'=3438'$，k 为莫尔条纹放大倍数，当 $\theta=20'$时，$W=172d$，

即纹距比栅距放大了 172 倍。由此可见，只要两光栅之间的夹角较小，很小的光栅移动量就会产生很大的条纹移动量。因此可通过进一步细分栅距 d，以达到提高测角精度的目的。

在图 3-13(b) 中，光栅度盘下面是一个发光二极管，上面是一个可与光栅度盘形成莫尔条纹的指示光栅，指示光栅上面为光电二极管。发光二极管、指示光栅和光电二极管的位置固定。当度盘随照准部转动时，光线透过度盘光栅和指示光栅显示出径向移动的明暗相间的莫尔条纹，条纹亮度按正弦规律周期性变化。度盘每转动一条光栅，莫尔条纹就移动一周期。因此，只要累计出条纹的移动量，就可测出光栅的移动量。莫尔条纹正弦信号被光电二极管接收后，通过整形电路转换成矩形脉冲信号，由计数器对矩形脉冲信号计数，最后得到角度值。

测角时，望远镜瞄准起始方向，使接收电路中计数器处于“0”状态。仪器转至另一目标方向时，在判向电路控制下，计数器对矩形脉冲信号进行累计计数，通过译码器换算为度、分、秒，并在显示窗显示出来。这种由电子计数器累计移动光栅条纹数计数的测角方法，称为增量式测角。

第四节　经纬仪的基本操作

一、经纬仪的安置

利用经纬仪测量角度，首先应将仪器安置在测站点（角顶点）上，包括对中和整平两项工作。

对中的目的是使仪器的水平度盘中心位于过测站点的铅垂线上。方法有垂球对中和光学对中两种。

整平的目的是使仪器的竖轴竖直，从而使水平度盘处于水平位置。整平分为粗略整平和精确整平。

由于对中和整平两项工作相互影响，在安置经纬仪时，应同时满足对中和整平这两个条件。下面分别介绍采用两种不同对中方法时经纬仪的安置步骤。

1. 用光学对中器安置经纬仪

(1) 粗略对中　打开三脚架，使其高度适中，分开成大致等边三角形，将脚架放置在测站点上，使架头大致水平。将仪器放置在脚架架头上，旋紧中心连接螺旋，调节三个脚螺旋至适中部位。移动三脚架使光学对中器分划圈圆心或十字丝交点大致对准地面标志中心，踩紧三脚架并使架头基本水平，再旋转脚螺旋使光学对中器分划圈圆心或十字丝交点对准测站点标志中心。

(2) 粗略整平　升降三脚架三条腿的高度，使水准管气泡大致居中。对于有圆水准器的仪器，可通过升降脚架腿使圆水准器气泡居中，达到粗略整平的目的。

(3) 精确整平　如图 3-14 所示，转动照准部使管水准器平行任意一对脚螺旋连线，对向旋转这两只脚螺旋使水准管气泡居中，左手大拇指移动的方向为气泡移动的方向。然后，将

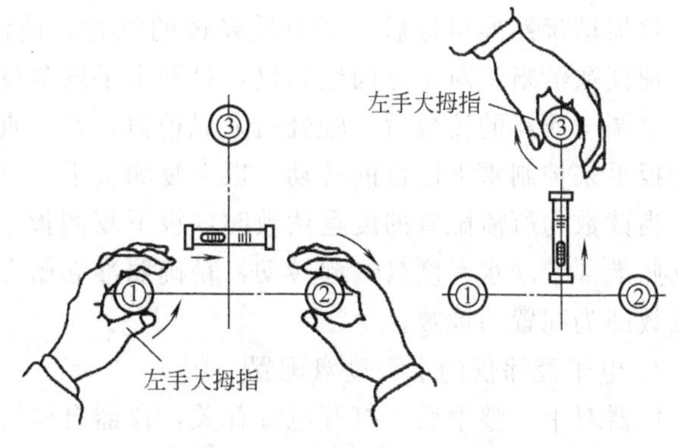

图 3-14　照准部管水准器整平

照准部转动 90°，旋转第三只脚螺旋，使水准管气泡居中，反复调节，直到照准部转到任何方向，水准管气泡均居中为止。

(4) 精确对中并整平　精确整平后重新检查对中，如有少许偏离，可稍松开中心连接螺旋。在架头上平移仪器，使其精确对中后，及时拧紧中心连接螺旋，重新进行精确整平。

由于对中和整平相互影响，需要反复操作，最后满足既对中又整平。

2. 用垂球对中安置经纬仪

张开三脚架置于测站点上，使其高度适中，在连接螺旋上挂上垂球，调整垂球线的长度使垂球尖略高于测站点。

(1) 对中　移动三脚架使垂球尖大致对准测站点，使架头大致水平，并将三脚架的各脚稳固地踩入土中，再将仪器连接到脚架上。若此时垂球尖偏离测站点较大，则需平移脚架，使垂球尖大致对准测站点，再踩紧脚架；若偏离较小，可稍松开中心连接螺旋，在架头上平移仪器，对中后及时旋紧中心连接螺旋。

(2) 整平　转动照准部，调节脚螺旋使照准部水准管气泡在相互垂直的两个方向上居中，达到精确整平的目的。整平工作需要反复进行，直至水准管气泡在任何方向都居中为止。

垂球对中受风力的影响很大，操作不方便，且精度较低，对中误差一般为 3mm。光学对中不受风力影响，且精度较高，对中误差一般为 1mm。

二、照准目标

先松开望远镜制动螺旋和照准部制动螺旋，将望远镜对向明亮的天空，调节目镜调焦螺旋使十字丝清晰，然后利用望远镜上的瞄准器，使目标位于望远镜视场内，固定望远镜和照准部制动螺旋，调节物镜调焦螺旋使目标影像清晰。转动望远镜和照准部微动螺旋，使十字丝竖丝单丝平分目标或双丝夹准目标，如图 3-15(a)、(b) 所示。在水平角测量中应尽量瞄准目标的底部；而在竖直角测量中一般用横丝切目标的顶部。

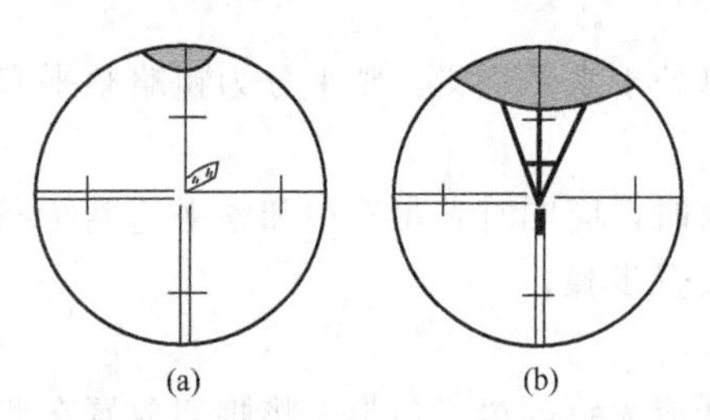

图 3-15　瞄准目标

三、配置水平度盘

在水平角测量中，为了角度计算的方便，或为了减少度盘刻划误差的影响，通常需要将起始方向的水平度盘读数配置为 0°00′00″或某一预定值位置，此项工作称为配度盘。

1. 光学经纬仪的水平度盘配置

仪器精确照准目标后，调节反光镜的位置，使读数窗亮度适中；调节读数显微镜的目镜，使读数清晰。对于方向经纬仪，打开水平度盘变换手轮保护盖，转动水平度盘变换手轮使度盘调至所需的读数后，轻轻盖上保护盖，并检查读数是否变动。对于复测经纬仪，利用复测扳手来控制水平度盘的转动。扳上复测扳手，读数显微镜中的读数随照准部的转动而改变。当读数为所需配置的度盘读数时，扳下复测扳手，此时水平度盘与照准部结合在一起，转动照准部带动水平度盘一起转动，精确照准起始方向。扳上复测扳手，这时目标方向的度盘读数即为配置的读数。

2. 电子经纬仪的水平度盘配置

仪器对中、整平后，打开电源开关，仪器自检后返回测角模式，精确瞄准目标后，显示屏上自动显示相应的水平盘读数和竖盘读数。为了使水平度盘读数配置成 0°00′00″，可利用

"置零"功能键来完成。

第五节 水平角观测

水平角的观测方法一般根据目标的多少而定，常用的方法有测回法和方向法两种。

一、测回法

如图 3-16 所示，A、O、B 分别为地面上的三点，欲测定 OA 与 OB 之间的水平角，采用测回法观测，其操作步骤如下。

① 将经纬仪安置在测站点 O，对中、整平。

② 盘左位置（竖盘在望远镜的左边，又称为正镜）瞄准目标 A，将水平度盘配置在 $0°00'00''$或稍大的读数处，读取读数 $a_左$ 并记入手簿，顺时针旋转照准部，瞄准目标 B，读数并记录 $b_左$，则上半测回角值 $\beta_左=b_左-a_左$。

③ 倒转望远镜成盘右位置（竖盘在望远镜的右边，又称为倒镜），瞄准目标 B，读得 $b_右$ 并记入手簿，逆时针方向旋转照准部，瞄准目标 A，读数并记录 $a_右$，则下半测回角值 $\beta_右=b_右-a_右$。

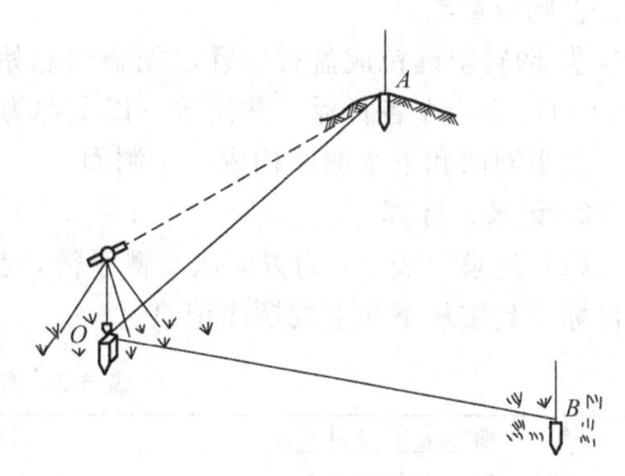

图 3-16 测回法测水平角

上、下半测回构成一个测回。表 3-1 为测回法观测记录格式。对于 DJ_6 光学经纬仪，若上、下半测回角度之差 $\Delta\beta=\beta_左-\beta_右\leqslant\pm40''$，则取 $\beta_左$、$\beta_右$ 的平均值作为该测回的角值。此法适用于观测两个目标所构成的单角。

表 3-1 测回法观测手簿

作业日期 2009 年 6 月 21 日　　仪器型号 经Ⅲ861503　　观测者 李××

天　气 晴　　成　像 清晰　　记录者 杨××

测站	竖盘位置	目标	水平度盘读数 ° ′ ″	半测回角值 ° ′ ″	一测回角值 ° ′ ″	各测回平均值 ° ′ ″	备注
O	左	A	0 01 54	128 15 06	128 15 00		
		B	128 17 00				
	右	A	180 01 30	128 14 54			
		B	308 16 24				

在测回法测角中，仅测一个测回可以不配置度盘起始位置。但为了计算的方便，可将起始目标读数配置在 0°或稍大于 0°处。当测角精度要求较高时，需要观测多个测回。为了减小水平度盘分划误差的影响，各测回盘左起始方向（零方向）应根据测回数 n 按 $180°/n$ 的间隔变换度盘位置。

二、方向观测法

在一个测站上需要观测的方向为三个或三个以上时，采用方向观测法，又称为全圆测回法。如图 3-17 所示，O 为测站点，A、B、C、D 为四个目标点，欲测定测站点 O 到 A、B、C、D 各方向之间的水平角，用方向观测法。

1. 观测步骤

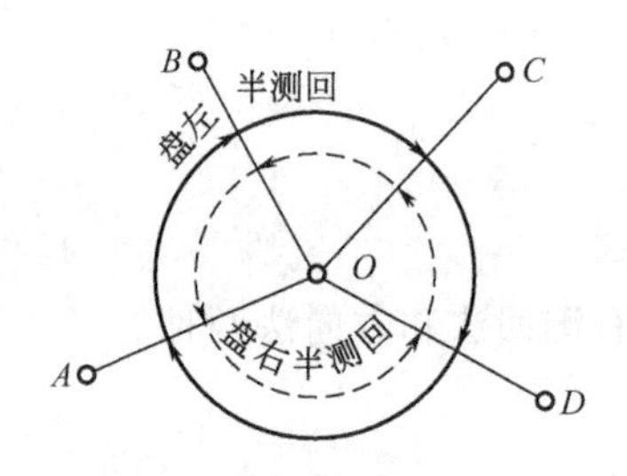

图 3-17　方向观测法测水平角

① 将经纬仪安置于测站点 O，对中、整平。

② 盘左位置，选定一距离较远、目标明显的点（如 A 点）作为起始方向（零方向），将水平度盘读数配置在稍大于 0°处，读取此时的读数；松开水平制动螺旋，顺时针方向依次照准 B、C、D 三目标点读数；最后再次瞄准起始点 A 并读数，称为归零。每观测一个方向均将度盘读数计入表 3-3的方向法观测手簿。以上称为上半测回。两次瞄准 A 点的读数之差称为“归零差”，其值应满足表 3-4 中的限差要求，否则应重测。

③ 倒转望远镜成盘右位置，先瞄准起始目标 A，并读数；然后，按逆时针方向依次照准 D、C、B、A 各目标，并读数。以上称为下半测回，其归零差仍应满足规定要求。

上半测回和下半测回构成一个测回。

2. 记录、计算

（1）记录　表 3-2 为方向法观测手簿，盘左各目标的读数按从上往下的顺序记录，盘右各目标读数按从下往上的顺序记录。

表 3-2　方向法观测手簿

作业日期2008 年 11 月 5 日　　仪器型号$DJ_6$88034　　观测者　陈××

天　　气　晴　　成　　像　清晰　　记录者　蒋××

测站	测回数	目标	水平度盘读数 盘左 ° ′ ″	水平度盘读数 盘右 ° ′ ″	2c ″	平均读数 ° ′ ″	一测回归零方向值 ° ′ ″	各测回平均方向值 ° ′ ″	角值 ° ′ ″
O	1	A	0 00 54	180 00 24	+30	(0 00 34) 0 00 39	0 00 00	0 00 00	79 26 59
		B	79 27 48	259 27 30	+18	79 27 39	79 27 05	79 26 59	63 03 30
		C	142 31 18	322 31 00	+18	142 31 09	142 30 35	142 30 29	146 15 18
		D	288 46 30	108 46 06	+24	288 46 18	288 45 44	288 45 47	71 14 13
		A	0 00 42	180 00 18	+24	0 00 30			
		Δ	−12	−6					
O	2	A	90 01 06	270 00 48	+18	(90 00 52) 90 00 57	0 00 00		
		B	169 27 54	349 27 36	+18	169 27 45	79 26 53		
		C	232 31 30	52 31 00	+30	232 31 15	142 30 23		
		D	18 46 48	198 46 36	+12	18 46 42	288 45 50		
		A	90 01 00	270 00 36	+24	90 00 48			
		Δ	−6	−12					

（2）两倍照准误差 $2c$ 的计算　按式(3-3) 依次计算各目标的 $2c$ 值列入表 3-3 中。

$$2c=\text{盘左读数}-(\text{盘右读数}\pm 180°) \tag{3-3}$$

对于同一台仪器，在同一测回内，各方向的 $2c$ 值应为一个定数，若有变化，其变化值不应超过表 3-4 中规定的范围。

（3）平均读数的计算　按式(3-4) 依次计算各方向平均读数，即以盘左读数为准，将盘右读数加或减 180°后和盘左读数取平均值。

$$平均读数=\frac{盘左读数+(盘右读数\pm180^\circ)}{2} \tag{3-4}$$

起始方向有两个平均读数值，应再次取平均值作为起始方向的平均读数。

(4) 归零方向值的计算　在同一测回内，分别将各方向的平均读数减起始目标的平均读数，得一测回归零后的方向值。起始方向的归零方向值为0°00′00″。

(5) 各测回平均方向值的计算　当一个测站观测两个或两个以上测回时，应检查同一方向值各测回的互差，其限差应满足表3-4的要求，若符合要求，取各测回同一方向归零后方向值的平均值作为最后结果。

(6) 水平角的计算　相邻方向值之差即为两相邻方向所夹的水平角。

表3-3为《城市测量规范》中规定的方向观测法技术要求，在水平角观测中，要及时进行检查，发现超限，应予重测。

表3-3　方向观测法技术要求

经纬仪型号	光学测微器两次重合读数差/(″)	半测回归零差/(″)	一测回内 $2c$ 互差/(″)	同一方向值各测回互差/(″)
DJ_1	1	6	9	6
DJ_2	3	8	13	9
DJ_6	—	18	—	24

采用方向观测法测水平角时，如方向数为3个，可以不归零，若需要观测多个测回，对于 DJ_6 光学经纬仪，各测回间应根据测回数 n，按 $180^\circ/n$ 的间隔变换度盘起始位置。

第六节　竖直角观测

一、竖盘构造

经纬仪竖直度盘部分主要由竖盘、竖盘读数指标、竖盘指标管水准器和竖盘指标管水准器微动螺旋组成。竖盘垂直地固定在望远镜横轴的一端，随望远镜的上下转动而转动。读数指标与竖盘指标水准管一起安置在微动架上，不随望远镜转动，只能通过调节指标管水准器微动螺旋，使读数指标和指标管水准器一起作微小转动。当指标水准管气泡居中时，指标线处于正确位置，如图3-18所示。

竖盘的注记形式分顺时针和逆时针两种形式。图3-18中所示竖盘为顺时针注记。

二、竖直角计算公式

由于竖盘注记形式不同，竖直角计算的公式也不一样。现以顺时针注记的竖盘为例，推导竖直角计算的基本公式。

如图3-19所示，当望远镜视线水平，竖直指标水准管气泡居中时，读数指标处于正确位置，竖盘读数正好为常数90°或270°。

图3-19(a) 所示为盘左位置，视线水平时竖盘读数为90°，当望远镜往上仰时，倾斜视线与水平视线所构成的竖直角为仰角 α_L，读数指

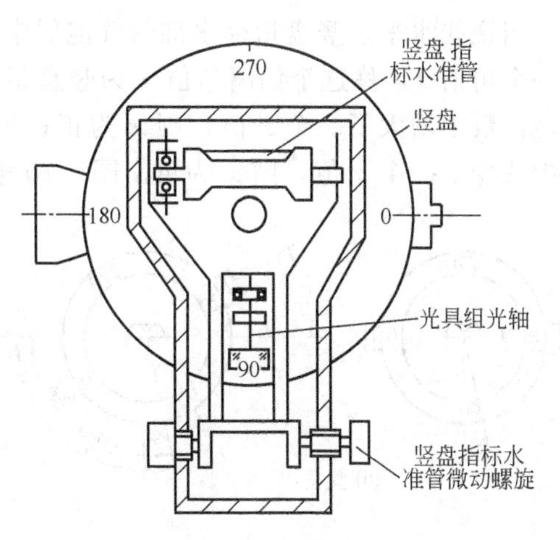

图3-18　竖盘构造

标指向读数 L，读数减小，则盘左的竖直角为

$$\alpha_L = 90° - L \tag{3-5}$$

图 3-19(b) 所示为盘右位置，视线水平时竖盘读数为 270°，当望远镜往上仰时，倾斜视线与水平视线所构成的竖直角为仰角 α_R，读数指标指向读数 R，读数增大，则盘右的竖直角为

$$\alpha_R = R - 270° \tag{3-6}$$

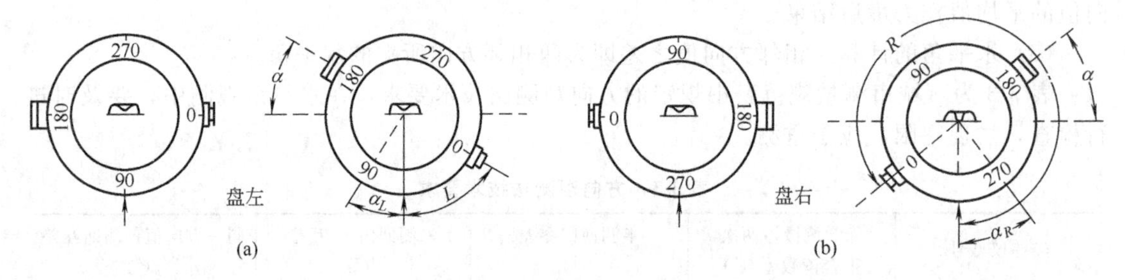

图 3-19　竖直角公式判断

对于同一目标，由于观测中存在误差，盘左、盘右所获得的竖直角 α_L 和 α_R 不完全相等，因此应取盘左盘右竖直角的平均值作为最后结果，即

$$\alpha = \frac{1}{2}(\alpha_L + \alpha_R) = \frac{1}{2}[(R - L) - 180°] \tag{3-7}$$

式(3-6) ～式(3-8) 同样适用于俯角的情况。

将上述公式的推导推广到其他注记形式的竖盘，可得竖直角计算公式的通用判别法。

① 当望远镜视线往上仰，竖盘读数逐渐减少，则竖直角 α 为

$$\alpha = \text{视线水平时的常数} - \text{瞄准目标时的读数} \tag{3-8}$$

② 当望远镜视线往上仰，竖盘读数逐渐增加，则竖直角 α 为

$$\alpha = \text{瞄准目标时的读数} - \text{视线水平时的常数} \tag{3-9}$$

在利用式(3-9) 和式(3-10) 计算竖直角时，对不同注记形式的竖盘，应正确判读视线水平时的常数，对于同一台仪器而言，盘左盘右的常数差为 180°。

三、竖盘指标差

当视线水平，竖盘指标水准管气泡居中时，若读数指标偏离正确位置，使读数大了或小了一个角值 x，称这个偏离角值 x 为竖盘指标差。当指标偏离方向与竖盘注记方向一致时，则使读数中增大了一个 x 值，则 x 为正；当指标偏离方向与竖盘注记方向相反时，则使读数中减少了一个 x 值，则 x 为负。图 3-20 中所示的指标差 x 为正。

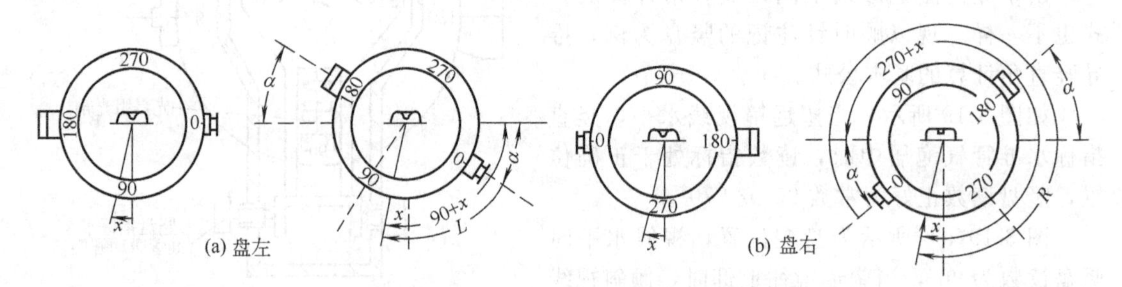

图 3-20　竖盘指标差

在图 3-20(a) 所示的盘左位置中，视线倾斜时的竖盘读数 L 也大了一个 x 值，则正确的竖直角为

$$\alpha=(90°+x)-L=\alpha_L+x \tag{3-10}$$

在图 3-20(b) 的盘右位置中，视线倾斜时的竖盘读数 R 也大了一个 x 值，则正确的竖直角为

$$\alpha=R-(270°+x)=\alpha_R-x \tag{3-11}$$

由式(3-11) 和式(3-12) 可得

$$\alpha=\frac{1}{2}[(R-L)-180°]=\frac{1}{2}(\alpha_L+\alpha_R) \tag{3-12}$$

$$x=\frac{1}{2}[(L+R)-360°]=\frac{1}{2}(\alpha_R-\alpha_L) \tag{3-13}$$

式(3-13) 与无竖盘指标差时的竖直角计算式(3-8) 完全相同。这说明仪器即使存在指标差，通过盘左、盘右竖直角取平均值也可以消除其影响，获得正确的竖直角。

四、竖直角观测

1. 观测步骤

① 在测站点上安置经纬仪，量取仪器高，判断竖盘注记形式，确定竖直角的计算公式。

② 盘左位置使十字丝中丝切目标某一位置，调节竖盘指标管水准器微动螺旋，使竖盘指标水准管气泡居中，读取竖盘读数 L。

③ 盘右位置用十字丝中丝瞄准目标同一位置，使竖盘指标水准管气泡居中后，读取竖盘读数 R。

2. 记录、计算

将各观测数据及时记入表 3-4 的竖直角观测手簿中，按式(3-6)、式(3-7) 分别计算半测回竖直角，再按式(3-13) 计算一测回竖直角，指标差按式(3-14) 求得。

表 3-4　竖直角观测手簿

作业日期 2008 年 9 月 7 日　　仪器型号 经Ⅲ861503　　观测者 肖××

天　气 晴　　成　像 清晰　　记录者 贺××

测站	目标	测回	竖盘位置	竖盘读数 ° ′ ″	半测回竖直角 ° ′ ″	指标差 ′ ″	一测回竖直角 ° ′ ″	各测回竖直角 ° ′ ″	备注
B	A	1	左	81 38 12	+8 21 48	−0 12	+8 21 36	+8 21 45	
			右	278 21 24	+8 21 24				
	A	2	左	81 38 00	+8 22 00	−0 06	+8 21 54		
			右	278 21 48	+8 21 48				
	C	1	左	96 12 36	−6 12 36	−0 09	−6 12 45	−6 12 42	
			右	263 47 06	−6 12 54				
	C	2	左	96 12 42	−6 12 42	0 00	−6 12 42		
			右	263 47 18	−6 12 42				

上述仅用十字丝中横丝观测竖直角的方法称为中丝法。竖直角也可以用三丝法测得，即用上、中、下三根丝照准目标进行读数。由于上丝和下丝位置对称，分别与中丝所夹的视角均约为 17′。因此，由上、下丝观测值算出的指标差分别约为 +17′ 和 −17′。记录观测数据时，盘左按上丝、中丝、下丝的读数顺序记录，盘右按下丝、中丝、上丝的读数顺序记录。然后，分别按三丝所测得的 L 与 R 算出相应的竖直角，取三丝所测竖直角的平均值为该竖直角的角值。

表 3-5 为《城市测量规范》中的竖直角观测技术要求。

表 3-5 竖直角观测技术要求

控制等级	一、二、三级导线		图根控制
	DJ_2	DJ_6	DJ_6
测回数	1	2	1
竖直角测回差/(″) 指标差较差/(″)	15	25	25

对同一台仪器，竖盘指标差在同一时间段内的变化应该很少，规范规定了指标差变化的容许范围，如果超限，则应重测。

五、竖盘指标自动补偿装置

用经纬仪测量竖直角时，每次读取竖盘读数前，均应调节竖盘指标管水准器微动螺旋，使指标水准管气泡居中。这种操作既费时，又容易疏忽，导致出错。目前许多经纬仪上的竖盘指标采用自动归零补偿装置。在正常情况下，当仪器竖轴略有倾斜时，该装置能自动调整光路，获得竖盘指标处于正确位置的读数。竖盘指标自动补偿的原理与自动安平水准仪的补偿原理基本相同。

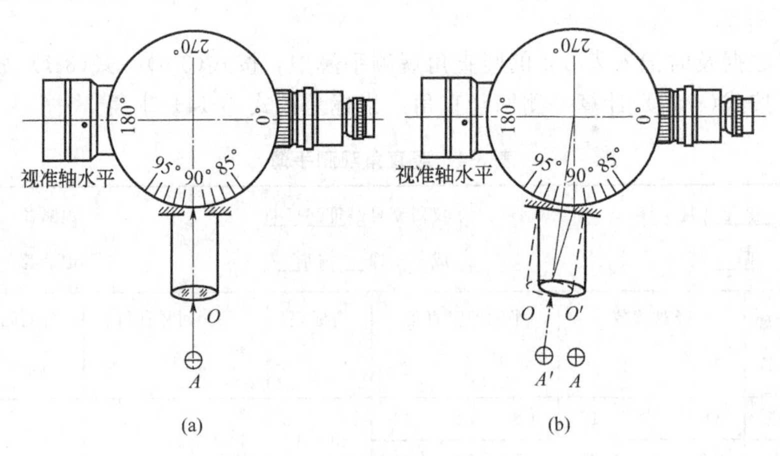

图 3-21 竖盘指标自动补偿装置

如图 3-21 所示的竖盘补偿装置中，透镜悬吊在读数指标 A 和竖盘之间。当竖轴竖直、视线水平时，读数指标 A 处于铅垂位置，通过透镜 O 读出正确读数 90°，如图 3-21(a) 所示。当仪器竖轴稍有倾斜时，读数指标没有处于正确位置 A，而是在 A' 处，但悬吊的透镜因重力作用由 O 移至 O' 处。此时，读数指标 A' 通过透镜 O' 的边缘部分折射，仍然读出正确读数 90°，从而达到竖盘指标自动补偿的目的，如图 3-21(b) 所示。

DJ_6 光学经纬仪竖盘指标自动归零补偿的范围为 ±2′，安平中误差为 ±1″。

第七节　光学经纬仪的检验与校正

一、经纬仪的主要轴线及应满足的几何条件

如图 3-22 所示，经纬仪的主要轴线有：照准部管水准轴 LL、仪器旋转轴（竖轴）VV、望远镜视准轴 CC、望远镜旋转轴（横轴）HH。各轴线之间应满足的几何条件如下。

① 照准部管水准轴应垂直于仪器竖轴，即 $LL\perp VV$。

② 望远镜视准轴应垂直于横轴，即 $CC\perp HH$。

③ 横轴应垂直于竖轴，即 $HH\perp VV$。

④ 十字丝竖丝应垂直于横轴。

除以上条件外，经纬仪竖盘指标差应为零，光学对中器的光学垂线与仪器的竖轴应重合。

仪器在出厂时虽经检验合格，但由于在搬运过程和长期使用中的震动、碰撞等原因，各项条件往往会发生变化。因此，在使用经纬仪之前必须进行检验和校正。经纬仪检验和校正的项目较多，但通常只进行主要轴线间几何关系的检校。

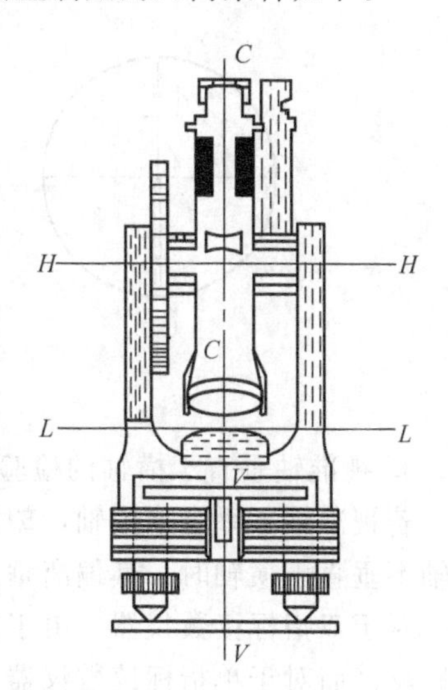

图 3-22　经纬仪的主要轴线

二、经纬仪的检验与校正

1. 照准部管水准轴垂直于仪器竖轴的检验与校正

若此条件不满足，当照准部水准管气泡居中时，仪器竖轴不竖直，水平度盘也不水平。

(1) 检验方法　将仪器粗略整平后，转动照准部使管水准器平行于任意两个脚螺旋连线方向，调节这两个脚螺旋使水准管气泡严格居中，再将仪器旋转 180°，如果气泡仍然居中，说明条件满足。当气泡偏离超过一格时，需要校正。

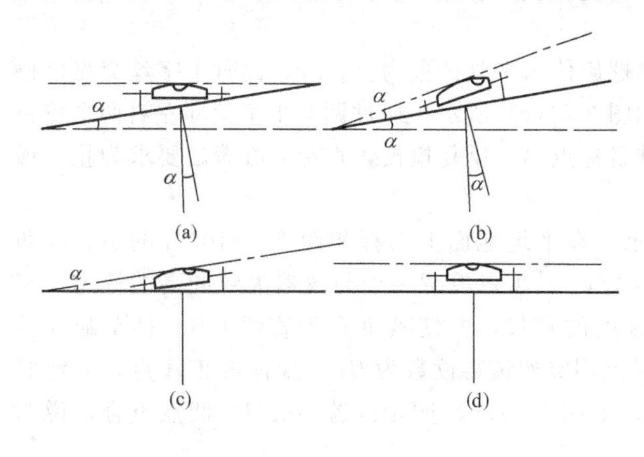

图 3-23　照准部管水准轴检验与校正

(2) 校正方法　如图 3-23(a) 所示，管水准轴水平，但竖轴倾斜，其与铅垂线的夹角为 α，将照准部旋转 180°后，管水准轴与水平线的夹角为 2α，如图 3-23(b) 所示。校正时，先转动脚螺旋，使气泡退回偏离量的一半，如图 3-23(c) 所示，再用校正针拨动管水准器一端的校正螺丝（注意先松后紧），使气泡居中，如图 3-23(d) 所示。此时，照准部管水准轴与仪器竖轴垂直。

此项检校需反复进行，直到照准部旋转到任意方向，气泡偏离不超过一格为止。

2. 十字丝竖丝垂直于横轴的检验与校正

若此条件不满足，用竖丝不同的部位瞄准目标，所获得水平度盘读数不同。

(1) 检验方法　将仪器整平后，用十字丝交点精确瞄准远处一明显的目标点 A，固定水

平制动螺旋和望远镜制动螺旋，转动望远镜微动螺旋使望远镜上仰或下俯，如果目标点始终在竖丝上移动，说明条件满足，如图 3-24(a)。否则，需要进行校正，如图 3-24(b) 所示。

(2) 校正方法　与水准仪中丝垂直于竖轴的校正方法相同，但此时应使竖丝竖直。取下十字丝环的保护盖，微微旋松十字丝环的四个固定螺丝，转动十字丝环，如图 3-24(c) 所示，直至望远镜俯仰时竖丝与点状目标始终重合为止。最后，拧紧各固定螺丝，并旋上保护盖。

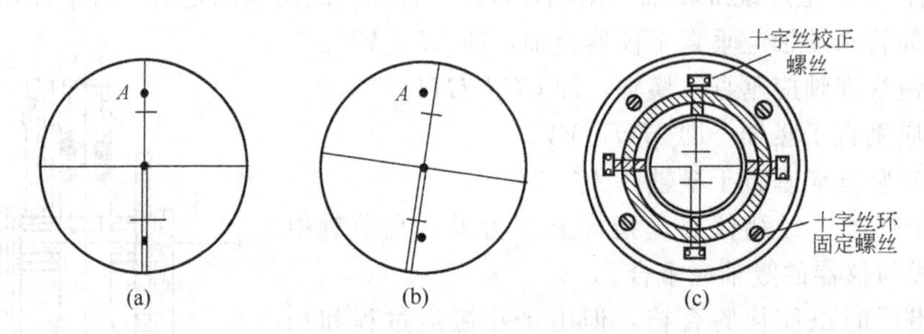

图 3-24　十字丝竖丝检校

3. 视准轴垂直于横轴的检验与校正

若视准轴不垂直于横轴，望远镜绕横轴旋转时，视准面不是一个平面，而是圆锥面。视准轴不垂直于横轴时，其偏离垂直位置的角度称为视准轴误差，用 c 表示。

对于双指标读数仪器，由于采用对径分划符合读数设备，可以有效消除水平度盘偏心差的影响。而对于单指标读数仪器，读数中包含水平度盘偏心差的影响。因此，应分别采用盘左盘右瞄点法和四分之一法，进行双指标读数仪器和单指标读数仪器的视准轴垂直于横轴的检校。

(1) 盘左盘右瞄点法　检验时，在地面一点安置经纬仪，远处选定一个与仪器大致同高的明显目标点 A，盘左瞄准 A 点，得水平度盘读数 $a_{左}$；盘右瞄准 A 点，得水平度盘读数 $a_{右}$。若 $a_{左}=a_{右}\pm180°$，说明条件满足，否则应按式(3-4) 计算出 c。对于 DJ_6 经纬仪，若 $|c|>1'$，需进行校正。

校正时，在盘右位置调节照准部微动螺旋使水平盘读数为 $a_{右}+c$，此时十字丝交点已偏离目标点 A。取下十字丝环的保护盖，如图 3-24(c) 所示，通过调节十字丝环左右两个校正螺丝，一松一紧，使十字丝交点重新照准目标点 A。反复检校，直至 c 值满足要求为止。最后，拧紧各固定螺丝，并旋上保护盖。

(2) 四分之一法　如图 3-25(a) 所示，在平坦地面上选择相距 60～100m 的 A、B 两点，将经纬仪安置在 A、B 连线的中点 O 处，在 A 点设置一个与仪器大致同高的标志，在 B 点与仪器大致同高处横置一支有毫米刻度的直尺，并使其垂直于直线 OB。盘左瞄准 A 点，固定照准部，倒转望远镜在 B 点横尺上用竖丝读得读数为 B_1；盘右瞄准 A 点，固定照准部，倒转望远镜在 B 点横尺上读得 B_2，如图 3-25(b) 所示。若 B_1、B_2 两点重合，说明条件满足，否则，需要校正。

由图 3-25 所示可知，若仪器至横尺的距离为 D，则 c 可写成

$$c=\frac{|B_2-B_1|}{4D}\times\rho'' \tag{3-14}$$

校正时，在横尺上由 B_2 点向 B_1 点量取 $\frac{1}{4}B_1B_2$ 的长度定出 B_3 点的位置，此时 OB_3 便

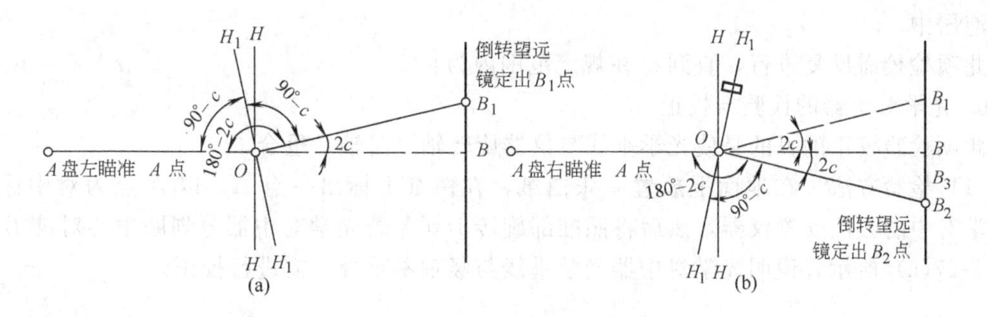

图 3-25 视准轴误差检校

垂直于横轴 HH。取下十字环的保护盖，通过调节十字丝环的左右两个校正螺丝，使十字丝交点对准 B_3 点。反复检校，直至 c 值满足要求为止。

4. 横轴垂直于竖轴的检验与校正

横轴不垂直于竖轴，其偏离正确位置的角度 i 称为横轴误差。

若仪器存在横轴误差，当竖轴竖直时，纵转望远镜，视准面不是一个竖直面，而是一个倾斜面。

(1) 检验方法 如图 3-26 所示，在墙面上设置一明显的目标点 M，在距墙面 20～30m 处安置经纬仪，使望远镜瞄准目标点 M 的仰角在 30°以上。盘左瞄准 M 点，固定照准部，待竖盘指标水准管气泡居中后，读取竖盘读数 L，然后放平望远镜，使竖盘读数为 90°，在墙上定出一点 m_1。盘右位置瞄准 M 点，固定照准部，读得竖盘读数 R，放平望远镜，使竖盘读数为 270°，在墙上定出另一点 m_2，若 m_1、m_2 两点重合，说明条件满足。横轴不垂直于竖轴所构成的倾斜角 i 按下式计算

$$i=\frac{\overline{m_1m_2}\times\rho''}{2D}\times\cot\alpha \tag{3-15}$$

式中，α 为 M 点的竖直角，通过瞄准 M 点时所得的 L 和 R 算出；D 为仪器至 M 点的水平距离。

当计算出的横轴误差 $i>20''$时，必须校正。

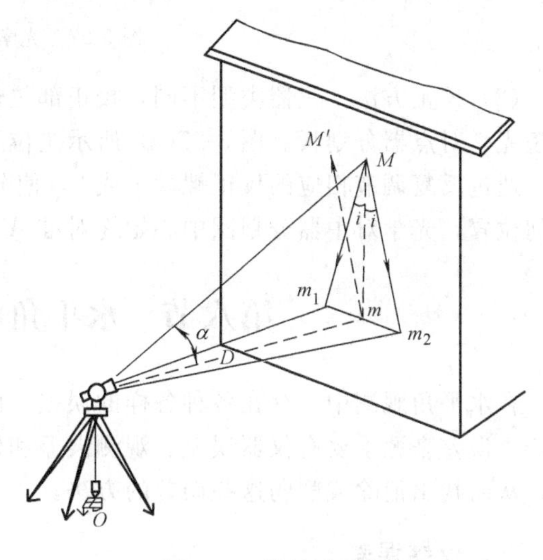

图 3-26 横轴误差检校

(2) 校正方法 如图 3-26 所示，瞄准墙上 m_1、m_2 两点的中点 m，再将望远镜上仰。此时，十字丝交点必定偏离 M 点而照准 M' 点，打开仪器的支架护盖，通过调节横轴一端支架上的偏心环，升高或降低横轴的一端，移动十字丝交点精确照准 M 点。由于横轴是密封的，故校正应由专业维修人员进行。

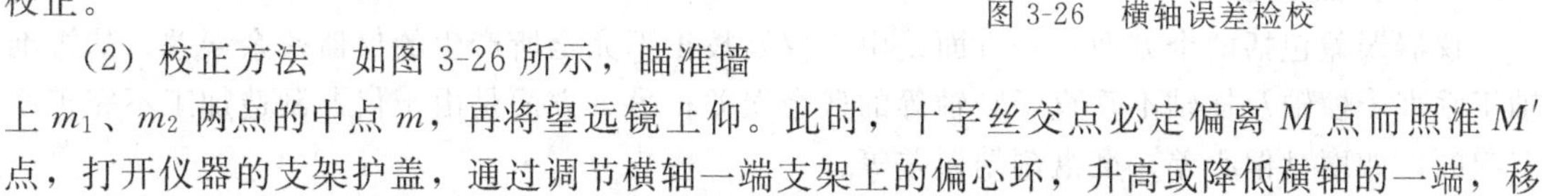

5. 竖盘指标差的检验与校正

(1) 检验方法 安置好经纬仪，用盘左、盘右分别瞄准大致水平的同一目标，读取竖盘读数 L 和 R（注意读数前使竖盘指标水准管气泡居中），按式(3-14) 计算出指标差 x。对于 DJ_6 经纬仪，当 $|x|>1'$时，应进行校正。

(2) 校正方法 盘右位置仍照准原目标，调节竖盘指标管水准器微动螺旋，使竖盘读数对准正确读数 $R-x$。此时，竖盘指标水准管气泡不再居中，调节竖盘指标水准管校正螺丝，

使气泡居中。

此项检校需反复进行，直到 x 在规定范围内为止。

6. 光学对中器的检验与校正

此项检验校正的目的是使光学垂线与仪器旋转轴（竖轴）重合。

（1）检验方法　在地面上放置一张白纸，在白纸上标出一点 A，以 A 点为对中标志，按光学对中的方法安置仪器，然后将照准部旋转 180°。若光学对中器分划圈中心对准 B 点，如图 3-27(a) 所示，说明光学对中器光学垂线与竖轴不重合，需进行校正。

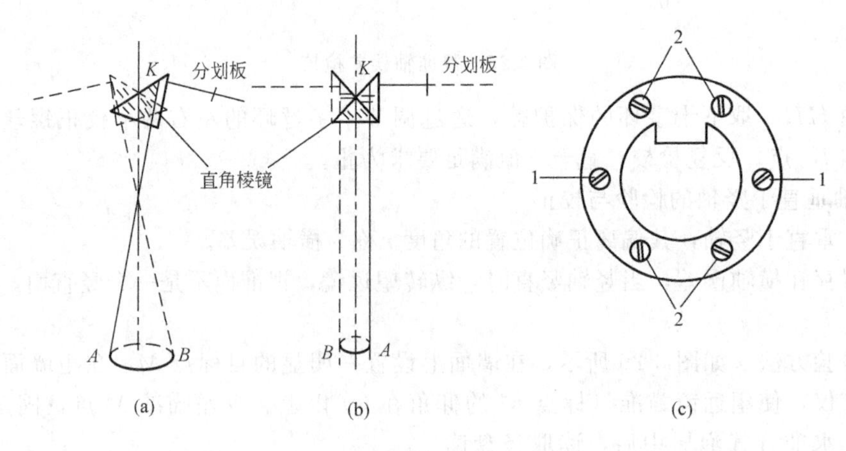

图 3-27　光学对中器检校

（2）校正方法　仪器类型不同，校正部位也不同，有的仪器校正直角转向棱镜，有的则校正光学对点器分划板。图 3-27(c) 所示是位于照准部支架间圆形护盖下的校正螺丝。校正时，通过反复调节相应的校正螺丝 1 或 2，使分划圈中心左右或前后移动，直到照准部转到任何位置，光学对中器分划圈中心始终对准 A 点为止。

第八节　水平角观测的误差分析

在水平角观测中，存在各种各样的误差。由于误差的来源不同，对角度的影响程度也不一样。误差来源主要有仪器误差、观测误差和外界条件的影响。下面分别对各项误差加以分析，从而找出消除或削弱这些误差的方法。

一、仪器误差

仪器误差包括两个方面：一方面是由于仪器校正不完全所产生的仪器残余误差，如视准轴不垂直于横轴及横轴不垂直于竖轴等的残余误差；另一方面是由于仪器制造加工不完善所引起的，如度盘偏心差、度盘刻划误差等。

1. 视准轴不垂直于横轴的误差

由于存在视准轴不垂直于横轴的残余误差，所产生的视准轴误差 c 对水平度盘读数的影响，盘左、盘右大小相等符号相反。通过盘左、盘右观测取平均值可以消除该项误差的影响。

2. 横轴不垂直于竖轴的误差

由于存在横轴不垂直于竖轴的残余误差，横轴误差 i 对水平度盘读数的影响其性质与视准轴误差 c 类似。因此，同样可以通过盘左、盘右观测取平均值消除此项误差的影响。

3. 竖轴倾斜的误差

由于仪器竖轴不竖直所引起的竖轴倾斜误差对水平度盘读数的影响，由于盘左和盘右竖轴的倾斜方向一致，因此该项误差不能用盘左、盘右观测取平均值的方法来消除。为此，在观测过程中，应保持照准部水准管气泡居中，当照准部水准管气泡偏离中心超过一格时，应重新对中、整平仪器，尤其是在竖直角较大的山区测量水平角时，应特别注意仪器的整平。

4. 水平度盘偏心差

水平度盘分划中心 O 与照准部旋转中心 O' 不重合所引起的读数误差称为水平度盘偏心差，如图 3-28 所示。当盘左瞄准目标点 A 时，读数 $a'_{左}$ 比正确读数 $a_{左}$ 大 x，盘右读数 $a'_{右}$ 比正确读数 $a_{右}$ 小 x。对于单指标读数仪器，可通过盘左、盘右观测取平均值的方法减小此项误差的影响。对于双指标读数仪器，采用对径分划符合读数可以消除水平度盘偏心差的影响。

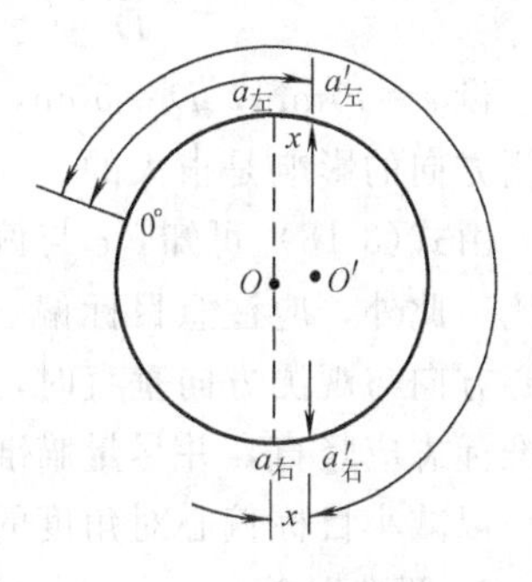

图 3-28　水平度盘偏心差

5. 度盘刻划误差

度盘刻划误差一般很小。水平角观测时，在各测回间按一定方式变换度盘位置，可以有效地削弱度盘刻划误差的影响。

二、观测误差

1. 仪器对中误差

如图 3-29 所示，设 O 为测站点，A、B 为两目标点；由于仪器存在对中误差，仪器中心偏离至 O' 点，设偏离量 OO' 为 e；β 为无对中误差时的正确角度，β' 为有对中误差时的实际角度，设 $\angle AO'O$ 为 θ；测站 O 至 A、B 的距离分别为 D_1、D_2，则对中偏差所引起的角度误差为

$$\Delta\beta=\beta-\beta'=\varepsilon_1+\varepsilon_2$$

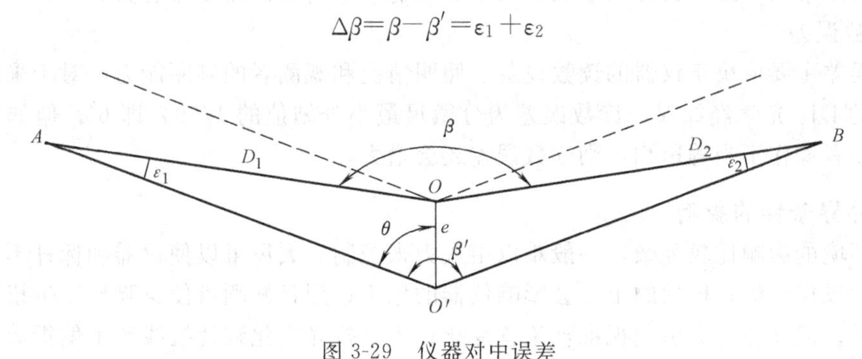

图 3-29　仪器对中误差

因为 ε_1、ε_2 很小，可写成

$$\varepsilon_1\approx\frac{e\sin\theta}{D_1}\times\rho''$$

$$\varepsilon_2\approx\frac{e\sin(\beta'-\theta)}{D_2}\times\rho''$$

$$\Delta\beta=e\rho''\left[\frac{\sin\theta}{D_1}+\frac{\sin(\beta'-\theta)}{D_2}\right] \tag{3-16}$$

设 $e=3\text{mm}$，$\theta=90°$，$\beta'=180°$，$D_1=D_2=100\text{m}$ 时，$\Delta\beta=12.4''$，说明此仪器对中误差对水平角观测的影响是很大的。

由式(3-16) 可知，$\Delta\beta$ 与偏心距 e 成正比，与距离 D 成反比，还与水平角的大小有关，β 越接近 180°，影响越大。因此，在观测目标较近或水平角接近 180°时，尤其应注意仪器

对中。

2. 目标偏心差

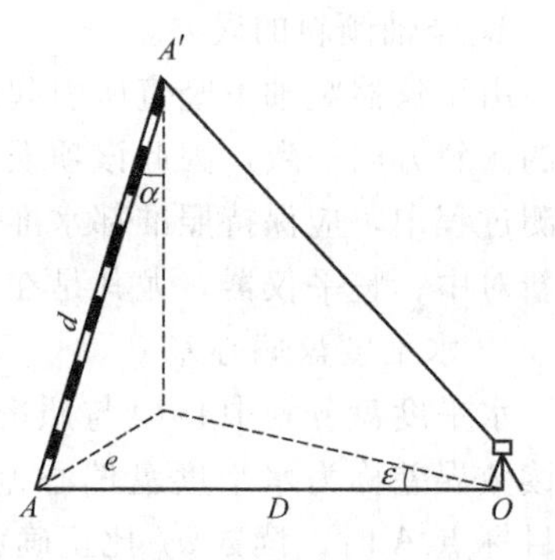

图 3-30 目标偏心差

如图 3-30 所示，O 为测站点，A 为目标点，AA' 为标杆，杆长为 d，标杆倾角 α，目标偏心距 $e=d\sin\alpha$，由于目标倾斜对观测方向的影响为

$$\varepsilon=\frac{e}{D}\times\rho''=\frac{d\sin\alpha}{D}\times\rho'' \tag{3-17}$$

设 $e=10\text{mm}$，$D=50\text{m}$，$\varepsilon=41''$，说明目标偏心差对观测方向的影响是很大的。

由式(3-18) 可知，ε 与偏心距 e 成正比，与距离 D 成反比。此外，应注意目标偏心方向。当偏心方向与观测方向重合时，对观测方向无影响；当偏心方向与观测方向垂直时，对观测方向的影响最大。因此，在水平角观测时，标杆或其他照准标志应竖直，并尽量瞄准目标底部。当目标较近时，可在测点上悬吊垂球线作为照准目标，以减小目标偏心对角度的影响。

3. 照准误差

视准轴偏离目标理想瞄准线所产生的误差称为照准误差。照准误差主要取决于望远镜的放大率 v，以及人眼的分辨力。通常，人眼可以分辨两个点的最小视角为 $60''$。望远镜的照准误差 m_v 一般用下式计算

$$m_v=\pm\frac{60''}{v} \tag{3-18}$$

当 $v=26$ 时，$m_v=\pm2.3''$。

此外，照准误差还与目标的形状、大小、颜色、亮度和清晰度等有关。

4. 读数误差

读数误差主要取决于仪器的读数设备、照明情况和观测者的判断能力。对于采用分微尺读数装置的 DJ_6 光学经纬仪，读数误差为分微尺最小分划值的 1/10，即 $6''$。但如果受照明不佳、观测者操作不当等影响，则读数误差还会增大。

三、外界条件的影响

外界环境的影响比较复杂，一般难以由人力来控制。大风可以使仪器和标杆不稳定；雾气会使目标成像模糊；松软的土质会影响仪器的稳定；烈日暴晒可使三脚架发生扭转，影响仪器的整平；温度变化会引起视准轴位置变化；大气折光变化致使视线产生偏折等。这些都会给角度测量带来误差。因此，测量时应选择有利的观测时间，尽量避免不利因素，使外界条件对角度的影响降到最低程度。

思考题与习题

3-1 什么是水平角？什么是竖直角？经纬仪为什么既能测水平角又能测竖直角？

3-2 光学经纬仪由哪几个主要部分组成？它们各有何作用？

3-3 电子经纬仪有哪些主要特点？它与光学经纬仪的根本区别是什么？

3-4 观测水平角时，对中和整平的目的是什么？简述用光学对中器安置经纬仪的方法。

3-5 观测水平角时，要使某一起始方向的水平度盘读数配置为 $0°00'00''$ 或某一预定值，应如何操作？

3-6 分别说明测回法与方向观测法测量水平角的操作步骤。

3-7 用J_6经纬仪观测水平角时，如测多个测回，为什么各测回间要变换度盘起始位置？若测回数为6，各测回的起始读数分别是多少？

3-8 整理表3-6中测回法测水平角的成果。

表3-6 测回法观测手簿

测站	竖盘位置	目标	水平度盘读数 ° ′ ″	半测回角值 ° ′ ″	一测回角值 ° ′ ″	各测回平均角值 ° ′ ″	备注
C第一测回	左	B	0 00 42				
		D	185 33 12				
	右	B	180 01 06				
		D	5 34 06				
C第二测回	左	B	90 01 54				
		D	275 34 42				
	右	B	270 02 12				
		D	95 35 00				

3-9 整理表3-7中方向观测法测水平角的成果。

表3-7 方向法观测手簿

测站	测回数	目标	水平盘读数 盘左 ° ′ ″	水平盘读数 盘右 ° ′ ″	2c ′ ″	平均读数 ° ′ ″	一测回归零方向值 ° ′ ″	各测回平均方向值 ° ′ ″	备注
P	1	C	0 01 24	180 01 36					
		D	85 53 12	265 53 36					
		B	144 42 36	324 43 00					
		A	284 33 12	104 33 42					
		C	0 01 18	180 01 30					
	2	C	90 02 30	270 02 48					
		D	175 54 06	355 54 30					
		B	234 43 42	54 44 00					
		A	14 34 18	194 34 42					
		C	90 02 30	270 02 54					

3-10 如何判断竖盘注记形式并写出竖直角的计算公式？

3-11 整理表3-8中竖直角测量的成果。

3-12 经纬仪有哪些主要轴线？各轴线之间应满足什么几何条件？

表 3-8 竖直角观测手簿

测站	目标	竖盘位置	竖盘读数 ° ′ ″	半测回竖直角 ° ′ ″	指标差 ′ ″	一测回竖直角 ° ′ ″	备注
Q	M	左	103 23 36				竖盘注记如图3-19所示
		右	256 35 00				
	N	左	82 47 42				
		右	277 11 12				

3-13 水平角测量的误差来源主要有哪些？在观测中应如何消除或削弱这些误差的影响？

3-14 在水平角观测中，采用盘左、盘右观测取平均值的方法可以消除哪些仪器误差的影响？能否消除因竖轴倾斜引起的水平角观测误差？

第四章　距离测量

距离测量是量测地面上两点间的水平距离，即量测地面上两点沿铅垂方向投影到同一水平面上两投影点之间的距离。距离测量是确定地面点位的基本测量工作之一。

按使用的仪器工具不同，距离测量方法有钢尺量距、视距测量、电磁波测距和GPS测量等。本章介绍前三种距离测量方法，GPS测量将在第七章中介绍。

第一节　钢尺量距

一、量距工具

钢尺是钢尺量距的主要工具。钢尺是用钢制成的带状尺，宽10～15mm，厚0.2～0.4mm，长度有20m、30m、50m等几种，卷放在圆形的盒内或金属架上。钢尺的基本分划为厘米，最小分划为毫米，在米和分米处有数字注记。由于尺上零点位置的不同，有端点尺和刻线尺之分，如图4-1(a)、(b)所示。

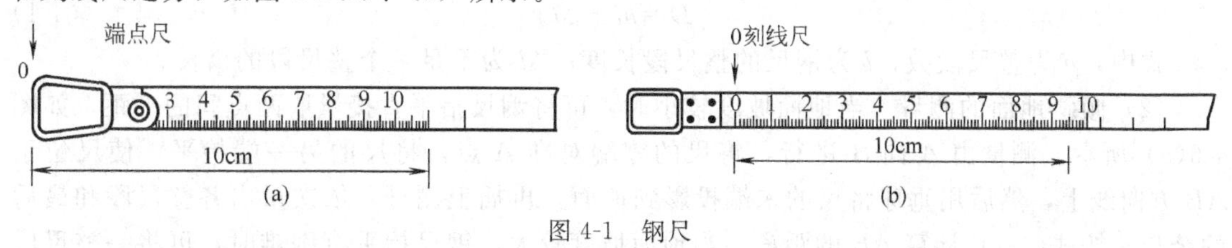

图4-1　钢尺

钢尺量距的辅助工具有测钎、标杆、锤球、弹簧秤、温度计等，如图4-2所示。测钎用粗铁丝制成，用来标志尺段的起、迄点和计算量过的整尺段数。标杆（或花杆）用于标定直线，用长2～3m、直径3～4cm的木杆或玻璃钢制成。锤球用来投点和读数。精密量距时还需用弹簧秤控制对钢尺施加拉力的大小，用温度计测定量距时的温度。

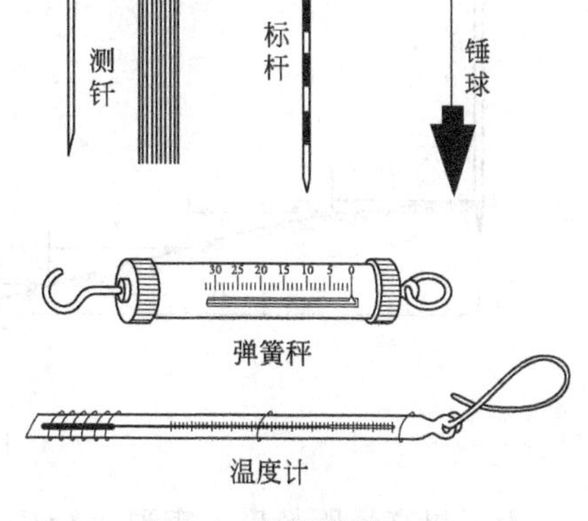

图4-2　量距辅助工具

二、钢尺量距方法

1. 直线定线

当地面两点间距离较长或地形起伏较大时，为了便于量距，需要在两点连线方向上标定出若干点，使相邻两点间的距离不超过尺子本身的长度，这项工作称为直线定线。定线方法通常有目测定线和经纬仪定线两种。

（1）目测定线　如图4-3所示，设A、B两点相互通视，在端点A、B上竖立标杆，甲站在A点标杆后1～2m处，由A瞄向B，使视线与标杆边缘相切，然后甲指挥乙持标杆左右移动，直到A、1、B三根标杆位于同一直线上，定出1点，同法继续定出2点……目测定线又称标杆定线，一般应由远及近。此法适用于钢尺一般量距的情形。

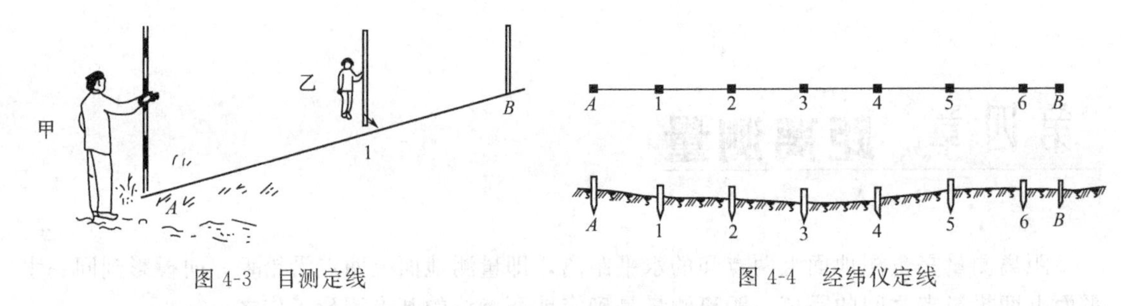

图 4-3　目测定线　　　　图 4-4　经纬仪定线

（2）经纬仪定线　如图 4-4 所示，设 A、B 两点相互通视，在 A 点安置经纬仪，观测者瞄准 B 点，固定照准部，指挥持杆人左右移动，直到标杆落在 AB 方向线上，依次定出 1、2……各点，并钉木桩，桩顶高出地面 3～5cm。用经纬仪进行定线，在桩顶划出 AB 方向线，再划一条与 AB 方向垂直的横线，形成的十字中心即为 AB 直线的分段点。此法适用于钢尺精密量距的情形。

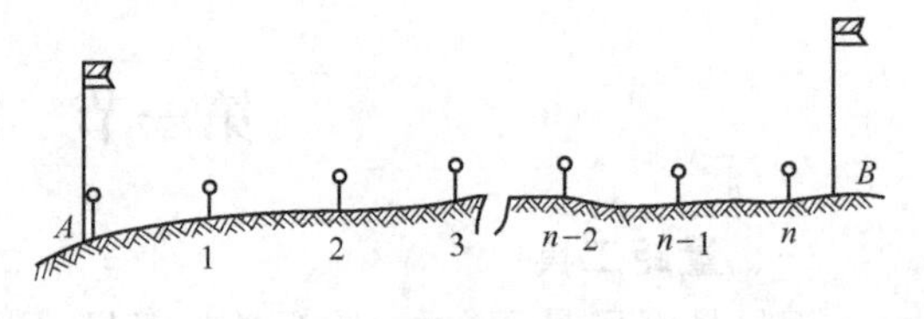

图 4-5　平坦地面量距

2. 钢尺普通量距

（1）平坦地面的测量　如图 4-5 所示，按目测定线标定的直线方向逐段量距，依次量出 A-1、1-2、2-3……各整尺段，最后量出不足整尺段的余长 n-B。此时，AB 的水平距离为

$$D=nl+\Delta l \tag{4-1}$$

式中，n 为整尺段数；l 为钢尺的整尺段长度；Δl 为不足一个整尺段的余长。

（2）倾斜地面的测量　当地面坡度较小时，可将钢尺抬平直接量取两点间的平距，如图 4-6(a) 所示。测量由 A 向 B 进行，将尺的零端对准 A 点，将尺的另一端抬平，使尺位于 AB 方向线上，然后用垂球将尺的末端投影到地面，再插上测钎，依次量出各整尺段和最后的余长，按式(4-1) 计算 AB 的距离。当地面坡度较大，钢尺抬平有困难时，可将一整尺段分成几段测量。若地面坡度均匀，也可沿斜坡方向量出 AB 的斜距 L，如图 4-6(b) 所示，再测出地面倾斜角 α 或两端点间的高差 h，然后按下式计算水平距离

$$D=L\cos\alpha=\sqrt{L^2-h^2} \tag{4-2}$$

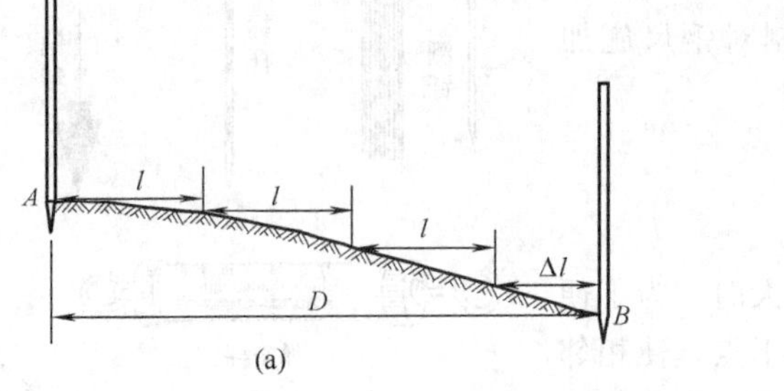

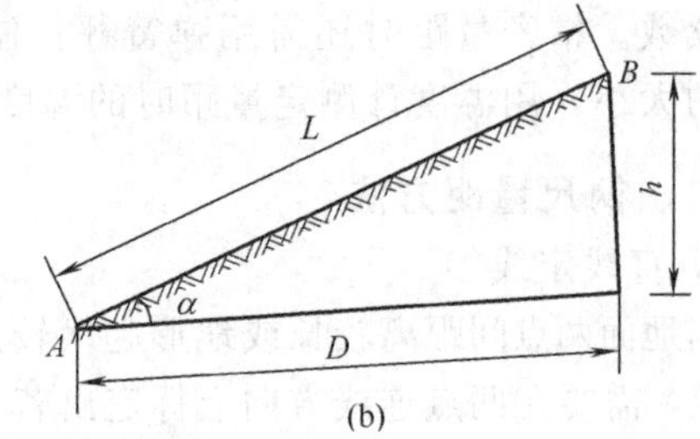

图 4-6　倾斜地面量距

为了提高量距精度，需要进行往、返测量，即由 A 点量至 B 点为往测，由 B 点量至 A 点为返测。往、返测量的精度用相对误差来衡量，其计算公式为

$$K=\frac{|D_{往}-D_{返}|}{D_{平均}}=\frac{|\Delta D|}{D_{平均}}=\frac{1}{M} \tag{4-3}$$

式中，K 为相对误差，用分子为 1 的分数表示；ΔD 为往返测量距离之差；$D_{平均}$ 为往、

返测量距离的平均值。

在平坦地区，钢尺一般量距的相对误差应不大于1/3000，困难地区应不大于1/1000。当相对误差未超过规定限值时，取往、返测量距离的平均值作为最终结果。

3. 钢尺精密量距

用钢尺普通量距方法相对精度只能达到1/1000～1/5000。要达到更高的精度，则必须采用精密量距方法，其相对精度可达到1/10000～1/40000。但使用的钢尺必须经过检定，求得检定后的尺长方程式。测量时还需使用弹簧秤和温度计，控制钢尺拉力和测定温度，以便进行尺长改正和温度改正。

随着电磁波测距方法的普及，测量人员目前已很少使用钢尺精密量距，有关精密量距的内容，本书不作详细介绍。

三、钢尺量距的误差分析

1. 钢尺本身误差

新买钢尺必须进行严格检定，使用过的钢尺也应定期检定。钢尺尺长检定一般只能达到±0.5mm的精度，故检定后仍存在残余误差，在精密量距中应根据尺长方程式进行相应的尺长改正。

2. 操作误差

(1) 拉力误差　量距时的实际拉力与钢尺检定时的标准拉力存在差异，导致尺长产生误差，精密量距时应使用弹簧秤控制拉力大小。

(2) 温度误差　除温度测量存在误差外，在量距中通常测定的温度是空气温度，而非钢尺本身的温度。在阳光下，两者温差可达5℃，因此，最好采用半导体温度计直接测定钢尺本身的温度。

(3) 定线误差　由于标定的尺段点不完全落在所要测量的直线上，导致测量的是折线而非直线距离。

(4) 倾斜改正误差　由于高差测量的误差，以及计算倾斜改正所引起的误差，使斜距改算成平距时产生误差。

(5) 对点、读数误差　因人的感官分辨率有限，导致对点、投点和读数都会产生误差，在测量中尽量做到对点、投点、读数准确，配合协调。

3. 外界条件影响

(1) 钢尺垂曲误差　钢尺悬空测量时，由于自重而导致中间下垂，形成悬链线形，使量得长度大于实际长度。因此，量距时应保持钢尺平直，或采用悬空方式检定钢尺，得到在悬空状态下钢尺的尺长方程式。

(2) 风力影响　风力吹动钢尺，影响读数和投点，宜选择无风或微风天气量距。

第二节　视距测量

一、视距测量的基本原理

视距测量是一种间接测距的方法。它利用望远镜内十字丝分划板上的视距丝配合视距尺（或标尺），根据几何光学原理，可以同时测定地面上两点间的水平距离和高差。视距测量的相对精度为1/200～1/300，精度较低。视距测量观测速度快，操作简便，受地形限制小，曾广泛用于地形测量的碎部测量中。

1. 视准轴水平时的视距公式

一般测量仪器（如水准仪、经纬仪等）的视距装置是在十字丝分划板上加刻上、下丝（视距丝）。由于上、下丝间距固定，且对称于中丝，从上、下丝引出的视线在竖直面内所构成的夹角 φ 是固定的。因此，如图 4-7 所示，标尺位置不同，标尺上的视距间隔 l 就不同，距离越远，视距间隔越大。测站点至立尺点的水平距离为

$$D=\frac{1}{2}l\cot\frac{\varphi}{2}=kl \tag{4-4}$$

式中，k 为视距乘常数，为计算时方便，在设计时使 $k=100$，相应的 φ 角约为 $34'23''$；l 为视距间隔，即下、上丝读数之差。这样，根据不同的 l，便可求得相应的距离 D，这种测距方法称为定角视距测量。

如图 4-7 所示，测站点至立尺点的高差为

$$h=i-v \tag{4-5}$$

式中，i 为仪器高；v 为十字丝中丝的标尺读数。

2. 视准轴倾斜时的视距公式

在地面起伏较大的地区进行视距测量时，必须使视线倾斜才能读取视距间隔，如图 4-8 所示，由于视线不垂直于视距尺，故不能直接应用式(4-4) 和式(4-5) 计算水平距离和高差，而应该将视距间隔 MN 转换成与视线垂直的视距间隔 $M'N'$，才可以利用式(4-4) 计算倾斜距离 S，再根据倾斜距离 S 和竖直角 α 计算水平距离 D 和高差 h。

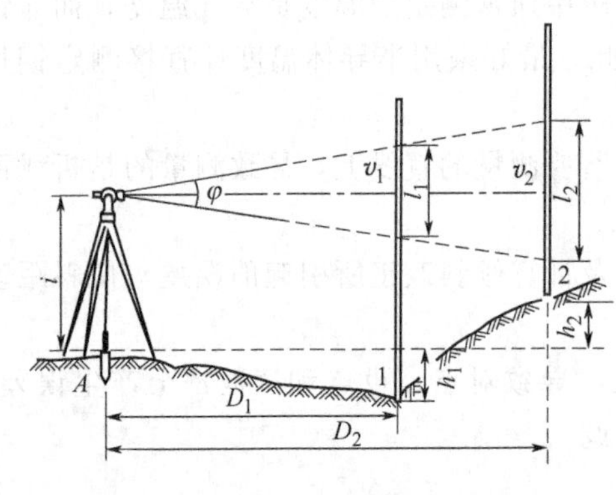

图 4-7 视线水平时视距测量原理

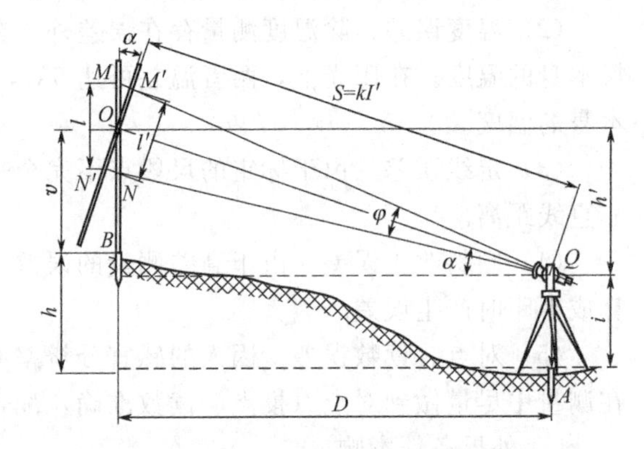

图 4-8 视线倾斜时视距测量原理

如图 4-8 所示，由于 φ 很小，故可以把 $\angle OM'M$ 和 $\angle ON'N$ 近似看成直角，而 $\angle M'OM=\angle N'ON=\alpha$，则 MN 与 $M'N'$ 的关系为

$$M'N'=M'O+ON'=MO\cos\alpha+ON\cos\alpha=MN\cos\alpha$$

即

$$l'=l\cos\alpha$$

因此，地面上 A、B 两点间的水平距离 D 可写成

$$D=S\cos\alpha=kl'\cos\alpha=kl\cos^2\alpha \tag{4-6}$$

若仪器高为 i，中丝读数为 v，由图 4-8 可知

$$h+v=h'+i$$

则 A、B 两点间高差为

$$h=h'+i-v=D\tan\alpha+i-v \tag{4-7}$$

或

$$h=\frac{1}{2}kl\sin 2\alpha+i-v \tag{4-8}$$

当视线水平时，$\alpha=0°$，两点间的水平距离和高差计算公式与式(4-4) 和式(4-5) 一致。

在水准测量中，由于水准仪提供的是一条水平视线，因此利用式(4-4) 求得的即为仪器到标尺的水平距离。

二、视距测量方法

1. 观测方法

如图 4-8 所示，欲用经纬仪测定 A、B 两点间的水平距离 D 和高差 h，具体观测步骤如下。

① 安置仪器于 A 点（或 B 点），量取仪器高 i。

② 在 B 点（或 A 点）竖立视距尺，用望远镜瞄准视距尺某一位置，读取下丝、上丝、中丝读数，计算出视距间隔 l，中丝读数为 v。

③ 在保持中丝位置不变的情况下，使竖盘指标水准管气泡居中（对采用竖盘自动补偿装置的仪器，应开启该装置），读取竖盘读数，并计算出竖直角 α。

在实际操作中，为了加快观测速度和方便计算，在瞄准标尺时，可先使中丝读数 v 等于仪器高 i，读取竖盘读数 L，然后利用竖直微动螺旋使上丝（对正像仪器为下丝）对准一整分米数，直接读取视距间隔 l。

2. 记录、计算方法

将观测所得的各项数据记入表 4-1，按式(4-6) 和式(4-7) 或式(4-8) 直接求得 D 和 h。若已知测站点的高程，根据所算高差，即可获得立尺点的高程。

表 4-1　视距测量手簿

日期:2008 年 11 月 20 日　　测站:A　　观测者:杨××
仪器型号:DJ_6 900263　　仪器高:1.46m　　记录者:李××

点号	下丝 上丝	视距 /m	竖盘读数 ° ′ ″	竖直角 ° ′ ″	中丝读数 /m	水平距离 /m	高差 /m	备　注
1	1.356 1.100	25.6	86　27　36	+3　32　24	1.228	25.50	+1.81	竖盘注记如图 3-19 所示
2	2.037 1.400	63.7	92　25　42	−2　25　42	1.718	63.59	−2.95	
3	0.989 0.400	58.9	88　01　06	+1　58　54	0.694	58.83	+2.80	

三、视距测量的误差分析

1. 仪器误差

(1) 视距乘常数 k 的误差　包括视距丝间隔的误差、视距尺分划系统性误差和测定 k 值的误差，无论是用给定值 100 还是测定值来计算距离，都包含 k 值本身的误差，测量前需要对仪器进行乘常数检定。

(2) 视距尺分划误差　视距尺的分划间隔不均匀，使视距间隔产生误差。

2. 观测误差

(1) 视距尺倾斜误差　视距测量的计算公式是在视距尺严格竖直的条件下导出的。若视距尺发生倾斜，引起的距离误差很大。实验证明，当视线倾角为30°，标尺倾斜2°时，视距相对精度只能达到约1/50。在同样的标尺倾斜情况下，竖直角越大，视距精度越低。因此，为了保证视距测量精度，宜使用带水准器的标尺，以便将标尺竖直。

(2) 读数误差　用视距丝读取视距间隔时，由于标尺最小分划和人眼正常判辨率的限制，引起读数误差。另外，估读误差还与距离的远近、望远镜的放大率及成像清晰程度等因素有关，且距离越远，误差越大。因此，观测时应注意消除视差，并仔细估读。

(3) 竖直角观测误差　由式(4-6)可知，竖直角观测误差必将影响到水平距离，且其影响随竖直角的增大而增大。

3. 外界条件的影响

(1) 大气折光　大气的竖直折光使视线产生弯曲，特别是视线靠近地面时，折光影响越大。因此，视线应离开地面一定的高度。

(2) 空气对流　空气对流会使标尺的成像不稳定，如晴天或视线通过水面时，尺像出现跳动现象，引起读数不准，甚至很难读数。

(3) 风力影响　当风力较大时会使尺子产生晃动，引起视距误差。

总之，由于视距测量受各方面的影响较大，精度较低，因此只能用于一些较低精度的测量中。

第三节　光电测距

一、电磁波测距概述

电磁波测距是用电磁波（光波或微波）作为载波传输测距信号，以测量两点间距离的一种方法。与传统的测距方法相比，电磁波测距具有操作简单、速度快、效率高、测程长、精度高、受地形限制少等优点。电磁波测距仪又分为光电测距仪和微波测距仪两种，在工程测量中主要使用光电测距仪。

光电测距按测程可分为短程、中程和远程三类（测程为15km以上称为远程，测程为5～15km称为中程，测程为5km以下称为短程）。按测距精度可分为Ⅰ级和Ⅱ级测距仪两类（在《城市测量规范》中，Ⅰ级：1km测距中误差$m_D \leqslant \pm 5$mm；Ⅱ级：1km测距中误差$\pm 5\text{mm} < m_D \leqslant \pm 10$mm）。按测距原理可分为脉冲式测距仪和相位式测距仪两类。按光源可分为激光测距仪和红外光电测距仪。激光测距仪多属于远程测距仪，测程可达十几至几十公里，一般用于大地测量。而红外光电测距仪属于中、短程测距仪，在小地区控制测量、地形测量和各种工程测量中得到了广泛的应用。

二、光电测距的基本原理

光电测距是通过测量光波在待测距离上往、返一次所经过的时间来计算待测距离的。如图4-9所示，欲测定A、B两点间的距离，设在A点安置测距仪，B点安置反射棱镜，由仪器发出的光束经过距离D达到反射棱镜，并由棱镜反射，且被仪器接收。设c为光在空气中的传播速度（$c = c_0/n$，c_0为真空中的光速值，取299792458±1.2m/s；n为大气折射率），用t_{2D}表示光波在待测距离上往、返传播的时间，则待测距离D可写成

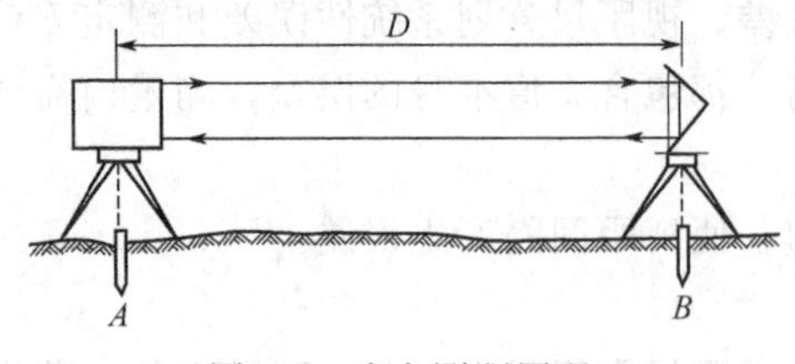

图4-9　光电测距原理

$$D=\frac{1}{2}ct_{2D} \tag{4-9}$$

式(4-9) 中，若能测出时间 t_{2D}，即可获得 D。测定 t_{2D} 的方法有直接测定和间接测定两种，所对应的测距仪分别为脉冲式测距仪和相位式测距仪。

1. 脉冲式测距仪

脉冲式测距仪是通过直接测定由测距仪发射出光脉冲和接收到光脉冲的时间间隔以获得距离。由式(4-9) 可知，要使距离误差 $\Delta D\leqslant 1\text{cm}$，则要求时间误差 $\Delta t_{2D}\leqslant 6.7\times 10^{-11}\text{s}$。但由于受脉冲宽度和电子计时器分辨率的限制，致使这类仪器的测距精度较难提高，常用于远程测距上。近年来，脉冲法测距在技术上有所进展。如徕卡 DI3000 测距仪应用脉冲法测距原理，并采用“电容积分法”使测距精度达到毫米级。

2. 相位式测距仪

相位式测距仪是通过间接测定测距仪所发出的一种连续调制光波在测线上往、返传播所产生的相位变化来解算距离。如图 4-10 所示，设某调制光波的调制频率为 f，波长为 λ，在时间 t_{2D} 内所产生的相位变化为 ϕ，由物理学可知，时间与相位的变化关系为

$$t_{2D}=\frac{\phi}{2\pi f}$$

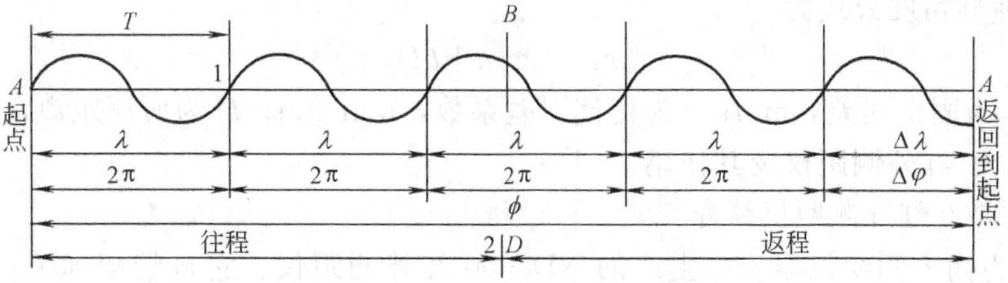

图 4-10　相位测距原理

式(4-9) 可写成

$$D=\frac{1}{2}c\times\frac{\phi}{2\pi f}=\frac{1}{2}\times\frac{c}{f}\times\frac{2\pi N+\Delta\phi}{2\pi}=\frac{1}{2}\times\frac{c}{f}\left(N+\frac{\Delta\phi}{2\pi}\right)$$

令

$$\Delta N=\frac{\Delta\phi}{2\pi}$$

则

$$D=\frac{1}{2}\times\frac{c}{f}(N+\Delta N)$$

式中，N 为调制光波相位变化的整周期数；ΔN 为不足一个整周期的尾数。

又因为

$$c=\lambda f$$

则

$$D=\frac{\lambda}{2}(N+\Delta N)=\mu(N+\Delta N) \tag{4-10}$$

式(4-10) 就是相位式测距的基本公式。式中，μ 称为“光尺”长度，类似于钢尺量距中的“钢尺”长度；N 相当于钢尺量距中的“整尺段数”；$\mu\Delta N$ 相当于“余长”。“光尺”的长度由调制光波的频率来确定，当 $f_1=15\text{MHz}$ 时，$\mu_1=10\text{m}$；当 $f_2=150\text{kHz}$ 时，$\mu_2=1000\text{m}$。由于相位计只能测定不足一个整周期的尾数 ΔN，而无法测定整周期数 N。因此，只有当待测距离小于“光尺”长度时（$N=0$），式(4-10) 才有确定的距离值。另外，相位

计的测相误差一般小于1/1000。因此，在相位式测距仪中需配两种或两种以上的调制光波，构成两种或两种以上的“光尺”配合测距，以短测尺（精测尺）保证精度，以长测尺（粗测尺）保证测程。目前高精度的光电测距仪大都采用相位式测距。

三、光电测距仪及其使用

在工程测量中一般采用短程红外光电测距仪，这类测距仪体积小，一般可以安装在经纬仪支架上，以方便同时测定角度和距离。国内外这类测距仪有多种型号，表4-2中列出了其中几种。

表4-2 短程红外光电测距仪举例

仪器型号		DI1000	RED2A	D3030	ND3000
生产厂家		瑞士徕卡	日本索佳	中国常州大地	中国南方测绘
测程	单棱镜	0.8km	2.5km	2.0km	2.0km
	三棱镜	1.6km	3.8km	3.2km	3.0km
测距中误差		±(5mm+5ppm.D)	±(5mm+3ppm.D)	±(5mm+5ppm.D)	±(5mm+3ppm.D)

备注：$1ppm=1mm/1km=1\times10^{-6}$，即测量1km的距离有1mm的比例误差。

测距仪标称精度公式为

$$m_D=\pm(a+bD) \tag{4-11}$$

式中，a为固定误差，mm；b为比例误差系数，mm/km；D为所测距离，km。

1. ND3000红外测距仪及其使用

（1）ND3000红外测距仪简介

图4-11为南方测绘仪器公司生产的ND3000红外测距仪。它自带望远镜，设有垂直制动螺旋和微动螺旋，望远镜的视准轴、发射光轴和接收光轴同轴。测距仪可以安装在光学经纬仪上或电子经纬仪上，通过测距仪面板上的键盘，将经纬仪测量出的竖直角输入到测距仪中，可以计算出水平距离和高差。

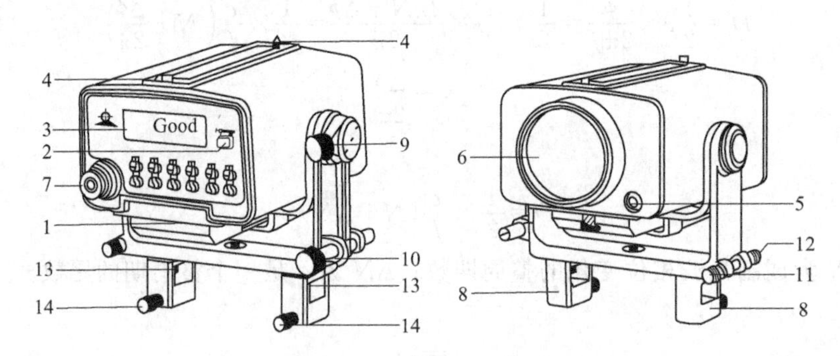

图4-11 ND3000红外测距仪

1—电池；2—电源开关；3—显示屏；4—粗瞄器；5—RS-232C数据接口；
6—物镜；7—目镜；8—连接支架；9—垂直制动螺旋；10—垂直微动螺旋；
11，12—水平调整螺丝；13—支架宽度调整螺丝；14—连接固定螺丝

红外测距仪在进行距离测量时，一般需要与一个合作目标相配合才能工作，这种合作目标叫反射器。反射器大多采用全反射棱镜，也称为反光镜。图4-12(a)、(b)所示为与测距仪和经纬仪配套的棱镜、觇牌和基座，单棱镜、三棱镜组分别适用于不同距离。

（2）测距方法

① 安置仪器和反光镜　按常规方法将经纬仪安置在测线上的一个端点（测站点），将电池插入测距仪底部的电池槽内，然后将测距仪安置在经纬仪支架上。在测线的另一端点（镜站）上安置棱镜，用棱镜架上的瞄准装置瞄准测距仪。

② 观测竖直角、气压和温度　用经纬仪望远镜瞄准觇牌中心，使竖盘指标水准管气泡居中，读取竖盘读数，并测定温度和气压。

③ 距离测量　用测距仪望远镜照准棱镜中心，按 power 键开机，检查电池电压、气象数据和棱镜常数，若显示的气象数据和棱镜常数与实际数据不同，应重新输入。按测距键，几秒钟后即可获得相应的斜距。

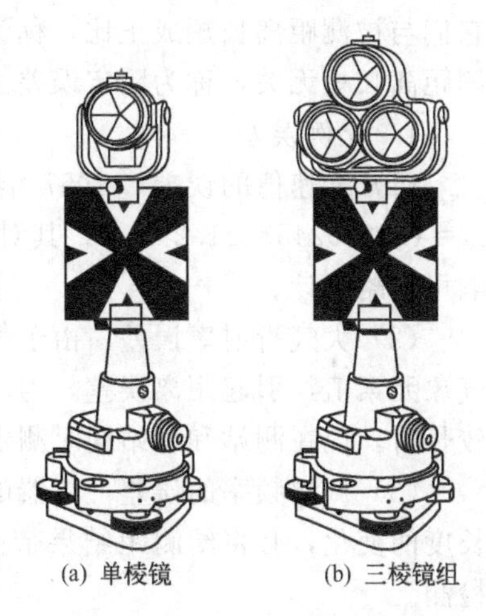

(a) 单棱镜　　(b) 三棱镜组

图 4-12　棱镜、觇牌与基座

④ 成果计算　测距仪直接测定的距离，需要进行仪器加常数改正、乘常数改正、气象改正和倾斜改正，才能得到所测两点间的水平距离。

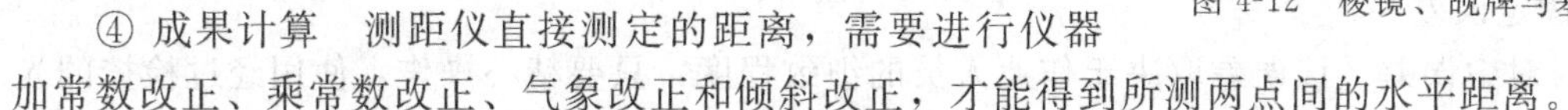

测距时，可使用测距仪的功能键盘对棱镜常数、气象数据和竖盘读数进行相应的测距值改正，获得所测两点的水平距离。

2. 手持式激光测距仪简介

手持式激光测距仪由于其体积小、重量轻等特点得到广泛应用，实际上正在逐步替代传统的钢尺。图 4-13(a) 为瑞士徕卡公司生产的 DISTO classic5 手持式激光测距仪，图 4-13(b) 为日本索佳公司生产的 E-Z 手持式激光测距仪。

(a)　　(b)

图 4-13　手持式激光测距仪

手持式激光测距仪采用相位式激光测距，载波为红色可见激光。测距时测量员只需将测距仪放置在被测距离一端，利用红色可见激光目视瞄准另一端，启动测量即可测出距离。测量不需反射棱镜，可得到 3mm 以内的测量精度。测程范围从 0.2～200m。

手持式激光测距仪测量距离方便快速，可进行距离、面积和体积的测量，已广泛应用于建筑测量、房产测量、容积测量、深度测量、工业设备安装测量和室内装修等领域。

3. 光电测距仪使用注意事项

① 切勿将测距仪照准头对向太阳，以免损坏光电器件。

② 测距时，镜站背景不应有反光物体。主机应避开高压线、变压器等强电磁场的干扰。测线应尽量避免通过发热物体的上空或附近。

③ 使用激光测距仪时，要特别注意不要直视激光束，否则会对眼睛造成伤害。

④ 测距时应检查电源电压，测距结束后要及时关机。仪器不使用时，应将电池取出，每月对电池充电一次。

⑤ 在晴天或雨天作业，均要撑伞，以免仪器受到暴晒或雨淋。保持仪器和反光镜的清洁和干燥。在使用和运输过程中，注意防潮和防震。

四、光电测距的误差分析

光电测距误差主要来源于两个方面：一方面是调制频率、光速值和大气折射率的误差，它们与被测距离长短成正比，称为比例误差；另一方面是测相误差及加常数误差，它们与被测距离长短无关，称为固定误差。

1. 比例误差

（1）光速值的误差　1957 年国际大地测量与地球物理学会建议采用的真空光速值为 $c_0=(299792458\pm1.2)\mathrm{m/s}$，其对中误差为 2.5 亿分之一，故光速值的误差对测距结果的影响可忽略不计。

（2）大气折射率误差　由于气象元素测定的误差及所用的观测值不足以代表测线的平均气象元素值，引起距离误差。为了削弱这项误差的影响，必须选用良好的气象仪器。当测线较长时，应在测站和镜站同时测定气象元素，取平均值后置入仪器。

（3）调制频率的误差　仪器的调制频率决定了“光尺”的长度，频率的变化将引起测尺长度的变化，必将给测距结果带来误差。为了保证仪器的可靠性，应定期对仪器进行频率检测。

2. 固定误差

（1）对中误差　该误差取决于作业人员的细致程度，只要精心操作，使用经过检校的光学对中器，对中误差可限制在 2mm 以内。

（2）测定加常数的误差　仪器的加常数经厂方精确测定后，预置于逻辑电路中，对测距结果进行自动修正。但仪器在长期使用过程中，元件发生老化，使加常数发生变化。因此，应定期进行加常数检测，如有变化，及时在仪器中重新设置。

（3）测相误差　主要是指数字测相系统的误差、幅相误差和由于发射光束相位不均匀引起的照准误差。测相误差对测距结果的影响具有偶然性，可通过多次观测取平均值减弱其影响。

第四节　全　站　仪

一、全站仪概述

全站仪是由电子测角、光电测距、微处理器及其软件组合而成的智能型测量仪器。由于全站仪一次观测即可获得水平角、竖直角和倾斜距离三种基本观测数据，而且借助机内的固化软件可以组成多种测量功能（如自动完成平距、高差、镜站点坐标的计算等），并将结果显示在液晶屏上。全站仪还可以实现自动记录、存储、输出测量成果，使测量工作大为简化。目前，全站仪已广泛应用于小地区控制测量、大比例尺数字测图以及各种工程测量中。

全站仪按其结构形式可分成积木式全站仪和整体式全站仪两大类。

积木式全站仪又称组合式全站仪或半站仪，是全站仪的早期产品。它是由电子经纬仪和测距仪组合在一起构成全站仪，两者可分可合。作业时，测距仪安装在电子经纬仪上，相互之间用电缆实现数据通信；作业结束后，卸下分别装箱。这种仪器可根据作业精度要求，由用户自行选择不同测角、测距设备进行组合，灵活性较好。

整体式全站仪也称集成式全站仪，是全站仪的现代产品。它是将电子经纬仪、光电测距仪和微处理机融为一体，共用一个光学望远镜，仪器各部分构成一个整体，不能分离。这种仪器性能稳定，使用方便。

目前世界各仪器厂商生产出各种型号的全站仪，而且品种越来越多，精度越来越高。常见的全站仪有瑞士徕卡（LEICA）TPS 系列、日本索佳（SOKKIA）SET 系列、日本拓普康（TOPOCON）GTS 系列、日本尼康（NIKON）DTM 系列、我国南方 NTS 系列、苏一光OTS系列等。随着电子技术和计算机技术的不断发展与应用，出现了带内存、防水型、防爆型、电脑型等各种类型的全站仪，且智能化程度越来越高，为用户提供了更大的方便。

二、全站仪的基本构造及功能

1. 全站仪的基本构造

全站仪的基本结构如图4-14所示，通过数据采集设备和微处理机的有机结合，实现了既能自动完成数据采集，又能自动处理数据的功能，使整个测量过程工作有序、快速、准确地进行。

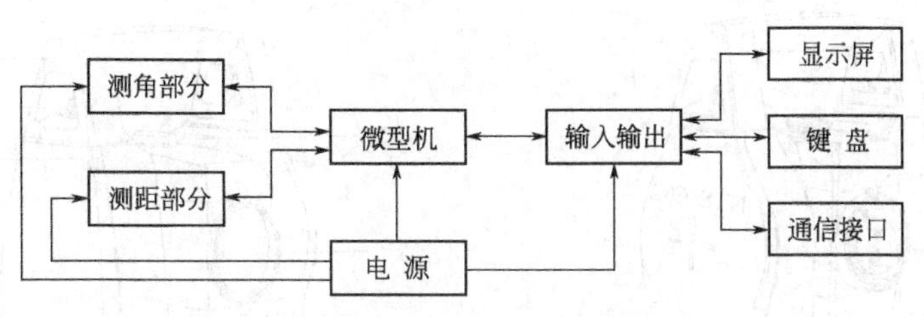

图4-14 全站仪基本结构框图

(1) 数据采集设备 主要有电子测角系统、电子测距系统、还有自动补偿装置等，用于测量角度、距离和高差等。

(2) 微处理机 微处理机是全站仪的核心装置，主要由中央处理器、随机储存器和只读存储器等构成。测量时，微处理机根据键盘或程序的指令控制各分系统的测量工作，进行必要的逻辑和数值运算以及数字存储、处理、管理、传输、显示等。

2. 全站仪的基本功能

全站仪所能实现的功能与仪器内置的软件直接相关。目前的智能型全站仪普遍具有以下功能。

(1) 角度测量 自动显示瞄准目标的水平度盘和竖盘读数。

(2) 距离测量 瞄准棱镜后可直接测定斜距和水平距。

(3) 高差测量 输入仪器高和棱镜高后可直接获得两点间的高差。

(4) 三维坐标测量与放样 根据已知点坐标、高程，已知方位角与观测的角度、距离和高差计算出三维坐标，并显示在屏幕上，也可根据输入的坐标值进行坐标放样，并显示放样点的位置。

(5) 对边测量 可以测定任意两点间的距离、方位角和高差。测量模式既可以是相邻两点之间的折线方式，也可以是固定一个点的中心辐射方式。

(6) 悬高测量 用于测量计算不可接触点，如架空电线远离地面无法安置反射棱镜时，测定其悬高点的三维坐标。

(7) 自由设站 通过测量（角度、距离、高差测量的任意组合）若干已知点来自动计算所设测站点的坐标和高程。

(8) 偏心测量 用于待测点处不能设置棱镜的情形，将棱镜设置在待测点的左侧或右侧，通过测量可获得待测点的坐标。

(9) 面积测量 用于测量计算闭合多边形的面积，可以用任意直线和弧线段来定义一个面积区域，通过测量各点的坐标或利用文件中的数据计算出区域的面积。

(10) 导线测量 利用角度和距离测量数据，按单一导线形式进行平差，平差后的坐标将自动记录到仪器内存。

三、南方 NTS-660 系列全站仪简介

1. NTS-660 系列全站仪的性能特点

NTS-660 系列全站仪有 NTS-662、NTS-663 和 NTS-665 三种型号。图 4-15 所示为 NTS-662 全站仪。NTS-660 系列全站仪采用图形式大屏幕显示、高性能微机系统（32 位 CPU、16MB 内存、可存 4 万组观测数据）、先进的绝对编码测角技术、双轴补偿装置、图形化电子气泡，内置丰富的应用软件和方便的数据管理系统，是一种精度高、功能强大、操作方便的全中文智能型全站仪。

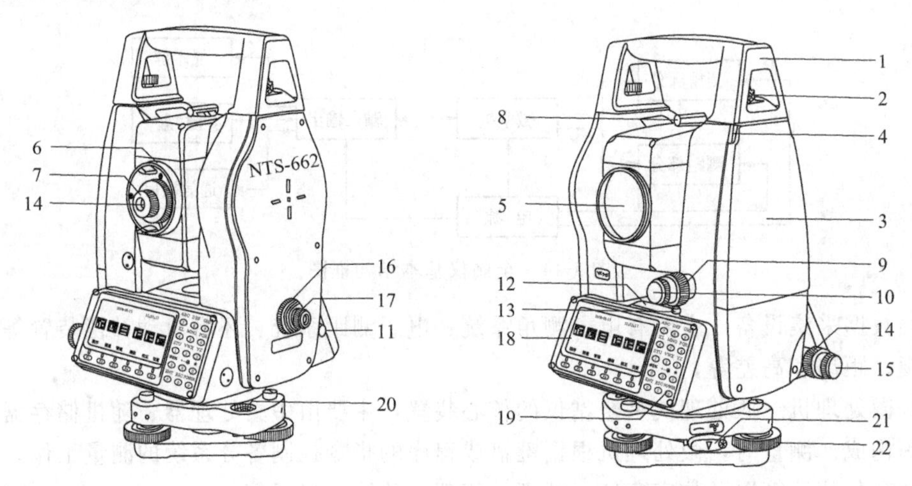

图 4-15　NTS-662 全站仪

1—手柄；2—手柄固定螺丝；3—电池盒；4—电池盒按钮；5—物镜；6—物镜调焦螺旋；7—目镜调焦螺旋；8—光学粗瞄器；9—望远镜制动螺旋；10—望远镜微动螺旋；11—RS-232C 通信口；12—管水准器；13—管水准器校正螺丝；14—水平制动螺旋；15—水平微动螺旋；16—光学对点器物镜调焦螺旋；17—光学对点器目镜调焦螺旋；18—显示窗；19—电源开关键；20—圆水准器；21—轴套锁定钮；22—脚螺旋

NTS-660 系列全站仪有双面操作键盘和显示屏，全中文下拉式菜单，操作简单方便，其操作面板与主菜单如图 4-16 所示。

2. NTS-660 系列全站仪的主要技术参数

NTS-660 系列全站仪的主要技术参数见表 4-3。

3. 全站仪的使用

(1) 全站仪安置　包括对中与整平，方法与光学仪器基本相同。有的全站仪使用激光对中器，操作十分方便。仪器有双轴补偿器，整平后气泡略有偏离，对观测并无影响。

(2) 开机和设置　开机后仪器进行自检，自检通过后，显示主菜单。测量前应进行相关设置，如各种观测量单位与小数点位数设置、测距常数设置、气象参数设置、标题信息、测站信息、观测信息设置等。

(3) 角度、距离、坐标测量　在标准测量状态下，角度测量模式、斜距测量模式、平距测量模式、坐标测量模式之间可互相切换。全站仪精确照准目标后，通过不同测量模式之间的切换，可得到所需要的观测值。

不同品牌和型号的全站仪实现同一种测量功能的操作程序不同。要全面掌握全站仪的使用功能并确保仪器的安全使用，使用前应详细阅读仪器操作手册。全站仪作为光、机、电一体化的精密测量仪器，其使用要求与测距仪相同。

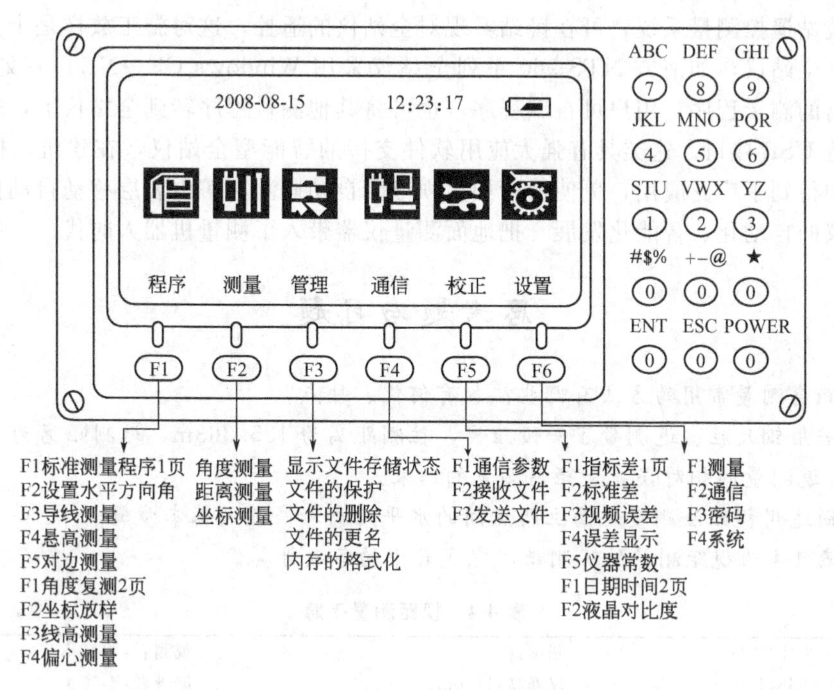

图 4-16 NTS-660 系列全站仪操作面板与主菜单

表 4-3 南方 NTS-660 系列全站仪主要技术参数

仪器型号			NTS-662	NTS-663	NTS-665
距离测量	最大距离（良好天气）	单个棱镜	1.8km	1.6km	1.4km
		三个棱镜	2.6km	2.3km	2.0km
	数字显示		最大：999999.999；最小：1mm		
	精度		±(2+2ppm.D)		
	测量时间		精测 3s，跟踪 1s		
	气象修正、棱镜常数修正		输入参数自动改正		
角度测量	测角方式		绝对编码方式		
	最小读数		1″/5″可选		
	精度		2″	3″	5″
自动垂直补偿器	系统		双轴液体电子传感补偿		
	工作范围		±3′		
	精度		1″		
显示部分	类型		双面图形式		

全站仪作为一种现代三维坐标测量与定位系统，是当今地面测量工作走向自动化、数字化的核心测量仪器。随着信息技术、微电子技术及现代通信技术的发展，现代高端全站仪集成了更多的功能。例如激光导向系统，在放样测量中，可引导司镜员快速进入望远镜视场内；无棱镜测距功能，可在一定的距离内对无法安置棱镜的目标点实现高精度的测距；应用自动目标识别技术（ATR），在人工粗略照准棱镜后，启动 ATR，不需要调焦或人工照准，仪器自动完成目标搜索、目标照准和测量过程，角度和距离就会被记录，也可自动进行正、倒镜观测。在自动跟踪模式下，仪器能自动锁定目标棱镜并对移动的 360°棱镜进行自动跟

踪测量。镜站遥控测量系统，可在镜站实现对全站仪的遥控，这对施工放样是十分有用和方便的。国产全站仪，如南方 NTS-960 系列全站仪采用 Windows CE. NET 中文操作系统，提供了丰富的测量程序，用户可自编程序，也可将其他测量程序转到全站仪上，采用彩色触摸屏，支持 USB 接口。这类具有强大应用软件支持的智能型全站仪，在建筑、桥梁和隧道工程施工中得到了广泛应用，更使得诸如大坝形变自动监测、矿山岩层移动自动监测成为可能。全站仪的自动化、智能化发展，把地面测量仪器带入了测量机器人时代。

思考题与习题

4-1 距离测量常用的方法有哪些？各有何优、缺点？

4-2 若用钢尺往、返测量了一段距离，往测距离为 125.363m，返测距离为 125.390m，试计算往、返测量的相对误差和距离测量的结果。

4-3 简述用视距法测量地面上两点间的水平距离和高差的基本步骤。

4-4 表 4-4 为视距测量的观测值，完成表中的各项计算。

表 4-4 视距测量手簿

日期：2004 年 8 月 29 日　　测站：P　　观测者：谭××

仪器型号：DJ_6 86541　　仪器高：1.50m　　记录者：李××

点号	下丝 上丝	视距 /m	竖盘读数 ° ′ ″	竖直角 ° ′ ″	中丝读数 /m	水平距离 /m	高差 /m	备注
1	2.563 1.200		78 26 36		1.882			竖盘注记如图 3-18 所示
2	2.037 0.900		121 24 24		1.468			
3	1.485 0.400		90 56 54		0.942			

4-5 简述光电测距的基本原理，并解释相位式光电测距仪为什么要设置“粗测尺”和“精测尺”？

4-6 使用光电测距仪应注意哪些问题？

4-7 全站仪主要由哪几个部分组成？各部分的作用如何？

4-8 全站仪的功能主要有哪些？

第五章 直线定向

在测量中，确定两点间的相对位置，除了测定两点间的距离外，还需确定两点所连直线与基本方向之间的水平角。确定直线与基本方向之间的水平角，以表示直线的方向，称为直线定向。

第一节 三北方向

一、基本方向的种类

我国位于北半球，常用的基本方向有三种：真北方向、磁北方向、坐标北方向。

1. 真北方向

通过地面某点真子午线的切线方向，其北端所示方向称为该点的真北方向。真北方向可采用天文测量的方法测定，如观测太阳、北极星等，也可采用陀螺经纬仪测定。

2. 磁北方向

在地面上某点，当磁针自由静止时其北端所指的方向称为磁北方向。磁北方向可用罗盘仪测定。

3. 坐标北方向

坐标纵轴（X 轴）正向所示方向，称为坐标北方向，也称为坐标纵轴方向。实用上常取与高斯平面直角坐标系（或独立平面直角坐标系）中 X 轴平行的方向，因此各点的坐标北方向都是相互平行的。

在测量中，通常把以上三个基本方向统称为“三北方向”。图 5-1 所示为三个基本方向间相互关系的一种情况。

二、子午线收敛角与磁偏角

1. 子午线收敛角

通过地面上某点的真北方向与过该点的坐标北方向之间的夹角称为子午线收敛角，以 γ 表示。坐标北方向在真北方向东侧时，γ 为正；坐标北方向在真北方向西侧时，γ 为负。γ 符号规定如图 5-2 所示。

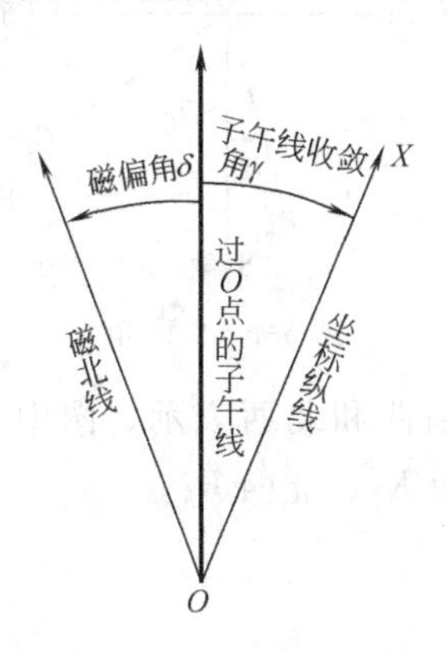

图 5-1　三北方向

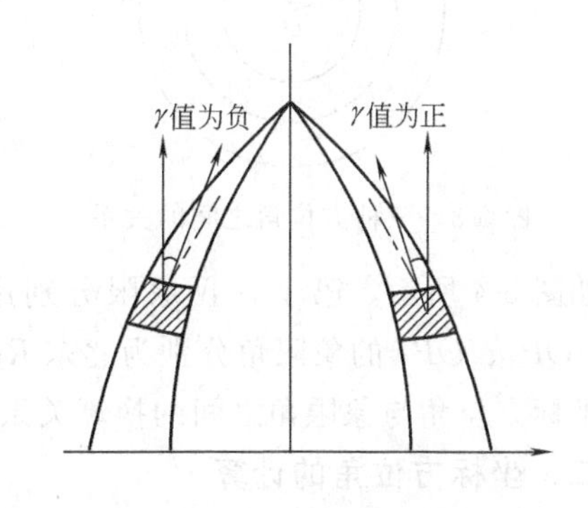

图 5-2　γ 符号规定

2. 磁偏角

地面上某点的真北方向与过该点的磁北方向之间的夹角称为磁偏角，以 δ 表示。

磁偏角 δ 的符号规定与子午线收敛角 γ 相同，即磁北方向在真北方向东侧时，δ 为正；磁北方向在真北方向西侧时，δ 为负。

第二节 方位角与象限角

一、直线定向的表示方法

1. 方位角

测量中常用方位角表示直线方向。对某一确定起点的直线，由在该起点处的基本方向起，顺时针至该直线方向的水平角称为该直线的方位角。方位角的取值范围是 0°～360°。

以真北方向作为基本方向起算的方位角，称为真方位角，用 A 表示。以磁北方向作为基本方向起算的方位角，称为磁方位角，用 A_m 表示。以坐标北方向（坐标纵轴方向）作为基本方向起算的方位角，称为坐标方位角，用 α 表示。测量工作中常用坐标方位角进行直线定向。

如图 5-3 所示，由于三个基本方向并不重合，所以一直线的三种方位角并不相等，它们之间存在着一定的换算关系

$$A=A_m+\delta \tag{5-1}$$

$$A=\alpha+\gamma \tag{5-2}$$

$$\alpha=A_m+\delta-\gamma \tag{5-3}$$

式中，δ 为 O 点的磁偏角；γ 为 O 点的子午线收敛角。

2. 象限角

在测量工作中，有时用直线与基本方向线相交的锐角来表示直线的方向。以基本方向线北端或南端起算，顺时针或逆时针方向量至直线的水平角，称为象限角，用 R 表示。象限角不但要表示角度大小，而且还要注明该直线所在的象限。

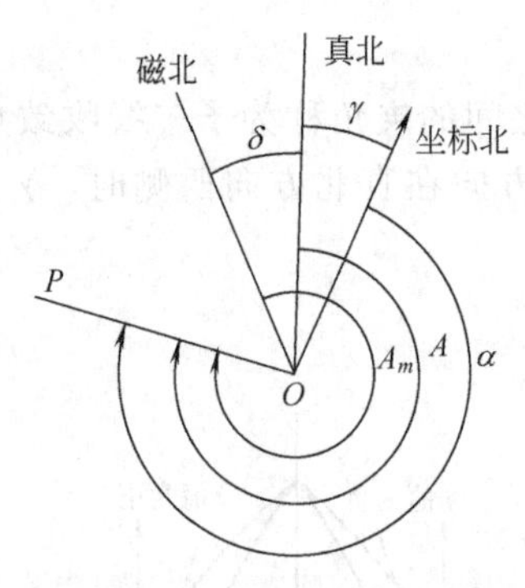

图 5-3 三种方位角之间的关系

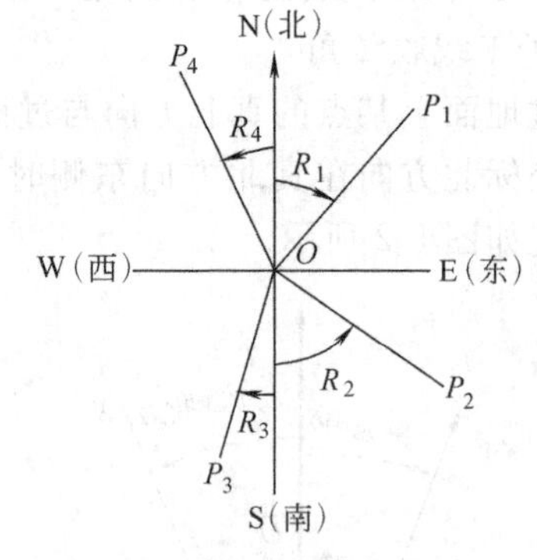

图 5-4 象限角

如图 5-4 所示，第Ⅰ～Ⅳ象限分别用北东、南东、南西和北西表示。图中直线 OP_1、OP_2、OP_3、OP_4 的象限角分别为北东 R_1、南东 R_2、南西 R_3、北西 R_4。

坐标方位角与象限角之间的换算关系，见表 5-1。

二、坐标方位角的计算

1. 正、反坐标方位角

表 5-1 坐标方位角与象限角间的换算关系

直线方向	根据象限角 R 求方位角 α	根据方位角 α 求象限角 R
北东，即第一象限	$\alpha=R$	$R=\alpha$
南东，即第二象限	$\alpha=180°-R$	$R=180°-\alpha$
南西，即第三象限	$\alpha=180°+R$	$R=\alpha-180°$
北西，即第四象限	$\alpha=360°-R$	$R=360°-\alpha$

一条直线的坐标方位角，由于起始点的不同而实际存在着两个值。如图 5-5 所示，α_{12}表示 P_1P_2 直线由 P_1 至 P_2 方向的坐标方位角，而 α_{21}则表示由 P_2 至 P_1 方向的坐标方位角。称 α_{12}和 α_{21}互为正、反坐标方位角。若以 α_{12}为正方位角，则 α_{21}为反方位角，反之亦然。

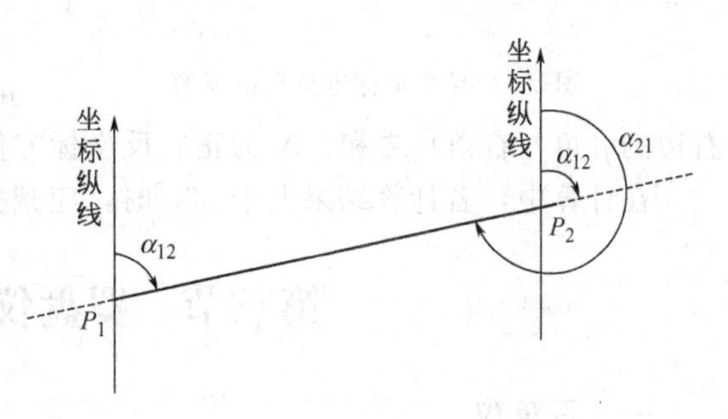

图 5-5 正、反坐标方位角

由于在同一高斯平面直角坐标系内各点处坐标北方向均是平行的，所以一条直线的正、反坐标方位角相差 180°，即

$$\alpha_{12}=\alpha_{21}\pm180° \tag{5-4}$$

2. 坐标方位角的计算

在测量工作中，一条直线的坐标方位角不是直接测定的，而是通过测定待求直线方向与已知坐标方位角的直线方向间的水平夹角，来推算待求直线方向的坐标方位角。

【例 5-1】 如图 5-6 所示，已知直线 AM 的方位角 α_{AM}，并测出其与直线 AB、AC 间的夹角 β_1 和 β_2，求直线 AB 和 CA 的方位角 α_{AB} 和 α_{CA}。

根据坐标方位角的定义，由图 5-6 可得

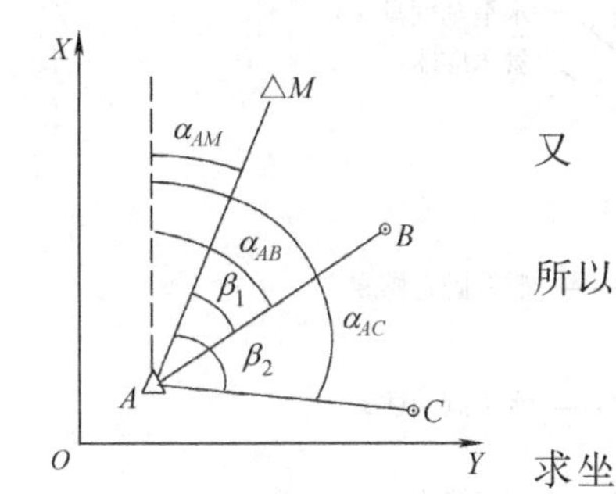

图 5-6 坐标方位角计算

$$\alpha_{AB}=\alpha_{AM}+\beta_1 \tag{5-5}$$

$$\alpha_{AC}=\alpha_{AM}+\beta_2 \tag{5-6}$$

又

$$\alpha_{CA}=\alpha_{AC}\pm180° \tag{5-7}$$

所以

$$\alpha_{CA}=\alpha_{AM}+\beta_2\pm180° \tag{5-8}$$

如图 5-6 所示，若已知坐标方位角 α_{AC}，测出夹角 β_1 和 β_2，求坐标方位角 α_{AM} 和 α_{AB}，用同样的方法可得

$$\alpha_{AM}=\alpha_{AC}-\beta_2 \tag{5-9}$$

$$\alpha_{AB}=\alpha_{AC}-(\beta_2-\beta_1) \tag{5-10}$$

由该例可知，同一起点两条直线的坐标方位角可用式（5-11）计算

$$\alpha_{未知}=\alpha_{已知}\pm\beta \tag{5-11}$$

当 β 为由同一起点的已知坐标方位角的直线转向未知坐标方位角的直线时，若转向为顺时针，β 前取“+”；若转向为逆时针，β 前取“-”。

【例 5-2】 如图 5-7 所示，已知 α_{AM}，测出角度 β_1，β_2，β_3，β_4，求 α_{DE}。

利用正、反坐标方位角的关系和式(5-11)，可得到坐标方位角 α_{DE}

$$\alpha_{AB}=\alpha_{AM}+\beta_1 \tag{5-12}$$

$$\alpha_{BC}=\alpha_{AB}\pm180°+\beta_2 \tag{5-13}$$

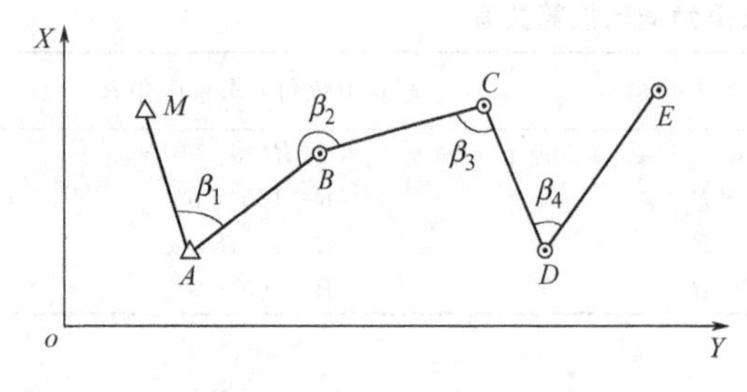

图 5-7 导线坐标方位角的推算

$$\alpha_{CD}=\alpha_{BC}\pm180°-\beta_3 \quad (5\text{-}14)$$

$$\alpha_{DE}=\alpha_{CD}\pm180°+\beta_4 \quad (5\text{-}15)$$

综合上面的计算过程，可推算折线上各线段的坐标方位角

$$\alpha_{未知}=\alpha_{已知}+\sum\beta_{左}-\sum\beta_{右}+N\times180° \quad (5\text{-}16)$$

式中，$\sum\beta_{左}$ 为推算路线前进方向左边的 β 角（左角）之和；$\sum\beta_{右}$ 为推算路线前进方向右边的 β 角（右角）之和；N 为正、反坐标方位角转换的次数。

在计算中，若计算结果大于 360°时，应减去 360°；计算结果为负值时，应加上 360°。

第三节 罗盘仪测定磁方位角

一、罗盘仪

罗盘仪是用来测定磁方位角和水平角的简便仪器，其式样颇多，根据照准设备的不同，有觇板式罗盘仪和望远镜式罗盘仪两大类。本节介绍望远镜式罗盘仪。

望远镜式罗盘仪主要由罗盘盒、望远镜和基座三部分组成，如图 5-8 所示。

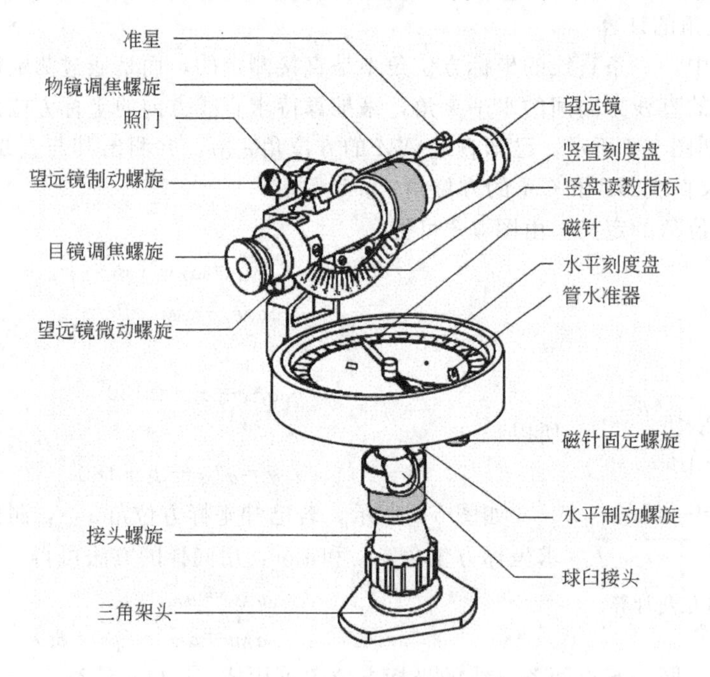

图 5-8 望远镜式罗盘仪

1. 罗盘盒

罗盘盒主要由磁针和分度圈组成，如图 5-9 所示。磁针一般是由钢片用电流充磁制成，磁针中部通常嵌有较硬的玻璃或玛瑙，并将其下表面磨成球面，使磁针在顶针上能自由而灵活转动。为了减轻顶针的磨损，在不使用时应将螺钉往下旋，使杠杆把磁针抬起。分度圈，也称为水平刻度盘，装在罗盘盒的内缘上。其分度通常以 1°为分划单位，每 10°作为一注记。注记的形式有两种：其一，按逆时针方向由 0°～360°，如图 5-10（a）所示，称为方位

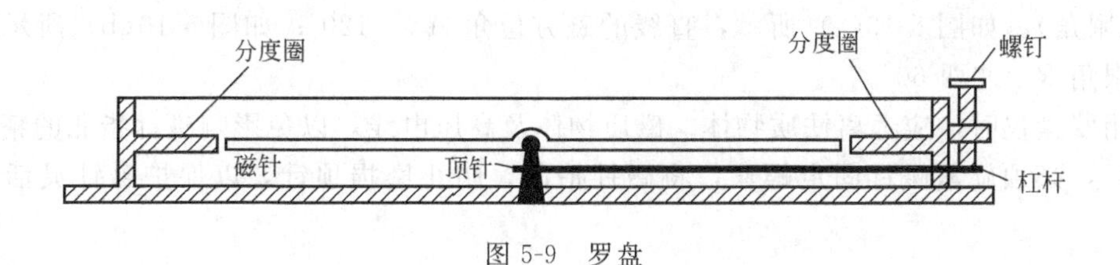

图 5-9 罗盘

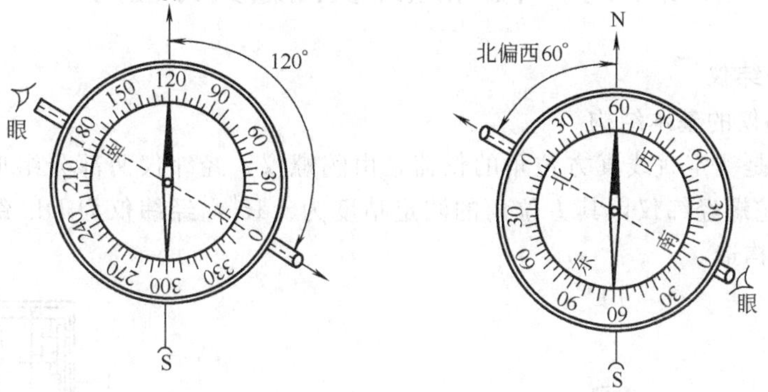

(a) 方位罗盘

(b) 象限罗盘

图 5-10 罗盘仪定向

罗盘；其二，由南北相对两个 0°向两个方向分别注记到 90°，如图 5-10（b）所示，称为象限罗盘。在象限罗盘上除注有“南北”外，还注有“东西”字样。

2．望远镜

望远镜供照准目标用。望远镜一侧固定有一个半圆形竖直刻度盘，竖直刻度盘与望远镜一起转动，用于测定竖直角。

3．基座

基座系一种球臼结构，供支撑仪器上部、整平刻度盘、连接三脚架用。安置罗盘仪时，松开球臼接头螺旋，可摆动罗盘盒使水准管气泡居中，于是水平刻度盘处于水平位置，然后拧紧接头螺旋。

二、磁方位角的测定

1．罗盘仪定向原理

由于罗盘仪的刻度盘随着照准设备转动，而磁针静止不动，照准设备的视准轴方向始终与罗盘刻度盘的南北方向线重合，如图 5-10 所示。使用时，将罗盘仪置于方向线的一端，用望远镜瞄准方向线的另一端，读取刻度盘上磁针所指的读数，即为该方向线的磁方位角或磁象限角。在一点上测定两方向线的磁方位角后，就可以计算出这两方向线间所夹的水平角，但精度较低。罗盘仪一般用于独立测区的近似定向，以及线路和森林勘测。

2．望远镜罗盘仪的使用

用望远镜罗盘仪测定地面上一直线的磁方位角或磁象限角，其操作步骤如下。

① 在测站上对罗盘仪进行对中、整平。罗盘仪一般采用垂球对中，整平时需调整罗盘底部的球窝轴。松开球窝轴螺旋，使罗盘仪上的水准管气泡居中后，再旋紧即可。

② 照准测线另一端目标，注意消除视差。

③ 松开磁针的固定螺旋，待磁针静止后，磁针北端所指的数值即为该直线的磁方位角

（或磁象限角）。如图 5-10(a) 所示，直线的磁方位角 $A_m=120°$；如图 5-10(b) 所示，直线的磁象限角 R=北西 60°。

使用罗盘仪时，应远离铁质物体、磁质物体及高压电线，以免影响磁针指北的精度。观测结束后，必须旋紧磁针固定螺丝，将磁针抬起，防止磨损顶针，以保护磁针灵活自由地转动。

第四节 陀螺经纬仪测定真方位角

一、陀螺经纬仪

1. 陀螺经纬仪的基本结构

陀螺经纬仪是测定直线真方位角的仪器，由陀螺仪、经纬仪两部分组成。图 5-11 所示是国产 JT15 型陀螺经纬仪，其方位角的测定精度为±15″，经纬仪为 DJ_6 级。图 5-12 所示为陀螺仪的内部构造。

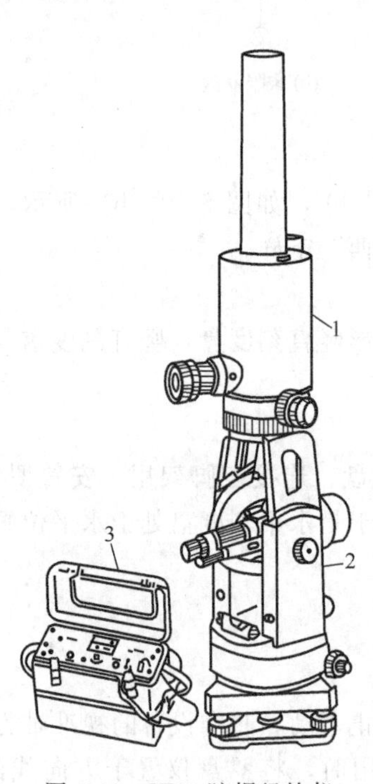

图 5-11 JT15 陀螺经纬仪

1—陀螺仪；2—经纬仪；3—电源箱

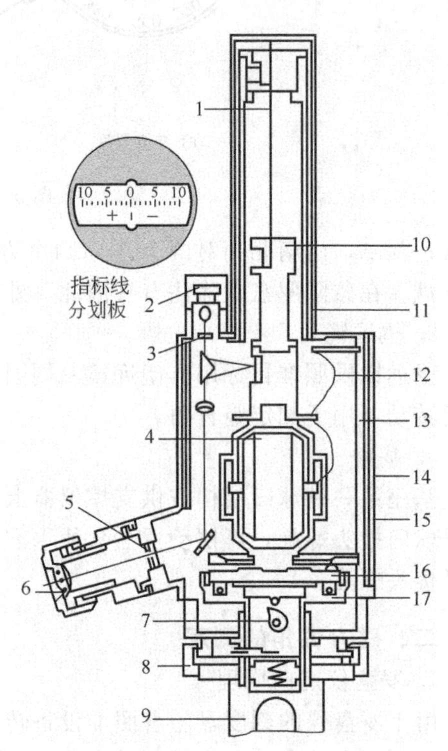

图 5-12 陀螺仪基本结构示意图

1—悬挂带；2—照明灯；3—光标；4—陀螺马达；5—分划板；6—目镜；7—凸轮；8—螺纹压环；9—桥形支架；10—悬挂柱；11—上部外罩；12—导流丝；13—支架；14—外壳；15—磁屏蔽罩；16—灵敏部底座；17—锁紧限幅机构

陀螺仪主要由灵敏部、观测系统、锁紧和限幅装置等几部分组成，其中陀螺仪的核心部分是灵敏部的陀螺，可由外接电源或内置电池供电，并由悬挂带悬挂起来。启动和制动陀螺仪时，灵敏部必须处在锁紧状态，以免损坏悬挂带。通过陀螺仪目镜可看到光标，光标在目镜视场内分划板零刻划线附近左右游动。光标的游动反映了陀螺转轴的摆动。

2. 陀螺仪定向原理

陀螺仪内绕其对称轴高速旋转的陀螺具有两个重要特性：其一，为定轴性，即在没有外力矩的作用下，陀螺转轴的方向始终指向初始恒定方向；其二，为进动性，即在外力矩的作用下，陀螺转轴产生进动，沿最短路程向外力矩的旋转轴所在铅垂面靠拢，直到两轴处于同一铅垂面为止。

真子午线是过地球自转轴的平面（子午面）与地球表面的交线，因此地面真子午线（真北方向）与地球自转轴处于同一铅垂面内。当陀螺仪的陀螺高速旋转，其转轴不在地面真子午线的铅垂面内时，陀螺转轴在地球自转的力矩作用下产生进动，向真子午线和地球自转轴所在的铅垂面靠近，于是陀螺的转轴就可以自动地指示出真北方向。

高速旋转的自由陀螺的转轴在惯性作用下不会静止在真北方向，而是在真北方向左右摆动。陀螺转轴东西摆动的最大振幅处称为逆转点。因此，陀螺仪与经纬仪相结合，用经纬仪跟踪光标东西逆转点，读取水平度盘读数并取其平均值，从而求得真北方向。

二、陀螺经纬仪测定真方位角的方法

在待测真方位角的直线起点架设陀螺经纬仪，对中、整平后，打开电源箱，接好电缆，就可开始测量工作。

1. 粗略定向

粗略定向可利用罗盘使经纬仪的望远镜大致指向北方，也可以采用逆转点法。

逆转点法的具体过程如下。启动陀螺仪，在陀螺达到额定转速时，放下陀螺灵敏部，通过陀螺仪观测目镜观察光标游动的速度和方向，然后转动经纬仪的照准部进行跟踪，使光标与分划板零刻划线保持重合。当光标游动速度减慢，表明接近东（或西）逆转点。光标快要停下时，制动经纬仪照准部，改用微动螺旋跟踪光标。当光标出现短暂停顿时，则跟踪到东（或西）逆转点，此时读取经纬仪水平度盘读数 u_1。松开制动螺旋，继续按前述方法跟踪西（或东）逆转点，并读取经纬仪水平度盘读数 u_2。至此，可托起灵敏部，制动陀螺。取两次读数的平均值 N，即得近似真北方向在度盘上的读数。

$$N=\frac{1}{2}(u_1+u_2) \tag{5-17}$$

将经纬仪照准部转动到读数 N 的位置上，这时望远镜视准轴所示方向就是近似真北方向。

2. 精密定向

经纬仪视准轴指向近似真北方向时，固定照准部。启动陀螺仪，在陀螺达到额定转速时，放下陀螺灵敏部，并进行限幅，然后用微动螺旋跟踪光标，连续对东西逆转点跟踪 5 次，如图 5-13 所示。得到 5 个逆转点读数后结束观测，托起陀螺并制动陀螺马达，则陀螺所定的真北方向值 N 为

$$N_1=\frac{1}{2}\left(\frac{u_1+u_3}{2}+u_2\right)$$

$$N_2=\frac{1}{2}\left(\frac{u_2+u_4}{2}+u_3\right)$$

$$N_3=\frac{1}{2}\left(\frac{u_3+u_5}{2}+u_4\right)$$

$$N=\frac{1}{3}(N_1+N_2+N_3) \tag{5-18}$$

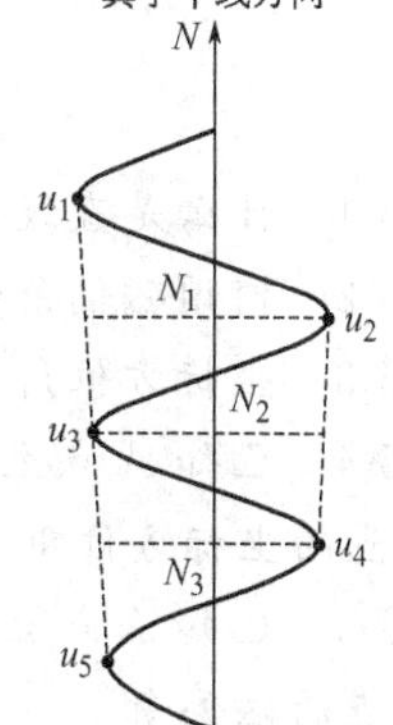

图 5-13　跟踪逆转点法

这种测定陀螺北方向值的方法称为“跟踪逆转点法”。

直线真方位角 A 按下式计算。

$$A=L-N+v_0+\Delta \tag{5-19}$$

式中，L 为直线方向值，是观测 N 值前后在测站上各用正倒镜照准直线端点观测，取其4次观测值的平均值；Δ 为仪器常数改正；v_0 为陀螺仪悬带零位改正，其测定和计算方法，详见仪器使用说明书。

三、全自动陀螺经纬仪

光学陀螺经纬仪由人工观测，存在效率低、易出错等缺陷。随着科学技术的发展，20世纪80年代以来，世界上开始研制并使用全自动的陀螺经纬仪，产品有德国威斯特发伦采矿联合公司（WBK）的Gyromat2000和日本索佳公司（SOKKIA）的AGP1等，如图5-14(a)、(b)所示。自动化陀螺经纬仪一般由自动陀螺仪和电子经纬仪组成，其特点是：定向过程采用积分法并以数字显示方位角，在观测过程中由于温升、震动和纬度产生的误差均可自动加以改正，全部操作过程由电子计算程序控制。如Gyromat2000陀螺经纬仪，可自动完成定向的整个操作过程，快速、高精度地实现定向观测，在不足10min的时间内可获得优于±3.2″的定向精度。目前，自动陀螺仪已发展为与全站仪组合成陀螺全站仪。我国已研制出类似的高精度陀螺经纬仪Y/JTG-1，如图5-14(c)所示，由于该陀螺经纬仪的测角装置可采用TDA5005全站仪，还实现了目标的自动跟踪功能。

(a) Gyromat2000

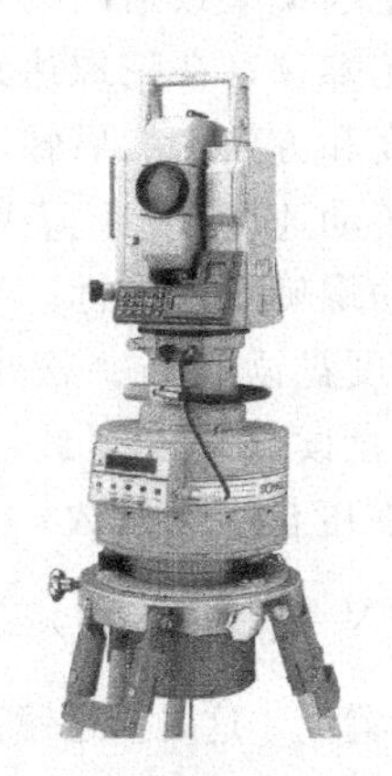

(b) AGP1

(c) TDA5005+Y/JTG-1

图5-14　全自动陀螺经纬仪

思考题与习题

5-1　什么是直线定向？直线定向的基本方向有哪几种？它们之间存在什么关系？

5-2　何谓磁偏角和子午线收敛角？它们的正负符号是怎样规定的？

5-3　坐标方位角与象限角之间是怎样换算的？

5-4　已知 A 点至 B 点的真方位角为 245°03′，A 点的子午线收敛角为 +1°12′，求 A 点至 B 点的坐标方位角。

5-5　已知 A 点至 B 点的真方位角为 73°47′54″，用罗盘仪测量某直线磁方位角为 73.5°，求 A 点的磁偏角。

5-6　如图5-15所示，写出计算∠1、∠2、∠3、∠4的坐标方位角下标符号：

$\angle 1 = \alpha_{--} - \alpha_{--}$

$\angle 2 = \alpha_{--} - \alpha_{--}$

$\angle 3 = \alpha_{--} - \alpha_{--}$

$\angle 4 = \alpha_{--} - \alpha_{--}$

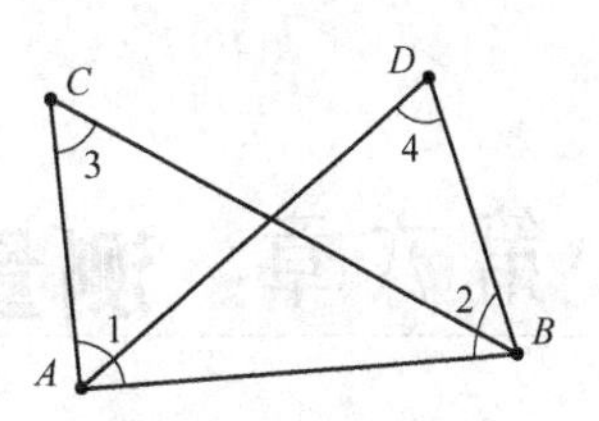

图 5-15　角度计算

5-7　如图 5-16，已知 $\alpha_{AB} = 15°36'27''$；水平角：$\beta_1 = 49°54'56''$、$\beta_2 = 203°27'36''$、$\beta_3 = 82°38'14''$、$\beta_4 = 62°47'52''$、$\beta_5 = 114°48'25''$。求坐标方位角 α_{DC}。

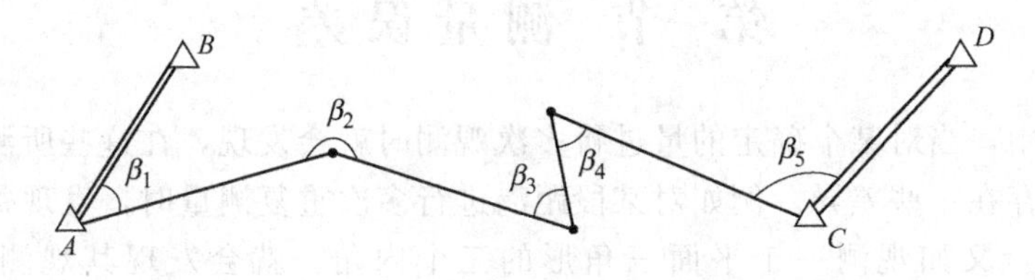

图 5-16　计算坐标方位角

5-8　怎样用罗盘仪测定直线的磁方位角？

5-9　用陀螺经纬仪怎样测定直线的真方位角？怎样计算测线的坐标方位角？

第六章　测量误差的基本知识

第一节　测量误差

在测量工作中，当对某个确定的量进行多次观测时就会发现，在这些所测得的结果（观测值）之间往往存在一些差异。例如对某段距离进行多次重复测量时，发现每次测量的结果通常是不一致的。又如观测一个平面三角形的三个内角，就会发现其观测值之和不等于180°。这种在同一个量的各观测值之间，或在各观测值与其理论上的应有值之间存在差异的现象，在测量工作中是普遍存在的。为什么会产生这种差异呢？这是由于观测值中包含有测量误差的缘故。

一、观测条件

根据前面章节的分析可知，测量误差产生的原因很多，概括起来，有以下三个方面。

1. 测量仪器

观测时使用的是特定的仪器，每种仪器只具有一定的精度，因而使观测所得到的数据不可避免地带有误差。例如，在用只刻有厘米分划的普通水准尺进行水准测量时，就难以保证在水准尺上估读毫米数时正确无误。同时，仪器本身也含有误差，例如水准仪的视准轴不平行于水准管水准轴、水准尺的分划误差等。

2. 观测者

由于观测者的感觉器官的鉴别能力有一定的局限性，所以在操作仪器的过程中也会产生误差。同时，观测者的技术水平和工作态度也会对观测值的质量产生影响。

3. 外界条件

在测量时所处的自然环境，如地形、温度、湿度，风力、大气折光等外界因素及其随时间变化的影响都会给观测结果带来误差。

上述测量仪器、观测者和外界条件这三方面的因素是引起测量误差的主要来源，通常把这三个方面综合起来称为观测条件。很明显，观测条件的好坏与观测成果的质量有密切联系，可以说，观测成果的质量高低客观上也就反映了观测条件的优劣。但是不管观测条件如何，在测量过程中，由于受到上述种种因素的影响，难免使观测结果产生这样或那样的误差。从这一意义上来说，在测量中产生误差是不可避免的。

二、测量误差的分类

测量误差按其产生的原因和对观测结果影响性质的不同，可以分为系统误差、偶然误差和粗差三类。

1. 系统误差

在相同的观测条件下进行一系列的观测，如果出现的误差在大小、符号上表现出系统性，或在观测过程中按一定的规律变化，或者为某一常数，这种误差称为“系统误差”。

例如，用名义长度为30m而实际长度为30.004m的钢尺量距，每丈量一尺段就使距离量短了 0.004m，即产生 0.004m 的误差，其量距误差的符号不变，所量距离愈长，所积累的误差也愈大。

系统误差对观测值的影响一般具有累积性，它对成果质量的影响也特别显著。在实际工作中，可以通过对观测值施加改正，或者用一定的测量方法来消除或减弱系统误差的影响。例如上述钢尺量距的例子，可利用尺长方程式对观测结果进行尺长改正。又如在水准测量中，可以用前后视距离相等的办法来减少由于仪器视准轴不平行于水准管水准轴给观测结果带来的影响。

2. 偶然误差

在相同的观测条件下进行一系列的观测，如果误差在符号和大小上都表现出偶然性，即从单个误差看，该系列误差的大小和符号没有任何规律性，但就大量误差的总体而言，具有一定的统计规律，这种误差称为偶然误差。

偶然误差是由人力所不能控制的因素或无法估计的因素（如人眼的分辨能力、仪器的极限精度和气象因素等）引起的测量误差。例如，用经纬仪测角时的照准误差，在厘米分划的水准尺上估读毫米数的误差。通过多次重复观测取平均值，可以抵消一些偶然误差。

3. 粗差

粗差即粗大误差，是指比在正常观测条件下所可能出现的最大偶然误差还要大的误差。通俗地说，粗差要比偶然误差大上好几倍。例如观测时瞄错目标、读错大数、计算机数据错误输入等，这种由于观测者的粗心造成的错误，在一定程度上可以避免。但在现今采用高新测量技术的自动化数据采集中，粗差的出现也是很难避免的，研究粗差的识别剔除也成为数据处理中的一个重要课题。

在对观测列进行数据处理时，应该采用各种方法来消除或削弱系统误差的影响，使之达到实际上可以忽略不计的程度；探测粗差的存在并剔除粗差。那么，该观测列中主要是存在着偶然误差。这样的观测列，就可认为是带有偶然误差的观测列。

三、多余观测

由于观测值不可避免地存在偶然误差，因此，在实际工作中，为了提高最后结果的质量，同时也为了检查和及时发现观测值中有无粗差存在，通常要使观测值的个数多于未知量的个数，也就是要进行多余观测。

例如，地面上一条边长，丈量一次就可得出该边的长度，考虑观测误差的不可避免性，实际上是对该边进行多次重复丈量。又如地面上有一平面三角形，为了确定其形状，只需观测其中的两个内角，但通常是观测三个内角。

通过多余观测必然会发现在观测结果之间不相一致或不符合应有关系而产生的不符值，因此，必须对这些带有偶然误差的观测值进行适当处理。

下一节将要介绍的内容是：对一系列带有偶然误差的观测值，采用合理的方法来消除它们之间的不符值，求出未知量的最可靠值并评定测量成果的精度。

第二节　偶然误差的特性

任何一个被观测量客观上总是存在着一个能代表其真正大小的数值，这一数值就称为该被观测量的真值，用 X 表示。通过观测得到的数值称为该量的观测值。

设对某一量进行了 n 次观测，其观测值用 l_i（$i=1,2,\cdots,n$）表示。由于各观测值都带

有一定的误差，因此，每一观测值与其真值 X 之间必存在一差数 Δ，即

$$\Delta_i = X - l_i, (i=1,2,\cdots,n) \tag{6-1}$$

式中，Δ 称为真误差（简称误差），此处 Δ 仅指偶然误差。

从单个偶然误差来看，其符号和大小没有任何规律性。但是，人们从无数的测量实践中发现，在相同的观测条件下，大量偶然误差确实呈现出一定的统计规律性。进行统计的数量越大，规律性也越明显。下面结合某观测实例，用统计方法来说明这种规律性。

在某一测区，在相同的观测条件下共观测了358个平面三角形的全部内角，由于每个三角形内角之和的真值（180°）为已知，因此可按式(6-1）计算每个三角形内角之和的真误差 Δ（三角形闭合差），将它们分为负误差和正误差，按误差绝对值由小到大排列。取误差区间 $d\Delta=3''$，统计出现在各区间内误差的个数 k_i，并计算出误差出现于各区间内的相对个数 k_i/n（此处 $n=358$），k_i/n 也称为"误差出现在某个区间内"这一事件的频率。其结果列于表6-1中。

表 6-1　误差分布

误差区间(dΔ)/(″)	负误差		正误差		备注
	k	k/n	k	k/n	
0～3	45	0.126	46	0.128	$d\Delta=3''$ 等于区间左端值的误差算入该区间内
3～6	40	0.112	41	0.115	
6～9	33	0.092	33	0.092	
9～12	23	0.064	21	0.059	
12～15	17	0.047	16	0.045	
15～18	13	0.036	13	0.036	
18～21	6	0.017	5	0.014	
21～24	4	0.011	2	0.006	
24以上	0	0	0	0	
Σ	181	0.505	177	0.495	

误差分布的情况，除了采用上述误差分布表的形式描述外，还可以利用图形来表达。图6-1就是根据表6-1中的数据绘制的。图中以横坐标表示误差的大小，以纵坐标表示误差出现于各区间的频率（k/n）除以区间的间隔值（此处 $d\Delta=3''$）。图中每一误差区间上的长方条面积就代表误差出现在该区间内的频率，各长方条面积的总和等于1。该图在统计学上称为"频率直方图"，它形象地表示了误差的分布情况。

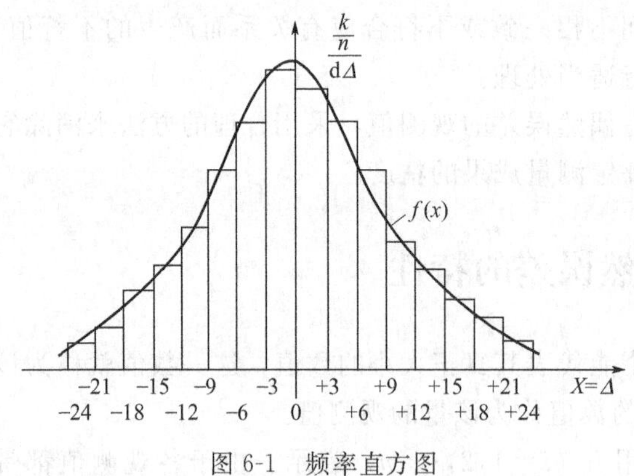

图6-1　频率直方图

从表6-1的统计中，可以归纳出偶然误差具有如下特性。

① 在一定观测条件下的有限次观测中，偶然误差的绝对值不会超过一定的限值。

② 绝对值较小的误差出现的频率大，

绝对值较大的误差出现的频率小。

③ 绝对值相等的正、负误差具有大致相等的出现频率。

④ 当观测次数无限增大时，偶然误差的理论平均值趋近于零，即偶然误差具有抵偿性。用公式表示为

$$\lim_{n\to\infty}\frac{\Delta_1+\Delta_2+\cdots+\Delta_n}{n}=\lim_{n\to\infty}\frac{[\Delta]}{n}=0 \tag{6-2}$$

式中，[ ] 表示取括号中数值的代数和。

上述第 4 个特性是由第 3 个特性导出的。第 3 个特性说明了，在大量偶然误差中，正负误差有互相抵消的性能。

对于一系列的观测而言，不论其观测条件是好是差，也不论是对同一个量还是对不同的量进行观测，只要这些观测是在相同条件下独立进行的，则所产生的一组偶然误差都必然具有上述的四个特性。

在相同观测条件下所得到的一组独立的观测误差，只要误差的总个数 n 足够大，那么出现在各区间内误差的频率就会稳定在某一常数附近，而且当观测个数愈多时，稳定的程度也就愈大。例如，就表 6-1 的一组误差而言，在观测条件不变的情况下，如果再继续观测更多的三角形，则可预见，随着观测的个数愈来愈多，误差出现在各区间内的频率及其变动的幅度也就愈来愈小。当 $n\to\infty$ 时，各频率也就趋于一个完全确定的数值，这就是误差出现在各区间的概率。也就是说，在一定的观测条件下，对应着一种确定的误差分布。

在 $n\to\infty$ 的情况下，如果此时把误差区间间隔无限缩小，则可想象到图 6-1 中各长方条顶边形成的折线将变成一条光滑的曲线。这种曲线称为误差的概率分布曲线或称正态分布曲线。描述正态分布曲线的数学方程式为

$$f(\Delta)=\frac{1}{\sqrt{2\pi}\sigma}\mathrm{e}^{-\frac{\Delta^2}{2\sigma^2}} \tag{6-3}$$

式(6-3) 称为正态分布的概率密度函数。式中，σ 为标准差，以偶然误差 Δ 为自变量，以标准差 σ 为密度函数的唯一参数。

标准差的平方 σ^2 为方差。方差为偶然误差平方的理论平均值

$$\sigma^2=\lim_{n\to\infty}=\frac{\Delta_1^2+\Delta_2^2+\cdots+\Delta_n^2}{n}=\lim_{n\to\infty}\frac{[\Delta^2]}{n} \tag{6-4}$$

因此，标准差为

$$\sigma=\lim_{n\to\infty}\sqrt{\frac{[\Delta^2]}{n}}=\lim_{n\to\infty}\sqrt{\frac{[\Delta\Delta]}{n}} \tag{6-5}$$

由上式可知，标准差的大小决定于在一定条件下偶然误差出现的绝对值的大小。由于在计算标准差时取各个偶然误差的平方和，因此当出现有较大绝对值的偶然误差时，在标准差的数值大小中会得到明显的反映。

第三节 评定精度的指标

精度是指一组误差分布的密集或离散的程度。在相同的观测条件下进行的一组观测，它对应着一种确定的误差分布。如果误差分布较为密集，则这一组观测精度较高；如果误差分布较为离散，则这一组观测精度较低。

在相同的观测条件下，对某一量所进行的一组观测对应着同一种误差分布，因此，这一

组中的每一个观测值都具有同样的精度，称为同精度观测值。为了方便地用某个具体的数字来反映误差分布的密集或离散程度，下面介绍几种评定精度的指标。

一、中误差

不同的σ将对应着不同形状的分布曲线，当σ愈大时，曲线将愈平缓，即误差分布比较分散；当σ越小时，曲线将越陡峭，即误差分布比较密集。正态分布曲线具有两个拐点，拐点在横轴上的坐标为

$$\Delta_{拐}=\pm\sigma \tag{6-6}$$

可见，σ的大小，可以反映精度的高低，故常用标准差σ作为衡量精度的指标。

但是，在实际测量工作中，观测个数n总是有限的，因此，在测量中定义由有限个观测值的偶然误差求得的标准差的近似值（估值）为“中误差”，用m表示，即

$$m=\pm\sqrt{\frac{\Delta_1^2+\Delta_2^2+\cdots+\Delta_n^2}{n}}=\pm\sqrt{\frac{[\Delta\Delta]}{n}} \tag{6-7}$$

式中，真误差Δ可以是同一个量的同精度观测值的真误差，也可以是不同量的同精度观测值的真误差。

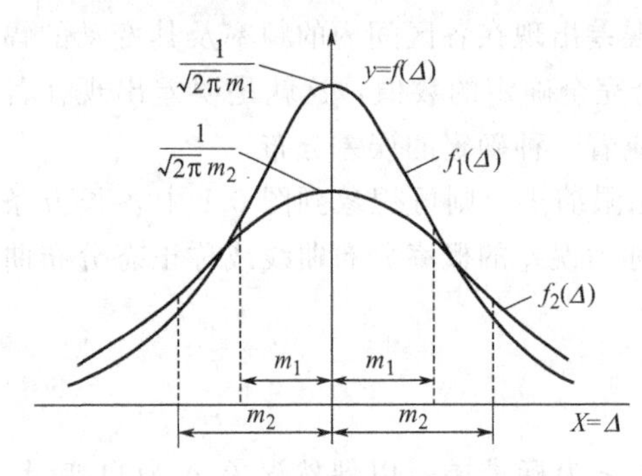

图 6-2 不同中误差的正态分布曲线

图 6-2 是表示在不同的观测条件下，两组误差所对应的分布曲线。按式(6-3)，当$\Delta=0$时，$f(\Delta)$有最大值。如果以中误差代替标准差，则其最大值为$1/(\sqrt{2\pi}m)$。不难理解，m_1较小，图中曲线在纵轴上的顶峰较高，曲线形状较陡峭，表示小误差出现的频率较大，误差分布比较密集，该组观测精度较高；m_2较大，曲线的顶峰则较低，曲线形状较平缓，表示误差分布较离散，该组观测精度较低。

【例 6-1】 设对某个三角形用两种不同的精度分别对它进行了 10 次观测，求得每次观测所得的三角形内角和的真误差为

第一组：+3″，−2″，−4″，+2″，0″，−4″，+3″，+2″，−3″，−1″；

第二组：0″，−1″，−7″，+2″，+1″，+1″，−8″，0″，+3″，−1″。

试求这两组观测值的中误差。

解： 这两组观测值的中误差（用三角形内角和的真误差求得的中误差，也称为三角形内角和的中误差）计算如下

$$m_1=\sqrt{\frac{3^2+(-2)^2+(-4)^2+2^2+0^2+(-4)^2+3^2+2^2+(-3)^2+(-1)^2}{10}}=\pm2.7''$$

$$m_2=\sqrt{\frac{0^2+(-1)^2+(-7)^2+2^2+1^2+1^2+(-8)^2+0^2+3^2+(-1)^2}{10}}=\pm3.6''$$

比较m_1和m_2的值可知，第一组的观测精度较第二组观测精度高。

二、极限误差

偶然误差的第一特性表明，在一定的观测条件下，偶然误差的绝对值不会超过一定的限值。

根据误差理论可知，在大量同精度观测的一组误差中，误差落在（$-\sigma$，$+\sigma$）、（-2σ，$+2\sigma$）和（-3σ，$+3\sigma$）的概率分别为

$$\left.\begin{aligned}P(-\sigma<\Delta<+\sigma)=68.3\%\\P(-2\sigma<\Delta<+2\sigma)=95.5\%\\P(-3\sigma<\Delta<+3\sigma)=99.7\%\end{aligned}\right\}\tag{6-8}$$

可见，绝对值大于3倍标准差的偶然误差出现的概率只有0.3%，是接近于零的小概率事件，或者说这是实际上的不可能事件。通常将3倍标准差作为偶然误差的极限值$\Delta_{限}$，称为极限误差，即

$$\Delta_{限}=3\sigma\tag{6-9}$$

在实际测量工作中，以3倍中误差作为偶然误差的允许值，称为允许误差或限差。要求较严格时，常采用2倍中误差作为允许误差。在测量工作中，如某个误差超过了允许误差，则相应观测值应舍去重测。

三、相对误差

对于某些观测结果，有时单靠中误差还不能完全表达观测结果的质量。例如，用钢卷尺分别测量1000m和80m的两段距离，观测值的中误差均为±2cm。虽然两者的中误差相同，但就单位长度而言，两者的精度并不相同。此时，衡量精度应采用相对中误差，它是观测值的中误差与观测值之比。如上述两段距离，前者的相对中误差为0.02/1000=1/50000，而后者则为0.02/80=1/4000，显然前者的量距精度高于后者。

相对中误差是个无名数。通常将分子化为1，即用$1/N$表示。

对于极限误差或真误差，有时也用相对误差来表示，称为相对极限误差或相对真误差。与相对误差相对应，真误差、中误差、极限误差等均称为绝对误差。

第四节　误差传播定律

测量工作中某些未知量需要由若干独立观测值按一定的函数关系间接计算出来，即某些量是观测值的函数。例如水准测量中，AB水准路线分3段施测，各段观测高差分别为h_1、h_2、h_3，则A、B两点间的高差为

$$h_{AB}=h_1+h_2+h_3$$

为了由各段观测高差的中误差来计算A、B两点间高差的中误差，必须建立两者中误差之间的关系。阐述观测值的中误差与观测值函数的中误差之间关系的定律称为误差传播定律。

一、线性函数

设有线性函数z为

$$z=k_1x_1+k_2x_2+\cdots+k_tx_t\tag{6-10}$$

式中，x_1，x_2，…，x_t为独立观测值，其中误差分别为m_1，m_2，…，m_t；k_1，k_2，…,k_t为任意常数。设x_1，x_2，…，x_t分别含有真误差Δx_1，Δx_2，…，Δx_t，则函数z必有真误差Δz，即

$$z+\Delta z=k_1(x_1+\Delta x_1)+k_2(x_2+\Delta x_2)+\cdots+k_t(x_t+\Delta x_t)\tag{a}$$

由式（a）减去式（6-10），得真误差关系式为

$$\Delta z=k_1\Delta x_1+k_2\Delta x_2+\cdots+k_t\Delta x_t\tag{b}$$

若对x_1，x_2，…，x_t均观测n次，可得

$$\left.\begin{aligned}\Delta z_1 &= k_1\Delta x_{11}+k_2\Delta x_{21}+\cdots+k_t\Delta x_{t1}\\ \Delta z_2 &= k_1\Delta x_{12}+k_2\Delta x_{22}+\cdots+k_t\Delta x_{t2}\\ &\cdots\\ \Delta z_n &= k_1\Delta x_{1n}+k_2\Delta x_{2n}+\cdots+k_t\Delta x_{tn}\end{aligned}\right\}\qquad(c)$$

将式（c）平方后求和，再除以 n 得

$$\frac{[\Delta z^2]}{n}=\frac{k_1^2[\Delta x_1^2]}{n}+\frac{k_2^2[\Delta x_2^2]}{n}+\cdots+\frac{k_t^2[\Delta x_t^2]}{n}+$$

$$2\frac{k_1k_2[\Delta x_1\Delta x_2]}{n}+\cdots+2\frac{k_{t-1}k_t[\Delta x_{t-1}\Delta x_t]}{n}$$

由于 Δx_1，Δx_2，…，Δx_t 均为独立观测值的偶然误差，所以乘积 $\Delta x_i\Delta x_{i+1}$ 也必然呈现偶然性。根据偶然误差的第四特性，上式右边非自乘项均等于零。由中误差的定义式，可得函授 z 的中误差关系式为

$$m_z^2=k_1^2m_1^2+k_2^2m_2^2+\cdots+k_t^2m_t^2 \qquad (6\text{-}11)$$

应用上式，不难写出属于线性函数特例的下列函数的误差传播定律表达式。

1. 倍数函数

$$z=kx$$

$$m_z=km_x \qquad (6\text{-}12)$$

【例 6-2】 在 1∶500 比例尺地形图上，量得 A、B 两点间的距离 $D_{ab}=23.4\text{mm}$，其中误差 $mD_{ab}=\pm0.2\text{mm}$。求 A、B 两点间的实地距离 D_{AB} 及其中误差 mD_{AB}。

解： $D_{AB}=500\times D_{ab}=500\times23.4\text{mm}=11700(\text{mm})=11.7\text{m}$

由式(6-12) 得

$$mD_{AB}=500\times mD_{ab}=500\times(\pm0.2\text{mm})=\pm100(\text{mm})=\pm0.1\text{m}$$

答案为　$D_{AB}=11.7\text{m}\pm0.1\text{m}$

2. 和差函数

$$Z=x_1\pm x_2\pm\cdots\pm x_n$$

$$m_z^2=m_1^2+m_2^2+\cdots+m_n^2 \qquad (6\text{-}13)$$

当观测值 x_i 为等精度观测时，$m_1=m_2=\cdots=m_n=m$，则上式变为

$$m_z=m\sqrt{n} \qquad (6\text{-}14)$$

在距离测量中，若用尺长为 l 的钢尺量距，共测量了 n 个尺段，已知每尺段量距的中误差都为 m_l，则距离 D 的量距中误差为

$$m_D=m_l\sqrt{n} \qquad (6\text{-}15)$$

当使用量距的钢尺长度相等，每尺段的量距中误差都为 m_l，则每千米长度的量距中误差 m_{km} 也是相等的。当测量长度为 D(km) 的距离时，全长的真误差将是 D 个 1km 测量真误差的代数和，于是 D(km) 的量距中误差为

$$m_D=m_{\text{km}}\sqrt{D} \qquad (6\text{-}16)$$

在水准测量中，若两水准点间的高差经 n 站后测完，已知每站高差的中误差均为 $m_{站}$，则两水准点间的高差中误差为

$$m_h=m_{站}\sqrt{n} \qquad (6\text{-}17)$$

若已知每公里水准测量高差的中误差 m_{km}，当水准路线长为 Lkm 时，则两水准点间的高差中误差为

$$m_h=m_{km}\sqrt{L} \tag{6-18}$$

在水准测量作业时，对于地形起伏不大的地区或平坦地区，可用式(6-18) 计算高差中误差；对于起伏较大的地区，则用式(6-17) 计算高差中误差。

二、一般函数

$$Z=f(x_1, x_2, \cdots, x_n) \tag{6-19}$$

式中，x_1，x_2，…，x_n 为独立观测值，其中误差分别为 m_1，m_2，…，m_n。

当 x_i 具有真误差 Δ_i 时，函数 Z 相应地产生真误差 Δz。这些真误差都是一个小值，由数学分析可知，变量的误差与函数的误差之间的关系，可以近似地用函数的全微分来表达。为此，对式（6-12）求全微分，并以真误差的符号“Δ”替代微分的符号“d”，得

$$\Delta Z=\frac{\partial f}{\partial x_1}\Delta x_1+\frac{\partial f}{\partial x_2}\Delta x_2+\cdots+\frac{\partial f}{\partial x_n}\Delta x_n$$

式中，$\frac{\partial f}{\partial x_i}$（$i=1, 2, \cdots, n$）是函数对各个变量所取的偏导数，并以观测值代入所算出的数值，它们是常数。因此上式是线性函数。按式（6-11）得

$$m_z^2=\left(\frac{\partial f}{\partial x_1}\right)^2 m_1^2+\left(\frac{\partial f}{\partial x_2}\right)^2 m_2^2+\cdots+\left(\frac{\partial f}{\partial x_n}\right)^2 m_n^2 \tag{6-20}$$

式(6-20) 是误差传播定律的一般形式。

【例 6-3】 设有函数 $z=D\sin\alpha$，已知 $D=150.11\text{m}$，其中误差 $m_D=\pm0.05\text{m}$；$\alpha=119°45'00''$，其中误差 $m''_\alpha=\pm20.6''$，求 z 的中误差 m_z。

解：对函数全微分，得真误差关系式为

$$\Delta Z=\frac{\partial Z}{\partial D}\Delta D+\frac{\partial Z}{\partial \alpha}\Delta\alpha$$

按式(6-13) 得

$$m_z^2=\left(\frac{\partial Z}{\partial D}\right)^2 m_D^2+\left(\frac{\partial Z}{\partial \alpha}\right)^2\left(\frac{m''_\alpha}{\rho''}\right)^2$$

式中，$\frac{\partial Z}{\partial D}=\sin\alpha$；$\frac{\partial Z}{\partial \alpha}=D\cos\alpha$

因此

$$\begin{aligned} m_z^2 &=\sin^2\alpha m_D^2+(D\cos\alpha)^2\left(\frac{m''_\alpha}{\rho''}\right)^2 \\ &=0.868^2(\pm5)^2+(15011\times0.496)^2\left(\frac{\pm20.6}{206265}\right)^2 \\ &=18.8+0.6=19.4\text{cm}^2 \end{aligned}$$

故

$$m_z=\pm4.4\text{cm}$$

在上述演算中，m''_α/ρ''将角值的单位由秒化成弧度，以便统一整个式子的计算单位。

必须指出，应用误差传播定律时，要求观测值必须是独立观测值，它们的真误差应是独立误差。

第五节　算术平均值及观测值的中误差

一、算术平均值

设某个未知量的真值为 X，在相同的观测条件下，对该量进行 n 次观测，观测值分别为

l_1，l_2，…，l_n，现在要由这 n 个观测值确定该未知量的最可靠的数值，即最或然值。

根据式(6-1)，可得各次观测值的真误差

$$\begin{aligned}\Delta_1&=X-l_1\\ \Delta_2&=X-l_2\\ &\cdots\\ \Delta_n&=X-l_n\end{aligned} \tag{6-21}$$

将上列等式相加，并除以 n，得到

$$\frac{[\Delta]}{n}=X-\frac{[l]}{n} \tag{6-22}$$

设以 x 表示观测值的算术平均值，即

$$x=\frac{l_1+l_2+\cdots+l_n}{n}=\frac{[l]}{n} \tag{6-23}$$

以 Δx 表示算术平均值的真误差，即

$$\Delta x=\frac{[\Delta]}{n}$$

代入式(6-22)，则得

$$X=x+\Delta x \tag{6-24}$$

根据偶然误差的第 4 特性，当观测次数无限增多时，$\frac{[\Delta]}{n}$趋近于零，即

$$\lim_{n\to\infty}\Delta x=0$$

由此得

$$\lim_{n\to\infty}x=X$$

也就是说，当观测次数无限增大时，观测值的算术平均值趋近于该量的真值。但是，在实际工作中，观测次数总是有限的，因而在 n 为有限数的情况下，这里的平均值 x 就是根据已有的观测值所能求得的一个相对真值，也就是该量的最可靠结果了。通常称它为该量的最或然值。

二、算术平均值的中误差

对某量进行 n 次等精度观测，观测值为 l_i，中误差均为 m。因为算术平均值

$$x=\frac{[l]}{n}=\frac{l_1+l_2+\cdots+l_n}{n}=\frac{1}{n}l_1+\frac{1}{n}l_2+\cdots+\frac{1}{n}l_n$$

为线性函数，由式(6-11) 可求得算术平均值的中误差

$$m_x^2=\frac{1}{n^2}m_1^2+\frac{1}{n^2}m_2^2+\cdots+\frac{1}{n^2}m_n^2$$

由于是等精度观测，$m_1=m_2=\cdots=m_n=m$，得

$$m_x^2=n\left(\frac{m}{n}\right)^2=\frac{m^2}{n}$$

即

$$m_x=\frac{m}{\sqrt{n}} \tag{6-25}$$

由式(6-25) 可知，算术平均值的中误差是观测值中误差的$\frac{1}{\sqrt{n}}$倍。因此，适当增加观测次数可以提高算术平均值的精度。

三、按观测值的改正数计算中误差

最或然值与观测值之差称为观测值的改正数（v）。

$$\left.\begin{aligned} v_1 &= x - l_1 \\ v_2 &= x - l_2 \\ &\cdots \\ v_n &= x - l_n \end{aligned}\right\} \tag{6-26}$$

将上列等式相加，得

$$[v] = nx - [l]$$

再根据式(6-23)，得到

$$[v] = n\frac{[l]}{n} - [l] = 0 \tag{6-27}$$

一组同精度观测值取算术平均值后，其改正数之和恒等于零。这一特性可以作为计算中的校核。

由式(6-7) 可知，计算中误差 m 需要知道观测值真误差。在一般情况下，未知量的真值 X 是不知道的，真误差 Δ_i 也就无法求得。此时，就不可能用式(6-7) 求观测值的中误差。在同样的观测条件下对某一量进行多次观测，可以取其算术平均值 x 作为最或然值，也可以算得各个观测值的改正数 v_i。下面导出按观测值的改正数计算观测值中误差的公式。

根据式(6-21) 和式(6-25)

$$\begin{aligned} \Delta_1 &= X - l_1\ ,\ v_1 = x - l_1 \\ \Delta_2 &= X - l_2\ ,\ v_2 = x - l_2 \\ &\cdots \qquad\quad \cdots \\ \Delta_n &= X - l_n\ ,\ v_n = x - l_n \end{aligned}$$

将上列左右两式对应相减，得

$$\left.\begin{aligned} \Delta_1 &= v_1 + (X - x) \\ \Delta_2 &= v_2 + (X - x) \\ &\cdots \\ \Delta_n &= v_n + (X - x) \end{aligned}\right\}$$

上式两边平方并取和，顾及 $[v]=0$，得

$$[\Delta\Delta] = [vv] + n(X - x)^2$$

由式(6-23) 知 $\quad X - x = \frac{[\Delta]}{n}$

故

$$(X - x)^2 = \frac{[\Delta]^2}{n^2} = \frac{\Delta_1^2 + \Delta_2^2 + \cdots + \Delta_n^2}{n^2} + \frac{2(\Delta_1\Delta_2 + \Delta_1\Delta_3 + \cdots + \Delta_{n-1}\Delta_n)}{n^2}$$

上式中，右端第二项中 $\Delta_i\Delta_j\ (j \neq i)$ 为两个偶然误差的乘积，它仍然具有偶然误差的特性。根据偶然误差的第④特性，有

$$\lim_{n \to \infty} \frac{\Delta_1\Delta_2 + \Delta_1\Delta_3 + \cdots + \Delta_{n-1}\Delta_n}{n} = 0$$

因此

$$(X - x)^2 = \frac{[\Delta\Delta]}{n^2}$$

$$[\Delta\Delta] = [vv] + \frac{[\Delta\Delta]}{n}$$

$$\frac{[\Delta\Delta]}{n}=\frac{[vv]}{n-1}$$

由式(6-7) 得

$$m=\pm\sqrt{\frac{[vv]}{n-1}} \tag{6-28}$$

式(6-27) 就是用观测值的改正数计算观测值中误差的公式（也称为白塞尔公式），将上式带入式(6-24)，得到用改正数计算算术平均值中误差的公式为

$$m_x=\pm\sqrt{\frac{[vv]}{n(n-1)}} \tag{6-29}$$

【例 6-4】 对于某一水平距离，在同样条件下进行 6 次观测，求其算术平均值及观测值的中误差。

解： 计算在表 6-2 中进行。在计算算术平均值时，由于各个观测值差异不大，可以选定一个与观测值接近的值作为近似值，以方便计算。因此，令其共同部分为 l_0，差异部分为Δl_i，即

$$l_i=l_0+\Delta l_i \tag{6-30}$$

则算术平均值的实用计算公式为

$$x=l_0+\frac{[\Delta l]}{n} \tag{6-31}$$

表 6-2　按观测值的改正数计算中误差

次序	观测值 l/m	Δl/cm	改正数 v/cm	vv/mm	计　算
1	120.031	+3.1	−1.4	1.96	
2	120.025	+2.5	−0.8	0.64	$x=l_0+\frac{[\Delta l]}{n}=120.017\text{m}$
3	119.983	−1.7	+3.4	11.56	
4	120.047	+4.7	−3.0	9.00	$m=\pm\sqrt{\frac{[vv]}{n-1}}=\pm3.0\text{cm}$
5	120.040	+4.0	−2.3	5.29	
6	119.976	−2.4	+4.1	16.81	$m_x=\pm\sqrt{\frac{[vv]}{n(n-1)}}=\pm1.2\text{cm}$
$\sum$	(l_0=120.000)	10.2	0.0	45.26	

第六节　加权平均值及其精度评定

一、不等精度观测及观测值的权

在测量实践中，除了等精度观测以外，还有不等精度观测。例如，有一待定水准点，需要从两个已知水准点（其高程认为没有误差）经过两条不同长度的水准路线测定其高程，各路线上每千米观测高差的中误差均等于 m_{km}，根据误差传播定律，从两条路线分别测得的高程是不等精度观测，因此不能简单地取其算术平均值。如何根据不同精度的观测值来确定其最或然值呢？这时，就需要引入“权”的概念来处理这个问题。

“权”的原意为秤锤，此处用作“权衡轻重”之意。某一观测值或观测值的函数的精度越高（中误差 m 越小），其权越大。测量误差理论中，以 P 表示权，并定义权与中误差的平方成反比

$$P_i=\frac{m_0^2}{m_i^2} \tag{6-32}$$

式中，m_0 为任意常数，因此中误差的另一种表达式为

$$m_i=m_0\sqrt{\frac{1}{P_i}} \tag{6-33}$$

应用式(6-31) 求一组观测值的权时，必须采取同一 m_0 值。那么这个 m_0 含有什么意义呢？由式(6-31) 可见，当 $m_i=m_0$ 时，$P_i=1$，所以 m_0 是权等于 1 的观测值的中误差。称等于 1 的权为单位权，权为 1 的观测值为单位权观测值，而 m_0 为单位权观测值的中误差，简称为单位权中误差。

在式(6-31) 中，m_0 起一个比例常数的作用。一组观测值的权之比等于它们的中误差平方的倒数之比。不论假设 m_0 为何值，这组权之间的比例关系不变。所以，权反映了观测值之间的相互精度关系。就计算 P 值来说，不在乎权本身数值的大小，而在于确定它们之间的比例关系。

【例 6-5】 已知 L_1 的中误差 $m_1=\pm3\text{mm}$，L_2 的中误差 $m_2=\pm4\text{mm}$，L_3 的中误差 $m_3=\pm5\text{mm}$，求各观测值的权。

解：设 $m_0=m_1=\pm3\text{mm}$，则

$$P_1=\frac{m_0^2}{m_1^2}=\frac{(\pm3)^2}{(\pm3)^2}=1$$

$$P_2=\frac{m_0^2}{m_2^2}=\frac{(\pm3)^2}{(\pm4)^2}=\frac{9}{16}$$

$$P_3=\frac{m_0^2}{m_3^2}=\frac{(\pm3)^2}{(\pm5)^2}=\frac{9}{25}$$

若任意选取 $m_0=\pm1\text{mm}$，则

$$P_1=\frac{m_0^2}{m_1^2}=\frac{(\pm1)^2}{(\pm3)^2}=\frac{1}{9}$$

$$P_2=\frac{m_0^2}{m_2^2}=\frac{(\pm1)^2}{(\pm4)^2}=\frac{1}{16}$$

$$P_3=\frac{m_0^2}{m_3^2}=\frac{(\pm1)^2}{(\pm5)^2}=\frac{1}{25}$$

上述两组权，尽管 m_0 的取值不同，权的大小也随之变化，但各组权之间的比例却未变。所以说，中误差是用来反映观测值的绝对精度的，而权仅是用来比较各观测值相互之间的精度高低。

二、加权平均值

对某一未知量，L_1，L_2，…，L_n 为一组不等精度的观测值，其中误差为 m_1，m_2，…，m_n，相应的权为 P_1，P_2，…，P_n。可按下式取其加权平均值，作为该量的最或然值

$$x=\frac{P_1L_1+P_2L_2+\cdots+P_nL_n}{P_1+P_2+\cdots+P_n}=\frac{[PL]}{[P]} \tag{6-34}$$

由于同一量的各个观测值都相近似，因此计算加权平均值的实用公式为

$$L_i=L_0+\Delta L_i \tag{6-35}$$

$$x=L_0+\frac{[P\Delta L]}{[P]} \tag{6-36}$$

根据同一量的 n 次不等精度观测值，计算其加权平均值 x 后，用式(6-36) 计算观测值的改正数

$$\left.\begin{aligned} v_1 &= x-L_1 \\ v_2 &= x-L_2 \\ &\cdots \\ v_n &= x-L_n \end{aligned}\right\} \tag{6-37}$$

$$[P_v]=[P(x-L)]=[P]x-[PL]=0 \tag{6-38}$$

即，不等精度观测值的改正数乘以相应权的总和等于零，这是加权平均值的特性，可作为计算中的检核。

由不同精度观测值求最或然值的式(6-33)，通常是按最小二乘原理导出。所谓最小二乘原理，就是要在满足

$$[Pvv]=[P(x-L)^2]=min \tag{6-39}$$

的条件下求得未知量的最或然值。

在式(6-37) 中，以 x 为自变量，求一阶导数，并令其等于零

$$\frac{\mathrm{d}[Pvv]}{\mathrm{d}x}=2[P(x-L)]=0$$

即

$$[P]x-[PL]=0$$

$$x=\frac{[PL]}{[P]}$$

此式即为式(6-33)。

当观测值为等精度时，$P_1=P_2=\cdots=P_n=P$，则上式变为

$$x=\frac{P[L]}{Pn}=\frac{[L]}{n}$$

可见，同精度观测的情况是不同精度观测的一种特例。

三、定权的常用方法

在测量工作中，根据事先给定的条件，如距离、水准路线长、测站数和测回数等，就可以按照下面给出的常用定权公式确定出权的数值。

1. 水准测量的权

（1）按测站数定权　设每测站观测高差的精度相同，其中误差均为 $m_{站}$，则不同测站数的水准路线观测高差的中误差为

$$m_h=m_{站}\sqrt{n_i}\ (i=1,\ 2,\ \cdots,\ n)$$

式中，n_i 为各水准路线的测站数。

取 c 个测站观测高差的中误差为单位权中误差，即

$$m_0=m_{站}\sqrt{c}$$

则各路线观测高差的权为

$$P_i=\frac{m_0^2}{m_i^2}=\frac{c}{n_i}\ \ (i=1,\ 2,\ \cdots,\ n) \tag{6-40}$$

即当各测站观测高差为同精度时，各路线观测高差的权与测站数成反比。

（2）按水准路线长度定权　设每千米观测高差的精度相同，其中误差均为 m_{km}，仿照式(6-40) 推导，各路线观测高差的权为

$$P_i=\frac{c}{L_i}\ \ (i=1,\ 2,\ \cdots,\ n) \tag{6-41}$$

式中，L_i 为各路线距离的千米数；c 是单位权观测高差的路线千米数。即当每千米观测

高差为同精度时，各路线观测高差的权与距离的千米数成反比。

一般说来，起伏不大的地区，每千米的测站数大致相同，则可按水准路线的距离定权；而在起伏较大的地区，每千米的测站数相差较大，则按测站数定权。

2. 距离丈量的权

在丈量距离时，如果单位长度（1km）丈量精度均相等，设为 m_{km}，根据式(6-16)和式(6-31)，丈量 D_i 千米距离的权为

$$P_i=\frac{c}{D_i}(i=1,2,\cdots,n) \tag{6-42}$$

式中，c 是单位权观测值的千米数。由式(6-41)知当单位长度丈量的中误差均相等时，距离丈量的权与其长度成反比。

3. 同精度观测值的算术平均值的权

设有一组观测值 L_1，L_2，…，L_n，它们分别是 N_1，N_2，…，N_n 个同精度观测值的算术平均值。若每次观测的中误差均为 m，则由式(6-24)可求得各算术平均值的中误差

$$m_i=\frac{m}{\sqrt{N_i}}(i=1,2,\cdots,n)$$

取 c' 个观测值的算术平均值作为单位权观测值，则

$$m_0=\frac{m}{\sqrt{c'}}$$

由式(6-31)可得 L_i 的权为

$$P_i=\frac{N_i}{c'}(i=1,2,\cdots,n) \tag{6-43}$$

即不同个数的同精度观测值所求得的算术平均值，其权与观测值个数成正比。

四、加权平均值的中误差

不等精度观测值的加权平均值计算公式(6-33)可以写成线性函数的形式

$$x=\frac{P_1}{[P]}L_1+\frac{P_2}{[P]}L_2+\cdots+\frac{P_n}{[P]}L_n$$

根据线性函数的误差传播公式，得

$$m_x=\sqrt{\left(\frac{P_1}{[P]}\right)^2 m_1^2+\left(\frac{P_2}{[P]}\right)^2 m_2^2+\cdots+\left(\frac{P_n}{[P]}\right)^2 m_n^2}$$

根据式(6-31)，上式中以 $m_i^2=\frac{m_0^2}{P_i}$（m_0 为单位权中误差），得

$$m_x=m_0\sqrt{\frac{P_1}{[P]^2}+\frac{P_2}{[P]^2}+\cdots+\frac{P_n}{[P]^2}}$$

$$m_x=\frac{m_0}{\sqrt{[P]}} \tag{6-44}$$

按式(6-32)，得

$$P_x=[P] \tag{6-45}$$

即，加权平均值的权等于各观测值的权之和。

五、单位权中误差的计算

由式(6-32)和式(6-43)知，只要算出单位权中误差，根据各观测值的权和观测值函数的权，就可计算出各观测值的中误差和观测值函数的中误差。

设有一组不等精度观测值 L_i（$i=1,2,\cdots,n$），其权和真误差分别为 P_i 和 Δ_i。令

$$L_i'=\sqrt{P_i}L_i, \tag{6-46}$$

则真误差的关系式为

$$\Delta_i'=\sqrt{P_i}\Delta_i \tag{6-47}$$

根据误差传播定律和式(6-32)，则有 $P_i'=1$。

可见，L_i'为单位权观测值，Δ_i'为单位权观测值的真误差。因此，由式(6-7) 计算得到的中误差就是单位权中误差，即

$$m_0=\pm\sqrt{\frac{\Delta'\Delta'}{n}}$$

将式(6-47) 代入上式，得到用不同精度观测值的真误差计算单位权中误差的公式

$$m_0=\sqrt{\frac{[P\Delta\Delta]}{n}} \tag{6-48}$$

在许多测量计算中，观测值的真误差是无法求出的。仿照式(6-27) 的推导，得到按不等精度观测值的改正数计算单位权中误差的公式

$$m_0=\sqrt{\frac{[Pvv]}{n-1}} \tag{6-49}$$

【例 6-6】 用同一经纬仪对某水平角进行了 3 组观测，各组分别观测了 2、4、6 测回。计算不等精度的角度观测值的加权平均值、单位权中误差及加权平均值的中误差。

本例以一测回水平角观测的权为单位权，所求得的单位权中误差为角度一测回水平角观测的中误差。计算结果见表 6-3。

表 6-3 加权平均值及其中误差的计算

组号	测回数	各组平均值 L	$\Delta L/('')$	权 P	$P\Delta L/('')$	改正数 $v/('')$	$Pv/('')$
1	2	40°20′14″	4	2	8	+4	+8
2	4	40°20′17″	7	4	28	+1	+4
3	6	40°20′20″	10	6	60	−2	−12
		$L_0=40°20'10''$		12	96		0
加权平均值及其中误差	$x=40°20'10''+\frac{96''}{12}=40°20'18''$ $[Pvv]=60, m_0=\sqrt{\frac{60}{3-1}}=\pm5''.5$ $P_x=12, m_x=\frac{5.5}{\sqrt{12}}=\pm1''.6$						

思考题与习题

6-1 为什么在观测结果中一定存在偶然误差？偶然误差有何特性？能否将其消除？

6-2 观测结果中的系统误差有什么特点，它给观测结果带来怎样的影响？如何减弱或消除？

6-3 何谓中误差、极限误差和相对误差？中误差和真误差有何区别？

6-4 量得一圆形场地的半径 $R=50.03$m，其中误差 $m_R=\pm2.7$mm。试求此圆圆周长的中误差。

6-5　在一平面三角形中，观测了α、β两个内角，其测角中误差均为$\pm20''$。试计算此三角形第三个内角γ的中误差。

6-6　有一矩形建筑场地，量得其长$a=80.240\text{m}\pm0.008\text{m}$，宽$b=40.080\text{m}\pm0.004\text{m}$。试求该场地的面积及其中误差。

6-7　对某段距离进行了6次同精度测量，其结果为133.643m、133.640m、133.648m、133.652m、133.644m、133.655m。试求：

(1) 该段距离的最或然值；

(2) 观测值的中误差；

(3) 该距离最或然值的中误差。

6-8　什么是单位权？什么是单位权中误差？什么样的观测值称为单位权观测值？

6-9　已知观测值L_1、L_2、L_3的中误差分别为$\pm2.0''$，$\pm3.0''$，$\pm4.0''$。

(1) 设L_1为单位权观测值，求L_1、L_2、L_3的权。

(2) 设L_2为单位权观测值，求L_1、L_2、L_3的权。

(3) 设L_3为单位权观测值，求L_1、L_2、L_3的权。

(4) 设单位权中误差$m_0=\pm1.0''$，求L_1、L_2、L_3的权。

6-10　如图6-3所示，从已知水准点A、B、C、D、E经五条水准路线求得G点的观测高程及水准路线长度，观测结果见表6-4。若以10km长路线的观测高差为单位权观测值，试求：

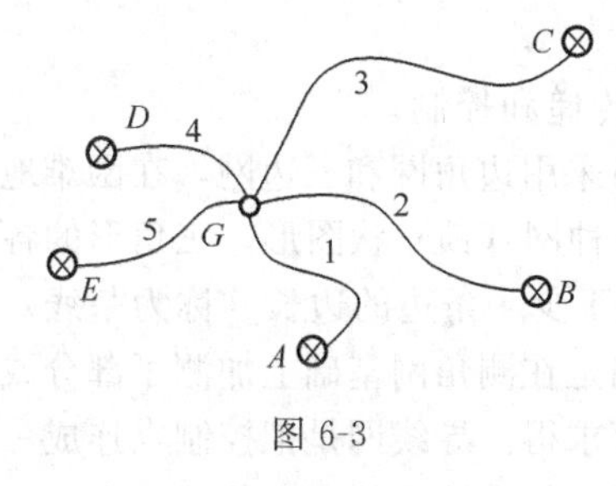

图 6-3

表 6-4

水准路线号	观测高程/m	路线长/km
1	112.814	2.5
2	112.807	4.0
3	112.802	5.0
4	112.817	0.5
5	112.816	1.0

(1) G点高程的最或然值H_G；

(2) 单位权中误差m_0；

(3) G点高程最或然值的中误差m_G；

(4) 每千米观测高差的中误差m_{km}。

第七章　控制测量

第一节　概　　述

在测量工作中，为限制测量误差的传播和积累，保证必要的测量精度，使分区测绘的地形图能拼接成一个整体，整体设计的工程建筑物能够分区施工放样，必须遵循“从整体到局部，先控制后碎部”的原则，先进行控制测量。由控制点构成的几何图形，称为控制网；对控制网进行布设、观测、计算，以确定控制点位置的测量工作称为控制测量。控制测量贯穿在工程建设的各个阶段：在工程勘测设计阶段，要建立用于测绘大比例尺地形图的测图控制网；在工程施工阶段，要建立用于工程施工放样的施工控制网；在工程竣工后的运营阶段，要建立以监测建筑物变形为目的的变形观测专用控制网。

控制测量分为平面控制测量和高程控制测量，平面控制测量确定控制点的平面位置（X、Y），高程控制测量确定控制点的高程（H）。

一、平面控制测量

进行平面控制测量的主要目的是完成点位（坐标）的传递和控制。

平面控制网的传统布设方法主要采用三角网的形式，也可采用边角网和三边网，在困难地区可采用导线网。三角网是把控制点构成连续的三角形，组成各种网（锁）状图形，三角形的各个顶点称为三角点（又称大地点）。测定三角形的所有内角以及至少一条边的边长（称为基线）和方位角，根据起算数据可求出所有控制点的平面坐标。边角网是在测角网基础上加测了部分或全部边长。三边网只是测定所有三角形的边长，各内角通过计算求得。导线网是把控制点连成一系列折线，或构成相连接的多边形，这些控制点称为导线点，测定各边的边长和相邻边的夹角，根据起算数据可计算出各导线点的平面坐标。

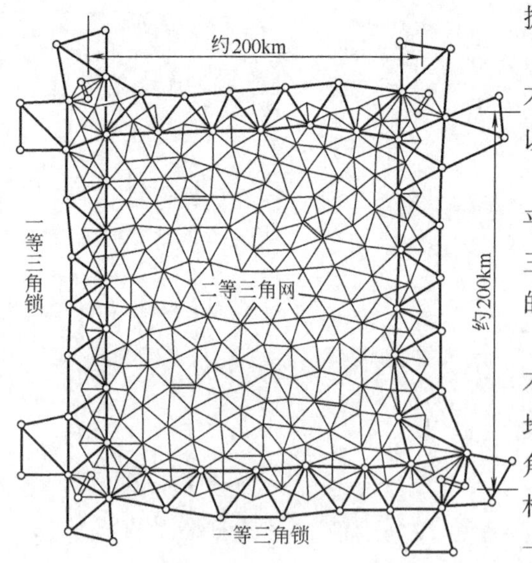

图 7-1　国家一等、二等三角网示意图

平面控制网根据其控制范围的大小和用途不同，分为国家平面控制网、城市平面控制网以及用于工程建设的工程控制网。

在全国范围内布设的平面控制网，称为国家平面控制网。我国原有的国家平面控制网主要按三角网方法布设，采用“分级布网、逐级控制”的原则，按测量精度分为一、二、三、四等。

一等三角锁系是国家平面控制网的骨干，不仅作为低等级平面控制网的基础，还为研究地球形状和大小提供重要的科学资料。一等三角锁沿经、纬线方向构成纵横交叉的网状。两相邻交叉点之间的三角锁称为锁段，锁段长度一般为 200km，纵横锁段构成锁环。三角形平均边长为 25～30km，如图 7-1 所示。

二等三角网布设在一等锁环所围成的范围内，构成全面三角网，平均边长为13km。二等三角网既是地形测图的基本控制，又是加密三、四等三角网（点）的基础。国家一、二等网合称为中国天文大地网，从1951～1975年共用了25年时间建立起来。

为了控制大比例尺测图和工程建设需要，在一、二等锁网的基础上，还需布设三、四等三角网，使大地点的密度与测图比例尺相适应。三、四等三角点采用插网和插点的方法布设。三等三角网平均边长8km，四等三角网平均边长2～6km。四等控制点每点控制面积约为15～20km^2，可以满足1∶10000和1∶5000比例尺地形测图需要。

在城市和工程建设地区，为满足1∶500～1∶2000比例尺地形测图和工程建设施工放样及变形监测等的需要，在国家控制网的控制下，按城市或测区面积大小、城市规划及施工测量的要求布设不同等级的城市平面控制网或工程平面控制网。城市平面控制网和工程控制网分为二、三、四等三角网和一、二级小三角网，三、四等导线网和一、二、三级导线网，以及直接为大比例尺测图所用的图根小三角网和图根导线网。各等级平面控制网均可根据城市或测区面积大小作为首级控制网。按《城市测量规范》（CJJ 8—99）的规定，城市三角测量和导线测量的主要技术要求见表7-1和表7-2。布设工程控制网可按《工程测量规范》或《城市测量规范》的要求执行。

表7-1 城市三角测量的主要技术指标

等级	平均边长/km	测角中误差/(″)	最弱边边长相对中误差	测回数			三角形最大闭合差/(″)
				DJ_1	DJ_2	DJ_6	
二等	9	±1.0	≤1/120000	12	—	—	±3.5
三等	5	±1.8	≤1/80000	6	9	—	±7.0
四等	2	±2.5	≤1/45000	4	6	—	±9.0
一级小三角	1	±5.0	≤1/20000	—	2	6	±15.0
二级小三角	0.5	±10.0	≤1/10000	—	1	2	±30.0

表7-2 城市导线测量的主要技术指标

等级	导线长度/km	平均边长/km	测角中误差/(″)	测距中误差/mm	测回数			方位角闭合差/(″)	导线全长相对闭合差
					DJ_1	DJ_2	DJ_6		
三等	15	3	±1.5	±18	8	12	—	$\pm3\sqrt{n}$	≤1/60000
四等	10	1.6	±2.5	±18	4	6	—	$\pm5\sqrt{n}$	≤1/40000
一级	3.6	0.3	±5	±15	—	2	4	$\pm10\sqrt{n}$	≤1/14000
二级	2.4	0.2	±8	±15	—	1	3	$\pm16\sqrt{n}$	≤1/10000
三级	1.5	0.12	±12	±15	—	1	2	$\pm24\sqrt{n}$	≤1/6000

注：n为测站数。

在小于10km^{2}的范围内建立的控制网，称为小区域平面控制网。在这个范围内，水准面可视为水平面，不需将测量成果归算到高斯平面上，而是采用平面直角坐标系，直接计算控制点的坐标。小区域平面控制网，应尽可能与国家控制网或城市控制网联测，将国家或城市高级控制点的坐标作为小区域控制网的起算和校核数据。如果测区内或测区周围无高级控制点，或联测较为困难，也可建立独立平面控制网。

20世纪80年代末，全球定位系统（GPS）开始在我国用于建立测量控制网。目前，GPS定位技术已成为建立平面控制网的最主要的方法。应用GPS定位技术建立的控制网称为GPS控制网，根据网的覆盖范围和用途，可分为国家GPS控制网、城市控制网、工程控制网。

根据国家标准《全球定位系统（GPS）测量规范》（GB/T 18314—2001），GPS测量按其精度划分为AA、A、B、C、D、E级。AA级主要用于全球性的地球动力学研究、地壳形变测量和精密定轨；A 级主要用于区域性的地球动力学研究和地壳形变测量；B 级主要用于局部形变监测和各种精密工程测量；C 级主要用于大、中城市及工程测量的基本控制网；D、E 级主要用于中小城市、城镇及测图、地籍、土地信息、房产、物探、勘测、建筑施工等的控制测量。AA、A 级可作为建立地心参考框架的基础。AA、A、B 级可作为建立国家空间大地测量控制网的基础。各级 GPS 网相邻点间基线长度精度用下式表示，并按表 7-3 规定执行。

$$\sigma=\sqrt{a^2+(bd\times10^{-6})^2}$$

式中，σ 为标准差，mm；a 为固定误差，mm；b 为比例误差系数；d 为相邻点间距离，km。

表 7-3 精度分级

级 别	固定误差 a/mm	比例误差系数 b	相邻点间的平均距离/km	级 别	固定误差 a/mm	比例误差系数 b	相邻点间的平均距离/km
AA	≤3	≤0.01	1000	C	≤10	≤5	10～15
A	≤5	≤0.1	300	D	≤10	≤10	5～10
B	≤8	≤1	70	E	≤10	≤20	0.2～5

国家高精度（GPS）A 级网和 B 级网分别由 33 个点和 818 个点构成，国家（GPS）A 级网的分布如图 7-2 所示。

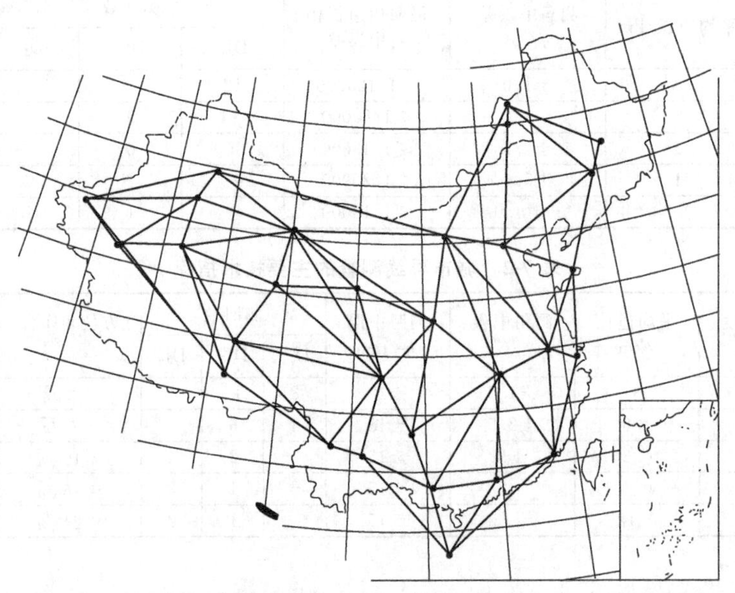

图 7-2 国家（GPS）A 级网示意图

在城市或工程建设地区需要建立密度更高的 GPS 控制网。城市或工程 GPS 网划分为二、三、四等和一、二级，各等级 GPS 网的技术要求见《全球定位系统城市测量技术规程》CJJ 73—97 或《工程测量规范》GB 50026—2007。

二、高程控制测量

在测区布设高程控制点，即水准点，由连接各水准点的水准测量路线组成高程控制网。高程控制测量的主要方法是水准测量和三角高程测量。

国家高程控制网一般采用高精度几何水准测量方法建立，称为国家水准网。国家水准网遵循从整体到局部、由高级到低级、逐级控制、逐级加密的原则布设，分为一、二、三、四等水准网。一等水准网是国家高程控制的骨干，二等水准网是国家高程控制的全面基础。国家一、二等水准网采用精密水准测量建立，为研究地球形状和大小、海洋平均海水面变化、地壳的垂直形变规律等地球科学研究提供精确的高程数据。三、四等水准网直接为地形测图和工程建设提供高程控制点。各等级水准路线必须自行闭合或闭合于高等级的水准点，与其构成环形或附合路线。一等闭合环线周长一般为1000～1500km；二等闭合环线周长一般为500～750km。三、四等水准在一、二等水准环中加密，根据高等级水准环的大小和实际需要布设。国家一等水准网如图7-3所示。

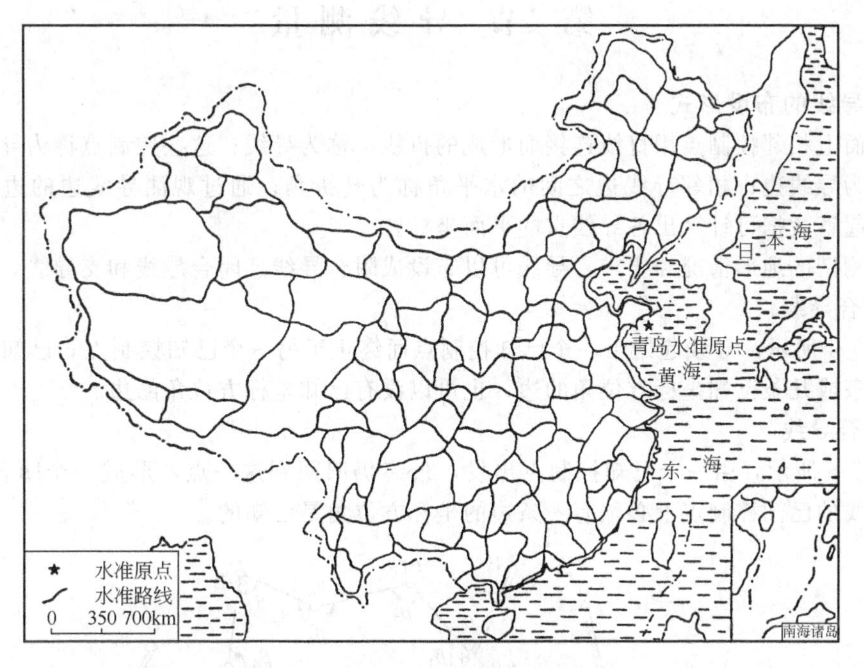

图7-3　国家一等水准网布设示意图

城市和工程测量中的高程控制网主要是用水准测量方法建立。城市水准测量分为二、三、四等以及用于地形测量的图根水准测量。城市首级高程控制网不应低于三等水准，且一般应布设成闭合环，加密时可布设成附合路线、结点网和闭合环。工程水准测量分为二、三、四、五等以及用于地形测量的图根水准测量。视测区面积大小，各等高程控制网均可作为测区首级高程控制。在山区或不便于进行水准测量的地区可采用三角高程测量布设高程控制网。按《城市测量规范》（CJJ 8—99）的规定，城市各等水准测量的主要技术要求如表7-4所示。

城市和工程建设的水准测量是各种大比例尺测图、城市工程测量和城市地面沉降观测的高程控制基准，又是工程测量施工放样和监测工程建筑物垂直形变的依据。布设城市和工程建设的水准网应与国家水准点进行联测，以求得高程系统的统一。

表7-4　城市水准测量主要技术要求

等级	每千米高差中数中误差/mm		附合路线长度/km	测段往返测高差不符值/mm	附合路线或环线闭合差/mm
	偶然中误差	全中误差			
二	±1	±2	400	$\pm4\sqrt{R}$	$\pm4\sqrt{L}$
三	±3	±6	45	$\pm12\sqrt{R}$	$\pm12\sqrt{L}$
四	±5	±10	15	$\pm20\sqrt{R}$	$\pm20\sqrt{L}$

注：表中R为测段长度，单位为km；L为附合路线或环线的长度，单位为km。

在小区域范围内建立高程控制网，应根据测区面积大小和工程要求，采用分级布设的方法。一般情况下，是以国家或城市等级水准点为基础，在整个测区布设三、四等水准网或水准路线，在大比例尺测图时用图根水准测量或三角高程测量测定图根点的高程。

本章主要介绍建立小区域控制网时常用的导线测量，交会定点，三等和四等水准测量以及三角高程测量，并介绍 GPS 定位原理及测量方法。

第二节 导线测量

一、导线的布设形式

将地面上相邻控制点用直线连接而形成的折线，称为导线；这些控制点称为导线点；每条直线称为导线边；相邻导线边之间的水平角称为转折角；通过观测导线边的边长和转折角，根据起算数据可计算出各导线点的平面坐标。

按照测区的地形情况和要求，导线可以布设成附合导线、闭合导线和支导线。

1. 附合导线

如图 7-4 所示，导线起始于一个已知控制点而终止于另一个已知控制点。已知控制点上可以有一条或几条已知坐标方位角的边，也可以没有已知坐标方位角的边。

2. 闭合导线

如图 7-5 所示，由一个已知控制点出发，最终仍旧回到这一点，形成一个闭合多边形。在闭合导线的已知控制点上必须有一条边的坐标方位角是已知的。

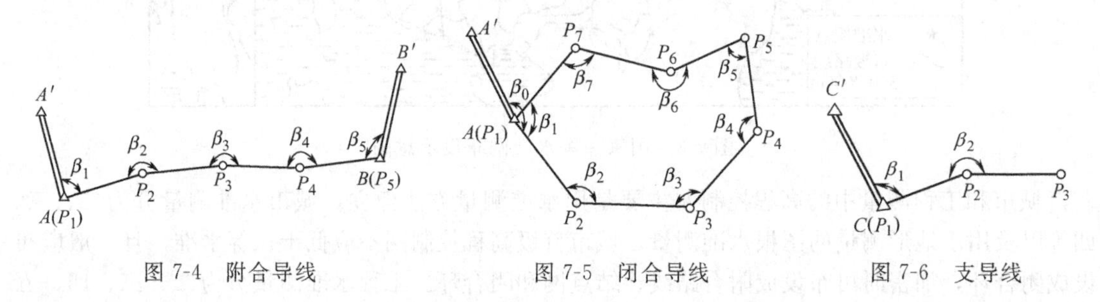

图 7-4 附合导线　　图 7-5 闭合导线　　图 7-6 支导线

3. 支导线

如图 7-6 所示，从一个已知控制点出发，既不附合到另一个已知控制点，也不回到原来的起始点。由于支导线没有检核条件，故一般只限于地形测量的图根导线中采用。

二、导线测量的外业工作

导线测量的外业工作包括踏勘选点、建立标志、测边和测角。

1. 踏勘选点及建立标志

在踏勘选点之前，应收集测区已有的地形图和控制点成果资料，在地形图上初步设计导线布设路线和导线点位置，然后到实地踏勘选点。现场踏勘选点时，应注意下列事项。

① 相邻导线点间应通视良好，以便于角度测量和距离测量。

② 点位应选在土质坚实、便于长期保存标志和安置仪器的地方。

③ 视野开阔，便于测绘周围的地物和地貌。

④ 导线边长应大致相等，最长不超过平均边长的 2 倍，相邻边长之比不宜超过 1∶3。

⑤ 点位均匀，便于控制整个测区。

导线点位选定后，要在点位上打一木桩，桩顶钉一小钉，作为临时性标志，必要时在木桩周围灌上混凝土。对于需要长期保存的导线点，应埋入石桩或混凝土桩，桩顶刻凿十字或铸入顶端锯有十字的钢筋，如图 7-7 所示。

导线点应统一编号。为了便于日后寻找使用，对于重要的导线点，应绘制草图，量出导线点至附近明显地物点的距离，注在图上，该图称为导线点点之记，如图 7-8 所示。

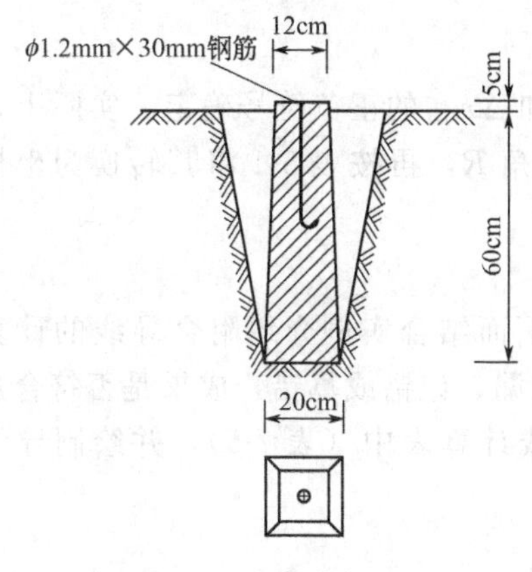

图 7-7　导线点标石

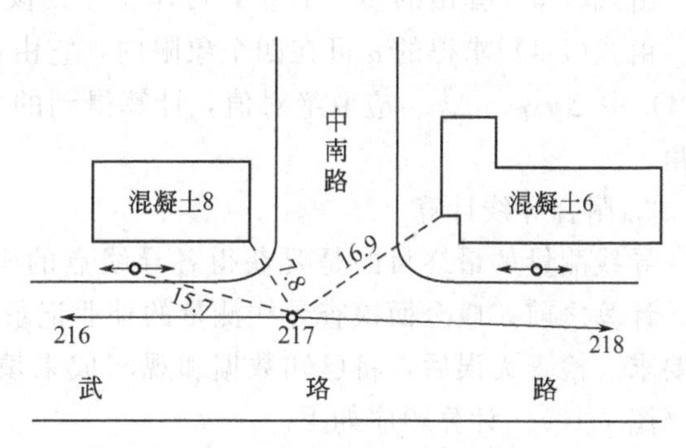

图 7-8　导线点点之记

2. 测角

导线转折角分为左角和右角，在导线前进方向左侧的水平角称为左角，右侧的水平角称为右角。闭合导线通常观测多边形的内角。

3. 测边

导线边长可采用光电测距仪测量，由于测得的是斜距，还需观测竖直角，用以将倾斜距离改化为水平距离。采用全站仪在测定导线转折角的同时可测得导线边长。

三、导线测量的内业计算

1. 平面直角坐标正、反算

如图 7-9 所示，设 A 为已知点，B 为未知点。当 A 点坐标（x_A，y_A）、A 点至 B 点的水平距离 D_{AB} 和坐标方位角 α_{AB} 均为已知时，则可求得 B 点坐标（x_B，y_B）。通常称为坐标正算。由图 7-9 可知

$$\left.\begin{aligned}x_B&=x_A+\Delta x_{AB}\\y_B&=y_A+\Delta y_{AB}\end{aligned}\right\}\tag{7-1}$$

式中

$$\left.\begin{aligned}\Delta x_{AB}&=D_{AB}\cos\alpha_{AB}\\\Delta y_{AB}&=D_{AB}\sin\alpha_{AB}\end{aligned}\right\}\tag{7-2}$$

所以，式(7-1) 亦可写成

$$\left.\begin{aligned}x_B&=x_A+D_{AB}\cos\alpha_{AB}\\y_B&=y_A+D_{AB}\sin\alpha_{AB}\end{aligned}\right\}\tag{7-3}$$

式中，Δx_{AB} 和 Δy_{AB} 分别为纵坐标增量和横坐标增量。

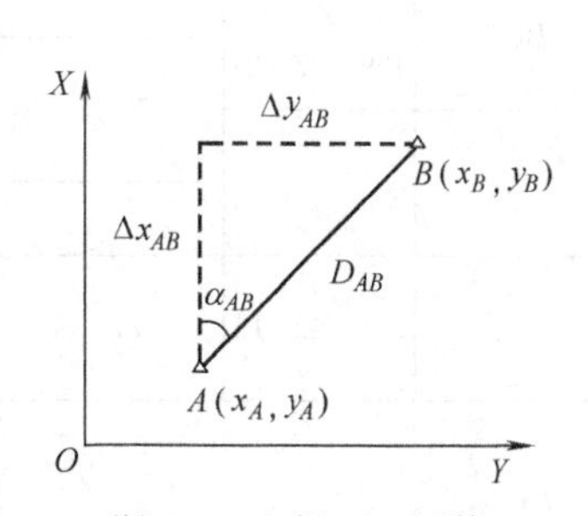

图 7-9　坐标正、反算

直线的坐标方位角和水平距离可根据两端点的已知坐标反算出来，这称为坐标反算。如图 7-9 所示，设 A、B 两

已知点的坐标分别为（x_A，y_A）和（x_B，y_B），则直线 AB 的坐标方位角 α_{AB} 和水平距离 D_{AB} 为

$$\alpha_{AB}=\arctan\frac{\Delta y_{AB}}{\Delta x_{AB}} \tag{7-4}$$

$$D_{AB}=\frac{\Delta y_{AB}}{\sin\alpha_{AB}}=\frac{\Delta x_{AB}}{\cos\alpha_{AB}}=\sqrt{\Delta x_{AB}^2+\Delta y_{AB}^2} \tag{7-5}$$

式中，$\Delta x_{AB}=x_B-x_A$；$\Delta y_{AB}=y_B-y_A$。

由式(7-5) 算出的多个 D_{AB}，可作相互校核。

由式(7-4) 求得的 α 可在四个象限内，它由 Δy_{AB} 和 Δx_{AB} 的正负符号确定。实际上，式(7-4) 中 Δy_{AB}、Δx_{AB} 应取绝对值，计算得到的为象限角 R，再按表 5-1 将其转换为坐标方位角。

2. 附合导线计算

导线测量的最终目的是要获得各导线点的坐标。下面结合实例介绍附合导线的计算方法。计算之前，应全面检查导线测量的外业记录有无遗漏、记错或算错，成果是否符合规范的要求。检查无误后，将已知数据和观测成果填入导线计算表中（表 7-5），并绘制导线略图（图 7-10）。计算顺序如下。

表 7-5 附合导线计算

点名	观测角 ° ′ ″	坐标方位角 ° ′ ″	边长 D/m	Δx/m	Δy/m	x/m	y/m
1	2	3	4	5	6	7	8
M							
		237 59 30					
$A(P_1)$	+7 99 01 00					2507.69	1215.63
		157 00 37	225.85	+4 −207.91	−4 +88.21		
P_2	+7 167 45 36					2299.82	1303.80
		144 46 20	139.03	+2 −113.57	−2 +80.20		
P_3	+7 123 11 24					2186.27	1383.98
		87 57 51	172.57	+3 +6.13	−3 +172.46		
P_4	+7 189 20 36					2192.43	1556.41
		97 18 34	100.07	+2 −12.73	−1 +99.26		
P_5	+7 179 59 18					2179.72	1655.66
		97 17 59	102.48	+2 −13.02	−2 +101.65		
$B(P_6)$	+7 129 27 24					2166.72	1757.29
		46 45 30	Σ=740.00	Σ=−341.10	Σ=+541.78		
N							
Σ	888 45 18	$\alpha_n-\alpha_0=-191°14'00''$		$f_x=-0.13$m　$f_y=+0.12$m $f_D=\sqrt{f_x^2+f_y^2}=0.18$m		x_B-x_A $=-340.97$m	y_B-y_A $=+541.66$m

$f_\beta=-42''$　$f_{\beta容}=\pm40''\sqrt{6}=\pm97''$　$K=\dfrac{f_D}{\sum D}=\dfrac{0.18}{740.00}=\dfrac{1}{4100}<\dfrac{1}{4000}$

(1) 角度闭合差的计算及分配　由已知坐标方位角 α_{MA}，可推算出 BN 边的坐标方位角 α'_{BN}。由于各观测角中存在误差，所以 α'_{BN} 将不会与已知坐标方位角 α_{BN} 相等，从而产生方位角闭合差 f_β

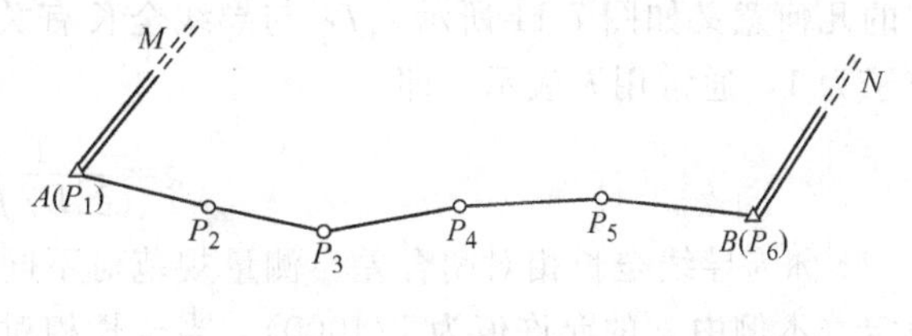

图 7-10　附合导线略图

$$f_\beta = \alpha'_{BN} - \alpha_{BN} \quad (7\text{-}6)$$

式中，α'_{BN} 的计算方法见式(5-16)。

坐标方位角闭合差的限值一般应为相应等级测角中误差先验值 m_β 的 $2\sqrt{n}$ 倍，即

$$f_{\beta容} = 2\sqrt{n} m_\beta \quad (7\text{-}7)$$

式中，n 为导线转折角的个数。

当 $f_\beta \leqslant f_{\beta容}$ 时，可进行角度闭合差的分配。由于各转折角都是按等精度观测的，所以坐标方位角闭合差 f_β 可平均分配到每个角度上，即每个角度应加上改正数 v_{β_i}。β_i 为左角时，其改正数为

$$v_{\beta_i} = \frac{-f_\beta}{n} \quad (7\text{-}8)$$

β_i 为右角时，其改正数为

$$v_{\beta_i} = \frac{f_\beta}{n} \quad (7\text{-}9)$$

分配的改正值写在表中相应观测角值的上面。

(2) 推算各边的坐标方位角　根据起始边的坐标方位角和改正后的转折角值（观测值加改正值）依式(5-16) 推算其余各边的坐标方位角。BN 边的坐标方位角亦应算出，以便与已知值比较是否计算有错。只有在算出的 BN 边的坐标方位角与已知值完全相同时才可确认计算无误。

(3) 计算坐标增量　根据各边的坐标方位角 α 和边长 D，按式(7-2) 计算各边的坐标增量。将各边纵、横坐标增量分别取代数和，得到，$\sum\Delta x'$，$\sum\Delta y'$。

(4) 坐标增量闭合差的计算和分配　由于导线边长观测值中存在误差，角度观测值虽经改正，但仍存在残余误差。因此由边长和方位角计算而得的坐标增量必然有误差，从而产生纵坐标增量闭合差 f_x 和横坐标增量闭合差 f_y。如图 7-11 所示，即

$$\left.\begin{aligned} f_x &= x'_B - x_B = \sum\Delta x' - (x_B - x_A) \\ f_y &= y'_B - y_B = \sum\Delta y' - (y_B - y_A) \end{aligned}\right\} \quad (7\text{-}10)$$

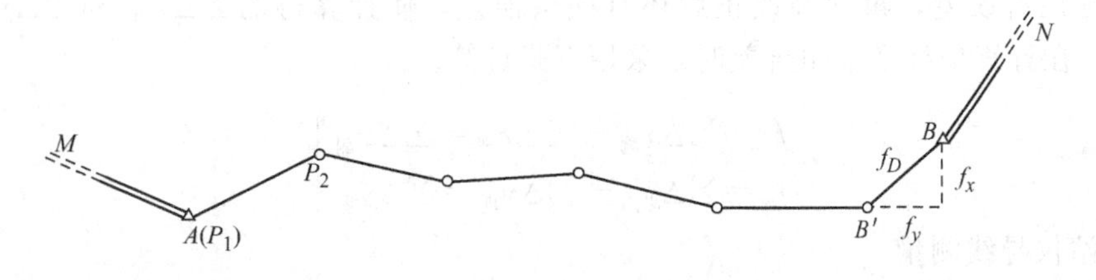

图 7-11　导线全长闭合差

由于存在 f_x、f_y，使得导线不闭合而产生闭合差 f_D，称为导线全长闭合差。

$$f_D = \sqrt{f_x^2 + f_y^2} \quad (7\text{-}11)$$

它的几何意义如图 7-11 所示。f_D 与导线全长有关，计算 f_D 与导线全长 $\sum D$ 的比值，并使分子为 1，通常用 k 表示，即

$$k=\frac{1}{\sum D/f_D} \tag{7-12}$$

k 称为导线全长相对闭合差。测量规范对不同等级导线的全长相对闭合差的允许值都有规定（本例中 k 的允许值为 1/4000）。当全长相对闭合差不大于允许值时，可将坐标增量闭合差反符号按边长成正比例地改正它们的坐标增量，其改正数为

$$\left.\begin{aligned} v_{\Delta x_{ij}}&=\frac{-f_x}{\sum D}D_{ij} \\ v_{\Delta y_{ij}}&=\frac{-f_y}{\sum D}D_{ij} \end{aligned}\right\} \tag{7-13}$$

将计算出的坐标增量改正数写在相应的坐标增量的上面。改正后的坐标增量为

$$\left.\begin{aligned} \Delta x_{ij}&=\Delta x'_{ij}+v_{\Delta x_{ij}} \\ \Delta y_{ij}&=\Delta y'_{ij}+v_{\Delta y_{ij}} \end{aligned}\right\} \tag{7-14}$$

（5）坐标计算　根据起始点坐标及改正后的坐标增量按式(7-1)依次计算各导线点的坐标。由推算而得的 B 点的坐标应与已知值完全相符，以此作为计算检核。

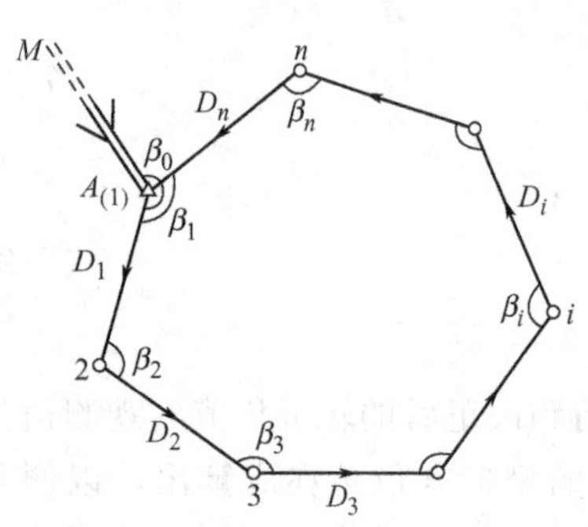

图 7-12　闭合导线计算

3. 闭合导线的计算

图 7-12 所示为闭合导线。闭合导线的计算步骤与附合导线完全相同，仅在角度闭合差和坐标增量闭合差的计算上有所不同。

由于角度观测值存在误差，使得多边形内角和的计算值不等于其理论值，而产生角度闭合差，即

$$f_\beta=\sum\beta_{内}-(n-2)\times180° \tag{7-15}$$

其角度观测值改正数 v_{β_i} 可按下式计算

$$v_{\beta_i}=\frac{-f_\beta}{n} \tag{7-16}$$

如图 7-1 所示可看出，闭合导线纵、横坐标增量代数和的理论值应为零。

$$\left.\begin{aligned} \sum\Delta x_{理}&=0 \\ \sum\Delta y_{理}&=0 \end{aligned}\right\} \tag{7-17}$$

由于测距有误差，角度经改正后还有残余误差，使计算得的 $\sum\Delta x_{测}$ 和 $\sum\Delta y_{测}$ 不等于零。所以，在计算坐标增量闭合差时，采用下式计算。

$$\left.\begin{aligned} f_x&=\sum\Delta x_{测}-\sum\Delta x_{理}=\sum\Delta x_{测} \\ f_y&=\sum\Delta y_{测}-\sum\Delta y_{理}=\sum\Delta y_{测} \end{aligned}\right\} \tag{7-18}$$

4. 全站仪导线测量

目前，全站仪已广泛应用于导线测量中。将全站仪安置在已知点 i 处，棱镜设置在待定点（$i+1$）（图 7-13）。利用全站仪三维坐标测量功能，输入 i 点已知坐标和高程及仪器高和棱镜高后，后视已知点（$i-1$）并输入（$i-1$）点坐标，然后瞄准导线点（$i+1$）处棱镜进行观测，即可显示导线点（$i+1$）的坐标和高程。

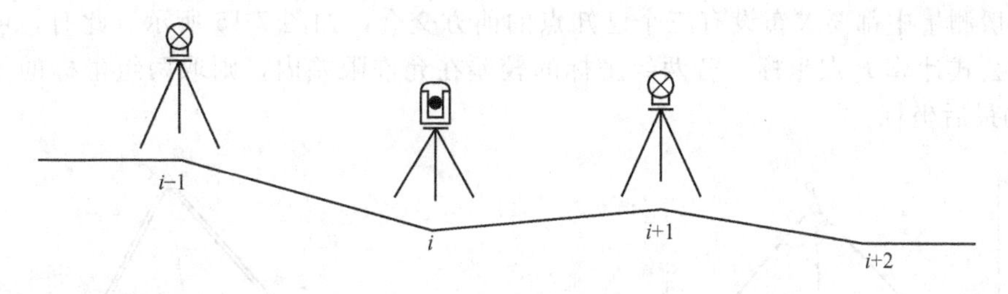

图 7-13　三联脚架法示意图

为了减弱仪器对中误差和目标偏心误差对测角和测距的影响，在导线测量中，常采用三联脚架法。三联脚架法通常使用三个同型号且既能安置全站仪又能安置带有觇牌（反射棱镜）的基座和脚架。如图 7-13 所示，将全站仪安置在测站 i 的基座中，带有觇牌的反射棱镜安置在后视点（$i-1$）和前视点（$i+1$）的基座中，进行导线测量。迁站时，导线点 i 和（$i+1$）上的脚架和基座不动，只取下全站仪和带有觇牌的反射棱镜，在导线点（$i+1$）的基座上安置全站仪，在导线点 i 的基座上安置带有觇牌的反射棱镜，并将导线点（$i-1$）上的脚架迁至导线点（$i+2$）处并予以安置，用这样的方法直到测完整条导线为止。三联脚架法减少了坐标传递误差，从而提高导线的观测精度。

第三节　交会测量

交会测量是加密控制点常用的方法，它可以在数个已知控制点上设站，分别向待定点观测方向或距离，也可以在待定点上设站，向数个已知控制点观测方向或距离，而后计算待定点的坐标。常用的交会测量方法有前方交会、后方交会、测边交会和自由设站法。

一、前方交会

如图 7-14 所示，在已知点 A、B 上设站观测水平角 α、β，根据已知点坐标和观测角值，可计算出待定点 P 的坐标，这就是前方交会法。

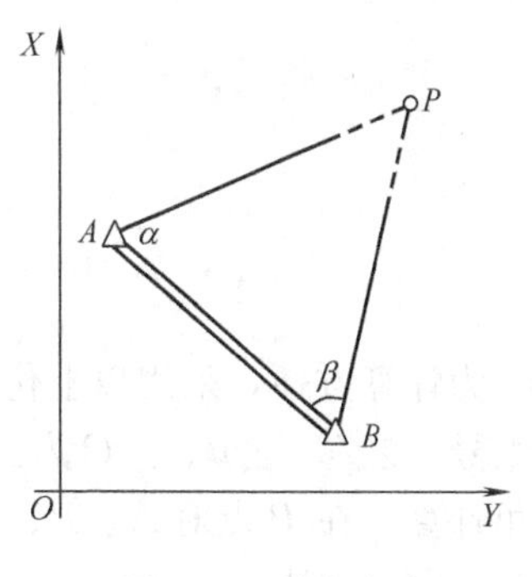

图 7-14　前方交会

计算方法是根据已知点 A、B 的坐标（x_A，y_A）和 B（x_B，y_B），通过坐标反算，可获得 AB 边的坐标方位角 α_{AB} 和边长 D_{AB}，由坐标方位角 α_{AB} 和观测角 α 可推算出坐标方位角 α_{AP}，由正弦定理可得 AP 的边长 D_{AP}。由此，根据坐标正算公式即可由 A 点求得待定点 P 的坐标。同法也可由 B 点计算 P 点的坐标，以进行校核。通常是直接使用下式，利用已知点坐标和观测角计算 P 点的坐标。

$$\left.\begin{aligned}x_P&=\frac{x_A\cot\beta+x_B\cot\alpha+(y_B-y_A)}{\cot\alpha+\cot\beta}\\y_P&=\frac{y_A\cot\beta+y_B\cot\alpha-(x_B-x_A)}{\cot\alpha+\cot\beta}\end{aligned}\right\}\tag{7-19}$$

式(7-19) 称为余切公式。在此应指出：式(7-19) 是在$\triangle ABP$ 的 A 点（已知点）、B 点（已知点）、P 点（待定点）按逆时针编号的情况下推导出的。为了避免错误并提高待定点的精度，一般测量中都要求布设有三个已知点的前方交会，如图 7-15 所示。此时，可分两组利用余切公式计算 P 点坐标。若两组坐标的较差在允许限差内，则取两组坐标的平均值作为 P 点的最后坐标。

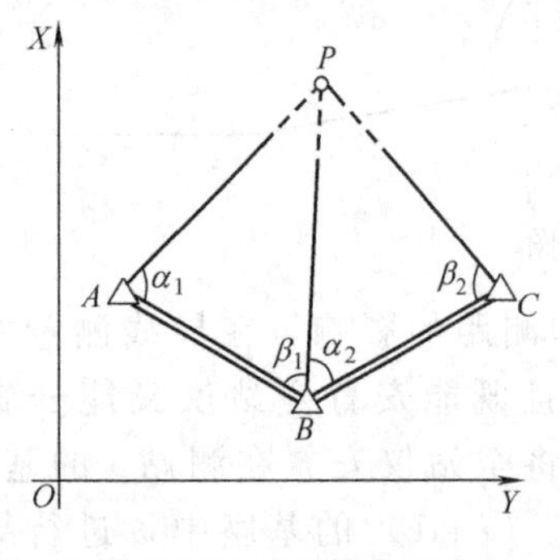

图 7-15　三点前方交会

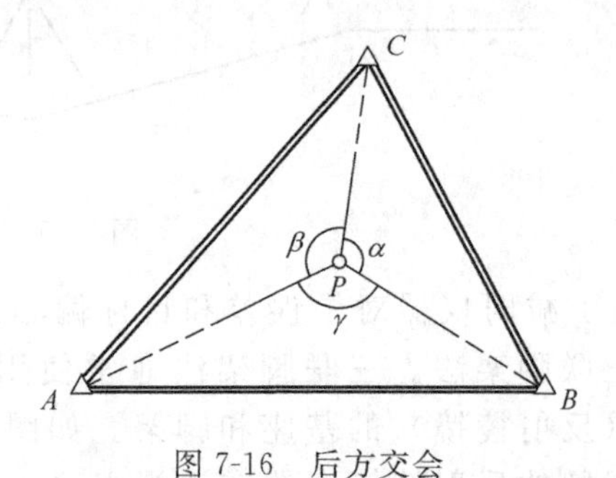

图 7-16　后方交会

由未知点至两相邻已知点方向间的夹角称为交会角（γ）。交会角过小或过大都会影响 P 点位置精度。前方交会测量中，要求交会角一般应大于 30°并小于 150°。

二、后方交会

若仅在待定点 P 设站，向三个已知点 A、B、C 观测，测得两个水平夹角 α、β，再根据三个已知点的坐标和 α、β 角，计算待定点 P 的坐标，此法称为后方交会，如图 7-16 所示。

后方交会的计算方法很多，下面给出的公式，其形式与加权平均值的计算式相同，故称为仿权公式。

$$\left.\begin{aligned} x_P &= \frac{P_A x_A + P_B x_B + P_C x_C}{P_A + P_B + P_C} \\ y_P &= \frac{P_A y_A + P_B y_B + P_C y_C}{P_A + P_B + P_C} \end{aligned}\right\} \tag{7-20}$$

式中

$$\left.\begin{aligned} P_A &= \frac{1}{\cot A - \cot\alpha} \\ P_B &= \frac{1}{\cot B - \cot\beta} \\ P_C &= \frac{1}{\cot C - \cot\gamma} \end{aligned}\right\} \tag{7-21}$$

为计算方便，采用以上仿权公式计算后方交会点坐标时规定：已知点 A、B、C 按逆时针编号，$\angle A$、$\angle B$、$\angle C$ 为三个已知点构成的三角形的内角，其值由三条已知边的坐标方位角计算，在 P 点对 A、B、C 三点观测的水平方向值为 R_a、R_b、R_c，构成的三个水平角为 α、β、γ，则

$$\left.\begin{aligned} \alpha &= R_b - R_c \\ \beta &= R_c - R_a \\ \gamma &= R_a - R_b \end{aligned}\right\} \tag{7-22}$$

实际作业时，为避免错误发生，通常是观测四个已知点，组成两组后方交会，分别计算 P 点的两组坐标值，求其较差。若较差在允许限差之内，即可取两组坐标的平均值作为 P 点的最后坐标。

应用后方交会需要特别注意的问题是危险圆。过三个已知点构成的圆称为危险圆，如图 7-17 所示。待定点 P 不能位于危险圆的圆周上，否则 P 点将不能唯一确定；若接近危险圆（待定点 P 至危险圆圆周的距离小于危险圆半径的五分之一），确定 P 点的可靠性将很低。因而，在野外选点和内业组成计算图形时，应尽量避免上述情况。

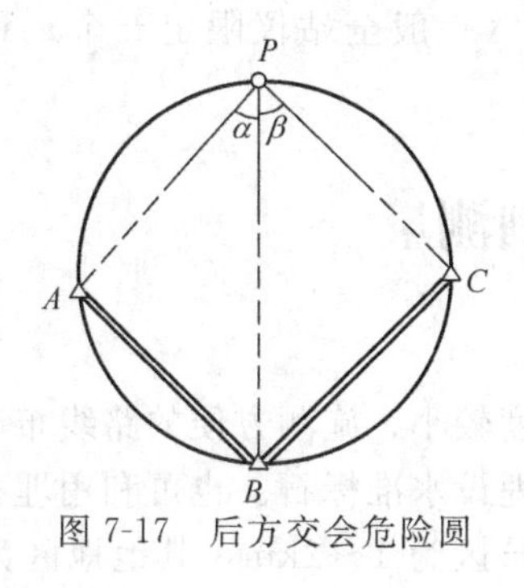

图 7-17 后方交会危险圆

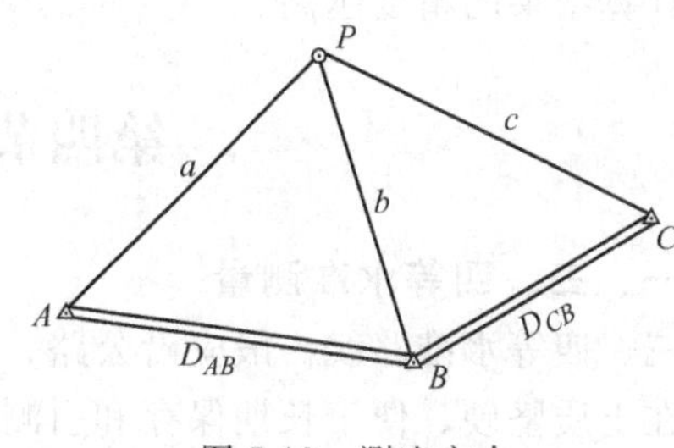

图 7-18 测边交会

三、测边交会

从待定点 P 向两个已知点 A、B 测量边长 PA 和 PB，以计算 P 点的坐标，称为测边交会。测量时通常采用三边交会法。如图 7-18 所示，A、B、C 为已知点，P 为待定点，A、B、C 按逆时针排列，a、b、c 为边长观测值。

由已知点反算边的坐标方位角和边长为 α_{AB}、α_{CB} 和 D_{AB}、D_{CB}。在$\triangle ABP$ 中，由余弦定理得

$$\angle A=\text{arc}\cos\left(\frac{D_{AB}^2+a^2-b^2}{2aD_{AB}}\right)$$

顾及到 $\alpha_{AP}=\alpha_{AB}-\angle A$，则

$$\left.\begin{aligned}x'_P&=x_A+a\cos\alpha_{AP}\\y'_P&=y_A+a\sin\alpha_{AP}\end{aligned}\right\}\tag{7-23}$$

同理，在$\triangle BCP$ 中

$$\angle C=\text{arc}\cos\left(\frac{D_{CB}^2+c^2-b^2}{2cD_{CB}}\right)$$

$$\alpha_{CP}=\alpha_{CB}+\angle C$$

$$\left.\begin{aligned}x''_P&=x_C+c\cos\alpha_{CP}\\y''_P&=y_C+c\sin\alpha_{CP}\end{aligned}\right\}\tag{7-24}$$

按式(7-23) 和式(7-24) 计算的两组坐标，其较差在允许限差内，则取其平均值作为 P 点的最后坐标。

四、自由设站法

将全站仪安置在待定点上，通过对两个或多个已知控制点的测量（测角和测距的任意组合），便可由全站仪内置程序根据已输入的各已知点的坐标，计算出待定点的坐标，此方法称为全站仪自由设站法。

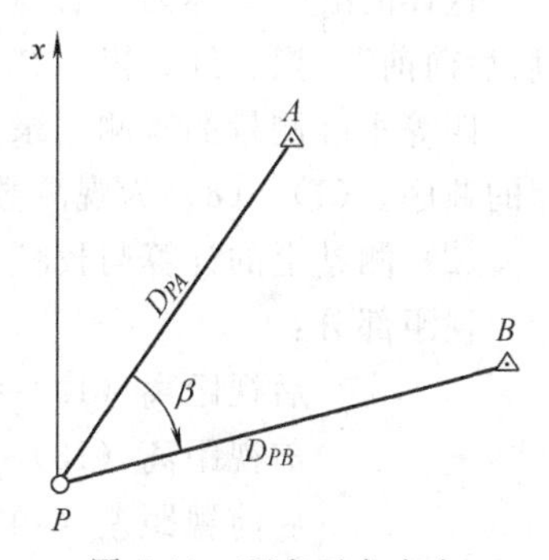

图 7-19 两点后方交会

当用全站仪进行两点后方交会时，必须观测待定点至两已知点的距离和两方向间的夹角。如图 7-19 所示，在 P 点安

置仪器，按照全站仪的观测程序，输入已知点 A、B 的坐标，然后分别瞄准 A、B 点，测出夹角 β 和边长 D_{PA}、D_{PB}，利用全站仪内置程序即可计算出 P 点的坐标。此法既测角又测边，也称为边角后方交会。

如果输入 A、B 点的高程和目标高以及 P 点的仪器高，即可计算、显示出 P 点的高程。

自由设站法可方便地增设测站点。测站点坐标的精度不仅与测角和测距的精度有关，也与所观测的已知点数和距离数有关。观测的已知点数（一般全站仪限定五个）和距离数越多，计算结果的精度越高。

第四节　高程控制测量

一、三、四等水准测量

三、四等水准路线一般应沿公路、大道或其他坡度较小、施测方便的路线布设。水准点应选在土质坚硬、便于长期保存和引测的地方，并应埋设水准标石。也可利用埋石的平面控制点作为水准点，水准点间距（测段长度）在城市建筑区为 1～2km，其他地区为 2～4km。埋设的水准点应绘制点之记。

1. 三等和四等水准测量的技术要求

三等和四等水准测量主要技术要求见表 7-6，每站观测的技术要求见表 7-7。

表 7-6　三等和四等水准测量作业限差

等级	仪器类型	标准视线长度/m	后前视距差/m	后前视距差累计/m	黑红面读数差/mm	黑红面所测高差之差/mm	检测间歇点高差之差/mm
三等	S3	65	3.0	6.0	2.0	3.0	3.0
四等	S3	80	5.0	10.0	3.0	5.0	5.0

2. 三等和四等水准测量的方法

（1）观测方法　三等和四等水准测量观测应在通视良好、望远镜成像清晰及稳定的情况下进行。三等水准测量应进行往、返观测；四等水准测量除水准支线应进行往、返观测外，对附合路线或闭合环均可单程测量。每测段往、返测的测站数均应为偶数。在一个测站上用双面尺法的观测顺序如下。

① 照准后视标尺黑面，进行视距丝、中丝读数。

② 照准前视标尺黑面，进行中丝、视距丝读数。

③ 照准前视标尺红面，进行中丝读数。

④ 照准后视标尺红面，进行中丝读数。

这样的顺序简称为“后前前后”（黑、黑、红、红）。四等水准测量每站观测顺序也可为“后后前前”（黑、红、黑、红）。无论何种顺序，中丝读数均应在仪器精平时读取。

四等水准测量的观测记录及计算的示例，见表 7-7。表中带括号的号码为观测读数和计算的顺序。(1)～(8) 为观测数据，其余为计算数据。

（2）测站上的计算与校核

视距部分：

后视距离 (12)＝(1)－(2)

前视距离 (13)＝(5)－(6)

后前视距差 (14)＝(12)－(13)

后前视距差累计 (15)＝本站的(14)＋前站的(15)

表 7-7　三（四）等水准测量观测手簿

测自　　　　　　至　　　　　　　　　　　　　　　　　　　　　2009 年 6 月 2 日
时刻始 9 时 00 分　　　　　　　　　　　　　　　　　　　　　天气：晴
末　时　　分　　　　　　　　　　　　　　　　　　　　　　　成像：清晰

测站编号	后尺 下丝 / 上丝	前尺 下丝 / 上丝	方向及尺号	标尺读数		K＋黑减红	高差中数	备考
	后距	前距		黑面	红面			
	视距差 d	$\sum d$						
	(1)	(5)	后	(3)	(8)	(10)		
	(2)	(6)	前	(4)	(7)	(9)		
	(12)	(13)	后-前	(16)	(17)	(11)	(18)	
	(14)	(15)						
1	1571	0739	后 5	1384	6171	0		
	1197	0363	前 6	0551	5239	−1		
	374	376	后-前	＋0833	＋0932	＋1	＋0832.5	
	−0.2	−0.2						
2	2121	2196	后 6	1934	6621	0		
	1747	1821	前 5	2008	6796	−1		
	374	375	后-前	−0074	−0175	＋1	−0074.5	
	−0.1	−0.3						
3	1914	2055	后 5	1726	6513	0		
	1539	1678	前 6	1866	6554	−1		
	375	377	后-前	−0140	−0041	＋1	−0140.5	
	−0.2	−0.5						
4	1965	2141	后 6	1832	6519	0		
	1700	1874	前 5	2007	6793	＋1		
	265	267	后-前	−0175	−0274	−1	−0174.5	
	−0.2	−0.7						
5	0089	0124	后 5	0054	4842	−1		
	0020	0050	前 6	0087	4775	−1		
	69	74	后-前	−0033	＋0067	0	−0033.0	
	−0.5	−1.2						

以上计算的后视距离、前视距离、后前视距差和后前视距差累计均不得超过表 7-6 的规定。

高差部分：

前视标尺黑红面读数差 (9)＝(4)＋K－(7)

后视标尺黑红面读数差 (10)＝(3)＋K－(8)

黑红面所测高差之差 (11)＝(10)－(9)

式中，K 为后、前视标尺的红黑面零点的差数；表 7-6 示例中，5 号尺 K＝4787，6 号尺K＝4687。

黑面所算得的高差 (16)＝(3)－(4)

红面所算得的高差 (17)＝(8)－(7)

由于两根尺子红黑面零点差不同，所以 (16) 并不等于 (17) [表 7-6 示例中 (16) 与 (17) 应相差 100]，借此 (11) 尚可作一次检核计算，即

$$(11)=(16)-[(17)\pm 100\text{mm}]$$

黑红面读数差和高差之差均应满足表 7-6 的规定。上述计算与检核满足要求后，取黑、红面高差的平均值作为该站的观测高差。

$$(18)=\{(16)+[(17)\pm100\text{mm}]\}/2$$

若测站上有关观测超过表 7-6 规定的限差，在本站检查发现后可立即重测。若迁站后才检查发现，则应从水准点或间歇点起，重新观测。

(3) 观测结束后的计算与校核

视距部分：

$$\text{末站}(15)=\sum(12)-\sum(13)\text{，总视距}=\sum(12)+\sum(13)$$

高差部分：

$$\sum(3)-\sum(4)=\sum(16)=h_{黑}$$
$$\sum[(3)+K]-\sum(8)=\sum(10)$$
$$\sum(8)-\sum(7)=\sum(17)=h_{红}$$
$$\sum[(4)+K]-\sum(7)=\sum(9)$$
$$h_{中}=\frac{1}{2}(h_{黑}+h_{红})=\sum(18)$$

式中，$h_{黑}$、$h_{红}$ 分别为一测段黑面、红面所得高差；$h_{中}$ 为该测段黑、红面高差中数。

3. 三等和四等水准测量成果的整理

对三、四等附合或闭合水准路线，应首先按表 7-4 的规定，检核测段往返测高差不符值和附合路线或环线闭合差。如在允许范围内，则测段高差取往、返测高差的平均值，高差闭合差的计算与调整方法见第二章第六节。

当测区范围较大时，宜布设水准网。对于只有一个结点的水准网，应按求加权平均值的原理，先求出结点高程的最或然值，然后将其视为已知值，将单结点水准网分解成若干条单一附合水准路线，并按单一附合水准路线进行平差计算，求出各路线上待定水准点的高程，进而评定其精度。

二、跨河水准测量

凡跨越江河、洼地、山谷等障碍地段的水准测量，统称为跨河水准测量。由于跨江河、洼地、山谷等障碍物的视线较长，使观测时仪器 i 角误差的影响、地球曲率和大气折光的影响增大，并使在水准标尺上读数困难。当三、四等水准路线跨越江河，视线长度超过 200m 时，应采用跨河水准测量方法。视线长度小于 300m 时采用直接读尺法；视线长度小于 500m（三等水准测量）或 1km（四等水准测量）时采用微动觇板法。下面介绍直接读尺法和微动觇板法跨河水准测量。

跨河场地应选择在水面较窄、土质坚实，便于设站的河段，应尽可能有较高的视线高度。安置标尺和仪器点应尽量等高。如图 7-20(a) 所示，布设图形时，应使 $I_1b_1=I_2b_2$，且约为 10～20m。

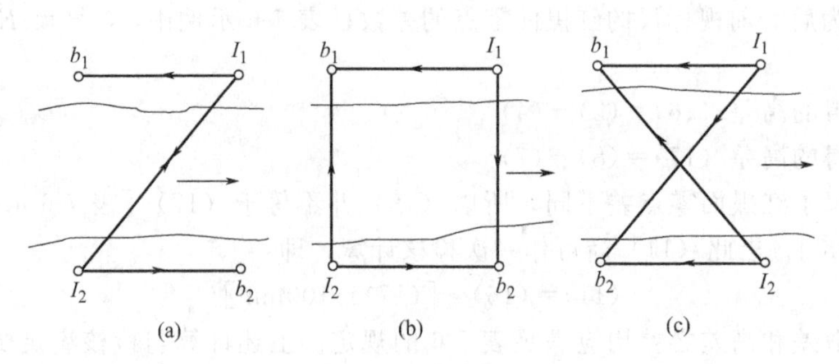

图 7-20 跨河水准测量

1. 直接读尺法

观测应在影像完全稳定时进行，每测回观测方法如下。

① 先在 I_1 与 b_1 的中间且与 I_1 及 b_1 等距的点上整平水准仪后，用同一只标尺按一般操作规程测定 I_1 b_1 的高差 $h_{I_1b_1}$。

② 移仪器于 I_1 点，照准本岸 b_1 点上的近标尺，按中丝读标尺基辅分划各一次。

③ 照准对岸 I_2 点上的远标尺，调焦后即用胶布固定调焦螺旋，按中丝读标尺基辅分划各两次。

④ 在确保调焦螺旋不受触动的要求下，立即将仪器搬到对岸 I_2 点上，同时 b_1 点上的标尺也移到 I_1 点上。照准对岸 I_1 点上的远标尺，按中丝读标尺基辅分划各两次。

⑤ 照准本岸 b_2 点上的近标尺，调焦后按中丝读标尺基辅分划各一次。

⑥ 将仪器搬到 I_2 与 b_2 中间且等距的点上，按一般操作规程测定 I_2 与 b_2 的高差 $h_{I_2b_2}$。

以上①、②、③为上半测回观测，④、⑤、⑥为下半测回观测，则 b_1、b_2 两点间一测回高差按下式计算

$$H_{b_1b_2}=h_{b_1b_2}-h_{b_2b_1}/2 \tag{7-25}$$

式中，$h_{b_1b_2}=h_{b_1I_2}+h_{I_2b_2}$ 为上半测回观测的 b_1、b_2 两点间的高差；$h_{b_2b_1}=h_{b_2I_1}+h_{I_1b_1}$ 为下半测回观测的 b_1、b_2 两点间的高差。

为了更好地减弱以至消除水准仪 i 角误差和大气折光差的影响，最好用两台同型号的仪器在两岸同时进行观测，采用如图 7-20(b)、(c) 所示的布置方案。仪器设置在 I_1、I_2 点，b_1、b_2 为立尺点，且尽量使 $I_1b_2=I_2b_1$，$I_1b_1=I_2b_2$。一岸观测完后，两岸对调仪器再进行观测。

2. 微动觇板法

为了能照准较远距离的水准标尺分划并进行读数，需采用绘制有照准标志的特制觇板，觇板用铝或其他金属或有机玻璃制造，背面设有夹具，可沿标尺面滑动，并能用螺旋固定于标尺上任一位置。觇板中央开一小窗，中间安一水平指标线。照准标志可绘成如图 7-21 所示或其他易于观测的形式，标志中心线必须与觇板指标线精密重合。

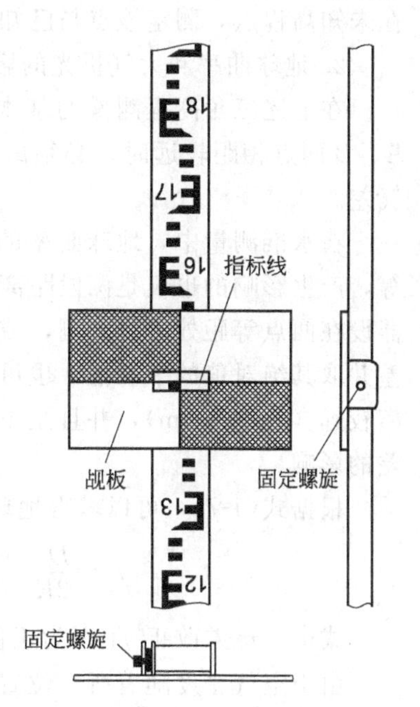

图 7-21　觇板构造示意图

观测程序和计算方法同直接读尺法，只是将照准远标尺分划读数改为对觇板分划照准读数，对辅助分划读数改为对觇板分划线第二次读数。照准读数时，观测员指挥对岸记录员将觇板沿标尺上下移动，直到觇板上的分划线同仪器水平视线切合时，通知对岸记录员读记觇板指标线在水准标尺上的读数。

三、三角高程测量

对于地面高低起伏较大或不便于水准测量的地区，常采用三角高程测量的方法传递高程。三角高程测量的基本思想是根据两点间的水平距离或斜距以及竖直角（或天顶距），计算两点之间的高差。这种方法简便灵活，但精度较水准测量低。目前，光电测距三角高程测量可以代替四等水准测量。

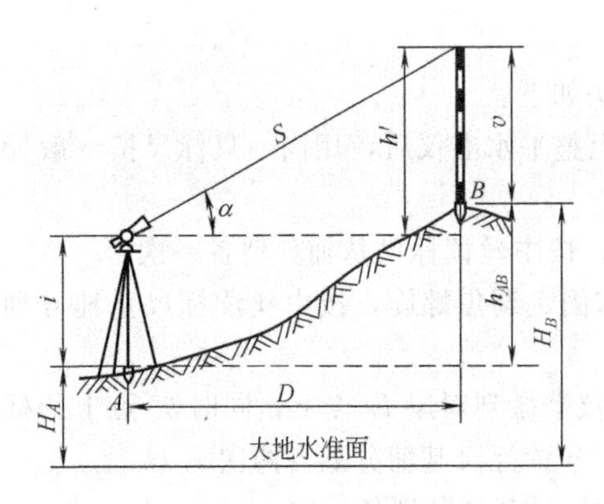

图 7-22 三角高程测量原理

1. 三角高程测量的基本原理

如图 7-22 所示，欲测定地面上 A、B 两点间的高差 h_{AB}，在 A 点安置仪器，量取仪器高 i，在 B 点竖立标尺。用望远镜照准 B 点标尺，读取目标高 v，测得竖直角 α，若已知 A、B 两点间的水平距离 D，则两点间高差 h_{AB} 为

$$h_{AB}=D\tan\alpha+i-v \tag{7-26}$$

若已知 A 点的高程 H_A，则 B 点高程为

$$H_B=H_A+h_{AB}=H_A+D\tan\alpha+i-v \tag{7-27}$$

若在 A 点设置全站仪（或经纬仪＋光电测距仪），在 B 点安置棱镜，并分别量取仪器高 i 和棱镜高 v，测得两点间斜距 S 与竖角 α 以计算两点间的高差，称为光电测距三角高程测量。A、B 两点间的高差可按下式计算。

$$h_{AB}=S\sin\alpha+i-v \tag{7-28}$$

凡仪器设置在已知高程点，观测该点与未知高程点之间的高差称为直觇；反之，仪器设在未知高程点，测定该点与已知高程点之间的高差称为反觇。

2. 地球曲率和大气折光的影响

在上述三角高程测量的基本公式中，没有考虑地球曲率与大气折光对高差的影响。当 A、B 两点相距较远时，必须顾及地球曲率和大气折光的影响，二者对高差的影响称为球气差。

在水准测量中，地球曲率的影响可用前后视距离相等来抵消；即使前后视距离不能相等，产生影响的也仅是两段距离之差所引起的那部分。三角高程测量在一般情况下也可将仪器设在两点等距处进行观测，或在两点上分别安置仪器进行对向观测，计算各自所测得的高差并取其绝对值的平均值，也可消除地球曲率的影响。但有些情况下，未知点到已知点的距离较远（超过 300m），并且是单向观测，没有抵消误差的条件，因此必须考虑地球曲率对高差的影响。

根据式(1-7)，可以求得地球曲率对高差影响的改正，简称球差改正。

$$f_1=\frac{D^2}{2R} \tag{7-29}$$

式中，球差改正 f_1 恒为正值；R 为地球半径。

由于空气密度随着所在位置的高程而变化，越到高空其密度越低，当光线通过由下而上密度均匀变化的大气层时，光线产生折射，形成一凹向地面的连续曲线，这称为大气折射（亦称大气折光）。它使视线的切线方向向上抬高，测得的竖直角偏大，如图 7-23 所示。因此，应进行大气折光对高差影响的改正，简称气差改正。仿照式(7-29)，得气差改正的计算公式。

$$f_2=-\frac{D^2}{2R'} \tag{7-30}$$

式中，气差改正 f_2 恒为负值；R' 为折光曲线

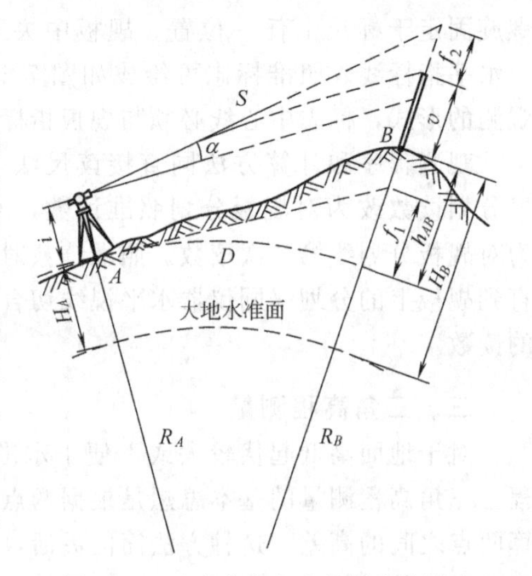

图 7-23 地球曲率和大气折光的影响

的曲率半径。

在一般测量工作中近似地把折光曲线看作圆弧，其半径R'的平均值约为地球半径的6～7倍。令$R/R'=K$，则

$$f_2=-\frac{K}{2R}D^2 \tag{7-31}$$

式中，K称为大气垂直折光系数，设$R'=7R$，则$K=0.14$。

球差改正与气差改正之和称为两差改正。

$$f=f_1+f_2=(1-K)\frac{D^2}{2R} \tag{7-32}$$

考虑到两差改正f，三角高程测量的高差计算公式为

$$h_{AB}=D\tan\alpha+i-v+f \tag{7-33}$$

$$h_{AB}=S\sin\alpha+i-v+f \tag{7-34}$$

为了消除或减弱地球曲率和大气折光的影响，一般要求三角高程测量进行对向观测。在测站A上向B点观测，得

$$h_{AB}=D\tan\alpha_A+i_A-v_B+f_A \tag{7-35}$$

在测站B上向A点观测，得

$$h_{BA}=D\tan\alpha_B+i_B-v_A+f_B \tag{7-36}$$

如果观测是在同样情况下进行的，特别是在同一时间作对向观测，则可以近似地认为折光系数K值对于对向观测是相同的，因此$f_A=f_B$。在上面两个式子中，h_{AB}与h_{BA}的正负号相反。若对向观测高差取平均值，则可消除地球曲率和大气折光对高差的影响。

四、三角高程测量的应用

三角高程测量一般是在平面控制网的基础上布设高程导线附合路线、闭合环线或三角高程网。高程导线各边的高差测定应采用对向观测，也可像水准测量一样，设置仪器于两点之间测定其高差。

用于代替四等水准的光电测距高程导线，应起闭于不低于三等的水准点上；经纬仪三角高程导线应起闭于不低于四等水准联测的高程点上。三角高程网中应有一定数量的高程控制点作为高程起算数据。

第五节　GPS 测量

全球定位系统（GPS）是“卫星测时测距导航/全球定位系统（Navigation Satellite Timing and Ranging/Global Positioning System）”的简称，是美国国防部研制的具有在海、陆、空进行全方位实时三维导航与定位能力的新一代卫星导航与定位系统，具有全天候、高精度、自动化、高效益等显著特点，能为各类用户提供精密的三维坐标、速度和时间。GPS系统广泛应用于大地测量、工程测量、航空摄影测量、运载工具导航和管制、地壳运动监测、工程变形监测、资源勘测、地球动力学等多种学科，从而给测绘学科带来了一场深刻的技术革命。本节简要介绍GPS系统构成、定位原理、定位方法及GPS控制网的施测。

一、GPS系统的组成

GPS系统由空间GPS卫星星座、地面监控系统和用户设备三部分组成。

1. GPS卫星星座

GPS的标准空间卫星星座设计为21颗工作卫星和3颗在轨备用卫星组成。2004年底在

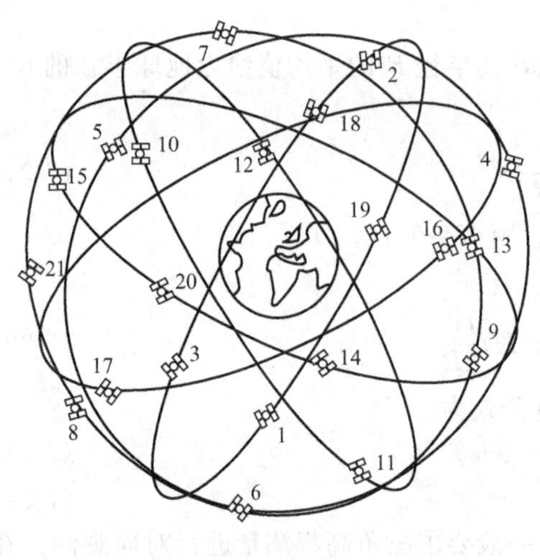

图 7-24　GPS 卫星星座

轨运行卫星已有 30 颗，这些卫星分布在 6 个轨道面上，每个轨道面布设至少 4 颗卫星（其中一颗为备用卫星），轨道面倾角为 55°，各轨道平面之间相距 60°，轨道高度为 20200km，卫星运行周期为 11h58min（12 恒星时）。上述 GPS 卫星的空间配置，可保证在地球上任何地点、任何时刻能同时观测到 4～12 颗 GPS 卫星（截止高度角为 10°），从而能够实现地球表面及其上空任何地点、任意时刻的三维定位、测速、定时，卫星分布见图 7-24 所示。

GPS 卫星的核心部件是高精度的时钟、导航电文存储器、双频发射和接收机以及微处理机。每颗 GPS 卫星上装备有 4 台高精度原子钟（其中三台备用），它为 GPS 定位提供高精度的时间标准。

GPS 卫星的基本功能是：接收并存储由地面注入站发送到卫星的导航电文和其他有关信息；向广大用户连续不断地发送导航定位信号，由导航电文可以知道该卫星当前的位置和卫星的工作情况；接收地面主控站通过注入站发送到卫星的调度命令，适时地改正运行偏差或启用备用时钟等。

GPS 卫星信号是 GPS 卫星向广大用户发送的用于导航定位的调制波，它包含有：载波（L_1 和 L_2）、测距码（C/A 码和 P 码）和导航电文（D 码）。卫星上的原子钟产生的基准频率 $f_0=10.23\text{MHz}$。

GPS 使用 L 波段的两个载波频率：L_1 载波为 $f_1=154f_0=1575.42\text{MHz}$（波长为 19.03cm），$L_2$ 载波为 $f_2=120f_0=1227.60\text{MHz}$（波长为 24.42cm）。采用这两个不同频率载波的主要目的是为了较完善地消除电离层延迟误差。载波的作用是把搭载于其上的测距码和导航电文从卫星传播到地面。对于测量型接收机，载波又同时作为测量信号，接收机对接收到的载波进行相位测量，获得高精度的相位观测值，从而实现厘米级乃至毫米级的高精度基线测量。

C/A 码和 P 码均属于伪随机噪声码，它们具有良好的自相关性和周期性，可以容易地复制。C/A 码用于粗测距和捕获 GPS 卫星信号，故被称为粗码，C/A 码的频率为 $0.1f_0$，周期为 1ms，一个周期中共含 1023 个码元（每一位二进制数称为一个码元或一比特），其对应的码元宽度为 293.1m。作为一种公开码，C/A 码只调制在 L_1 载波上。

P 码用于精密测距，称为精码，频率为 f_0，其实际周期为一星期，一个周期中含 6.19×10^{12} 个码元，对应的码元宽度为 29.3m。若测距精度为码元宽度的 1/100，则 C/A 码和 P 码的测距精度分别为 2.93m 和 0.293m，P 码测距误差仅为 C/A 码的 1/10。且 P 码同时调制在 L_1 和 L_2 载波上，可较完善地消除电离层延迟误差，故用它测距可获得较精确的结果。但 P 码是保密的，美国军方只提供给特许用户使用。

导航电文是由 GPS 卫星向用户播发的一组反映卫星在空间的位置、卫星的工作状态、卫星钟的修正参数、电离层延迟修正参数等的二进制代码，也称数据码（D 码）。是用户利用 GPS 进行导航定位的基础数据。

2. 地面监控系统

GPS 系统的地面监控系统主要包括一个主控站、三个注入站和五个监测站以及通信和辅助系统组成。

主控站位于美国本土科罗拉多州，其作用是收集、处理本站和各监测站所测得的观测值和环境要素等数据，计算每颗 GPS 卫星的星历、时钟改正、状态数据以及信号的大气层传播改正，并按规定格式编制成导航电文并传送到注入站。控制和监视整个地面监控系统的工作并管理调度 GPS 卫星。

三个注入站分别设在大西洋的阿森松岛、印度洋的迪戈加西亚岛、太平洋的卡瓦加兰，其作用是将主控站传来的导航电文和卫星调控指令分别注入到相应卫星的存储器中。

五个监测站除了位于主控站和三个注入站外，还在夏威夷设立了一个监测站。监测站的任务是对卫星进行连续跟踪监测和采集气象要素等数据，经初步处理后将数据发送给主控站。

3. 用户设备部分

用户设备包括各种型号的接收机和相应的数据处理软件。GPS 信号接收机的功能是：捕获卫星信号，并跟踪这些卫星的运行，对接收到的信号进行处理，以便测量出信号从卫星到接收机天线的传播时间，解译出卫星发送的导航电文，实时计算出测站的三维坐标，甚至三维速度和时间。

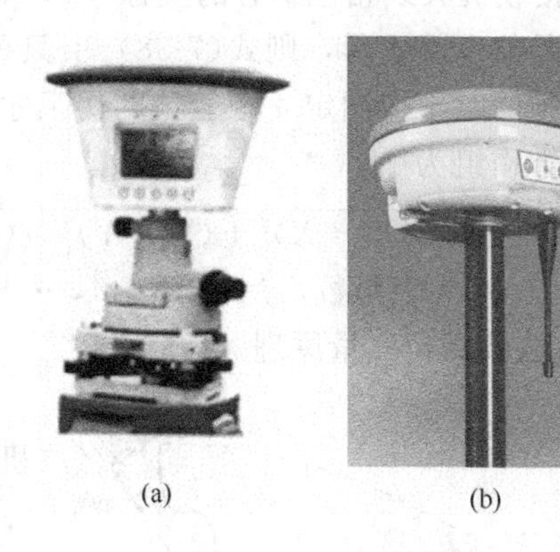

图 7-25　GPS 接收机

GPS 接收机主要包括天线单元、主机单元和电源三部分。现在 GPS 接收机已经高度集成化和智能化，体积小、重量轻，实现了天线、主机、电源一体化。GPS 接收机按用途可分为导航型、授时型和测量型。按接收的卫星信号频率数可分为单频接收机（只能接收 L_1 载波信号）和双频接收机（可同时接收 L_1、L_2 载波信号）。图 7-25(a) 所示为我国南方测绘仪器公司生产的 9600 北极星单频静态 GPS 接收机，图 7-25(b) 所示为南方灵锐 S82-2008 全内置一体化双频动态 GPS 接收机。

GPS 数据处理软件通常由厂家提供，其作用是对观测数据进行处理，以便获得待测点的坐标。

二、GPS 定位的基本原理

GPS 定位原理是依据距离交会原理确定点位的。利用三个及以上的地面控制点可交会确定出天空中卫星的位置；反之，如图 7-26 所示，利用三个及以上卫星的已知空间位置也可交会出地面未知点的位置。

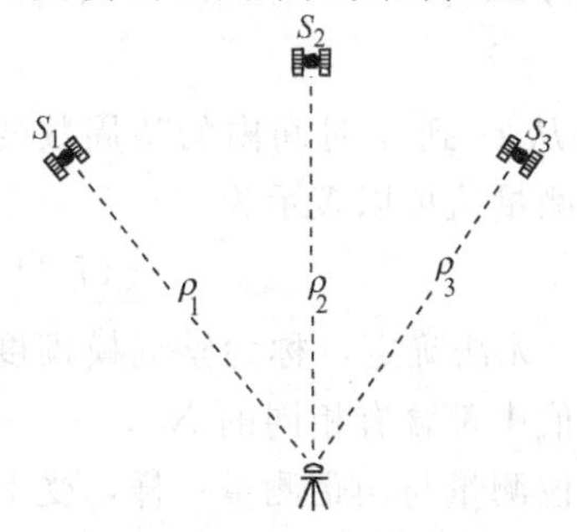

图 7-26　GPS 定位原理

1. 伪距测量原理

GPS 卫星到地面点上 GPS 接收机的距离可以用卫星发射的测距码信号到达接收机的传播时间乘以光速求得。由于传播时间中包含有卫星钟差和接收机钟差以及测距码在大气中传播的延迟误差等，由此测出的距离 ρ' 与卫星到接收机的几何距离 ρ 有一定差值，一般称测出的距离为伪距。

GPS 接收机采用码相关技术来测定测距码的传播时间，进而测定距离。设 GPS 卫星依据自己的时钟发出某一结构的测距码，经 τ 时间的传播后到达接收机。接收机在自己的时钟控制下复制一组结构完全相同的测距码，并通过接收机内延时器使其延迟时间 τ' 后与接收到的测距码进行相关处理，直至达到最大相关。此时两组测距码完全对齐，延迟时间 τ 即为测距码从卫星传播到接收机所用的时间 τ，则卫星与接收机天线相位中心之间的伪距为

$$\rho'=c\tau' \tag{7-37}$$

经改正后得实际距离

$$\rho=\rho'+\delta_{\text{ion}}^{j}+\delta_{\text{trop}}^{j}+c\delta t_k-c\delta t^j \tag{7-38}$$

式中，δ_{ion}^{j} 为电离层折射改正；δ_{trop}^{j} 为对流层的折射改正；δt^j 为卫星钟差改正数；δt_k 为接收机钟差改正数；c 为光速；下标 k 表示接收机号；上标 j 表示卫星号。

在式(7-38)中，电离层和对流层改正可以按一定的模型计算得到，卫星钟差改正数可自导航电文中取得。卫星到接收机天线相位中心的几何距离 ρ 与卫星的瞬时坐标（x_s，y_s，z_s）和接收机天线相位中心的坐标（x，y，z）有关，卫星的瞬时坐标（x_s，y_s，z_s）可根据卫星导航电文求得，则式(7-38)中只剩下四个未知数，即接收机坐标及其钟差。因此接收机必须同时至少测定 4 颗卫星的伪距才能解算出接收机的三维坐标。由上可得伪距法定位的观测方程组为

$$\sqrt{(X_s^j-X)^2+(Y_s^j-Y)^2+(Z_s^j-Z)^2}-c\delta t_k=\rho'^j+\delta_{\text{ion}}^{j}+\delta_{\text{trop}}^{j}-c\delta t^j \tag{7-39}$$

式中，j 为卫星数，$j=1,2,3,4,\cdots$

2. 载波相位测量原理

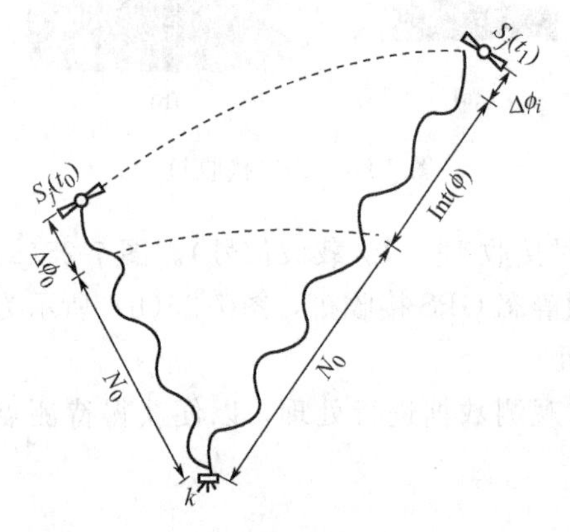

图 7-27　载波相位测量原理

L_1 和 L_2 载波的波长分别为 19cm 和 24cm，接收机对相位的测量精度为 1/100 周，化为长度分别是 0.19mm 和 0.24mm，这远高于伪距测量值的精度。目前，测量型接收机的载波相位测量精度一般为 1～2mm，有的精度更高。

载波相位测量的观测量是 GPS 接收机所接收的卫星载波信号与接收机本机参考信号的相位差。假设接收机在时刻 t_0 跟踪卫星信号，并开始进行载波相位测量。以 $\varphi_k^j(t_0)$ 表示 k 接收机在接收机钟面时刻 t_0 所接收到的 j 卫星载波信号的相位值，$\varphi_k(t_0)$ 表示 k 接收机在接收机钟面时刻 t_0 所产生的本机参考信号的相位值。如图 7-27 所示，设这两个相位之间相差 N_0 个整周和不足一周的 $\Delta\phi_0$，则可求得 t_0 时刻接收机到卫星的距离为

$$\rho=\lambda[\varphi_k(t_0)-\varphi_k^j(t_0)]=\lambda(N_0+\Delta\phi_0) \tag{7-40}$$

式中，λ 为载波波长，载波相位以周为单位。

此后，接收机继续跟踪卫星信号，并利用整波计数器记录从 t_0 到 t_i 时间内的整周数变化量 Int(ϕ)，不足一周的相位也可以实测出。这样，载波相位测量值可以表示为

$$N_0+\text{Int}(\phi)+\Delta\phi_i=N_0+\bar{\varphi} \tag{7-41}$$

式中，$\bar{\varphi}=\text{Int}(\phi)+\Delta\phi_i$ 可由接收机直接测得，但整周数 N_0 无法确定，称为整周模糊度(或整周未知数)。只要观测是连续的，则所有的载波相位测量值中都含有相同的 N_0。

载波信号在大气中传播受电离层和对流层的影响，载波相位测量与伪距测量一样，受卫星钟差和接收机钟差的影响。参照伪距观测方程，可得出载波相位测量的基本观测方程

$$\rho=\rho'+c(\delta t_k-\delta t^j)+\delta^j_{\text{ion}}+\delta^j_{\text{trop}}+\lambda N_0 \tag{7-42}$$

式中，$\rho'=\lambda\bar{\varphi}$，$\lambda$ 为载波波长，其他符号意义同式(7-38)。

GPS 接收机在跟踪卫星的过程中，如果卫星信号被遮挡而暂时中断，或受无线电信号干扰造成失锁，计数器就无法连续计数。当信号重新被跟踪后，整周计数就不正确，不再是相对于初始时刻的整周变化数，但不足一整周的相位观测值仍是正确的，这种现象称为周跳。在载波相位测量中，可采用多种方法进行周跳的探测与修复。周跳修复和整周未知数 N_0 的正确求解是高精度载波相位定位的重点。

三、绝对定位和相对定位

GPS 测量定位方法按定位模式可分为绝对定位（单点定位）、相对定位（差分定位）；根据定位时接收机天线的运动状态可分为静态定位和动态定位；按获得定位结果的时效分为事后定位和实时定位。

1. 绝对定位

GPS 绝对定位也称单点定位，即利用 GPS 卫星和一台用户接收机之间的距离观测值直接确定用户接收机天线在 WGS-84 坐标系中相对于坐标系原点——地球质心的绝对位置。因为受到卫星轨道误差、卫星钟的钟差以及卫星信号传播过程中大气延迟误差等因素的影响，故定位精度一般较差。绝对定位又分为静态绝对定位和动态绝对定位。静态绝对定位的精度约为米级，动态绝对定位的精度为 10～40m，只能用于一般导航定位中。近年来出现的精密单点定位技术，是利用载波相位观测值和高精度的卫星星历及卫星钟差进行高精度单点定位的方法，定位精度可达厘米级。

2. 相对定位

相对定位即在两个测站上用两台 GPS 接收机同步观测相同的 GPS 卫星，以确定两点间的相对位置（三维坐标差或基线向量）。同样，多台接收机安置在不同的测站上同步观测 GPS 卫星，可以确定多条基线向量。在一个端点坐标已知的情况下，可用基线向量推求另一待定点的坐标。

在两个或多个观测站同步观测相同卫星的情况下，卫星的轨道误差、卫星钟差、接收机钟差以及电离层和对流层的折射误差等对观测量的影响具有一定的相关性，利用这些观测量的不同组合（求差）进行相对定位，可有效地消除或减弱相关误差的影响，从而提高相对定位的精度。

载波相位观测值的线性组合方式有在卫星间求差、在接收机间求差和在不同历元间求差。

① 单差法　单差法是在接收机间求一次差。如图 7-28(a) 所示，在 t_1 时刻测站 1 和测站 2 同步观测同一卫星 p，对 p 卫星的载波相位观测值 ϕ_1、ϕ_2 求差，所得到的接收机间（站间）对 p 卫星的一次差分观测值可消除卫星钟差，削弱电离层、对流层的折射误差和卫星星历误差，因此可提高测站间相对位置精度。

② 双差法　双差法是在接收机与卫星间求二次差。如图 7-28(b) 所示，在 t_1 时刻测站 1 和测站 2 同步观测卫星 p、q，对其站间单差观测值在不同的卫星间求差，得到双差观测值。双差法可消除接收机间的相对钟差改正数。在相对定位中，一般都以双差法作为基线向量解算的基本方法。

③三差法　三差法是在接收机、卫星和观测历元间求三次差。如图 7-28(c) 所示，将 t_1 时刻接收机 1、2 对卫星 p、q 的双差观测值与 t_2 时刻接收机 1、2 对卫星 p、q 的双差观测值再求差，即对不同时刻的双差观测值求差，便得到三差观测值。三差观测值中可以消除与卫星和接收机有关的初始整周模糊度 N_0。

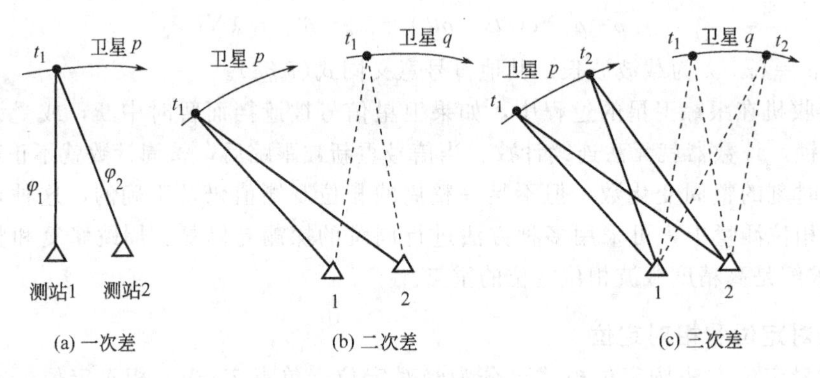

图 7-28 GPS 求差法

四、GPS 测量的作业方式

在城市和工程测量中，主要应用相对定位模式，包括经典静态相对定位、快速静态相对定位、准动态相对定位、动态相对定位、实时动态定位等。

1. 经典静态相对定位

采用两套或两套以上的接收设备，分别安置在一条或数条基线的端点，同步观测 4 颗卫星 1h 左右，或同步观测 5 颗卫星 20min。如图 7-29 所示，这种作业模式所有已观测基线应组成一系列封闭图形，以利于外业检核，提高成果的可靠性和 GPS 网平差后的定位精度。基线的定位精度可达 $5mm+10^{-6}\times D$，D 为基线长度（km）。

经典静态相对定位适用于建立全球性或国家级大地控制网、地壳运动监测网、长距离检校基线、精密工程控制网以及进行岛屿与大陆联测等。

2. 快速静态相对定位

在测区中部选择一个基准站，并安置一台接收设备连续跟踪所有可见卫星；另一台接收机依次到各点流动设站，并且在每个流动站上观测 1～2min。该模式要求在观测时段中必须有 5 颗卫星可供观测；流动站与基准站相距不超过 15km；流动站上的接收机在转移时，不必保持对所测卫星的连续跟踪，可关闭电源以降低能耗。该模式作业速度快、精度高，流动站相对于基准站的基线精度约为 $5mm+10^{-6}\times D$。缺点是两台接收机工作时，不能构成闭合图形（图 7-30），可靠性较差。该法适用于控制网的建立及其加密、工程测量和地籍测量。

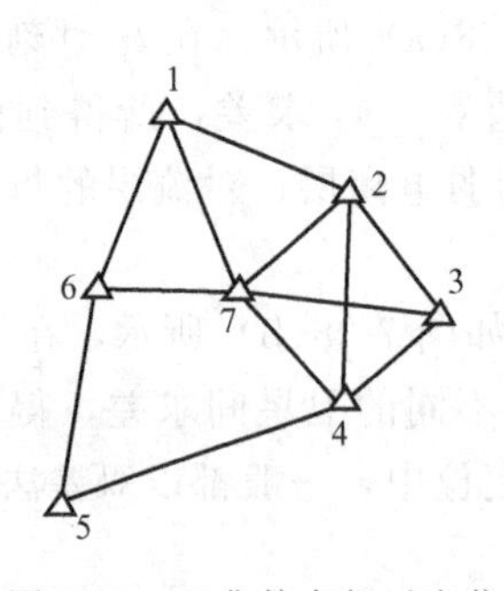

图 7-29 经典静态相对定位

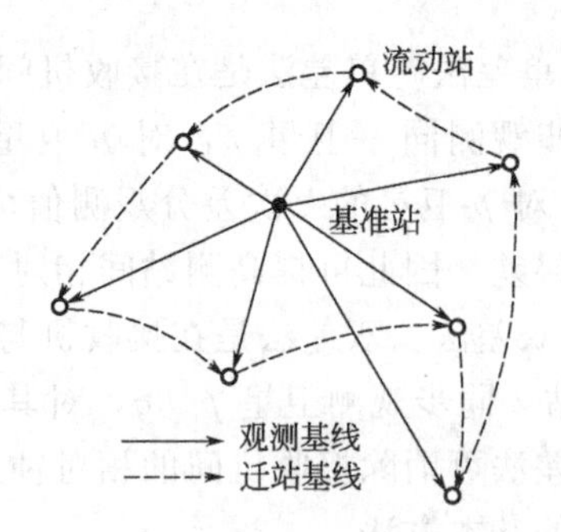

图 7-30 快速静态相对定位

3. 准动态相对定位

在测区选择一基准站，安置一台接收机连续跟踪所有可见卫星；安置另一台接收机于起始点，观测 1～2min；在保持所观测卫星连续跟踪的情况下，流动的接收机依次迁到其他流动点各观测数秒钟（图 7-31）。该模式要求在观测时段中必须有 5 颗卫星可供观测，发生失锁后应在失锁的流动点上延长观测时间 1～2min，流动点与基准点相距不超过 15km。该模式的基线精度为 1～2cm，适用于开阔地区的加密控制测量、工程定位、碎部测量、剖面测量及线路测量等。

4. 动态相对定位

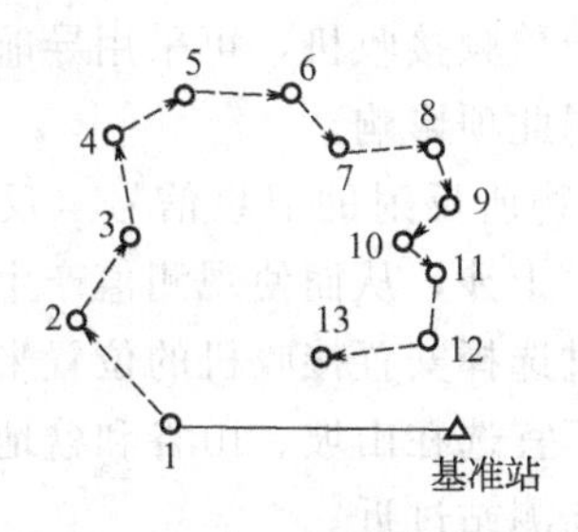

图 7-31　动态相对定位

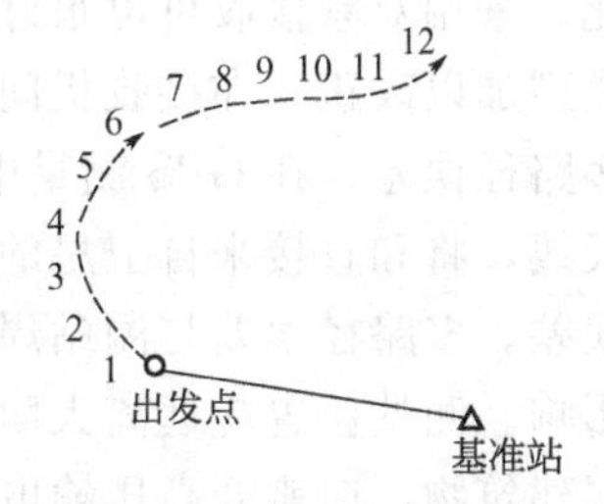

图 7-32　实时动态定位

建立一基准站，安置一台接收机连续跟踪所有可见卫星；另一台接收机安置在运动的载体上，在出发点按静态定位，静止观测 1～2min；运动的接收机从出发点开始，在运动过程中按预定的时间间隔自动观测（图 7-32）。该模式要求同步观测 5 颗卫星，其中至少有 4 颗卫星应保持连续跟踪；运动点与基准点相距不超过 15km。该模式的基线精度可达 1～2cm，适用于航道测量、道路中线测量、剖面测量以及运动目标的精密定轨。

5. 实时动态定位

实时动态（Real-Time Kinematic，RTK）测量是以载波相位观测量为根据的实时差分 GPS 测量技术，是 GPS 测量技术发展中的一个突破。上述各种 GPS 测量模式如果不与数据传输系统相结合，其定位结果均需通过观测数据的测后处理才能获得，不仅无法实时地给出观测站的定位结果，而且也无法对基准站和用户站观测数据的质量进行实时检核。

实时动态（RTK）测量是在基准站上安置一台 GPS 接收机，对所有可见 GPS 卫星进行连续地观测，并将其相位观测值和基准站的已知坐标等信息，通过无线电设备实时发送给流动站；流动站上的 GPS 接收机在同步接收卫星信号的同时，通过无线电设备接收基准站传输来的观测数据及坐标信息，然后根据相对定位原理，实时解算出流动站的三维坐标，其定位精度可达厘米级。目前，实时动态测量采用的作业模式主要有快速静态测量、准动态测量和动态测量。

五、GPS 测量误差

从误差来源分析，GPS 测量误差可分为三类：与 GPS 卫星有关的误差、与 GPS 卫星信号传播有关的误差、与 GPS 信号接收机有关的误差。

1. 与卫星有关的误差

与卫星有关的误差主要有卫星星历误差和卫星钟误差。

(1) 卫星星历误差　由卫星星历所给卫星位置与实际位置之差称为星历误差，它对单点定位精度影响较大。对于相对定位，采用差分组合技术，可显著削弱其影响。

(2) 卫星钟误差　尽管 GPS 卫星均设有高精度的原子钟，但与标准 GPS 时之间仍存在着偏差或飘移。卫星钟的这种偏差，可由卫星地面控制系统根据前一段时间的跟踪资料和 GPS 标准时推算出来，并通过卫星的导航电文提供给用户。卫星钟误差经改正后的残余误差，须采用在接收机间求一次差等方法来进一步消除。

2. 与卫星信号传播有关的误差

与信号传播有关的误差主要有对流层折射误差、电离层折射误差和多路径误差。

(1) 对流层折射误差　对流层是高度为40km以下的大气底层，其折射误差可用模型改正。当基线较短时（<10km），其残余误差可通过在接收机间求一次差较好地消除。

(2) 电离层折射误差　GPS信号通过电离层时，信号的路径会发生弯曲，传播速度也会发生变化。采用双频接收机可很好地消除其影响；对于单频接收机，可采用导航电文提供的电离层模型加以改正。在接收机间求一次差可显著削弱此项影响。

(3) 多路径误差　在GPS测量中，测站周围的反射物所反射的卫星信号（反射波）进入接收机天线，将和直接来自卫星的信号（直接波）产生干涉，从而使观测值产生偏差，即为多路径误差。多路径误差与测站周围的环境有关，通过选择安置接收机的位置来减弱多路径误差的影响。测站位置应远离大面积平静水面，测站不宜选在山坡、山谷和盆地中。测站应离开高层建筑物，应避开高压输电线，停放汽车不要离测站过近。

3. 与信号接收机有关的误差

与接收机有关的误差主要有接收机钟误差、接收机天线相位中心位置误差和接收机位置误差。

(1) 接收机钟误差　是指接收机钟与卫星钟间存在同步差。对于单点定位是把接收机钟差作为一个独立的未知数，在数据处理中与观测站的位置参数一并求解；在相对定位中，可通过求二次差予以大部分消除。

(2) 天线相位中心位置误差　在GPS测量中，观测值是以接收机天线相位中心位置为准的，而天线相位中心与其几何中心在理论上应保持一致。由于天线相位中心随着GPS信号输入强度和方向的不同而有所变化，致使其偏离天线几何中心。如使用同一类型的天线，同步观测同一组卫星，便可以通过观测值的求差来削弱相位中心偏移的影响。

(3) 接收机位置误差　是指接收机天线相位中心相对测站标示中心位置的误差，包括天线的置平和对中误差、量取天线高误差。在精密定位时应仔细操作，尽量减少此类误差的影响。

六、GPS测量的实施

GPS定位技术以其自动化程度高、全天候、高精度、定位速度快、布点灵活和操作方便等特点成为建立控制网的最主要方法。由于以载波相位观测量为依据的相对定位法是当前GPS测量中普遍采用的精密定位方法，所以这里仅简要介绍城市与工程GPS控制网采用GPS相对定位的方法与工作程序。

与传统控制测量一样，GPS网测量的实施也可分为技术设计、外业施测和内业数据处理三个阶段。

1. GPS网图形构成的基本概念

① 观测时段　测站上开始接收卫星信号到停止接收，连续观测的时间间隔，简称时段。

② 同步观测　两台或两台以上接收机同时对同一组卫星信号进行的观测。

③ 同步观测环　三台或三台以上接收机同步观测所获得的基线向量构成的闭合环，简称同步环。

④ 独立观测环　由非同步观测获得的基线向量构成的闭合环。

⑤ 独立基线　对于N台GPS接收机构成的同步观测环，有$N(N-1)/2$条同步观测基线，其中独立基线数为$N-1$。

2. GPS网的图形设计原则

GPS网应根据测区实际需要、预期达到的精度、卫星状况、接收机类型和数量、测区已有测绘资料、测区地形和交通状况以及作业效率进行设计。

① GPS网一般应通过独立观测边构成闭合环或附合路线，以增加检核条件，提高网的可靠性。

② GPS网点应尽量与原有地面控制点相重合。重合点一般不应少于3个（不足时应联测），且在网中应分布均匀，以便可靠地确定GPS网与地面网之间的转换参数。

③ GPS网点应考虑与水准点相重合，而非重合点一般应根据要求以水准测量方法（或相当精度的方法）进行联测，或在网中布设一定密度的水准联测点，以便为大地水准面的研究提供资料。

④ GPS网点一般应设在视线开阔和容易到达的地方，以便于观测和水准联测。

⑤ 为了便于用经典方法联测和扩展，可在网点附近布设一距离大于300m且通视良好的方位点，以建立联测方向。

3. GPS网的图形设计

GPS网中的各种图形都是由独立基线向量组成的。根据GPS网的精度指标及完成任务的时间和经费等因素，GPS网可由“三角形”、“多边形”、“附合导线”、“星形”等基本图形组成。

（1）三角形网　以三角形作为基本图形所构成的GPS网称为三角形网，如图7-33所示。其优点是网的图形几何强度好，抗粗差能力强，可靠性高；缺点是工作量大。图7-33中GPS网由9个控制点组成，需测定17条独立的基线向量。如有必要，还可加测一些对角线，以进一步提高图形强度，见图7-33中的虚线。

（2）多边形网　以多边形（边数$n \geqslant 4$）作为基本图形所构成的GPS网称为多边形网，如图7-34所示的多边形网是由3个四边形和1个五边形组成的。采用多边形网时工作量较省，图7-34中的GPS网是由12条独立基线向量构成的。多边形网的几何强度不如三角形网强，但只要对多边形的边数加以适当的限制，多边形网仍会有足够的几何强度。

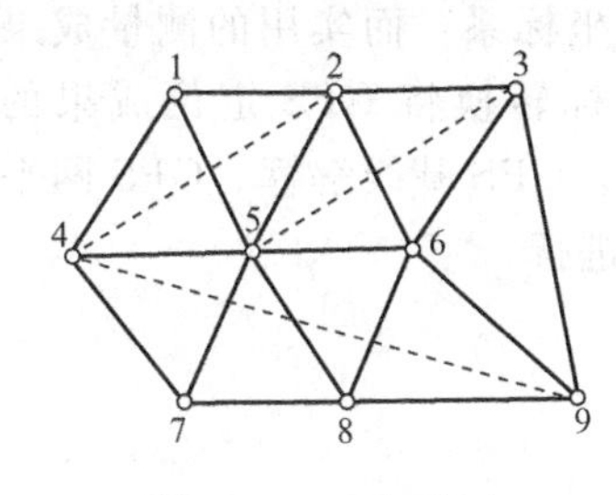

图7-33　三角形网

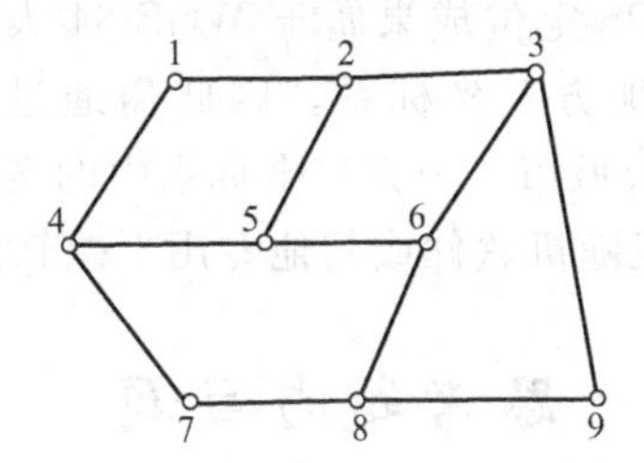

图7-34　多边形网

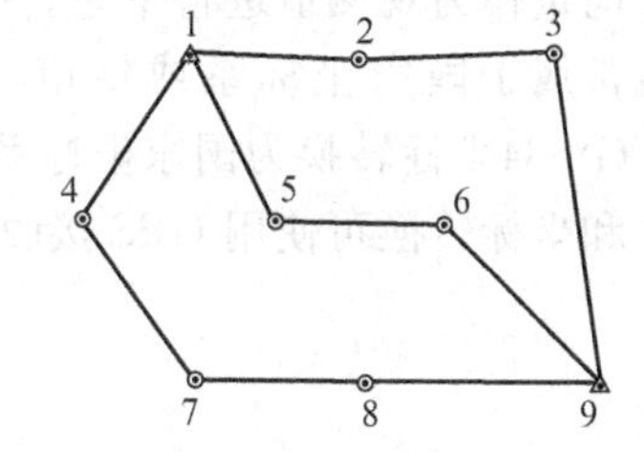

图7-35　附合导线网

（3）附合导线网　以附合导线（或称附合路线）作为基本图形所构成的GPS网称为附合导线网，如图7-35所示。附合导线网的工作量也较省，图7-35中的GPS网是由10条独立基线向量组成的。附合导线网的几何强度一般不如三角形网和多边形网，但只要对附合导线的边数及长度加以限制，仍能保证一定的几何强度。

GPS测量规范中一般都对多边形和附合导线的边数作出限制，例如在《全球定位系统（GPS）测量规范》GB/T 18314—2001中的规定见表7-8。

表7-8　最简独立闭合环或附合路线边数的规定

等级	A	B	C	D	E
闭合环和附合导线的边数	≤5	≤6	≤6	≤8	≤10

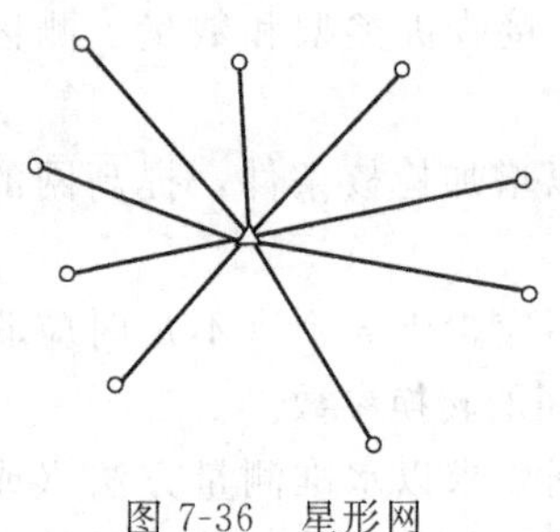
图 7-36 星形网

(4) 星形网 如图 7-36 所示，星形网即从一个已知点上分别与各待定点进行相对定位所组成的图形。网中每条边与只含一条边的“支导线”相类似。星形网图形简单，各基线间不构成闭合图形，检查与发现粗差的能力差，但只需两台接收机就可以作业，常用于快速静态定位和准动态定位中。由于方法简单，作业速度快，广泛应用于精度较低的工程测量、地籍测量和碎部测量中。

4. GPS 控制网的外业观测和内业数据处理

按照要求完成 GPS 控制点选点、埋石，对 GPS 接收机和各种必需设备进行必要的检定检查，根据测区的实际情况编制卫星可见性预报图和作业调度表后，即可进行外业观测。

GPS 外业观测工作主要包括接收机天线安置、开机观测与记录。天线安置包括对中、整平、天线定向及量取天线高。对中、整平与常规测量仪器相同，定向是使天线顶面的定向标志指向正北。天线安置完成后，连接接收机与电源及天线的电缆，即可启动接收机进行观测。接收机锁定卫星并开始记录数据后，观测员可进行必要的输入（如点名、时段号、天线高等）和查询操作。另外，在观测过程中，观测员应在观测始末及中间各观测并记录气象资料一次。

GPS 接收机记录的数据有：GPS 卫星星历及卫星钟差参数；载波相位观测值及相应的观测历元；同一历元的伪距观测值；实时绝对定位结果；测站信息及接收机工作状态信息等。

每天的外业观测结束后，必须将接收机记录的数据传输到计算机中，随即用基线解算软件解出各条基线。进行外业数据质量检核，计算复测基线的长度较差、同步环闭合差、独立环闭合差或附合路线坐标闭合差，各项闭合差应符合规范要求。

GPS 网平差是在各项质量检核符合要求后，以所有独立基线组成闭合图形，以三维基线向量作为观测值进行平差。GPS 定位成果属于 WGS-84 大地坐标系，而实用的测量成果通常属于国家坐标系或城市（地方）坐标系，因此需通过坐标转换将 GPS 定位成果的 WGS-84坐标转换为国家坐标系或城市（地方）坐标系中的坐标。GPS 基线解算、GPS 网平差和坐标转换可使用 GPS 接收机随机软件或其他专用平差软件进行。

思考题与习题

7-1 何谓控制测量？控制测量的目的是什么？

7-2 导线布设形式有哪几种？选定导线点时应注意哪些问题？

7-3 简述导线测量内业计算的步骤。计算附合导线与闭合导线有何异同？

7-4 如何衡量导线测量的精度？

7-5 图 7-37 所示为一附合导线，起算数据及观测数据如下。

起算数据：$x_B=200.000\text{m}$ $x_C=155.372\text{m}$ $\alpha_{AB}=45°00'00''$

$y_B=200.000\text{m}$ $y_C=756.066\text{m}$ $\alpha_{CD}=116°44'48''$

观测数据：$\beta_B=120°30'00''$ $D_{B2}=297.26\text{m}$

$\beta_2=212°15'30''$ $D_{23}=187.81\text{m}$

$\beta_3=145°10'00''$ $D_{3C}=93.40\text{m}$

$\beta_C=170°18'30''$

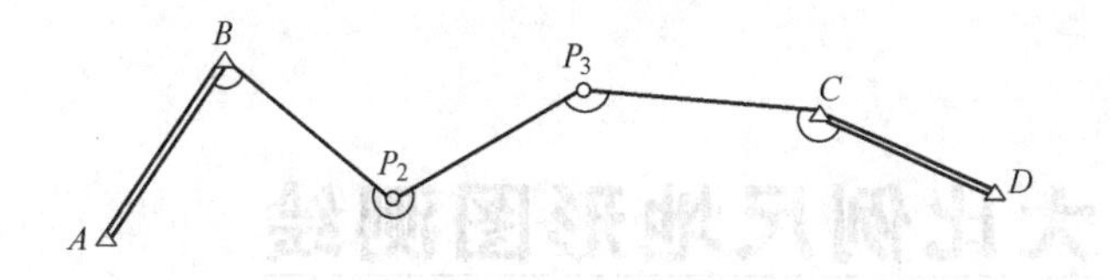

图 7-37　附合导线

试计算导线各点的坐标。

7-6　如图 7-38 所示，已知 P_1P_2 边的坐标方位角 $\alpha_{12}=143°07'15''$，P_1 点的坐标 $x_1=9539.743\text{m}$，$y_1=6484.086\text{m}$。闭合导线各内角值和边长已标注在图上。试计算闭合导线各点的坐标。

7-7　何谓交会定点？常用的交会定点方法有哪几种？各适用于什么情况？

7-8　试计算图 7-39 中用前方交会法测定的 P 点的坐标。起算数据及观测数据见表 7-8 和表 7-9。

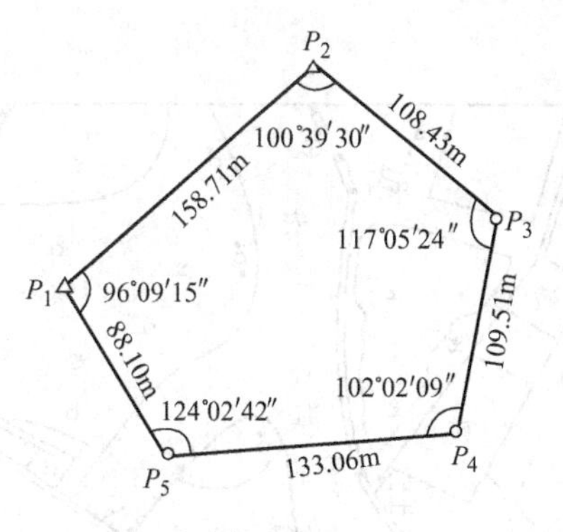

图 7-38　闭合导线

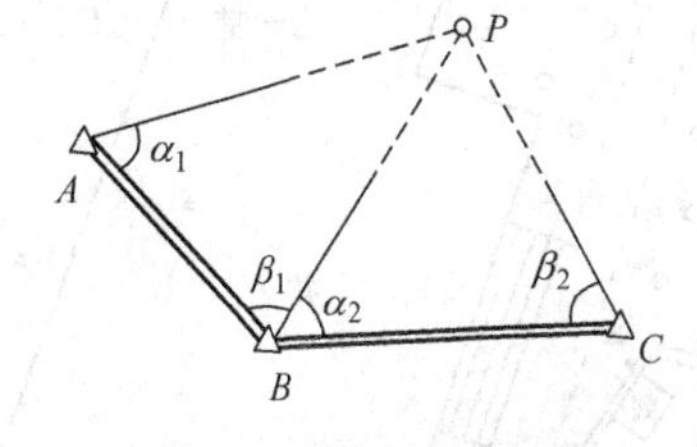

图 7-39　前方交会计算

表 7-9　起算数据

点　名	x/m	y/m
A	3646.35	1054.54
B	3873.96	1772.68
C	4538.45	1862.57

表 7-10　观测数据

角　号	角　　值
α_1	64°03′30″
β_1	59°46′40″
α_2	55°30′36″
β_2	72°44′47″

7-9　简述三角高程测量的原理。何谓直觇？何谓反觇？

7-10　GPS 全球定位系统由哪几部分组成？各部分的作用是什么？

7-11　简述 GPS 定位原理及其特点。

7-12　什么是 GPS 绝对定位？什么是 GPS 相对定位？

7-13　GPS 测量有哪些误差来源？

第八章 大比例尺地形图测绘

第一节 地形图的基本知识

一、地形图的内容

地形图是按照一定的数学法则，运用符号系统表示地表上的地物、地貌平面位置及基本的地理要素且高程用等高线表示的一种普通地图。

图 8-1 所示是某幅 1∶500 比例尺地形图的一部分。图中主要表示了城市街道、居民区等。

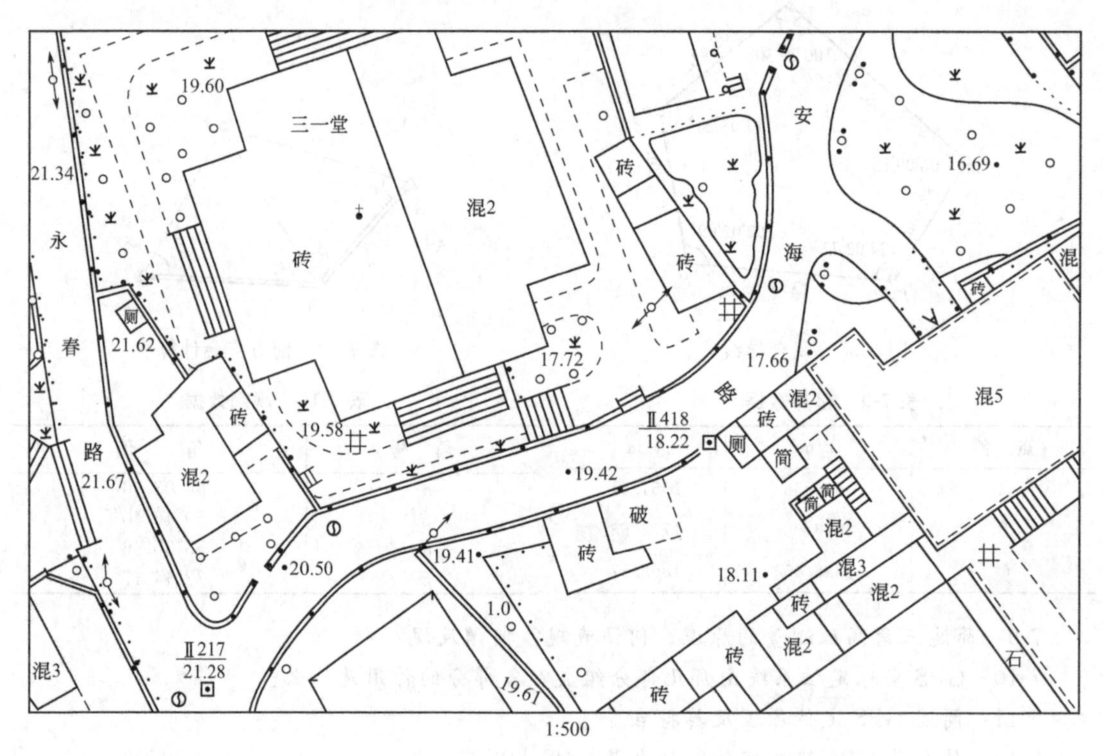

图 8-1 城区地形图示例（部分）

图 8-2 所示是某幅 1∶2000 比例尺地形图的一部分。它表示了农村居民地和地貌。

这两张地形图各反映了不同的地面状况。在城镇市区，在图上必然显示出较多的地物而反映地貌较少；在丘陵地带及山区，地面起伏较大，除在图上表示地物外，还应较详细地反映地面高低起伏的状况。图 8-2 中有很多曲线，称为等高线，是表示地面起伏的一种符号。关于等高线将在第五节详细讲述。

地形图的内容丰富，归纳起来大致可分为三类：数学要素，如比例尺、坐标格网等；地形要素，即各种地物、地貌；注记和整饰要素，包括各类注记、说明资料和辅助图表。

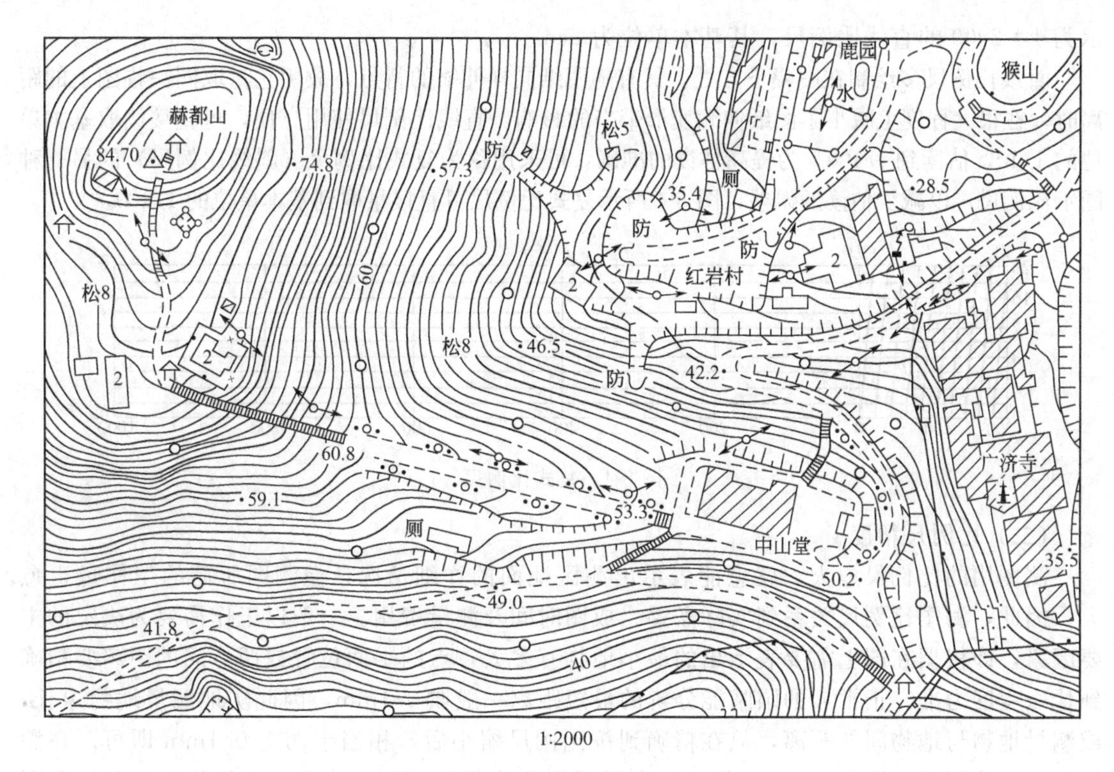

图 8-2　等高线地形图示例（部分）

二、地形图的比例尺

地形图上任一线段的长度与地面上相应线段水平距离之比，称为地形图的比例尺。

（一）比例尺的种类

常见的比例尺表示形式有两种：数字比例尺和图示比例尺。

1. 数字比例尺

以分子为 1 的分数形式表示的比例尺称为数字比例尺。设图上一线段长为 d，相应的实地水平距离为 D，则该图比例尺为

$$\frac{d}{D}=\frac{1}{M} \tag{8-1}$$

式中，M 称为比例尺分母。比例尺的大小视分数值的大小而定。M 愈大，比例尺愈小；M 愈小，比例尺愈大。数字比例尺也可写成 1∶500、1∶1000、1∶2000 等形式。

地形图按比例尺分为三类：1∶500、1∶1000、1∶2000、1∶5000、1∶10000 为大比例尺地形图；1∶25000、1∶50000、1∶100000 为中比例尺地形图；1∶250000、1∶500000、1∶1000000 为小比例尺地形图。

2. 图示比例尺

最常见的图示比例尺是直线比例尺。用一定长度的线段表示图上的实际长度，并按图上比例尺计算出相应地面上的水平距离注记在线段上，这种比例尺称为直线比例尺。图 8-3 所

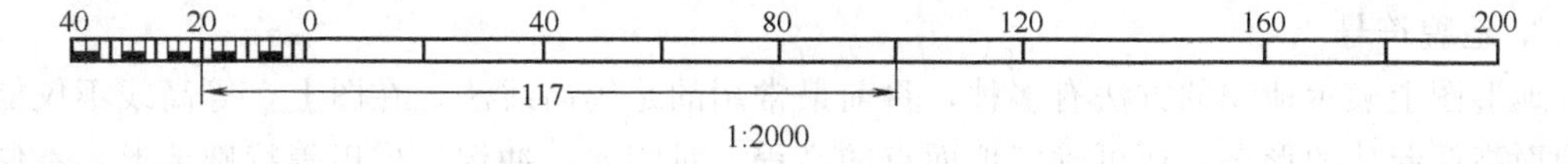

图 8-3　直线比例尺

示为1∶2000的直线比例尺，其基本单位为2cm。

直线比例尺多绘制在图幅下方处，具有随图纸同样伸缩的特点，故用它量取同一幅图上的距离时，在很大程度上减小了图纸伸缩变形带来的影响。直线比例尺使用方便，可直接读取基本单位的1/10，估读到1/100。为提高估读的准确，可采用称为复式比例尺（斜线比例尺）的另一种图示比例尺，以减少估读的误差，图8-4所示复式比例尺可直接量取到基本单位的1/100。

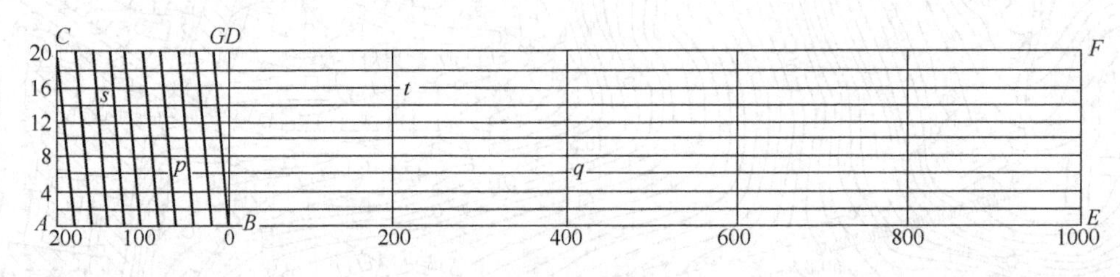

图8-4 复式比例尺

（二）比例尺精度

测图用的比例尺愈大，就愈能表示出测区地面的详细情况，但测图所需的工作量也愈大。因此，测图比例尺关系到实际需要、成图时间及测量费用。一般以工作需要为决定的主要因素，即根据在图上需要表示出的最小地物有多大，点的平面位置或两点间的距离要精确到什么程度为准。正常人的眼睛能分辨的最短距离一般取0.1mm，因此实地测量地物边长，或测量地物与地物间的距离，只在精确到按比例尺缩小后，相当于图上0.1mm即可。在测量工作中称相当于图上0.1mm的实地水平距离为比例尺精度。表8-1为几种比例尺地形图的比例尺精度。

表8-1 比例尺精度

比　例　尺	1∶500	1∶1000	1∶2000	1∶5000	1∶10000
比例尺精度/m	0.05	0.1	0.2	0.5	1.0

根据比例尺精度，可参考决定以下问题。

① 按工作需要，多大的地物需在图上表示出来或测量地物要求精确到什么程度，由此可参考决定测图的比例尺。

② 当测图比例尺决定之后，可以推算出测量地物时应精确到什么程度。

三、地形图符号

实地的地物和地貌是用各种符号表示在图上的，这些符号总称为地形图图式，它是测绘和使用地形图的重要依据。表8-2所示为国家标准《国家基本比例尺地图图式第1部分：1∶500 1∶1000 1∶2000地形图图式》（GB/T 20257.1—2007）中的部分地形图图式符号。

地形图符号有三类：地物符号、地貌符号和注记符号。

1. 地物符号

地物符号是用来表示地物的类别、形状、大小及其位置的。分为比例符号、非比例符号和半比例符号，具体介绍见第四节。

2. 地貌符号

地形图上表示地貌的方法有多种，目前最常用的是等高线法。在图上，等高线不仅能表示地面高低起伏的形态，还可确定地面点的高程，对峭壁、冲沟、梯田等特殊地形，不便用等高线表示时，则绘注相应的符号。

表 8-2　1∶500　1∶1000　1∶2000 地形图图式（部分）

编号	符号名称	符号式样 1∶500	符号式样 1∶1000	符号式样 1∶2000
4.1.1	三角点 a. 土堆上的 张湾岭、黄土岗——点名 156.718、 203.623——高程 5.0——比高	3.0 张湾岭/156.718；a 5.0 黄土岗/203.623；1.0 0.5 1.0		
4.1.6	水准点 Ⅱ——等级 京石 5——点名点号 32.805——高程	2.0 Ⅱ京石5/32.805		
4.1.3	导线点 a. 土堆上的 116、123——等级、点号 84.46、94.40——高程 2.4——比高	2.0 I16/84.46；a 2.4 I23/94.40		
4.1.7	卫星定位等级点 B——等级 14——点号 495.263——高程	3.0 B14/495.263		
4.3.1	单幢房屋 a. 一般房屋 b. 有地下室的房屋 c. 突出房屋 d. 简易房屋 混、钢——房屋结构 1、3、28——房屋层数 -2——地下房屋层数	a 混1；b 混3-2；0.5；2.0 1.0；c 钢28；d 简		3；1.0；c 28
4.3.70	旗杆	1.6 4.0 1.0 1.0		
4.3.87	围墙 a. 依比例尺的 b. 不依比例尺的	a 10.0 0.5；b 10.0 0.5 0.9		
4.3.88	栅栏、栏杆	10.0 1.0		
4.3.89	篱笆	10.0 1.0 0.5		
4.3.90	活树篱笆	6.0 1.0 0.6		
4.3.101	台阶	0.6 1.0 1.0		

续表

编号	符号名称	符号式样		
		1∶500	1∶1000	1∶2000
4.3.106	路灯	1.4　0.3　0.8　2.8　1.0		
4.4.14	街道 a. 主干路 b. 次干路 c. 支路	a　0.35 b　0.25 c　0.15		
4.4.15	内部道路	1.0　1.0		
4.4.18	乡村路 a. 依比例尺的 b. 不依比例尺的	4.0　1.0 a　0.2 8.0　2.0 b　0.3		
4.5.2 4.5.2.1 4.5.2.2 4.5.2.3	配电线 架空的 a. 电杆 地面下的 a. 电缆标 配电线入地口	a　8.0 a　8.0　1.0　4.0 1.0　2.0　0.6		
4.5.9	管道其他附属设施 a. 水龙头 b. 消火栓 c. 阀门 d. 污水、雨水箅子	a　3.6　1.0　1.0　2.0　0.6 b　1.6　2.0　3.0 c　1.0　1.6　3.0 d　0.5　2.0　1.0　2.0		
4.7.1	等高线及其注记 a. 首曲线 b. 计曲线 c. 间曲线 25——高程	a　0.15 b　25　0.3 c　0.15　1.0　6.0		
4.7.3	高程点及其注记 1520.3、−15.3——高程	0.5 • 1520.3　• −15.3		

续表

编号	符号名称	符号式样		
		1∶500	1∶1000	1∶2000
4.7.16	人工陡坎 a. 未加固的 b. 已加固的	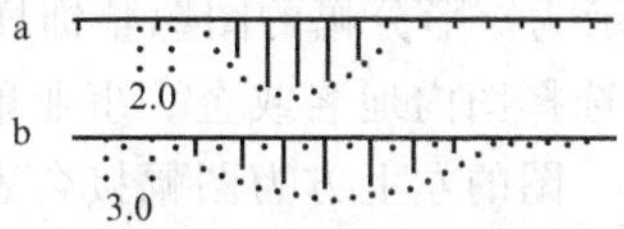 a 2.0 b 3.0		
4.7.21	斜坡 a. 未加固的 b. 已加固的	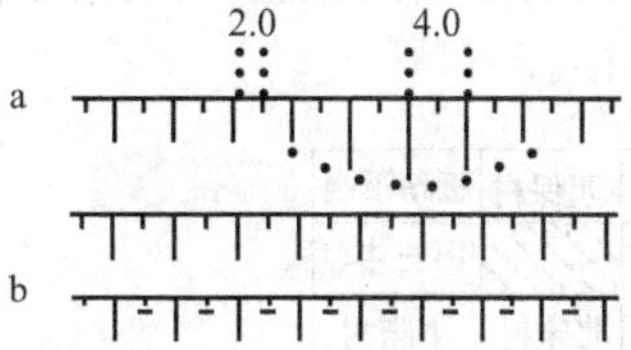 2.0 4.0 a b		
4.8.15	行树 a. 乔木行树 b. 灌木行树	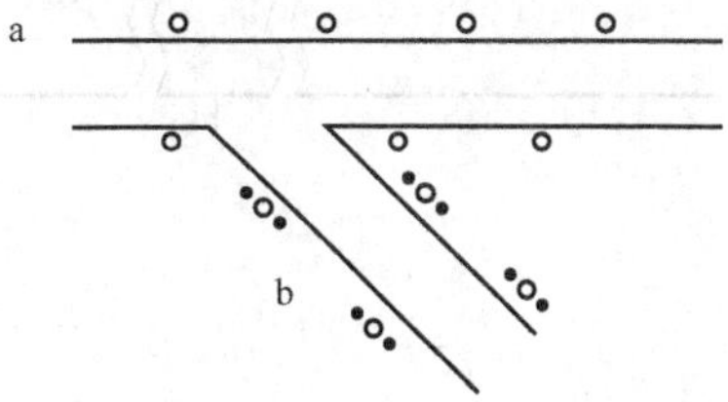 a b		
4.8.21	花圃、花坛	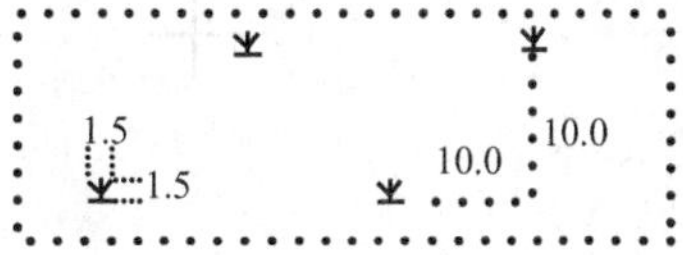 1.5 1.5 10.0 10.0		
4.8.16	独立树 a. 阔叶 b. 针叶 c. 棕榈、椰子、槟榔	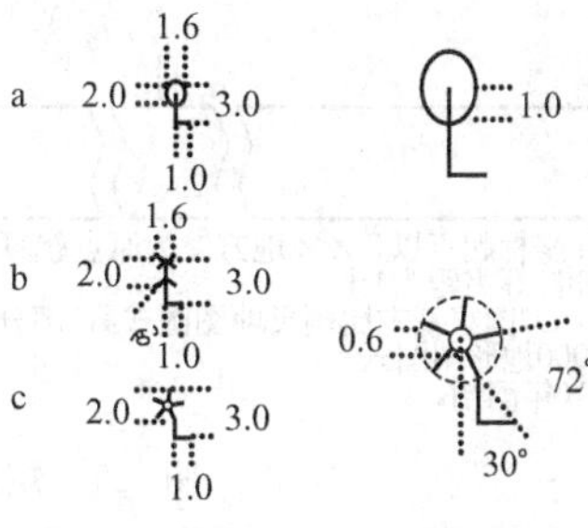 a 1.6 2.0 3.0 1.0 1.0 b 1.6 2.0 3.0 1.0 0.6 72° c 2.0 3.0 1.0 30°		

3. 注记

注记包括地名注记和说明注记。

地名注记主要包括行政区划、居民地、道路名称；河流、湖泊、水库名称；山脉、山岭、岛礁名称等。

说明注记包括文字和数字注记，主要用以补充说明对象的质量和数量属性。如房屋的结构和层数、管线性质及输送物质、比高、等高线高程、地形点高程以及河流的水深、流速等。

四、图廓及图廓外注记

图廓是一幅图的范围线。下面分别介绍矩形分幅和梯形分幅地形图的图廓及图廓外的注记。

1. 矩形分幅地形图的图廓

矩形分幅的地形图有内、外图廓线。内图廓线就是坐标格网线，也是图幅的边界线，在内图廓与外图廓之间四角处注有坐标值，并在内图廓线内侧，每隔 10cm 绘有 5mm 长的坐标短线，表示坐标格网线的位置。在图幅内每隔 10cm 绘有十字线，以标记坐标格网交叉点。外图廓仅起装饰作用。

图 8-5 所示为矩形分幅的图廓整饰样式，北图廓上方正中为图名、图号。图名即地形图的名称，通常选择图内地名或企、事业单位名称作为图名。若图名选择有困难时，可不注图名，仅注图号。图的左上方为图幅接合表，用来说明本幅图与相邻图幅的位置关系。中间画有斜线的一格代表本幅图位置，四周八格分别注明相邻图幅的图名，利用接合表可迅速地进行地形图的拼接。

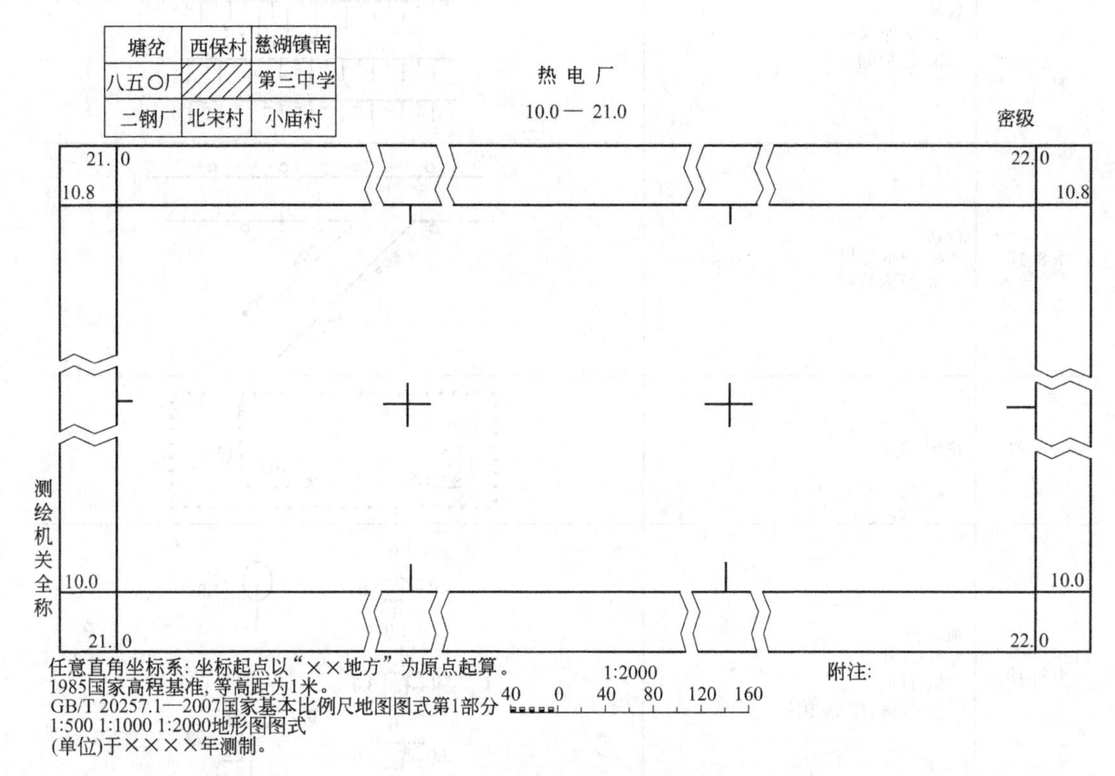

图 8-5 矩形分幅的图廓整饰样式

在南图廓的左下方注记平面和高程系统、等高距、地形图图式的版别及测制单位和年份等。在南图廓下方中央注有比例尺并绘有直线比例尺，在南图廓右下方写有附注，在西图廓下方注明测绘机关全称。

2. 梯形分幅地形图的图廓

梯形分幅地形图以经纬线进行分幅，图幅呈梯形。在图上绘有经纬线网和方里网。

在不同比例尺的梯形分幅地形图上，图廓的形式有所不同。1∶10 万～1∶2 万 5 千地形图的图廓，由内图廓、外图廓和分度带组成。内图廓是经线和纬线围成的梯形，也是该图幅的边界线。图 8-6 所示为 1∶5 万地形图的西南角部分，西图廓经线是东经 109°00′，南图廓线是北纬 36°00′。在东、西、南、北外图廓线中间分别标注四邻图幅的图号，更进一步说明了与四邻图幅的相互位置。内、外图廓之间为分度带，绘有加密经纬网的分划短线，相邻两条分划线间的长度，表示实地经差或纬差 1′。分度带与内图廓之间，注记以千米为单位的平面直角坐标值，如图中 3988 表示纵坐标为 3988km（从赤道起算），其余 89、90 等，其千米数的千、百位都是 39，故从略。横坐标为 19321，19

为该图幅所在投影带的带号，321 表示该纵线的横坐标千米数，即位于第 19 带中央子午线以西 179km 处（321km－500km＝－179km）。

北图廓上方正中为图名、图号和省、县名，左边为图幅接合表。东图廓外上方绘有图例。在西图廓外下方注明出版机关全称。在南图廓下方中央注有数字比例尺和直线比例尺，在南图廓的左下方注有测绘日期、测图方法、平面和高程系统、等高距和地形图图式的版别等并绘有坡度尺，在南图廓的右下方绘有三北方向图。利用三北方向图可对图上任一方向的坐标方位角、真方位角和磁方位角进行换算，如图 8-7 所示。利用坡度尺可在地形图上量测地面坡度（百分比值）和倾角，如图 8-8 所示。

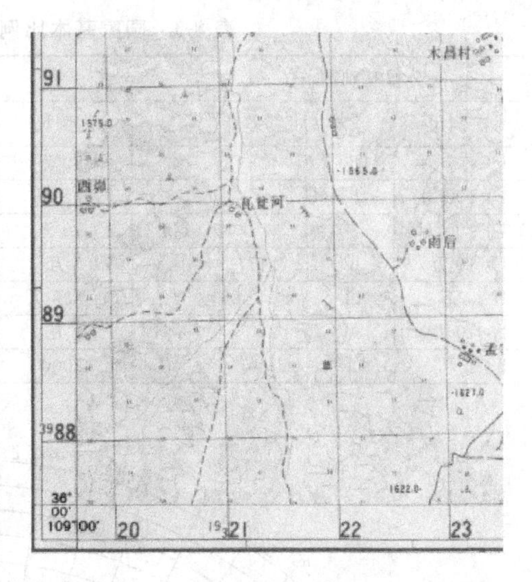

图 8-6　1∶5 万地形图图廓（部分）

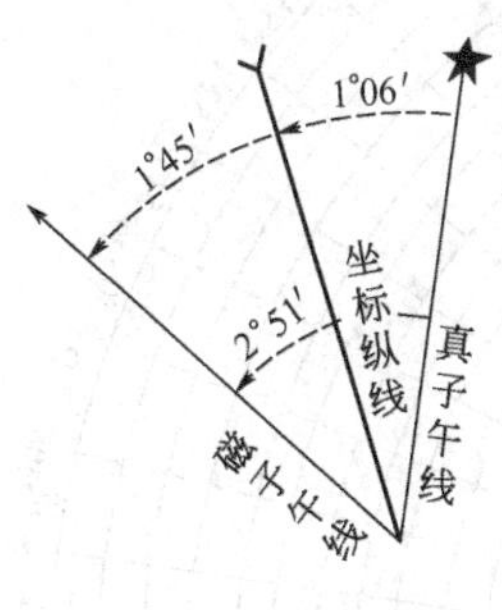

图 8-7　三北方向图

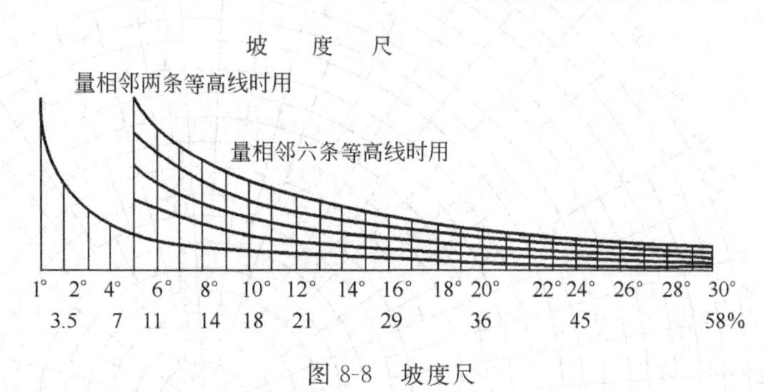

图 8-8　坡度尺

第二节　地形图的分幅与编号

为便于测绘、印刷、保管、检索和使用，均需按规定的大小对地形图进行统一分幅，并进行有系统的编号。地形图的分幅方法有两种：一种是按经纬线分幅的梯形分幅法，另一种是按坐标格网线分幅的矩形分幅法。

一、梯形分幅与编号

我国基本比例尺地形图（1∶100 万～1∶5000）采用梯形分幅法，图廓线由经线和纬线构成。它们均以 1∶100 万地形图为基础，按规定的经差和纬差划分图幅，行列数和图幅数成简单的倍数关系。其编号是在 1∶100 万比例尺地形图的编号后加上各自的代号所组成。

二、20 世纪 70～80 年代我国基本比例尺地形图的分幅与编号

20 世纪 70 年代以前，我国基本比例尺地形图分幅与编号是以 1∶100 万地形图为基础，延伸出 1∶50 万、1∶20 万、1∶10 万三个系列。70～80 年代 1∶25 万取代了 1∶20 万，延伸出 1∶50 万、1∶25 万、1∶10 万三个系列，在 1∶10 万后又分为 1∶5 万、1∶2.5 万一支及 1∶1 万、1∶5000 的一支。见表 8-3。

(1) 1∶100 万比例尺地形图的分幅编号　1∶100 万地形图的分幅采用国际 1∶100 万地图分幅标准。图 8-9 所示为北半球 1∶100 万比例尺地形图的分幅。从赤道起分别向南向北，按纬差每

表 8-3 国家基本比例尺地形图图幅分幅编号关系表

分幅基础图			分出新图幅					
比例尺	经差	纬差	幅数	比例尺	经差	纬差	序号	图幅编号示例
1∶100 万	6°	4°	4	1∶50 万	3°	2°	A,B,C,D	J-51-A
1∶100 万	6°	4°	16	1∶25 万	1°30′	1°	[1],[2],…,[16]	J-51-[2]
1∶100 万	6°	4°	144	1∶10 万	30′	20′	1,2,…,144	J-51-5
1∶10 万	30′	20′	4	1∶5 万	15′	10′	A,B,C,D	J-51-5-B
1∶5 万	15′	10′	4	1∶2.5 万	7′30″	5′	1,2,3,4	J-51-5-B-4
1∶10 万	30′	20′	64	1∶1 万	3′45″	2′30″	(1),(2),…,(64)	J-51-5-(24)
1∶1 万	3′45″	2′30″	4	1∶5000	1′52.5″	1′15″	a,b,c,d	J-51-5-(24)-b

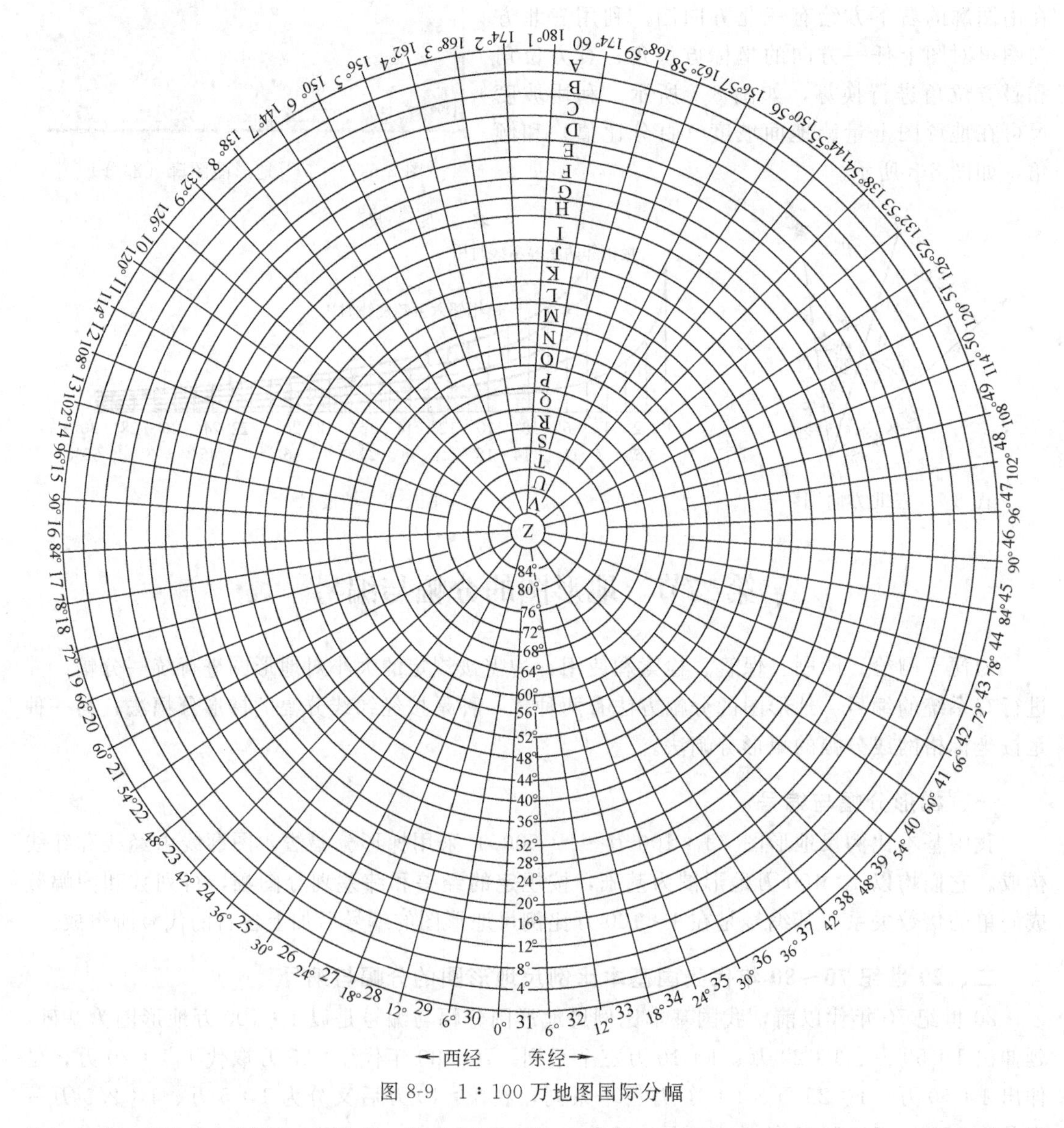

图 8-9　1∶100 万地图国际分幅

4°为一列，至纬度 88°分为 22 横列，依次用大写拉丁字母（字符码）A，B，C，…，V 表示。从 180°经线起，自西向东按经差每 6°为一行，分为 60 纵行，依次用阿拉伯数字（数字码）1，2，3，…，60 表示。以两极为中心，以纬度 88°为界的圆用 *Z* 表示。由于图幅面积随纬度增高而迅速减小，规定在纬度60°～76°之间双幅合并，即每幅图为经差12°、纬差4°。在纬度76°～88°之间四幅合并，即每幅图为经差24°、纬差4°。我国位于北纬60°以下，故没有合幅图。由此可知，一幅1∶100万比例尺地形图，是由纬差4°的纬圈和经差6°的子午线所围成的梯形。

1∶100万地形图的编号采用列行式编号。其编号由该图所在的列号与行号组合而成。为区别南、北半球的图幅，分别在编号前加N或S。因我国领域全部位于北半球，故省注N。如甲地的纬度为北纬39°54′30″，经度为东经122°28′25″，其所在1∶100万地形图的内图廓线为东经120°、东经126°和北纬36°、北纬40°，则此1∶100万比例尺地形图的图号为J-51。图8-10所示为我国领域的1∶100万比例尺地形图的分幅编号。

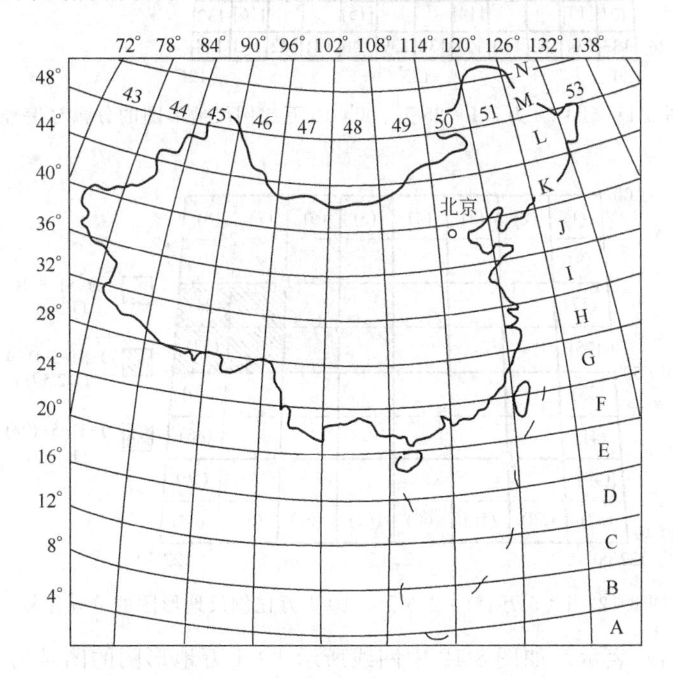

图8-10　我国1∶100万比例尺地形图的分幅编号

(2) 1∶50万、1∶25万、1∶10万比例尺地形图的分幅编号　这三种比例尺地形图的分幅编号都是在1∶100万地形图的基础上进行的。

每幅1∶100万地形图分为2行2列，共4幅1∶50万比例尺地形图，分别以A、B、C、D表示。如图8-11中黑色所示1∶50万地形图的图号为J-51-A。

每幅1∶100万地形图分为4行4列，共16幅1∶25万比例尺地形图，分别以［1］，［2］，…，［16］表示。如图8-11中45°晕线所示1∶25万地形图的图号为J-51-［2］。

每幅1∶100万地形图分为12行12列，共144幅1∶10万比例尺地形图，分别用1，2，3，…，144表示。如图8-11中网线所示1∶10万地形图的图号是J-51-5。

(3) 1∶5万、1∶2.5万、1∶1万比例尺地形图的分幅编号　这三种比例尺地形图的分幅编号是在1∶10万比例尺地形图的基础上进行的，如图8-12所示。

每幅1∶10万地形图划分为2行2列，共4幅1∶5万比例尺地形图，分别以A、B、C、D表示。如图8-12中黑色所示1∶5万地形图的图号为J-51-5-B。

每幅1∶5万地形图划分为2行2列，共4幅1∶2.5万比例尺地形图，分别以数字1、2、3、4表示。如图8-12中45°晕线所示1∶2.5万地形图的图号为J-51-5-B-4。

每幅1∶10万地形图划分为8行8列，共64幅1∶1万比例尺地形图，分别以(1)，

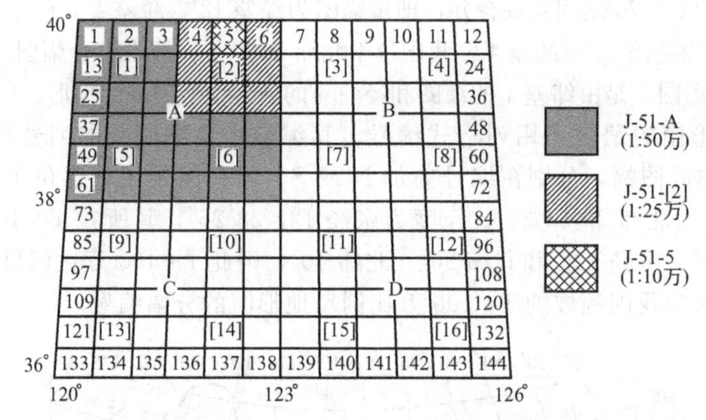

图 8-11　1∶50 万、1∶25 万、1∶10 万比例尺地形图的分幅与编号

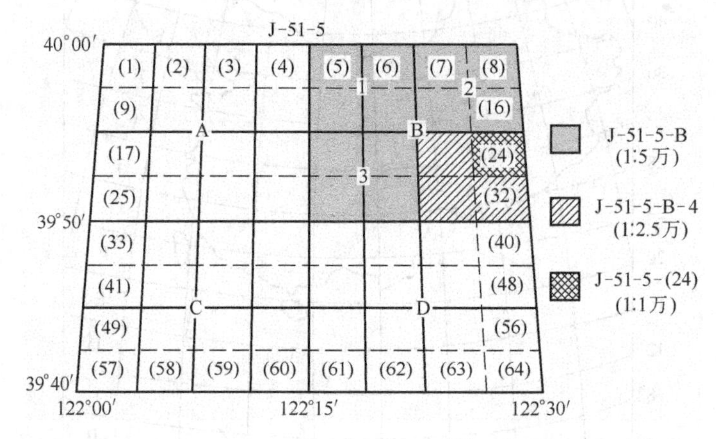

图 8-12　1∶5 万、1∶2.5 万、1∶1 万比例尺地形图的分幅编号

(2)，(3)，…，(64) 表示。如图 8-12 中网线所示 1∶1 万地形图的图号为 J-51-5-(24)。

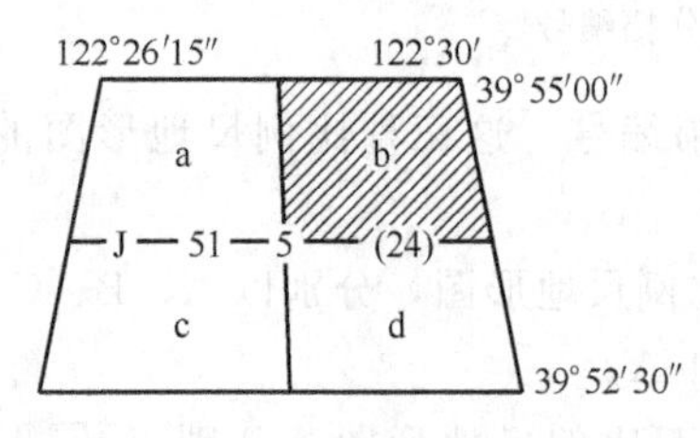

图 8-13　1∶5000 地形图分幅及编号

(4) 1∶5000 比例尺地形图的分幅与编号　1∶5000 比例尺地形图是在 1∶1 万比例尺地形图的基础上进行分幅编号。每幅 1∶1 万地形图划分为 2 行 2 列，共 4 幅 1∶5000 比例尺地形图，分别以 a、b、c、d 表示。如图 8-13 中 45°晕线所示的 1∶5000 地形图的图号为 J-51-5-(24)-b。

表 8-3 表示了上述比例尺地形图的分幅方法及以某地为例的编号。

三、新的国家基本比例尺地形图分幅与编号

为适应计算机管理和检索，1992 年国家技术监督局发布了新的《国家基本比例尺地形图分幅和编号》(GB/T 13989—92) 国家标准，自 1993 年 7 月 1 日起实施。

(1) 1∶100 万比例尺地形图分幅和编号　新标准仍以 1∶100 万比例尺地形图为基础，1∶100万地形图的分幅经、纬差不变，但由过去的纵行、横列改为横行、纵列，它们的编号由其所在的行号（字符码）与列号（数字码）组合而成，如北京所在的 1∶100 万地形图的图号为 J50。

(2) 1∶50 万～1∶5000 比例尺地形图分幅和编号　1∶50 万～1∶5000 比例尺地形图的分幅全部由 1∶100 万地形图逐次加密划分而成，编号均以 1∶100 万地形图为基础，采用行列编号方法，由其所在 1∶100 万地形图的图号、比例尺代码和图幅的行列号共十位码组成。

编码长度相同，编码系列统一为一个根部，便于计算机处理，如图 8-14 所示。

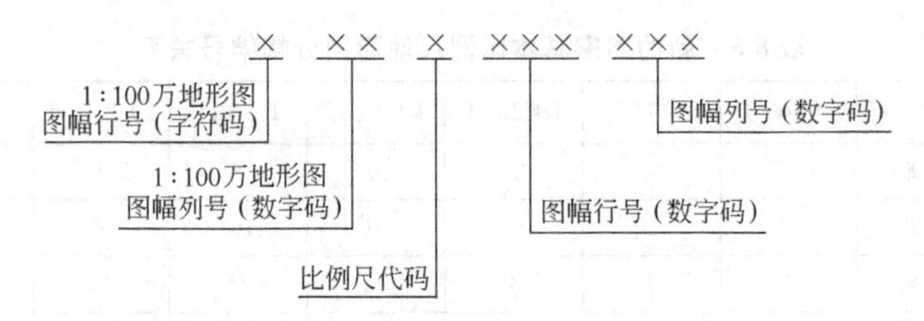

图 8-14　1∶50 万～1∶5000 地形图图号的构成

各种比例尺代码见表 8-4。

表 8-4　比例尺代码表

比例尺	1∶50 万	1∶25 万	1∶10 万	1∶5 万	1∶2.5 万	1∶1 万	1∶5000
代　码	B	C	D	E	F	G	H

1∶100 万～1∶5000 地形图的行、列编号如图 8-15。

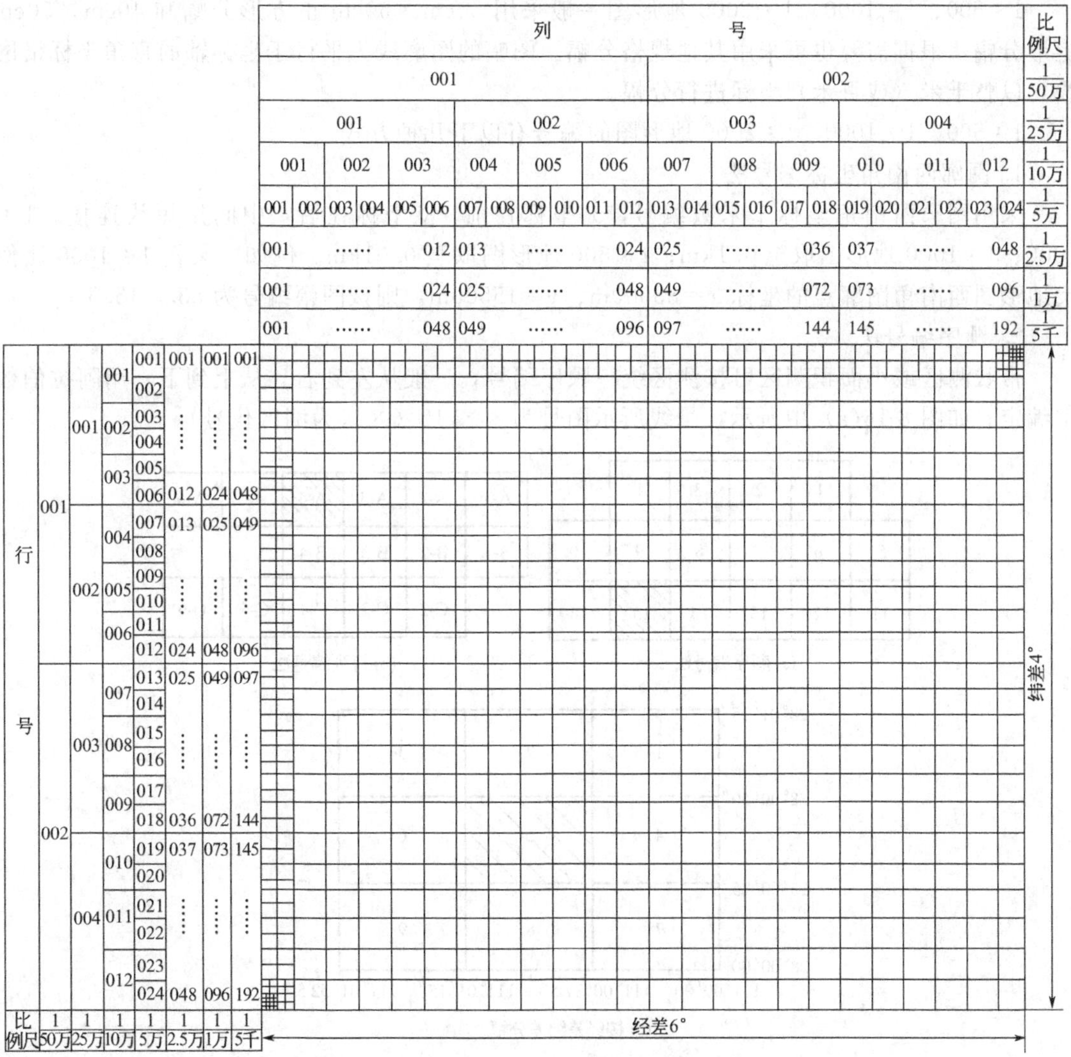

比例尺	列号
1/50万	001 002
1/25万	001 002 003 004
1/10万	001 002 003 004 005 006 007 008 009 010 011 012
1/5万	001 002 003 004 005 006 007 008 009 010 011 012 013 014 015 016 017 018 019 020 021 022 023 024
1/2.5万	001 …… 012 013 …… 024 025 …… 036 037 …… 048
1/1万	001 …… 024 025 …… 048 049 …… 072 073 …… 096
1/5千	001 …… 048 049 …… 096 097 …… 144 145 …… 192

比例尺	行号
1/50万	001 002
1/25万	001 002 003 004
1/10万	001 002 003 004 005 006 007 008 009 010 011 012
1/5万	001 002 003 004 005 006 007 008 009 010 011 012 013 014 015 016 017 018 019 020 021 022 023 024
1/2.5万	001 …… 012 013 …… 024 025 …… 036 037 …… 048
1/1万	001 …… 024 025 …… 048 049 …… 072 073 …… 096
1/5千	001 …… 048 049 …… 096 097 …… 144 145 …… 192

纬差4°

经差6°

图 8-15　1∶100 万～1∶5000 地形图的行、列编号

新的国家基本比例尺地形图分幅编号关系见表 8-5。

表 8-5 新的国家基本比例尺地形图分幅编号关系

比例尺		1∶100 万	1∶50 万	1∶25 万	1∶10 万	1∶5 万	1∶2.5 万	1∶1 万	1∶5000
图幅范围	经差	6°	3°	1°30′	30′	15′	7′30″	3′45″	1′52.5″
	纬差	4°	2°	1°	20′	10′	5′	2′30″	1′15″
行列数量关系	行数	1	2	4	12	24	48	96	192
	列数	1	2	4	12	24	48	96	192
图幅数量关系		1	4	16	144	576	2304	9216	36864
			1	4	36	144	576	2304	9216
				1	9	36	144	576	2304
					1	4	16	64	256
						1	4	16	64
							1	4	16
								1	4

四、1∶500、1∶1000、1∶2000 地形图分幅与编号

1∶500、1∶1000、1∶2000 地形图一般采用 50cm×50cm 正方形分幅和 40cm×50cm 矩形分幅，根据需要也可采用其他规格分幅。图幅的图廓线为平行于坐标轴的直角坐标格网线，以整千米（或百米）坐标进行分幅。

1∶500 1∶1000 1∶2000 地形图的编号有以下几种方式。

1. 图廓西南角坐标编号法

采用图廓西南角坐标千米数编号，x 坐标在前，y 坐标在后，中间用短线连接。1∶2000、1∶1000 地形图取至 0.1km；1∶500 地形图取至 0.01km。例如，某幅 1∶1000 比例尺地形图西南角图廓点的坐标 x=83500m、y=15500m，则该图幅编号为 83.5-15.5。

2. 顺序编号法

带状测区或小面积测区可按测区统一顺序编号，一般从左到右，从上到下，用阿拉伯数字编定。如图 8-16(a) 中所示，晕线所示图号为××-15（××为测区代号）。

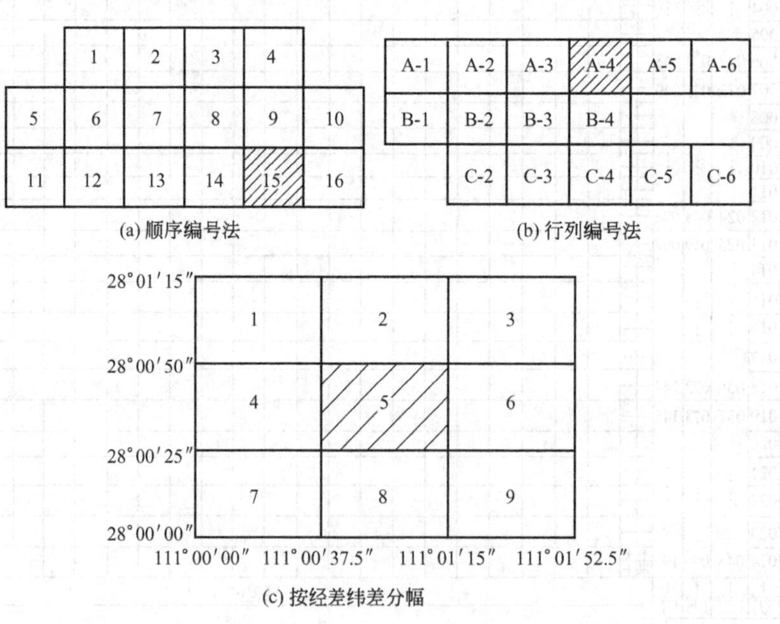

图 8-16 1∶500 1∶1000 1∶2000 地形图分幅与编号

3. 行列编号法

将测区内图幅按行和列分别排出序号，一般横行以字母（如 A，B，C，…）为代号由上到下排列，纵列以阿拉伯数字从左到右排列。先行后列，以图幅所在的行和列序号作为该图幅图号。图 8-16(b) 中，晕线所示图号为 A-4。

4. 以 1∶5000 地形图为基础编号

1∶2000 地形图可以 1∶5000 地形图为基础，按经差 37．5″、纬差 25″进行分幅，其图幅编号以 1∶5000 地形图图幅编号加短线，再分别加顺序号 1、2、3、4、5、6、7、8、9 表示。如图 8-16(c) 中所示，1∶5000 地形图图号为 H49 H 192097，晕线所示图号为 H49 H 192097-5。

第三节　传统测图方法

碎部测量是以控制点为测站，测定其周围地物、地貌特征点的平面位置和高程，并绘制地形图的测量工作。地物和地貌的特征点称为碎部点。测定碎部点的方法有极坐标法、方向交会法、距离交会法、方向距离联合交会法及直角坐标法等。

碎部测图的方法有平板仪测图、经纬仪测图、地面数字测图法及航空摄影测量法等，其中平板仪测图、经纬仪测图为传统测图方法。传统测图法的实质是图解测图，通过测量将碎部点展绘在图纸上，以手工方式描绘地物和地貌，具有测图周期长、精度低等缺点。

传统测图需按照一定的程序进行工作，即在收集资料和现场初步踏勘的基础上，拟定技术计划；进行测区的基本控制测量和图根控制测量；进行测图前的准备工作；在测站点密度不够时要增设测站点；逐点完成碎部测图工作；进行图幅拼接；完成检查、验收、野外原图整饰等工作。各项工作均应符合测量规范的要求。

一、图根控制测量

为测绘地形图布设的控制网称为图根控制网，其控制点称为图根控制点，简称图根点。图根平面控制点宜在城市各等级控制点下加密，一般采用图根导线、GPS 测量方法布设，局部地区可采用交会定点法。图根点的高程可应用图根水准测量、图根光电测距三角高程测量或 GPS 测量方法测定。

二、测图的准备工作

测图前除做好测绘资料和仪器、工具的准备工作外，还应作好图板准备工作。图板准备一般包括图纸的准备、绘制坐标格网和展绘控制点。

1. 图纸的准备

测图所用的图纸目前普遍采用一面打毛的聚酯薄膜，其厚度为 0.07～0.1mm，并经过热定形处理。它具有伸缩性小、无色透明、不怕潮湿等优点，便于使用和保管。

2. 绘制坐标格网

为能准确地将控制点展绘在图纸上，首先要在图纸上精确地绘制 10cm×10cm 的直角坐标格网。绘制坐标格网可使用坐标仪、坐标格网尺等专用仪器工具或专用的绘图软件驱动绘图仪绘制，也可采用对角线法绘制。

坐标格网绘好后，必须进行以下几项检查：图廓对角线长度与其理论值之差应小于 0.3mm；各小方格的顶点是否在同一条直线上，其偏离值应小于 0.2mm；格网边长与其理

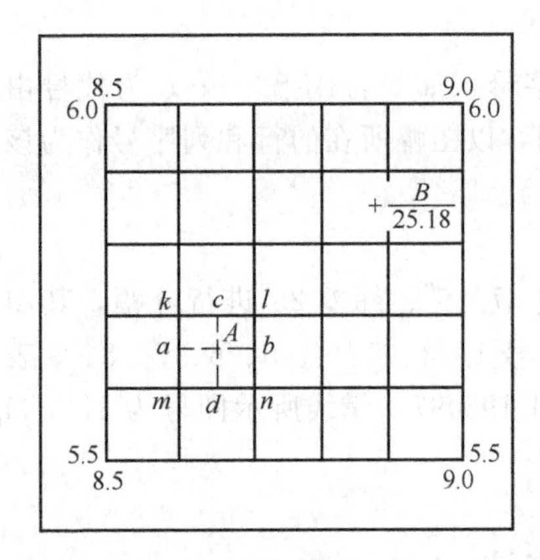

图 8-17 展绘控制点

论值之差应小于 0.2mm。若发现超限，必须重新绘制。

3. 展绘控制点

按坐标展绘控制点，首先要确定控制点所在的方格。如图 8-17 中所示，控制点 A 的坐标 $x_A=5674.16\text{m}$、$y_A=8662.72\text{m}$，根据 A 点的坐标知道它是在 $klnm$ 方格内，然后从 m 点和 n 点根据比例尺（本例为 1：1000）分别向上量取 74.16mm，得出 a、b 两点，再从 k、m 分别向右量取 62.72mm，得出 c、d 两点。ab 与 cd 的交点即为 A 点的位置。

同法将图幅内其余各点展绘在图纸上。最后，必须用比例尺在图上量取各控制点间的图上长度与坐标反算长度进行比较，其最大误差不得超过图上 0.3mm，否则应重新展绘。所有控制点检查无误后，注明其点号和高程，如图 8-17 中所示 B 点。

三、经纬仪测图

经纬仪测图是使用经纬仪与分度规（即量角器）配合进行测图。如图 8-18 所示。将经纬仪安置在测站点 A 上，并量取仪器高，选择另一个已知点 B 作为起始方向（或称零方向）。在测站点 A 附近适当位置安置图板，并将分度规的中心圆孔固定在图板上的 a 点。然后用经纬仪照准碎部点 P 上的标尺，读取碎部点方向与起始方向间的水平角 β、视距 kl 和竖直角 α，计算出测站点至碎部点的水平距离 D 和碎部点的高程 H。转动分度规，使分度规上等于 β 角值的分划对准图上 ab 方向线，定出 ap 方向；在分度规直径边（ap 方向）上依比例尺量取距离 D，即可定出 P 点在图上的位置，并在点旁注记碎部点P 的高程。同法直至将测站周围所要测的碎部点全部测完为止。

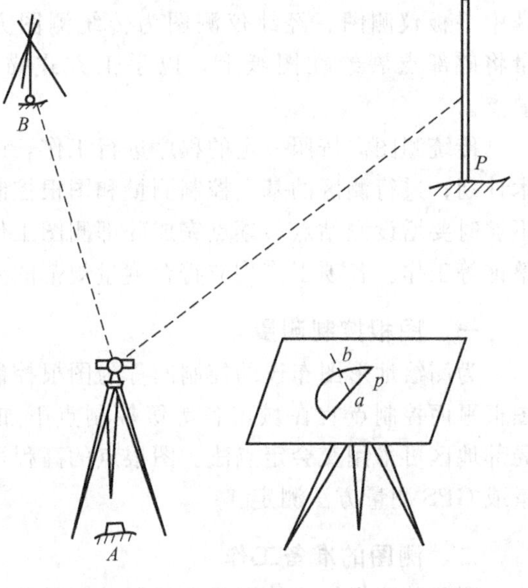

图 8-18 经纬仪测图

将光电测距仪与经纬仪结合使用，可使施测碎部点的距离大为增长，但若仍用分度规按极坐标法展点，则会影响测图精度。解决的办法是采用直角坐标法展点。在经纬仪照准已知点 B 定向时，将水平度盘读数配置为 AB 方向的坐标方位角 α_{AB}。这样，在经纬仪照准碎部点 P 时的水平度盘读数就是测站点至碎部点的坐标方位角。根据坐标正算公式式(7-3)计算 P 点坐标，然后在图板上直接按坐标 x_P、y_P 展绘，即得 P 点在图上的位置。

第四节 地物测绘

一、地物测绘的一般原则

地物是地球表面上自然的和人造的各种固定性物体。地物可分为以下几种类型，见表 8-6。

表 8-6　地物分类

地物类型	地物类型举例
测量控制点	卫星定位等级点、三角点、导线点、水准点等各种测量控制点
水系	江河、运河、沟渠、湖泊、池塘、井、泉、堤坝、闸、沼泽等及其附属设施
居民地及设施	城市、集镇、村庄、房屋、窑洞、蒙古包以及居民地的附属设施
交通	铁路、公路、乡村路、大车路、小路、桥梁、涵洞以及其他道路附属设施
管线	输电线路、通信线路、地面与地下管道等及其附属设施
境界	国界、省界、县界、村界等
植被与土质	森林、竹林、果园、茶园、菜园、稻田、草地、沙砾地、石块地等

在地形图上表示地物的原则是：凡能按比例尺表示的地物，则将它们的水平投影位置的几何形状依照比例尺描绘在地形图上，如房屋、双线河等，或将其边界位置按比例尺表示在图上，边界内绘上相应的符号，如果园、森林、耕地等；不能按比例尺表示的地物，在地形图上是用相应的地物符号表示在地物的中心位置上，如水塔、烟囱、纪念碑等；凡是长度能按比例尺表示，而宽度不能按比例尺表示的地物，则其长度按比例尺表示，宽度以相应符号表示。

地物测绘必须根据规定的比例尺，按规范和图式的要求，进行综合取舍，将各种地物表示在地形图上。

地物测绘主要是测定地物的形状特征点，例如地物轮廓的转角点、交叉点、曲线上的弯曲变化点、独立地物的中心点等。测绘地物时，应合理选择地物特征点，连接这些特征点就可得到与实地相似的地物形状。

二、地物符号

地物的类别、形状、大小及其在图上的位置，是用地物符号表示的。根据地物的大小及描绘方法不同，地物符号分为依比例尺符号、半依比例尺符号、不依比例尺符号及地物注记。

1. 依比例尺符号

凡依比例尺能将地物轮廓缩绘在图上的符号称为依比例尺符号，如房屋、江河、湖泊、森林、果园等。这些符号与地面上实际地物的形状相似，可以在图上量测地物的面积。

当用依比例尺符号仅能表示地物的形状和大小，而不能表示出其类别时，应在轮廓内加绘相应符号，以表明其地物类别。

2. 半依比例尺符号

凡长度可依比例尺缩绘，而宽度不能依比例尺缩绘的地物符号，称为半依比例尺符号，如围墙、栅栏、通信线以及管道等。这种符号可以在图上量测地物的长度，但不能量测其宽度。

3. 不依比例尺符号

当地物的轮廓很小，以至不能依测图比例尺缩小，但因其重要性又必须表示时，可不管其实际尺寸，均用规定的符号表示。这类地物符号称为不依比例尺符号，如测量控制点、独立树、里程碑、钻孔、烟囱等。这种地物符号和有些依比例尺符号，随着比例尺的不同是可以相互转化的。

不依比例尺符号不表示地物的形状和大小，符号的定位点和定位线依下列规则确定。

① 符号图形中有一个点的，该点为地物的实地中心位置［图 8-19(a)］。

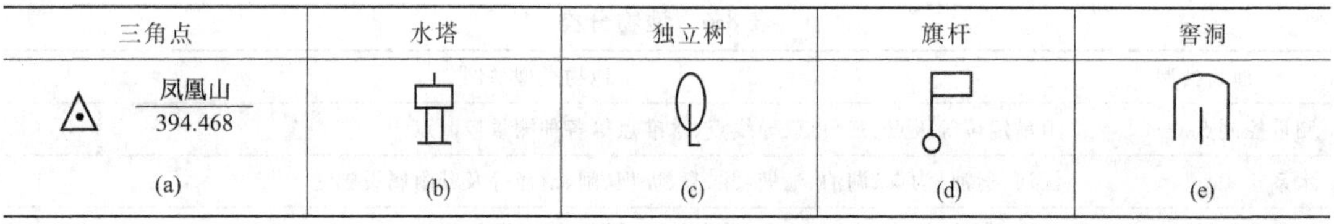

三角点	水塔	独立树	旗杆	窨洞
凤凰山 394.468 (a)	(b)	(c)	(d)	(e)

图 8-19 不依比例尺符号示例

② 圆形、正方形、长方形等符号，定位点在其几何图形中心。

③ 宽底符号（如水塔、烟囱、蒙古包等）的定位点在其底线中心［图 8-19(b)］。

④ 底部为直角的符号（如独立树、风车、路标等），定位点在其底部直角的顶点［图 8-19(c)］。

⑤ 几种几何图形组成的符号（如敖包、旗杆、气象站等），定位点在其下方图形的中心点或交叉点［图 8-19(d)］。

⑥ 下方没有底线的符号（如窑、亭、山洞等），定位点在其下方两端点连线的中心点［图 8-19(e)］。

⑦ 不依比例尺表示的其他符号（如桥梁、水闸、拦水坝、岩溶漏斗等），定位点在其符号的中心点。

⑧ 线状符号（如道路、河流等）定位线在其符号的中轴线。

4. 地物注记

用文字、数字等对地物的性质、名称、种类或数量等在图上加以说明，称为地物注记。地物注记可分为如下三类。

(1) 地理名称注记　如居民点、山脉、河流、湖泊、水库、铁路、公路和行政区的名称等均需用各种不同大小、不同的字体进行注记说明。

(2) 说明文字注记　在地形图上为了表示地物的属性或某种重要特征，可用文字说明进行注记。如咸水井除用水井符号表示外，还应加注“咸”字说明其水质；石油井、天然气井等其符号相同，必须在符号旁加注“油”、“气”以示区别。

(3) 数字注记　在地形图上为了补充说明被描绘地物的数量和特征，可用数字进行注记。如三角点的注记，其分子是点名或点号，其分母的数字表示三角点的高程。

在地形图上对于某个具体地物的表示，是采用依比例尺符号还是不依比例尺符号，主要由测图比例尺和地物的大小而定，在《地形图图式》中有明确规定。一般而言，测图比例尺越大，用依比例尺符号描绘的地物就越多；相反，比例尺越小，用不依比例尺符号表示的地物就越多。随着比例尺的增大，说明文字注记和数字注记的数量也相应增加。

第五节　等高线和地貌测绘

在地形图上，表示地貌的方法很多，目前常用的是等高线法。等高线能够真实反映地貌形态和地面高低起伏，且可量测地面点的高程、地表面积、地面坡度和山体体积。对于等高线不能表示或不能单独表示的地貌，通常配以地貌符号和地貌注记来表示。

一、等高线及其特性

1. 等高线

等高线是地面上高程相等的相邻点连成的闭合曲线。等高线表示地貌的原理，如图8-20

所示，设想用一组等间距的水平面去截某一高地，在各平面上得到相应的截线，将这些截线沿铅垂线方向投影到同一个水平面上，且按比例缩小描绘到图纸上，即得到表示此高地的等高线图。由此可见，等高线为一组高度不同的空间平面曲线，地形图上表示的仅是它们在投影面上的投影，在没有特别指明时，通常简称地形图上的等高线为等高线。

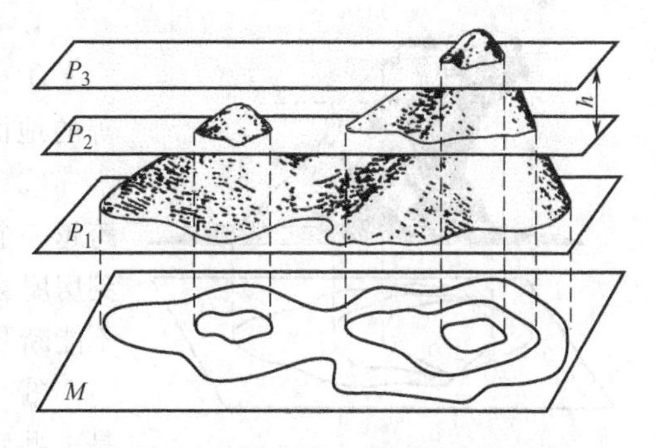

图 8-20　等高线表示地貌的原理

2. 等高距及示坡线

地形图上相邻两高程不同的等高线之间的高差，称为等高距。等高距越小则图上等高线越密，地貌显示就越详细、确切。等高距越大则图上等高线越稀，地貌显示就越粗略。但是，如果等高距很小，等高线非常密，不仅影响地形图图面的清晰，而且使用也不便，同时使测绘工作量大大增加。因此，必须根据地形高低起伏程度、测图比例尺的大小和使用地形图的目的等因素来选择基本等高距。

地形图上相邻等高线间的水平间距称为等高线平距。由于同一张地形图上的等高距相同，故等高线平距的大小反映了地面坡度的陡缓。

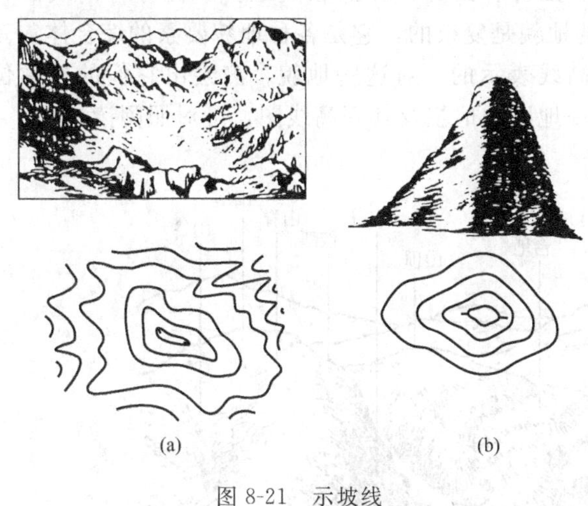

图 8-21　示坡线

图 8-21(a) 表示盆地地貌的等高线，图 8-21(b) 表示山头地貌的等高线。它们都是一组闭合曲线，它们之间的区别在于山头地貌的等高线是里圈高程大，盆地地貌的等高线是里圈高程小。为了便于区别这两种地貌，可在某些等高线的斜坡下降方向加绘一短线，即用示坡线来表示坡向。示坡线是指示斜坡向下的方向线，它与等高线垂直。示坡线一般应选择在谷地、山头及斜坡方向不易判读的地方和凹地的最高、最低一条等高线上绘出，能明显地表示出坡度方向即可。

3. 等高线的分类

为了更好地显示地貌特征，便于识图用图，地形图上主要采用以下三种等高线（图8-22）。

（1）首曲线　按规定的等高距（称为基本等高距）测绘的等高线称为首曲线，亦称基本等高线。在地形图上用 0.15mm 细实线描绘。

（2）计曲线　从 0m 首曲线起，每隔四条首曲线加粗描绘的一根等高线，称为计曲线，亦称加粗等高线。在地形图上用 0.3mm 粗实线描绘并注记其高程，其目的是为了计算高程方便。

（3）间曲线　当用首曲线不能显示局部地貌特征时，可按 1/2 基本等高距内插描绘等高线，称为间曲线，又称半距等高线。在地形图上用长虚线表示。间曲线可不闭合而绘至坡度变化均匀处为止，但一般应对称。

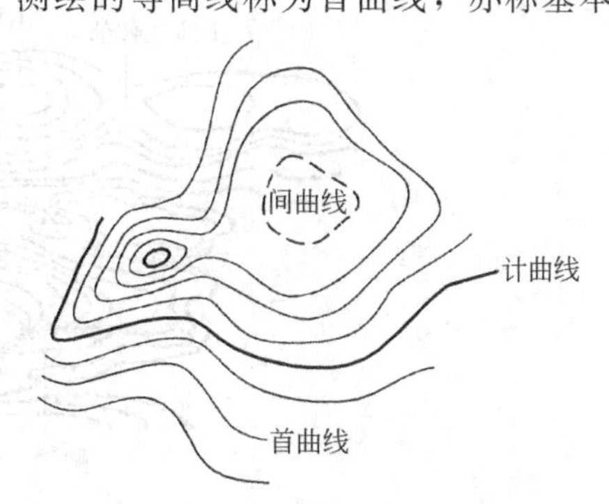

图 8-22　等高线分类

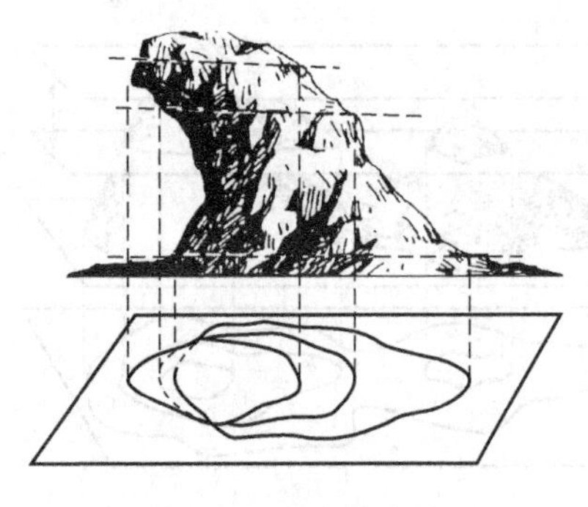

图 8-23 悬崖等高线

4. 等高线的特性

① 在同一条等高线上各点的高程都相等，但高程相等的地面点不一定在同一条等高线上。

② 等高线是闭合曲线。若不在同一图幅内闭合，也会跨越一个或多个图幅闭合。为使图面清晰易读，等高线除遇到房屋、公路等地物符号及其注记时需要断开外，其他地方不能断开。只有间曲线可在不需要表示的地方中断。

③ 地形图上不同高程的等高线不能相交或重合，但是一些特殊地貌，如陡壁、陡坎在地形图上的等高线就会重叠在一起。这些地貌必须加绘相应地貌符号表示。悬崖的等高线可能相交，且交点成双，如图 8-23 所示。

④ 等高线与山脊线和山谷线正交。山脊等高线应凸向低处，山谷等高线应凸向高处。

⑤ 等高线平距的大小与地面坡度大小成反比。地面坡度越小，等高线的平距越大，等高线越疏；反之，地面坡度越大，等高线的平距越小，等高线越密。

二、等高线表示地貌

地貌的基本形状可归纳为五种：山顶、山脊、山谷、鞍部和盆地。掌握好等高线的特性，才能较逼真地表示地貌的形状。实地的地貌是复杂的，它是各种地貌要素的综合体。有些地貌如雨裂、冲沟、陡壁等是不能用等高线表示的。对这些地貌，测绘出它们的轮廓位置，用图式规定的符号表示。图 8-24 是某一地区的地貌及其等高线图，可对照阅读。

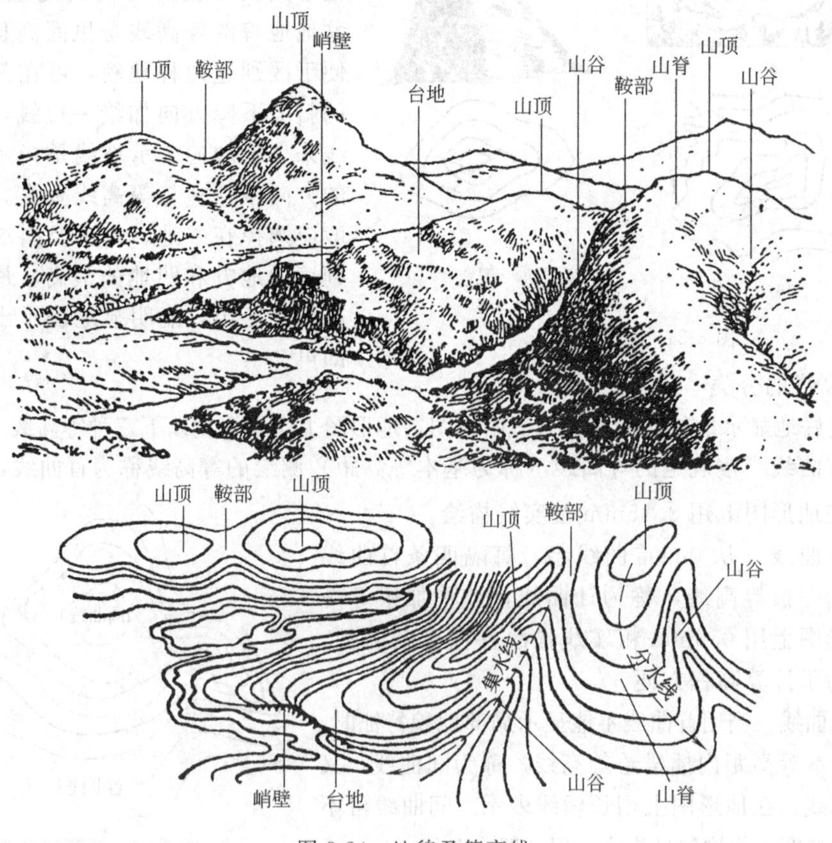

图 8-24 地貌及等高线

三、地貌测绘

地球表面的形态实际上都可看作是一个不规则的曲面。这些曲面是由一些不同方向、不同倾斜的平面组成。两相邻倾斜面相交的棱线，称为地貌特征线（地性线），如山脊线、山谷线即为地性线。各类地貌的坡度变换点称为地貌特征点，如山顶点、鞍部点、谷口点、山脚点、山脊线和山谷线上的坡度变换点等，都是地貌特征点。

1. 连接地性线

传统测图中以手工方式勾绘等高线。测定地貌特征点后，必须先连山脊线和山谷线等地性线。通常以实线连成山脊线，以虚线连成山谷线。地性线应随着碎部点的陆续测定而随时连接，以免连错点。

2. 内插等高线通过点

在同一坡度的两相邻地貌特征点间按高差与平距成正比关系，用目估法内插出等高线通过点的位置，如图 8-25 所示。

3. 勾绘等高线

根据等高线的特性，把高程相等的相邻点依次用光滑曲线连接起来，即为等高线，如图 8-26 所示。勾绘时，应边求等高线通过点边勾绘等高线，并要注意对照实地情况来描绘等高线，这样才能逼真地显示出地貌的形态。

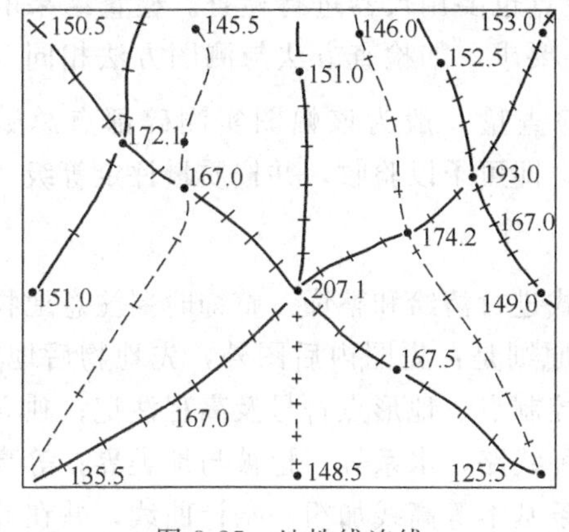

图 8-25　地性线连线

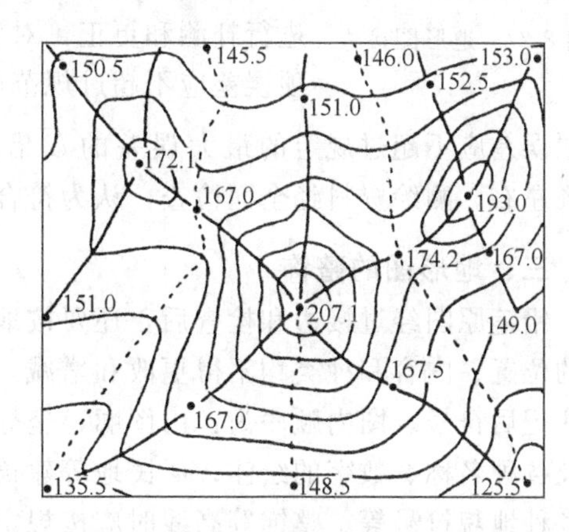

图 8-26　等高线勾绘

第六节　地形图的拼接、检查和整饰

一、地形图的拼接

地形图是分幅测绘的，由于测量误差和绘图误差的影响，在相邻图幅的接边处，地物轮廓线和等高线往往不能吻合。为了保证相邻图幅的互相拼接，每幅图的四边，均需测出图廓外 5mm。对地物应测至转折点，对电力线等直线形地物应测出其延伸方向。

图 8-27 所示为两相邻图幅的接边情况。若地物、等高线的相对位移不超过规范规定的平面、高程中误差的 $2\sqrt{2}$倍时，可取地物和等高线的平均位置加以改正。改正后的地物地貌，应保持它们的相互位置和走向的正确性。对于超限的部分，应到实地检查纠正。

现在一般采用聚酯薄膜进行测图，图幅接边时可利用其自身的透明性让相邻两图幅的相应邻边叠合在一起，如在允许误差范围内，则在其中一幅改正其地物、地貌的位置，另一幅可根据改正后的图边进行改正。四个图角的拼接也按上述方法重复进行。

二、地形图的检查

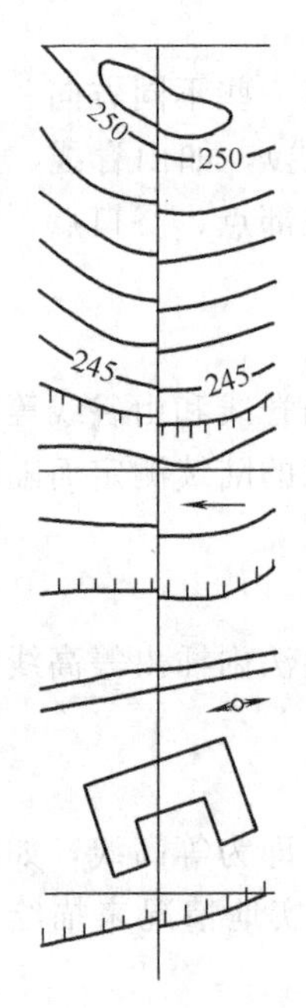

图 8-27 地形图接边

为了保证地形图的质量，在施测过程中要加强自检，经常检查自己的操作程序和作业方法。测图结束后，要对地形图进行全面的检查。检查方法分室内检查、室外巡视检查和设站检查。

1. 室内检查

室内检查的内容有：观测和计算手簿的记载是否齐全、清楚和正确；各项误差是否符合限差规定；格网及控制点展绘是否合乎要求；图上地形控制点及埋石点数量是否满足测图要求；图面地形点数量及分布能否保证勾绘等高线的需要；等高线与地形点高程是否适应；综合取舍是否合理；符号应用是否合乎要求；图边是否接合等。

2. 室外巡视检查

室外巡视检查应根据室内检查的情况确定巡视路线。检查时，将原图与实地对照，查看原图上的综合取舍情况、地貌的真实性、符号的运用、名称注记是否正确等。

3. 设站检查

在室内检查和室外巡视检查的基础上，将检查发现的错误和遗漏进行补测和更正，对发现的疑点也要用仪器进行检查。检查结果的各项误差应不超过规范所规定的要求。如检查方法与测图方法相同，则各项误差应不超过规定的最大误差的$\sqrt{2}$倍。仪器检查量一般为该幅图实测碎部点总数的10％左右。测绘资料经全面检查，认为符合要求后，即可予以验收，并按质量评定等级。

三、地形图的整饰

铅笔原图经过接边和检查后，还要按地形图图式进行清绘和整饰。整饰时要注意地物地貌的位置、内容和种类均不得更改和增减。整饰的原则是：先图内后图外，先地物后地貌，先注记后符号。图内顺序为：内图廓、坐标格网、控制点、地形点符号及高程注记；独立物体及各种名称、数字的绘注；居民地等建筑物；各种线路、水系等；植被与地类界；等高线及各种地貌符号等。整饰等高线时应按规定每隔四条基本等高线加粗一条计曲线，并在计曲线上注记高程。等高线注记字头应指向山顶或高地，但应避免朝向图纸下方。图廓外整饰包括外图廓线、坐标网、经纬度、图幅名称及图号等，如图 8-5 所示。图上线条粗细、采用字体、注记大小等均应依照《地形图图式》的规定绘制。

应用地图数字化技术可以不用原图着墨而直接采用数字化仪或扫描仪数字化方法，对铅笔清绘原图进行数字化，由计算机综合处理，利用绘图软件，通过绘图仪绘制地形图。这种方法不仅提高了作业效率，而且也适应了生成数字地形图的需要。

第七节 地面数字测图

一、概述

地面数字测图是利用电子全站仪、GPS 接收机或其他测量仪器在野外进行数字化地形数据采集，在成图软件的支持下，通过计算机加工处理，获得数字地形图的方法。地面数字测图的成果是可供计算机处理、远距离传输、多方共享的以数字形式储存在计算机存储介质上的数字地形图；或通过数控绘图仪输出的以图纸为载体的地形图。

大比例尺地面数字测图是20世纪70年代随着电子全站仪问世而发展起来的。全站仪数字测图的发展过程大体上可分为两阶段。

第一阶段主要利用全站仪采集数据，电子手簿记录，同时人工绘制标注测点点号的草图，到室内将测量数据直接由记录器传输到计算机，再由人工按草图编辑图形文件，并键入计算机自动成图，经人机交互编辑修改，最终生成数字地形图，由绘图仪绘制地形图。

第二阶段仍采用野外测记模式，但成图软件有实质性的进展。一是开发了智能化的外业数据采集软件；二是计算机成图软件能直接对接收的地形信息数据进行处理。

20世纪90年代出现的载波相位差分技术，又称RTK（Real Time Kinematic）实时动态定位技术，能够实时提供测点在指定坐标系的三维坐标成果，GPS RTK测图模式根据布设在测区内的基准站进行碎部点测量，因而可不必进行图根控制测量。由于可以用多个流动站同时进行碎部点测量，工作效率成倍提高。GPS RTK测量不要求点之间通视，在15km测程内可达到厘米级的测量精度。

目前，全站仪数字测图方法在国内得到广泛应用。GPS数字测图系统已有许多实际应用。数字测图使地形图测绘实现了数字化、自动化，改变了传统的手工作业模式，其实质是一种全解析机助测图方法。与传统的图解法测图相比，具有自动化程度高、精度高、不受图幅限制、便于使用管理等特点。地面数字测图已成为获取大比例尺数字地形图、各类地理信息系统以及为保持其现势性所进行的空间数据更新的主要方法。下面介绍全站仪数字测图和GPS RTK测图。

二、全站仪数据采集的作业模式

全站仪进行外业数据采集的作业模式主要有以下三种。

1. 全站仪加电子手簿测图

在测站上用通信电缆将全站仪和电子手簿连接，把测得或处理的数据（方向、竖直角和距离或坐标和高程）通过电缆直接传输到电子手簿。观测碎部点时，需绘制工作草图，在草图上记录地形要素名称、碎部点连接关系。然后，在室内将数据传输到计算机，由数字测图软件将碎部点显示在计算机屏幕上。根据工作草图，采用人机交互方式连接碎部点，输入图形信息码和生成图形。其特点是野外测记，室内成图。

2. 全站仪加笔记本电脑测图

该模式是用安装有数字测图软件的笔记本电脑或掌上电脑作为电子平板，通过电缆与全站仪进行数据通信、记录数据。可以在测站上采用人机交互方式，对照实际地形输入图形信息码和生成图形。其特点是野外测绘，实时显示，现场编辑成图。

3. 直接利用全站仪内存测图

该模式使用全站仪内存（或存储卡），将野外测得的数据按一定的编码方式直接记录于全站仪内存。对于较复杂的地形还需绘制草图，供室内成图时参考。其特点是观测数据直接存储，操作过程简单，无需携带其他电子设备。

三、全站仪数字测图作业过程

地面数字测图的工作内容包括野外数据采集与编码、数据处理与图形文件生成、地形图与测量成果报表输出。测绘1∶500、1∶1000、1∶2000数字地形图应遵守国家标准GB/T 14912—2005《1∶500　1∶1000　1∶2000外业数字测图技术规程》中的各项规定。

1. 野外数据采集与编码

野外数据采集采用全站仪进行观测，并自动记录观测数据或经计算后的碎部点坐标。每个碎部点记录通常有点号、观测值或坐标、符号码以及点之间的连线关系码。这些信息码用规定的数字代码表示。由于在地面数字测图中计算机是通过识别碎部点的信息码来自动绘制地形图符号的，因此输入碎部点的信息码极为重要。

2. 数据处理与图形文件生成

数据处理包括数据预处理、地物点的图形处理和地貌点的等高线处理。数据预处理是对原始记录数据作检查，删除已废弃的记录和图形生成无关的记录，补充碎部点的坐标计算和修改含有错误的信息码并生成点文件。图形文件生成即根据点文件，将与地物有关的点记录按图幅生成地物图形文件，与等高线有关的点记录按图幅生成等高线图形文件。

3. 地形图与测量成果报表输出

图形文件生成后，可进行人机交互方式下的地形图编辑。主要包括删除错误的图形和无需表示的图形，修正不合理的符号表示，增添植被、土质等配置符号、进行地形图注记并生成图廓，最终生成数字地形图的图形文件。在完成编辑后，可将数字地形图存储在计算机内或其他介质上，或者由计算机控制绘图仪绘制地形图。

四、图形信息编码

输入图形信息码是数字测图数据采集的一项重要工作。如果只有碎部点的坐标和高程，计算机处理时就无法识别碎部点是哪一种地形要素，也无法确定碎部点之间的连接关系。因此要将测量的碎部点生成数字地图，就必须给碎部点记录输入图形信息码。

1. 数据记录内容和格式

大比例尺数字测图野外采集的数据包括以下几类。

一般数据：如测区代号、施测日期、小组编号等。

仪器数据：如仪器类型、仪器误差、测距仪加常数、测距仪乘常数等。

测站数据：如测站点号、零方向点号、仪器高、零方向读数等。

方向观测数据：如方向点号、目标的觇标高、方向、天顶距和斜距的观测值等。

碎部点观测数据：如点号、连接点号、连接线型、地形要素分类码，方向、天顶距和斜距的观测值，以及觇标高（或者是计算的 x 坐标、y 坐标和高程）等。

控制点数据：如点号、类别、x 坐标、y 坐标和高程等。

为区分各种数据的记录内容，在每条记录的开头用不同的记录类别码来表示。要规定各种数据的字长，根据数据的字长和数据之间的关系，确定一条记录的长度。每条记录具有相同的长度和相同的数据段，按记录类别码可以确定一条记录中各数据段的内容。不用的数据段可以用零填充。

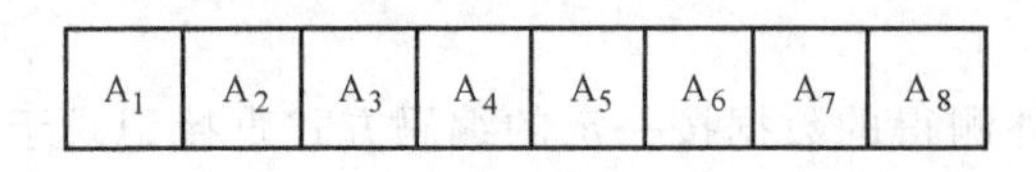

图 8-28 数据记录格式

图 8-28 所示是一种数据记录格式，分为 8 个数据段。A_1 表示记录类别，后面的记录按记录类别表示相应的内容。例如一条碎部点记录，A_2 表示点号，A_3 表示连接点号，A_4 表示线型和线序，A_5 表示地形要素代码，A_6、A_7、A_8 分别表示碎部点的 x 坐标、y 坐标和高程。

2. 地形图要素分类和代码

按照国家标准 GB 14804—93《1∶500 1∶1000 1∶2000 地形图要素分类与代码》，地形图要素分为 9 个大类：测量控制点、居民地和垣栅、工矿建（构）筑物及其他设施、交通及附属设施、管线及附属设施、水系及附属设施、境界、地貌和土质、植被。地形图要素代码由 4 位数字码组成，从左到右为大类码、小类码、一级代码、二级代码，分别用 1 位十进制数字表示。例如一般房屋代码为 2110，简单房屋为 2120，围墙代码为 2430，高速公路为 4310，等级公路为 4320，等外公路为 4330 等。

3. 连接线代码

除独立地物外，线状地物和面状地物是由两个或更多的点连接而成。对于同一地物，连接线的形状也可以不同，例如房屋的轮廓线多数为直线段的连线，也有圆弧段的。因此，在点与点连接时，需要有连接线的编码。连接线分为直线、圆弧、曲线，分别以 1、2、3 表示，称为连接线型码。为了使一个地物上的点由点记录按顺序自动连接起来，形成一个图块，需要给出连线的顺序码，例如用 0 表示开始，1 表示中间，2 表示结束。

五、GPS RTK 测图

GPS RTK 定位技术用于地形测量时，基准站实时地将测量的载波相位观测值、伪距观测值、基准站坐标等用无线电传送给运动中的流动站，流动站通过无线电接收基准站所发射的信息，将载波相位观测值实时进行差分处理，得到基准站和流动站基线向量（ΔX，ΔY，ΔZ）；基线向量加上基准站坐标得到流动站的 WGS-84 坐标，通过坐标转换参数可求得流动站的平面坐标（x、y）和海拔高程 h。

GPS RTK 定位系统由一个基准站、至少一个流动站构成。基准站配备有 GPS 接收机、发射电台和控制器（可与流动站共用）；外业时可以使用多个流动站同时作业，每个流动站应配有 GPS 接收机、接收信号的电台和控制器。

图 8-29 所示为一体化 Trimble 5800 GPS 接收机，接收机外壳内集成了双频接收机、天线、甚高频无线电台和电源。ACU（Attachable Control Unit）控制器与接收机之间可进行无线通讯，开机后通过 ACU 控制器进行测量操作。Trimble 5800 GPS 接收机既可作流动站，也可作基准站使用。

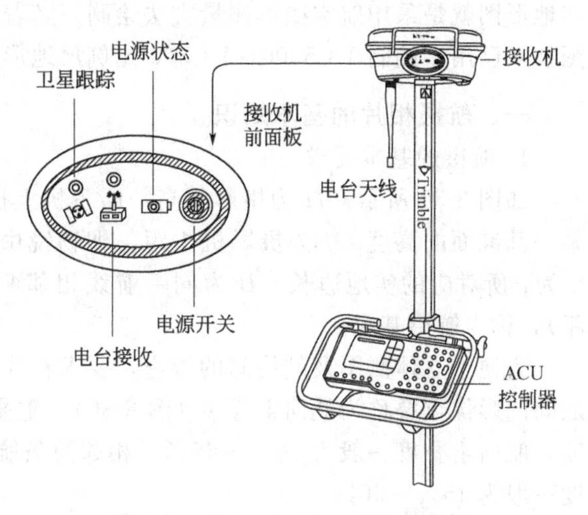

图 8-29　Trimble 5800 GPS 接收机

在 GPS RTK 测量工作中，电台用于传输数据，GPS 接收机用于观测和计算数据，它们的功能、工作方式、参数等是通过控制器来指挥、设置和记录数据的。所以，GPS RTK 测量操作主要集中在控制器上。控制器内置软件系统主要操作内容有：建立新工作项目、对工作项目进行配置、设置 RTK 基准站、设置 RTK 流动站、地形点测量、查询测量数据等。

基准站的设置包括：建立工作项目的名称、选择单位，选择坐标系统，输入坐标转换参数，选择 GPS 工作方式为 GPS RTK 作业方式，输入基准站点名、平面坐标和高程及 GPS 天线高度。完成设置后，可以启动 GPS RTK 基准站开始测量并通过电台发送数据。

流动站的设置基本上与基准站相同，但应输入测区中有关控制点的坐标，以供求解坐标转换参数或作为地形测量中的检查点使用。设置完成后，可以启动 GPS RTK 流动站，开始进行实时载波相位差分定位。

使用 RTK 流动站进行地形点的测量有以下两种方式。

1. 连续采集地形点

一般用于测量等高线或连续曲线点（如湖泊、水库、围墙等的边线）。测量时设置碎部点的精度限差要求；设置碎部点按时间间隔或距离间隔测量的间隔时间或间隔距离；输入起点点号、图形属性后开始测量。等到观测精度满足精度限差时，控制器按时间间隔或距离间隔记录坐标数据和碎部点图形属性。

2. 独立点测量

一般用于图形属性不同、精度要求不同、无法连续测量的碎部点。测量时，设置碎部点的精度限差要求、观测时间、记录测量坐标的次数（用于计算坐标平均值），然后开始测量。等到测量次数达到时，将坐标的均值、精度及图形属性记录在控制器中。

GPS RTK 测量完碎部点后，将观测的点位坐标、属性数据输入到计算机中，由数字成图软件依据各个点的坐标、图形属性及代码，绘制成地形图。

第八节 航空摄影测量成图简介

航空摄影是在飞机上安装航空摄影仪，从空中一定的高度对测区地面进行垂直摄影，获取适合航测制图要求的航摄相片或数字影像。航空摄影测量是利用航摄相片或数字影像测绘地形图的一种方法。与白纸测图相比，它不仅可将大量外业测量工作转到室内进行，减少了天气、地形对测图的不利影响，提高了工作效率，并使测绘工作逐步向自动化、数字化方向发展。航测成图已成为测绘地形图的重要方法。我国（1∶10 万）～(1∶1 万）比例尺国家基本地形图就是采用航空摄影测量方法绘制。随着航测成图技术的迅速发展，大比例尺航测成图技术已用于测制 1∶5000～1∶500 比例尺地形图。

一、航摄相片的基本知识

1. 航摄的基本要求

如图 8-30 所示，H 为摄影航高，即飞机上摄影机物镜中心 S（也称摄影中心）相对于某一基准面的高度。f 为摄影机主距，即物镜中心 S 至相片的距离。l 为相片的像幅边长，L 为 l 所对应的实地边长。B 为同一航线相邻两张相片的空间距离（或相邻两次曝光的间距），称为航摄基线。

为便于立体测图及航线间的接边，要求相片间有一定的重叠。同一条航线内两相邻相片之间的影像重叠称为航向重叠 p（图 8-30）。重叠部分占单张相片像幅长的百分比称为重叠度，航向重叠度一般为 60％～65％。相邻两条航线上的相片重叠称为旁向重叠 q，旁向重叠度一般为 15％～30％。

航摄相片的像幅有 18cm×18cm 和 23cm×23cm 两种，现代摄影机多用后者。摄影机主

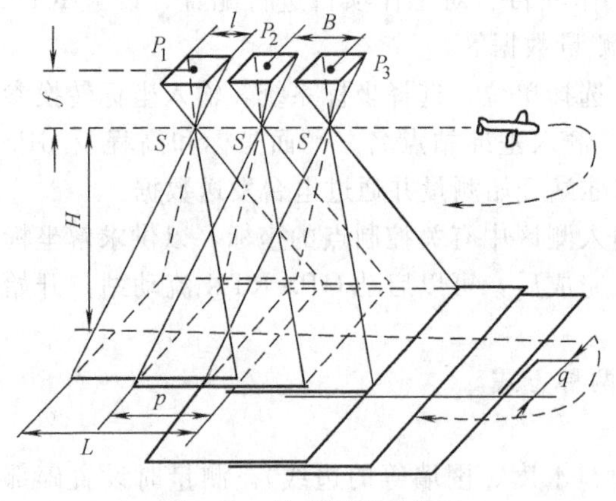

图 8-30 航空摄影示意图

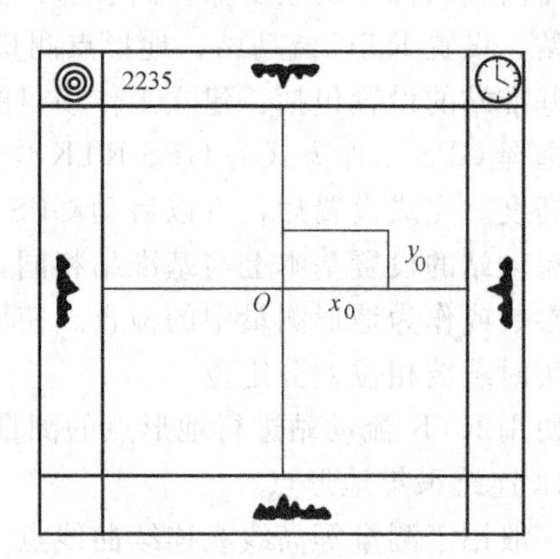

图 8-31 航摄相片框标

光轴与相片的交点称像主点，用字母 O 来表示。相片四边中点处各有一个框标（图 8-31），两两相对框标的连线相互垂直，其交点为平面坐标系的原点，与航线方向相近的为 X 轴，从而在相片上构成框标直角坐标系，用于量测像点坐标（像点在相片上的位置）。在新型航空摄影机拍摄的相片上，框标位于四个角上，则以两对角框标连线夹角的平分线确定 X、Y 轴，交点为坐标原点。框标连线的交点应与像主点重合，若不重合，应测定出像主点在框标坐标系中的坐标（x_0，y_0）。

航空摄影测量要求相片上地物、地貌影像清晰可辨，框标影像齐全，黑度及反差符合要求。

航摄飞机飞行时应保持一定的高度和航线的直线性，保持航带间的平行性以及航向与旁向重叠度，同时应使摄影机定向准确。

2. 航摄相片的特性

(1) 航摄相片为中心投影　投影射线汇聚于一点（该点称为投影中心）的投影称为中心投影，航摄相片是地面景物在相片平面上的中心投影（图 8-32）。在中心投影的情况下，当相片有倾斜，地面有起伏时，导致了地面点在航摄相片上的构像相对于在理想情况下的构像产生了位置差异，这一差异称为像点位移（图 8-33）。由像点位移又导致了由相片上任一点引画的方向线，相对于地面上相应的水平方向线产生了方向上的偏差。

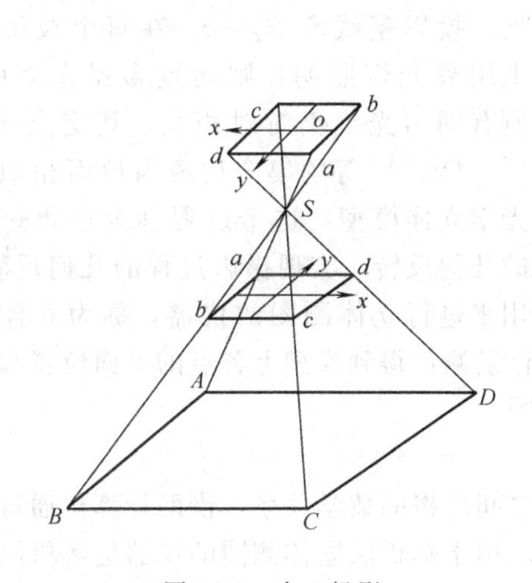

图 8-32　中心投影

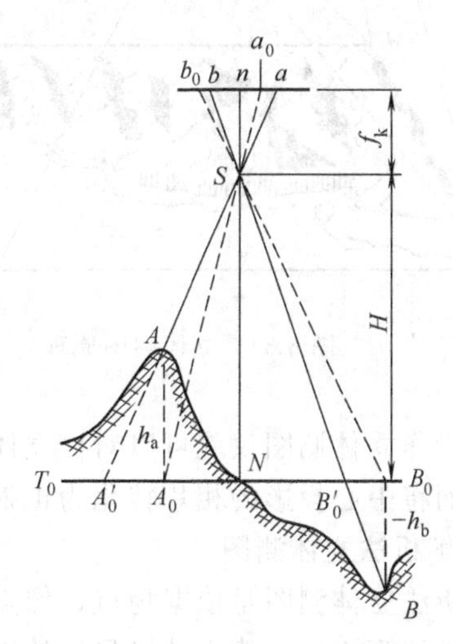

图 8-33　地形起伏引起像点位移

由于航摄时相片既有倾斜，地面又有起伏，因此航摄相片不能直接当作地图使用。摄影测量要解决的基本问题，就是将中心投影的相片转换为正射投影的地形图。

(2) 航摄相片比例尺　航摄相片上某一线段与地面相应线段的长度比称航摄相片比例尺，简称相片比例尺，它也等于摄影机主距 f 与航高 H 之比，如图 8-29 所示。

$$\frac{1}{m}=\frac{ab}{AB}=\frac{f}{H} \tag{8-2}$$

当地面水平且相片也水平时，相片上各点间的比例尺和地形图一样是处处一致的。对于地面起伏测区，即便相片水平也会使相片上的比例尺处处不一致（图 8-33），各部分比例尺随地面高程的变化而变化，可用下式表示。

$$\frac{1}{m}=\frac{f}{H-h} \tag{8-3}$$

二、航测成图方法简介

1. 模拟法立体测图

模拟法立体测图是以一个像对作为测图的基本单元，根据摄影过程几何反转原理，用光学或机械投影的方法，在室内重建和摄区地面相似的立体模型，量测此立体模型而成图的方法。

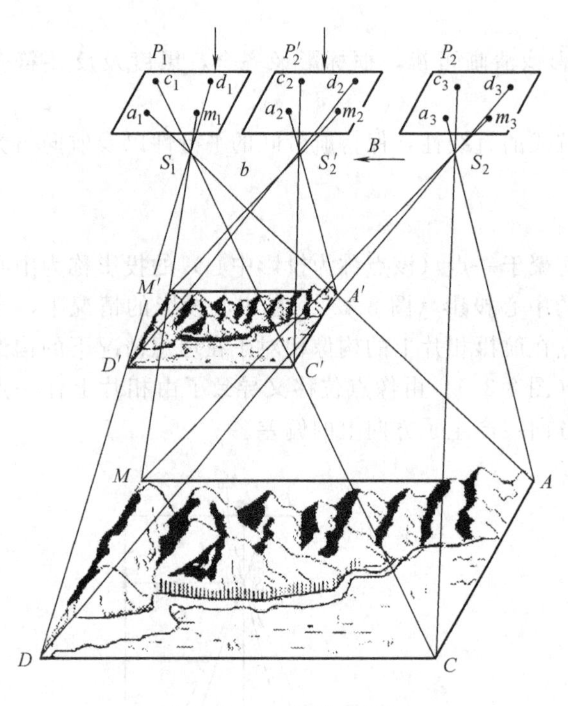

图 8-34　立体测图原理

同一航线上的两张相邻相片构成一个像对，其重叠部分的影像为同一地面景物分别在相邻相片上的构像。如图8-34所示，P_1、P_2 为一个像对，同一地面点在相邻相片上的构像点称为同名像点，如 a_1 和 a_3。称同一地面点向相邻相片的两摄影物镜投射的主光线为同名光线，如 AS_1a_1 和 AS_2a_3。根据摄影过程的可逆性，将底片 P_1 和 P_2 装回到与摄影机镜箱相同的两个投影器中，保持两投影器方位与摄影时方位相同，缩小两物镜间距离，右投影器从 S_2 平移到S_2'处，投影基线$S_1\ S_2'=b$。在每个投影器上用聚光灯照明，则两投影器光束中，所有同名光线仍对对相交，其交点 A'、C'、D'、M'等的集合构成与地面相似的光学立体模型，这个过程称为摄影过程的几何反转。实现摄影过程的几何反转，用来进行立体测图的仪器，称为立体测图仪。操作立体测图仪就可以对该立体模型直接进行量测，得到模型上各点的平面位置和高程，从而将中心投影的相片转化为正射投影的地形图。

2. 解析法立体测图

解析法立体测图是依据物点、像点和摄影中心之间严格的数学关系，借助计算机通过严格的数学解算方法，建立被摄目标的数字立体模型。用于解析法立体测图的仪器是解析测图仪，它是由一台精密立体坐标量测仪、电子计算机、数控绘图桌、相应接口设备及软件系统组成的测图系统，是实现测量成果数字化的仪器。在机助测图软件的控制下，将立体模型上测得的模型点坐标首先以数字形式存入计算机中，然后再传送到数控绘图仪上绘出图件。这种以数字形式存储在计算机中的地图，通过必要的格式转换，可进入测量数据库和地理信息系统。

全球卫星定位系统（GPS）应用于航空摄影测量，利用安装在航摄飞机上的GPS接收机，获取摄影曝光时刻摄站的高精度三维坐标，使摄影测量中的几何定位可以越来越少地依赖于（或完全取代）地面控制。

3. 数字化测图

解析摄影测量的进一步发展是数字摄影测量。数字摄影测量采用数字摄影影像或数字化影像，在计算机中进行各种数值、图形和影像处理，以研究目标的几何和物理特性，从而获得各种形式的数字化和目视化的产品。如数字地图、数字正射影像、数字高程模型

(DEM)、测量数据库、地理信息系统（GIS）以及地形图、剖面图、专题图、正射影像图等。

数字影像是直接用数字摄影机获得的；数字化影像是用各种数字化扫描仪对已得到的相片影像进行扫描获得的。利用数字影像，采用数字相关技术量测同名相点，通过解析计算建立数字立体模型，从而建立数字高程模型，自动绘制等高线、制作正射影像图以及为地理信息系统提供基础信息等。整个过程都是以数字形式在计算机中完成的，因而又称为全数字化摄影测量。

实现数字影像自动测图的系统称为数字摄影测量系统或数字摄影测量工作站，它实质上是一个计算机影像数据处理系统。不仅可以快速处理航空相片，也适合于处理各种传感器的遥感图像。系统包括影像数字化装置、影像输出装置、计算机和完成影像相关的各种测量任务的软件系统。如武汉大学研制的 VirtuoZo 数字摄影测量工作站，具有自动化程度高、处理效率高、应用面广、成本低的特点，可用于（1∶5 万）～(1∶500）等各种比例尺的数字测图，进行地理信息系统（GIS）数据采集等。目前，数字摄影测量系统正处于发展时期。

第九节　地籍图测绘

一、概述

土地是人类立足的场所、生存的条件和使人类劳动过程得以全部实现的基础。地籍是指国家为一定的目的，记载土地的位置、界址、数量、质量、权属和用途等基本状况的簿册。地籍管理是指国家为研究土地的权属、自然、经济状况和建立地籍图、册而实行的一系列工作措施体系。

地籍测量是服务于地籍管理的一种专业测量，它是为了满足地籍管理中对确定宗地的权属界线、位置、形状、数量等地籍要素的需要而进行的测量和面积计算工作。

地籍测量的主要内容包括地籍调查、地籍平面控制测量、土地界址点测定、地籍图测绘和土地面积计算等。进行地籍测量应符合《城镇地籍调查规程》（TD 1001—93)、《地籍测绘规范》（CH 5002—1994）和《地籍图图式》（CH 5003—1994）的规定。

地籍调查是土地管理的基础工作，内容包括土地权属调查、土地利用状况调查和界址调查。目的是调查清楚每一宗地（土地权属的基本单元）的位置、界线、权属（所有权和使用权)、面积、用途和等级及其地上附着物、建筑物等，并把调查结果编制成地籍簿册和地籍图。

地籍测量的重要成果之一是地籍图。地籍图是按照特定的投影方法、比例关系和专用符号表示地籍要素及与地籍有关的地物和地貌的一种专题地图。地籍图是明确宗地与宗地之间的关系、宏观管理土地的重要工具，同时它也是地籍档案的重要组成部分。因此，地籍图测绘在地籍测量乃至地籍管理中都起着至关重要的作用。

地籍图按表示的内容可分为基本地籍图和专题地籍图，按城乡地域可分为农村地籍图和城镇地籍图，按图的表达方式可分为模拟地籍图和数字地籍图，按用途可分为税收地籍图、产权地籍图和多用途地籍图，按图幅形式可分为分幅地籍图和农村居民地地籍图（岛图)。以下仅介绍城镇地籍图和宗地图的测制。

二、地籍图的比例尺、分幅与编号

地籍图比例尺的选择应满足地籍管理的需要，要考虑地区的经济繁华程度、土地价值及建筑物分布的密集程度。我国地籍图比例尺系列一般规定：城镇地籍图的比例尺可选用1∶500、1∶1000、1∶2000，其基本比例尺为1∶1000；农村地区地籍图的比例尺可选用1∶5000～1∶50000，其基本比例尺为1∶10000；农村居民地（宅基地）地籍图的比例尺可选用1∶1000或1∶2000。

地籍图的分幅与编号，与相应比例尺地形图的分幅与编号方法相同。城镇地籍图和农村居民地（宅基地）地籍图采用矩形或正方形分幅。农村地区地籍图多采用梯形分幅。每幅图均应采用图内最著名的地理名称或单位、学校名称作为图名，或沿用已有的图名。

三、地籍图的基本内容

地籍图首先要反映地籍要素以及与权属界线有密切关系的地物，其次是在图面荷载允许的条件下适当反映其他与土地管理和利用有关的内容。地籍图的内容包括地籍要素、地形要素和数学要素。

地籍要素主要包括各级行政境界线和土地权属界线、界址点及编号、地籍区（街道）号、地籍子区（街坊）号、宗地号或地块号、门牌号、房产情况、土地利用分类代码、土地等级、土地面积、土地权属主名称等。

地物要素主要包括：作为界标物的地物，如各类垣栅（围墙、篱笆等）、房屋边线、道路等；房屋及其附属设施，工矿企业露天构筑物、公共设施、广场、空地等，铁路、公路及其主要附属设施；河流、湖泊、水库及其主要附属设施，地形起伏变化较大地区应适当注记高程点，地理名称注记。

数学要素包括：图廓线、坐标格网线及坐标注记，埋石的各级测量控制点的点名或点号注记，图廓外测图比例尺的注记等。

图8-35为城镇地籍图示例。

四、地籍图的测制

地籍测量应遵循“先控制后细部”的原则进行，故在进行细部测量前，一般应先进行控制测量。

地籍平面控制网采用的坐标系统应与国家或城市的坐标系统相统一。平面控制网的布设等级和形式，可根据测区的大小和地形情况而定，有条件的应利用已有的国家或城市平面控制网加密建立。可采用GPS测量、导线等形式布设。

地籍图测绘的方法大致可分为：利用原有地形图按地籍勘丈数据编绘地籍图，或者是按地形图测绘的方法实测地籍图。

1. 利用原有地形图编绘地籍图

首先选用符合地籍测量精度要求的地形图或影像平面图作为编绘底图。编绘地籍图之前，必须利用宗地草图上的勘丈值全面检核原地形图的正确性，重点在于与界址点线有关的地物。通常对界址点采用全野外实测的方法。如果发现原地形图有与现状不相符之处，可利用勘丈数据对原地形图进行修改。修改后，根据地籍调查的结果和宗地勘丈数据按地籍的要求编绘地籍图。参照界标物，标明界址点和界址线，删除部分不需要的内容（如通讯线、棚屋等），加注街道号、街坊号、宗地号、土地分类号、宗地面积、门牌号及各种境界线等地籍要素，经整饰加工后制成地籍图。如地形图已数字化，则可直接在计算机上编绘数字地籍图。

2. 地面数字测图

与测绘地形图相同，可采用全站仪野外数字测图、GPS RTK测图方法测绘地籍图。也

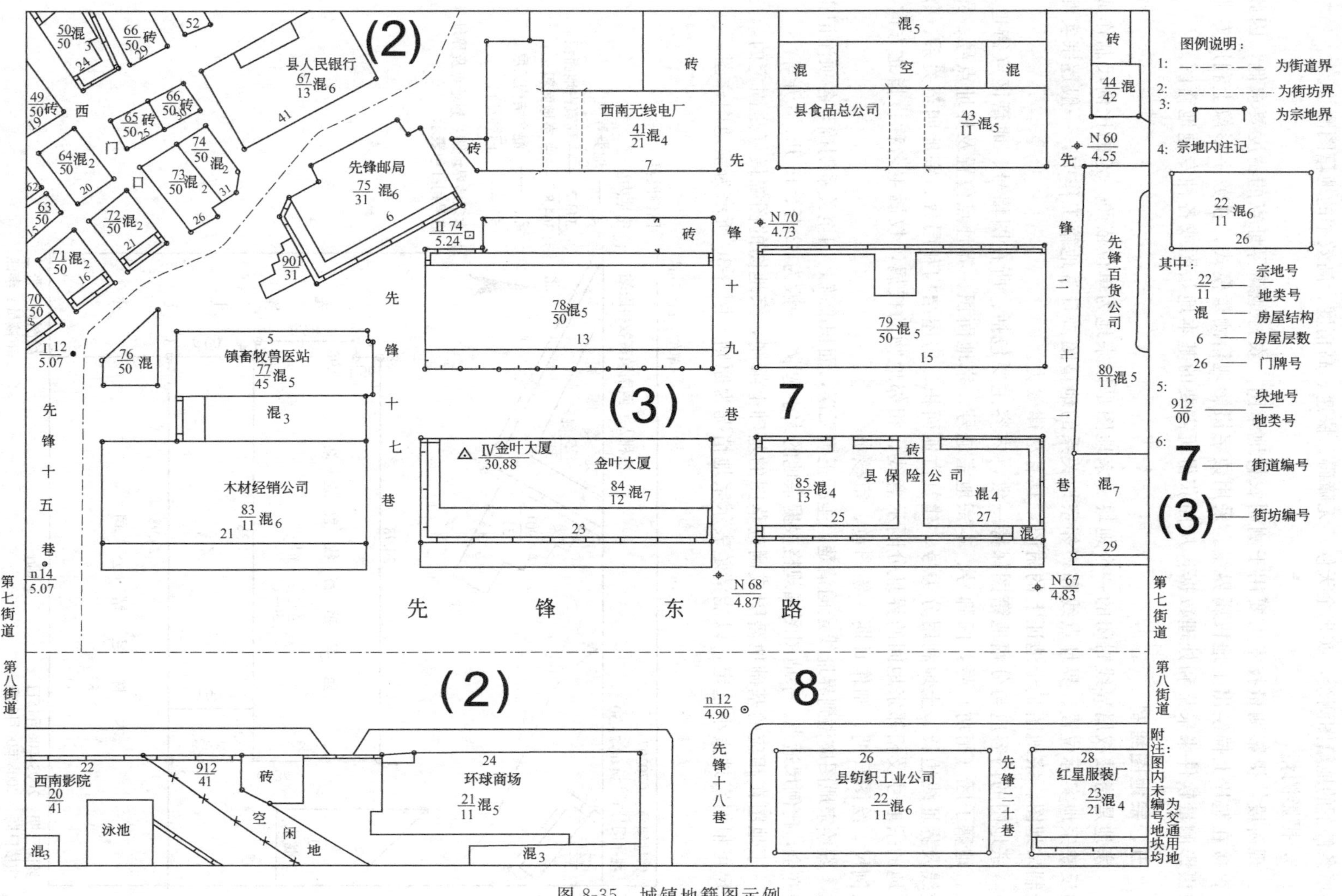

图 8-35　城镇地籍图示例

可以采用GPS RTK与全站仪联合测图方法，这种模式可发挥它们各自的优点，可适应任何地形环境条件下的地籍图测绘，实现全天候、无障碍、快速、高精度、高效率的地籍图测绘。

3. 摄影测量

现阶段，摄影测量技术主要用于测制农村地籍图。农村地籍界址点的精度要求低，因此可直接在航片上描绘出土地权属界线。采用数字摄影地籍测量模式，在数字影像上利用专业的摄影测量软件来采集和处理数据，从而获得所需要的基本地籍图或各种专题地籍图。

五、宗地图绘制

宗地是指被权属界线封闭的一个地块。宗地图是以宗地为单位依照一定的比例尺制作成的反映宗地实际位置、界址点线和相邻宗地关系的地籍图。日常地籍工作中，一般逐宗实测绘制宗地图。宗地图是土地证上的附图，具有法律效力。

宗地图的内容应与分幅地籍图保持一致，内容主要包括：所在图幅号、地籍区（街道）号、地籍子区（街坊）号，门牌号、本宗地宗地号、宗地面积、界址点位置及界址点号、界址线及界址线边长、土地利用分类号、建筑占地面积、房屋结构和层数、宗地四至关系、邻宗地的宗地号及相邻宗地间的界址分隔示意线、相邻地物的权属，权属主名称、指北方向、比例尺、绘图日期、制作日期、绘图员、审核员。

编绘宗地图应做到界址线走向清楚，坐标正确无误，面积准确，四至关系明确，各项注记正确齐全，比例尺适当。宗地图图幅规格根据宗地的大小选取，一般为32开、16开、8开等。

宗地图在相应的基础地籍图或调查草图的基础上编制，宗地图的图幅最好是固定的，比例尺可根据宗地大小选定，以能清楚表示宗地情况为原则。图8-36所示为宗地图样图。

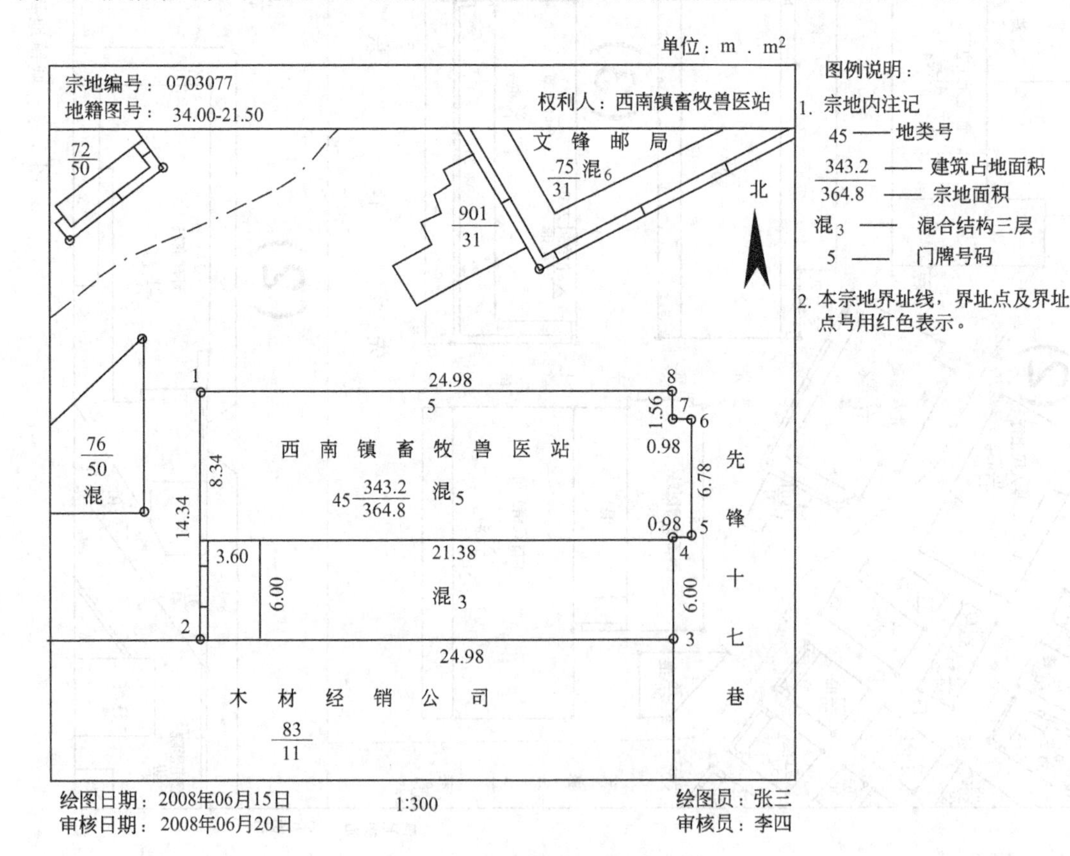

图8-36 宗地图样图

思考题与习题

8-1　何谓比例尺？何谓比例尺精度？了解比例尺精度对测图有何意义？

8-2　何谓梯形分幅？何谓矩形分幅？各有何特点？

8-3　试述经纬仪测图法在一个测站上测绘地形图的作业步骤。

8-4　何谓地物？在地形图上表示地物的原则是什么？

8-5　什么是地貌？什么是地性线和地貌特征点？

8-6　什么是等高线？等高线有何特性？

8-7　按图 8-37 中各碎部点的高程，内插勾绘等高距为 1m 的等高线。

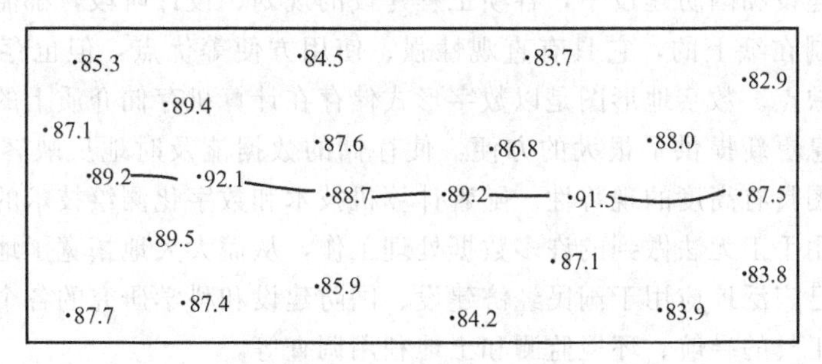

图 8-37　勾绘等高线练习

8-8　什么是数字测图？数字测图与常规测图相比具有哪些特点？

8-9　简述航摄相片与地形图的主要差别。

8-10　什么是地籍图？地籍图主要包括哪些内容？它与地形图有什么区别？

第九章 地形图的应用

第一节 概 述

在国民经济建设和国防建设中，各项工程建设的规划、设计阶段，都需要地形图。传统地形图通常是绘制在纸上的，它具有直观性强、使用方便等优点，但也存在易损、不便保存、难以更新等缺点。数字地形图是以数字形式储存在计算机存储介质上的地形图。地形图的数字表示为信息更新提供了很大的方便，使存储的数据能及时地反映客观世界的信息变化，使数字地形图具有高度的现势性。随着计算机技术和数字化测绘技术的迅速发展，数字地形图可以实现用手工无法做到的许多数据处理工作，从而大大地拓宽了地形信息的应用范围。数字地形图已广泛地应用于国民经济建设、国防建设和科学研究的各个方面，如工程建设的设计、交通工具的导航、环境监测和土地利用调查等。

数字地形图全面提供几何图形数据、属性数据、要素拓扑关系等，按照用途可分为空间数据库产品和地图制图数字产品。过去，人们在纸质地形图进行的各种量测工作，利用数字地形图同样能完成，而且精度高、速度快。利用数字地形图，在计算机成图软件的环境下，例如南方地形地籍成图软件 CASS 可以输出绘制不同比例尺的地形图和专题图，也可以很方便地获取各种地形信息，如查询各个点的坐标、点与点之间的距离、直线的方位角、点的高程、两点间的坡度和道路设计等。

利用数字地形图，可以建立数字高程模型（DEM）。利用 DEM，可以绘制不同比例尺的等高线地形图、地形立体透视图、地形断面图，确定汇水范围和计算面积，确定场地平整的填挖边界和计算土方量。在公路和铁路设计中，可以绘制地形的三维轴视图和纵、横断面图，进行自动选线设计。

数字高程模型是地理信息系统（GIS）的基础资料，可用于土地利用现状分析、土地规划管理和灾情分析等。在军事上，可用于导航和导弹制导。在工业上，利用数字地形测量的原理建立工业品的数字表面模型，能详细地表示出表面结构复杂的工业品的形状，据此可进行计算机辅助设计和制造。

随着科学技术的高速发展和社会信息化程度的不断提高，数字地形图将会发挥越来越大的作用。为便于了解数字地形图的功能，以下首先介绍纸质地形图的应用。

第二节 地形图应用的基本内容

一、量取图上点的坐标值

在大比例尺地形图内图廓的四角注有实地坐标值。如图 9-1 所示，欲在图上量测 P 点的坐标，可在 P 点所在方格过 P 点分别作坐标格网的平行线 eg 和 fh，再按地形图比例尺量取 af 和 ae 的长度，则 P 点坐标为

$$\begin{aligned} x_P &= x_a + af \\ y_P &= y_a + ae \end{aligned} \tag{9-1}$$

式中，x_a、y_a 为 P 点所在方格西南角点的坐标。

如考虑图纸伸缩变形的影响，还需量出 ab 和 ad 的长度。设格网边长的理论长度为 l（一般图上为10cm)，则按下式计算 P 点坐标

$$\left.\begin{aligned} x_p &= x_a + \frac{l}{ab} \cdot af \\ y_p &= y_a + \frac{l}{ad} \cdot ae \end{aligned}\right\} \tag{9-2}$$

式中，ab、ad、l 均以厘米为单位，af、ae 为按比例尺量算的长度。

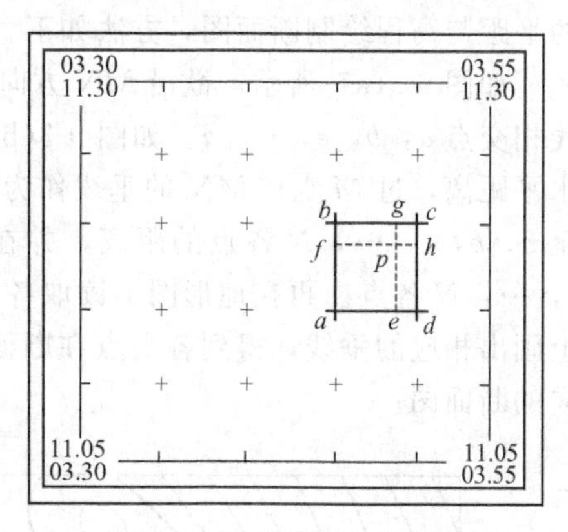

图 9-1　图上量取点的坐标

若需要量测图上大量点位的坐标，可以采用数字化仪量测坐标，此方法可以消除图纸伸缩变形的影响。

二、量测两点间的距离

分别量取两点的坐标值，然后按坐标反算公式计算两点间的距离。

当量测距离的精度要求不高时，可以用比例尺直接在图上量取或利用复式比例尺量取两点间的距离。

三、量测直线的坐标方位角

先量取直线两端点的平面直角坐标，则可用坐标反算公式求出该直线的坐标方位角。

若量测精度要求不高时，可用量角器直接在图上量测直线的坐标方位角。

四、确定地面点的高程和两点间的坡度

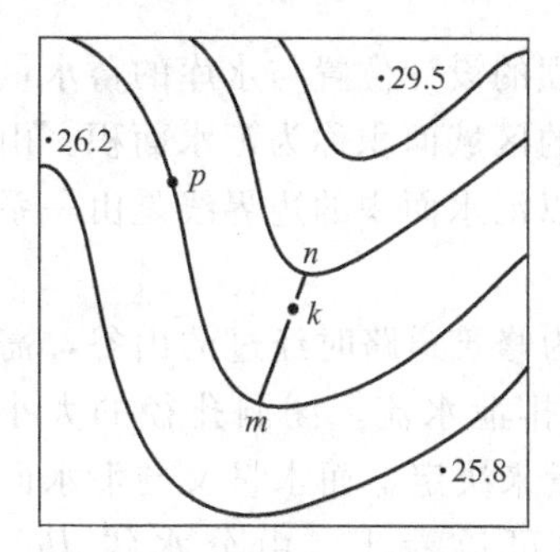

图 9-2　确定地面点高程

如果所求点恰好位于某一等高线上，则其高程与所在等高线的高程相同。如图 9-2 中所示 p 点的高程为 27m。

如果所求点不在等高线上，如 k 点，则过 k 点作一条大致垂直于相邻等高线的线段 mn，量取 mn 的长度 d，再量取 mk 的长度 d_1，k 点的高程 H_k 可按比例内插求得，即

$$H_k = H_m + \frac{d_1}{d}h \tag{9-3}$$

式中，H_m 为 m 点的高程；h 为等高距。

在地形图上求得相邻两点间的水平距离 D 和高差 h 后，可计算两点间的坡度。坡度是指直线两端点间高差与其平距之比，以 i 表示，即

$$i = \tan\alpha = \frac{h}{D} = \frac{h}{dM} \tag{9-4}$$

式中，d 为图上直线的长度；h 为直线两端点间的高差；D 为该直线的实地水平距离；M 为比例尺分母。坡度 i 一般用百分率（%）或千分率（‰）表示，上坡为正，下坡为负。

如果两点间距离较长，中间通过数条等高线，且等高线平距不等，则所求地面坡度是两点间的平均坡度。

五、按指定方向绘制断面图

在工程设计中，当需要知道某一方向的地面起伏情况时，可按此方向直线与等高线交点

的平距与高程绘制断面图，方法如下。

如图 9-3(a) 所示，欲沿 MN 方向绘制断面图，首先在图上作 MN 直线，找出与各等高线相交点 a，b，c，…，i。如图 9-3(b) 所示，在绘图纸上绘制水平线 MN 作为横轴，表示水平距离，过 M 点作 MN 的垂线作为纵轴，表示高程。然后，在地形图上自 M 点分别量取至 a，b，c，…，N 各点的距离，并在图 9-3(b) 上自 M 点沿 MN 方向截出相应的 a，b，c，…，N 各点。再在地形图上读取各点高程，在图 9-3(b) 上以各点高程作为纵坐标，向上画出相应的垂线，得到各交点在断面图上的位置，用光滑曲线连接这些点，即得 MN 方向的断面图。

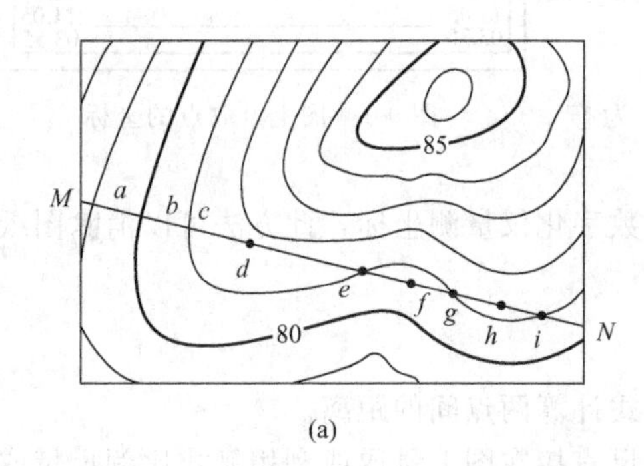

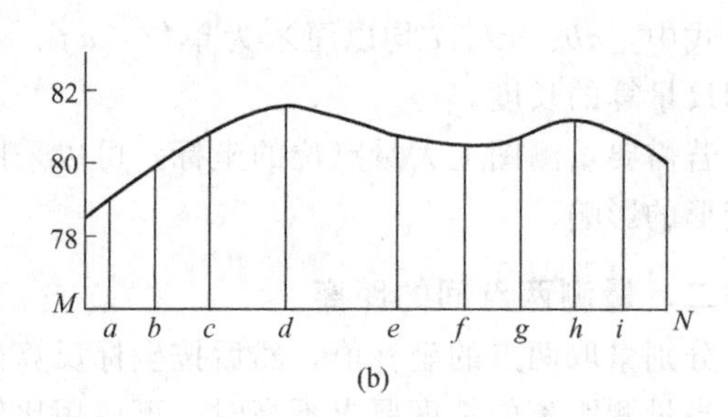

图 9-3 按一定方向绘制断面图

为了明显地表示地面的起伏变化，高程比例尺常为水平距离比例尺的 10～20 倍。为了正确地反映地面的起伏形状，方向线与地性线（山脊线、山谷线）的交点必须在断面图上表示出来，以使绘制的断面曲线更符合实际地貌，其高程可按比例内插求得。

六、确定汇水面积

在桥、涵设计中桥涵孔径大小的确定，水利建设中水库水坝的设计位置与水库的蓄水量等，都是根据汇集于这一地区的水流量来确定的。汇集水流量的区域面积称为汇水面积。山脊线亦称为分水线。雨、雪水是以山脊线为界流向两侧的，所以汇水面积的边界线是由一系列的山脊线连接而成。量算出该范围的面积即得汇水面积。

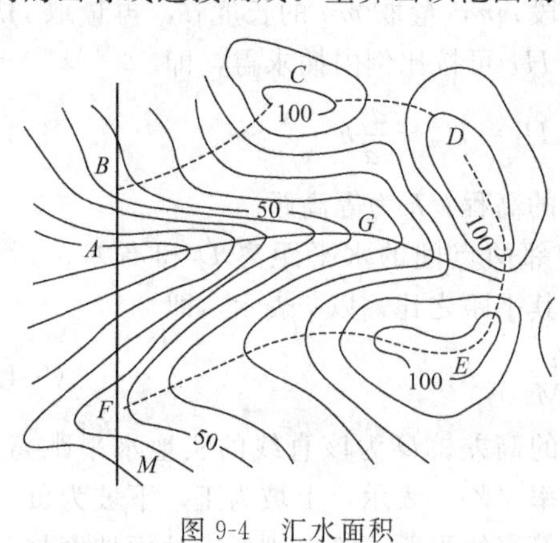

图 9-4 汇水面积

图 9-4 所示 A 处为修筑道路时经过的山谷，需在 A 处建造一涵洞以排泄水流。涵洞孔径的大小应根据流经该处的水量来决定，而水量又与汇水面积有关，由图 9-4 中可以看出，由分水线 BC、CD、DE、EF 及道路 FB 所围成的面积即汇水面积。各分水线处处都与等高线相垂直，且经过一系列的山头和鞍部。

七、按限制坡度选线

在道路、管道等工程设计时，要求在不超过某一限制坡度条件下，选定最短线路或等坡度线路。此时，可根据下式求出地形图上相邻两条等高线之间满足限制坡度要求的最小平距。

$$d_{\min}=\frac{h_0}{iM} \tag{9-5}$$

式中，h_0 为等高线的等高距；i 为设计限制坡度；M 为比例尺分母。

如图 9-5 所示，按地形图的比例尺，用分规截取相应于 $d_{\min}$ 的长度，然后在地形图上以 A 点为圆心，以此长度为半径，交 54m 等高线得到 a 点；再以 a 点为圆心，交 55m 等高线得到 b；依此进行，直到 B 点。然后，将相邻点连接，便得到符合限制坡度要求的路线。同法可在地形图上沿另一方向定出第二条路线 A—a'—b'— … —B，作为比较方案。

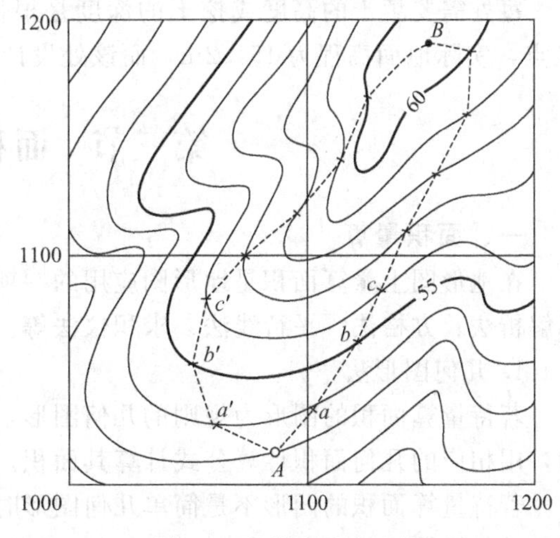

图 9-5　按限制坡度选线

八、根据等高线整理地面

在工程建设中，常需要把地面整理成水平或倾斜的平面。

假设要把图 9-6 所示的地区整理成高程为 201.7m 的水平场地，确定填挖边界线的方法是：在 201m 与 202m 两条等高线间，以 7∶3 的比例内插出 201.7m 的等高线，图上 201.7m 高程的等高线即为填挖边界线。在这条等高线上的各点处不填不挖；不在这条等高线上的各点处就需要填挖，如图上 204m 等高线上各点处要挖深 2.3m，在 198m 等高线上各点处要填高 3.7m。

假定要把地表面整理成倾斜平面，如图 9-7 所示，要通过实地上 A、B、C 三点筑成一倾斜平面。此三点的高程分别为 152.3m、153.6m、150.4m。这三点在图上的相应位置为 a、b、c。

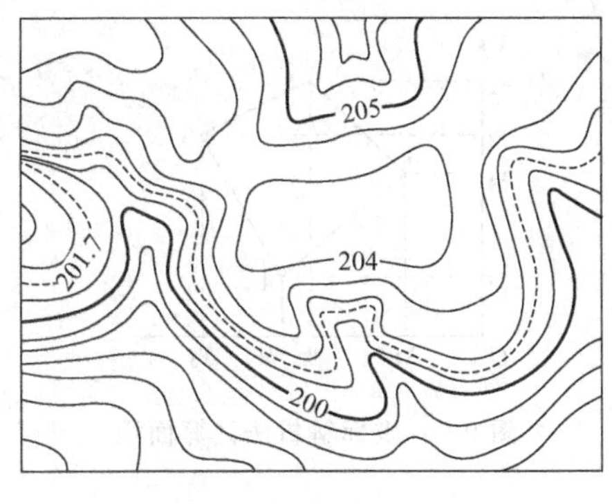

图 9-6　整理成水平面

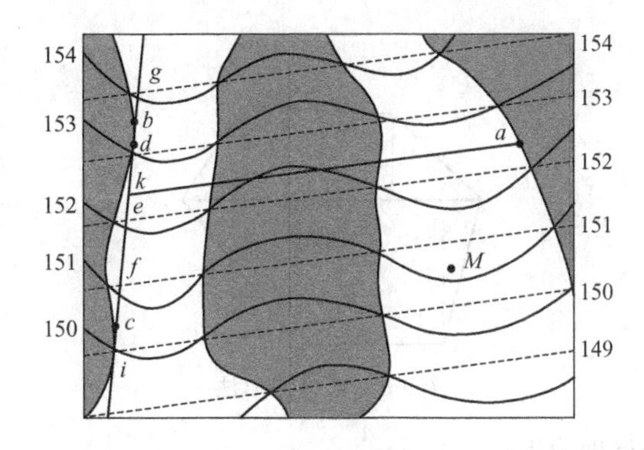

图 9-7　整理成倾斜平面

倾斜平面上的等高线是等距的平行线。为了确定填挖边界线，需在地形图上画出设计等高线。首先求出 ab、bc、ac 三线中任一线上设计等高线的位置。以图中 bc 线为例，在 bc 线上用内插法得到高程为 153m、152m 和 151m 的点 d、e、f，同法再内插出与 A 点同高程（152.3m）的点 k，连接 ak，此线即是倾斜平面上高程为 152.3m 的等高线。通过 d、e、f 各点作与 ak 平行的直线，就得到倾斜平面上的设计等高线。这些等高线在图中是用虚线表示的。

在图上定出设计等高线与原地面上同高程等高线的交点，即得到不填不挖点（也称为零点），用平顺的曲线连接各零点，即得到填挖边界线。图 9-7 中有阴影的部分表示应填土的地方，而其余部分表示应挖土的地方。

每处需要填土的高度或挖土的深度是根据实际地面高程与设计高程之差确定的。如在M点，实际地面高程为151.2m，而该处设计高程为150.6m，因此M点必须挖深0.6m。

第三节　面积和体积计算

一、面积量算

在地形图上量算面积是地形图应用的一项重要内容。量算面积的方法有几何图形法、坐标解析法、方格法、平行线法、求积仪法等。

1. 几何图形法

若待量算面积的图形为规则的几何图形，例如矩形、三角形、梯形等，可量测其几何要素，用相应的几何面积计算公式计算其面积。

若待量算面积的图形不是简单几何图形时，可以将复杂的多边形分割成若干个简单几何图形进行量算，如图9-8所示。

对复杂多边形，一般是将其划分为若干个三角形进行量算。为保证量算精度，所划分三角形的底高之比以接近1∶1为最好。在图上量测图形几何要素长度时，最好使用复式比例尺。若使用一般尺子，必须对其刻度进行校核，不能使用不符合精度要求的尺子。

2. 坐标解析法

坐标解析法是按多边形各顶点的坐标计算其面积的方法。如图9-9所示，将多边形各顶点按顺时针方向编号为1、2、3、4，由图可知，四边形1234的面积等于梯形12 y_2 y_1与梯形23 $y_3 y_2$的面积之和再减去梯形43 $y_3 y_4$与梯形14 $y_4 y_1$的面积之和，即

$$S=\frac{1}{2}[(x_1+x_2)(y_2-y_1)+(x_2+x_3)(y_3-y_2)-(x_3+x_4)(y_3-y_4)-(x_4+x_1)(y_4-y_1)]$$

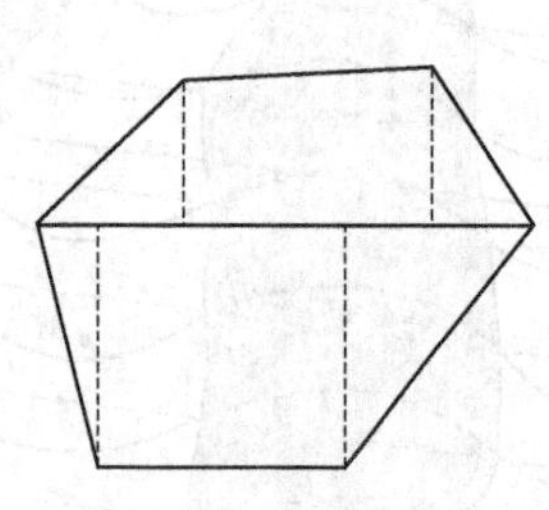

图9-8　几何图形法

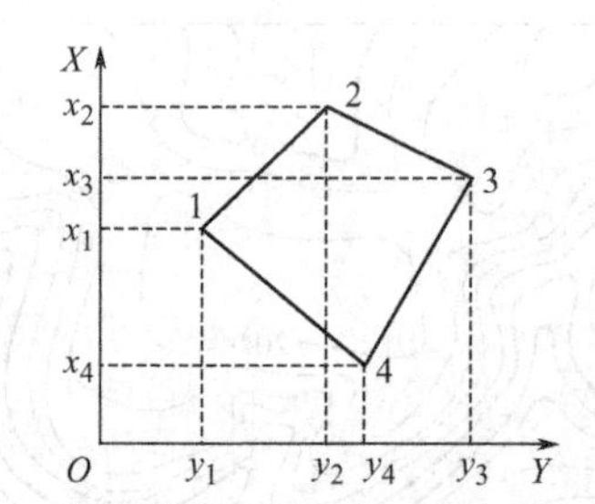

图9-9　坐标解析法计算面积

整理后得

$$S=\frac{1}{2}[x_1(y_2-y_4)+x_2(y_3-y_1)+x_3(y_4-y_2)+x_4(y_1-y_3)]$$

同法可得

$$S=\frac{1}{2}[y_1(x_4-x_2)+y_2(x_1-x_3)+y_3(x_2-x_4)+y_4(x_3-x_1)]$$

若图形为n边形，则面积计算公式的一般形式为

$$S=\frac{1}{2}\sum_{i=1}^{n}x_i(y_{i+1}-y_{i-1}) \tag{9-6}$$

$$S=\frac{1}{2}\sum_{i=1}^{n}y_i(x_{i-1}-x_{i+1}) \tag{9-7}$$

式中，下标为多边形各顶点的序号。计算时要注意，当 $i-1=0$ 时，下标应取 n；当 $i+1=n+1$ 时，下标应取 1。

如果是曲线围成的图形，可沿曲线标出许多点（用短的直线段代替曲线），量取这些点的坐标后，仍按解析法计算面积。

3. 方格法

利用绘有边长为 1mm 或 2mm 正方形网格的透明模片（或透明纸）蒙图数格量算面积的方法，称为方格法。

如图 9-10 所示，将透明正方形网格模片覆盖在待量算的图形上，数出图形轮廓线内的整方格数，将不满一格的破格凑成整方格数，得到图形所占的总单格数，则图形面积可按下式计算。

$$S=nC \tag{9-8}$$

式中，S 为图形面积；n 为单格数；C 为单格所代表的实地面积。

方格法量算面积的难点在于如何解决破格的计数方法，使之既简便又准确。若破格数估计在 30 个以上，则可采用半格计数法，直接数出破格数，每个破格以 0.5 格计算，算出全部所占的单格数。

4. 平行线法

平行线法又称积距法，利用刻有间距 $h=1$mm 或 2mm 平行线组的透明模片，将其覆盖在待量算的图形上（图 9-11），则图形被平行线分割成若干个等高的近似梯形，用分规和比例尺量取图形轮廓线内各平行线的长度，将其累加后乘以梯形的高（平行线间距 h），即得到图形的面积

$$S=h\sum_{i=1}^{n}l_i \tag{9-9}$$

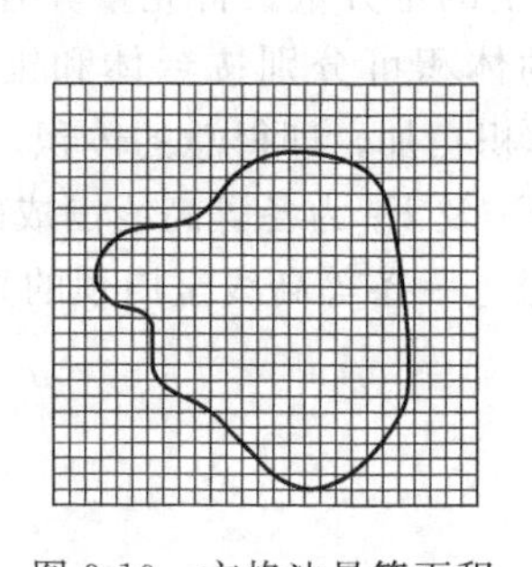

图 9-10　方格法量算面积

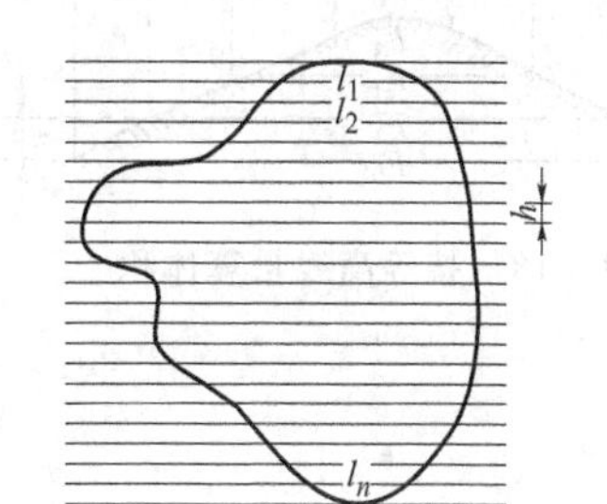

图 9-11　平行线法量算面积

5. 求积仪法

求积仪法是利用求积仪量算图形面积的一种方法。求积仪是一种专门供图上量算面积的仪器，其优点是操作简便、速度快、适用于任意曲线图形，且能保证一定的精度。求积仪有机械式求积仪和电子求积仪两种。

图 9-12(a) 所示为 KP-90N 型动极式电子求积仪的正面；图 9-12(b) 为其背面。求积仪内装有专用程序的电子计算器，可设置比例尺，有公制、英制、日制三种单位制供选择，可进行面积累加测量，也可求出多达 10 次量测值的平均值，量测面积值由显示窗内 8 位液晶显示器显示。

安置图纸和电子求积仪时，要求图纸平整无皱折，求积仪跟踪放大镜在待量测图形的中央，且动极轴与跟踪臂应成 90°。量算面积时，先设定图形比例尺和计量单位，将描迹点（跟踪放大镜中心红点）按顺时针方向沿图形轮廓线准确移动一周，便可在显示窗内得到面

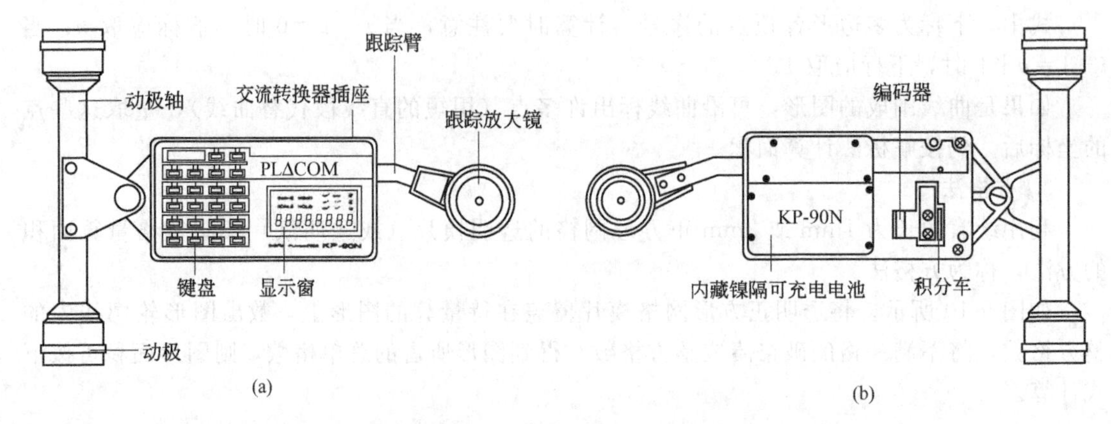

图 9-12 KP-90N 型动极式电子求积仪

积值。

二、体积计算

用地形图计算体积是地形图应用的又一重要内容。在工程建设中，经常要进行土石方量的计算，这实际上是一个体积计算问题。由于各种建筑工程类型的不同，地形复杂程度不同，因此需计算体积的形体是复杂多样的。下面介绍常用的等高线法、断面法和方格法。

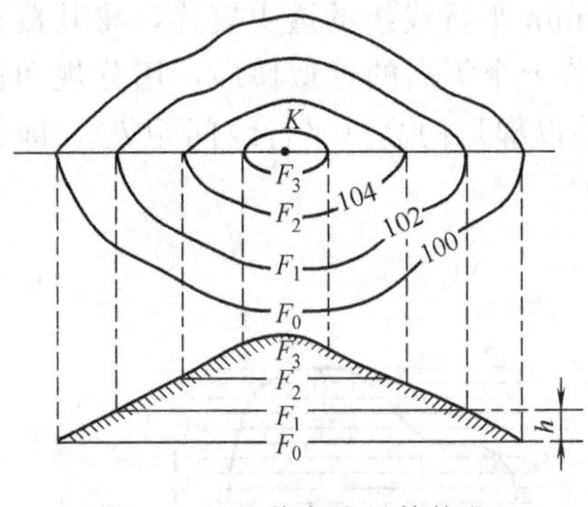

图 9-13 按等高线量算体积

1. 根据等高线计算体积

在地形图上，可利用图上等高线计算体积，如山丘体积、水库库容等。图 9-13 所示为一土丘，欲计算 100m 高程以上的土方量。首先量算各等高线围成的面积，各层的体积可分别按台体和锥体的公式计算，再将各层体积相加，即得总的体积。

设 F_0、F_1、F_2 及 F_3 为各等高线围成的面积，h 为等高距，h_k 为最上一条等高线至山顶的高度。则

$$\left.\begin{aligned} V_1 &= \frac{1}{2}(F_0+F_1)h \\ V_2 &= \frac{1}{2}(F_1+F_2)h \\ V_3 &= \frac{1}{2}(F_2+F_3)h \\ V_4 &= \frac{1}{3}F_3 h_k \\ V &= \sum_{i=1}^{n} V_i \end{aligned}\right\} \tag{9-10}$$

2. 带状土工建筑物土石方量算

在地形图上求路基、渠道、堤坝等带状土工建筑物的开挖或填筑土（石）方，可采用断面法。根据纵、断面线的起伏情况，按基本一致的坡度划分为若干同坡度路段，各段的长度为 d_i。过各分段点作横断面图，如图 9-14 所示，量算各横断面的面积为 S_i，则第 i 段的体积为

$$V_i=\frac{1}{2}d_i(S_{i-1}+S_i) \qquad (9\text{-}11)$$

带状土工建筑物的总体积为

$$V=\sum_{i=1}^{n}V_i=\frac{1}{2}\sum_{i=1}^{n}d_i(S_{i-1}+S_i) \qquad (9\text{-}12)$$

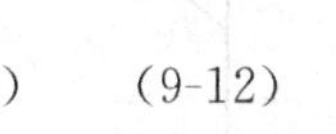

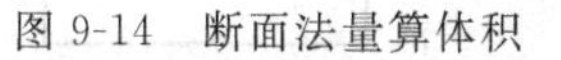

图 9-14　断面法量算体积

3. 土地平整的填挖土石方计算

根据地形图来量算平整土地区域的填挖土石方，方格法是常用的方法之一。首先，在平整土地的范围内按一定间隔 d（一般为 5～20m）绘出方格网，方格边长取决于地形的复杂程度和计算土石方量的精度要求，如图 9-15 所示。量算各方格角点的地面高程，注在相应方格点的右上方。

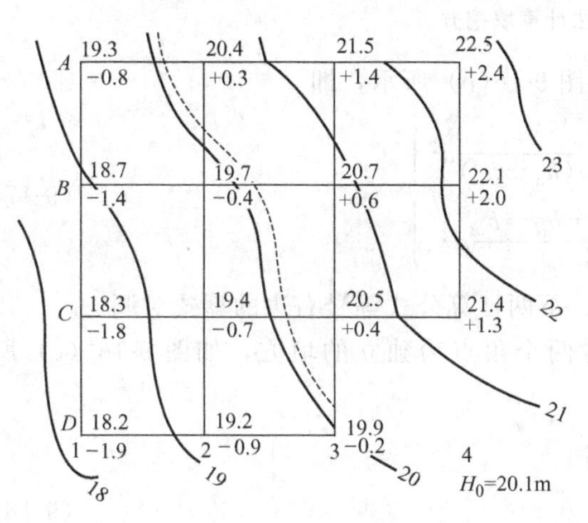

图 9-15　方格法量算填挖土石方

如果要将该区域平整成水平面，并要求挖方与填方大致平衡，则可按下列步骤进行。

（1）计算设计高程　将每个方格 4 个角点高程相加除以 4，得方格的平均高程。再将各方格的平均高程相加除以总方格数，即得设计高程 H_0。由计算设计高程的过程可知，各点高程参加运算次数不同。如图 9-15 所示，角点 A_1、A_4、C_4、D_1 和 D_3 等点用到 1 次；边点 A_2、A_3、B_1、B_4、C_1 和 D_2 等点用到 2 次；拐点 C_3 用到 3 次；中点 B_2、B_3 和 C_2 用到 4 次。故设计高程为

$$H_0=\frac{\sum H_{角}+2\sum H_{边}+3\sum H_{拐}+4\sum H_{中}}{4N} \qquad (9\text{-}13)$$

式中，N 表示总格数。按图 9-15 中所示数据计算的设计高程 $H_0=20.1\text{m}$。

（2）确定填挖边界线　在图上按设计高程内插绘出 20.1m 的等高线（如图中虚线），此线即为填挖边界线。

（3）计算填挖高度　设地面高程为 H_i，则各方格点的挖（填）高度为

$$h_i=H_i-H_0 \qquad (9\text{-}14)$$

将计算结果注在地面高程的下面，正号表示挖土，负号表示填土。

（4）计算各方格的填挖方量　根据方格四个角点的挖填符号不同，可选择以下四种情况之一进行计算。

① 四个角点均为填方或均为挖方

$$V=\frac{h_a+h_b+h_c+h_d}{4}d^2 \qquad (9\text{-}15)$$

② 相邻两个角点为填方，另外相邻两个角点为挖方，如图 9-16（a）所示，则

$$\left.\begin{aligned}V_{挖}&=\frac{(h_b+h_d)^2}{4(h_a+h_b+h_c+h_d)}d^2\\V_{填}&=\frac{(h_a+h_c)^2}{4(h_a+h_b+h_c+h_d)}d^2\end{aligned}\right\} \qquad (9\text{-}16)$$

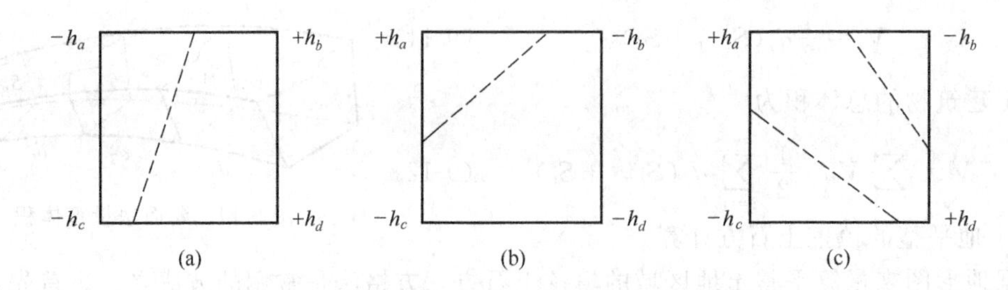

图 9-16 方格法计算填挖方

③ 三个角点为填方，一个角点为挖方，如图 9-16(b) 所示，即

$$\left.\begin{aligned} V_{挖} &= \frac{h_a^3}{6(h_a+h_b)(h_a+h_c)}d^2 \\ V_{填} &= \frac{2h_b+2h_c+h_d-h_a}{6}d^2 \end{aligned}\right\} \tag{9-17}$$

如果三个角点为挖方，一个角点为填方，则上、下两计算公式等号右边的算式对调。

④ 相对两个角点为连通的挖方，另外相对两个角点为独立的填方，如图 9-16（c）所示，即

$$\left.\begin{aligned} V_{挖} &= \frac{2h_a+2h_d-h_b-h_c}{6}d^2 \\ V_{填} &= \left[\frac{h_b^3}{(h_b+h_a)(h_b+h_d)}+\frac{h_c^3}{(h_c+h_a)(h_c+h_d)}\right]\frac{d^2}{6} \end{aligned}\right\} \tag{9-18}$$

如果相对两个角点为连通的填方，另外相对两个角点为独立的挖方，则上、下两计算公式等号右边的算式对调。

（5）计算总填、挖方量　将所有方格的填方量和挖方量分别求和，即得总的填、挖土石方量。

如把地面平整为倾斜面，每个方格角点的设计高程则不一定相同，这就需要按照本章第二节中讲述的方法，在图上绘出一组表示倾斜平面的平行等高线。再通过内插求出每个方格角点的设计高程。然后，计算各方格角点的填、挖高度，每个方格的填、挖方量以及总填、挖方量。

第四节　数字高程模型及应用

一、概述

地球表面高低起伏，呈现为一种连续变化的曲面，这种曲面是无法用平面地图来确切表示的。随着计算机数据处理能力的提高，以及计算机制图技术的发展，一种全新的数字描述地球表面的方法——数字高程模型被普遍采用。

数字高程模型（Digital Elevation Model，DEM）是以数字的形式按一定结构组织在一起，表示实际地形特征空间分布的模型，是定义在 X，Y 域离散点（规则或不规则）上以高程表达地面起伏形态的数字集合。

DEM 的核心是地形表面特征点的三维坐标数据和对地表提供连续描述的算法。最基本的 DEM 由一系列地面点 X、Y 位置及其相联系的高程 Z 所组成。

总之，数字高程模型 DEM 是表示某一区域 D 上的三维向量有限序列，用函数的形式描

述为

$$\{V_i=(X_i,Y_i,Z_i),(i=1,2,3,\cdots,n)\} \tag{9-19}$$

式中，X_i、Y_i 是平面坐标；Z_i 是（X_i，Y_i）对应的高程。当该序列中各平面向量的平面位置呈规则格网排列时，其平面坐标可省略，此时 DEM 就简化为一维向量序列

$$\{Z_i,i=1,2,3,\cdots,n\} \tag{9-20}$$

数字地面模型（DTM，Digital Terrain model）是表示地面起伏形态和地表景观的一系列离散点或规则点的坐标数值集合的总称。DTM 是带有空间位置特征和地形属性特征的数字描述，包含着地面起伏和属性两个含义。当 DTM 中地形属性为高程时就是数字高程模型 DEM，所以 DEM 和 DTM 是有区别的。在地理信息系统中，DEM 是建立 DTM 的基础数据，其他的地形要素可由 DEM 直接或间接导出，如坡度、坡向等。

二、数字高程模型的特点

与传统地形图比较，DEM 作为地形表面的一种数字表达形式有如下特点。

（1）容易以多种形式显示地形信息　地形数据经过计算机软件处理后，可产生多种比例尺的地形图、纵横断面图和立体图。而常规地形图一经制作完成后，比例尺不容易改变，改变或者绘制其他形式的地形图，则需要人工处理。

（2）精度不会损失　常规地形图随着时间的推移，图纸将会变形，失掉原有的精度。而 DEM 采用数字媒介，因而能保持精度不变。另外，由常规地形图用人工的方法制作其他种类的地图，精度会受到损失，而由 DEM 直接输出，精度可得到控制。

（3）容易实现自动化、实时化　常规地形图要增加和修改都必须重复相同的工序，劳动强度大而且周期长，不利于地形图的实时更新。而 DEM 由于是数字形式的，所以增加或改变地形信息只需将修改信息直接输入到计算机，经软件处理后立即可产生实时化的各种地形图。

概括起来，数字高程模型具有以下显著的特点：便于存储、更新、传播和计算机自动处理；具有多比例尺特性，如 1m 分辨率的 DEM 自动涵盖了更小分辨率如 10m 和 100m 的 DEM 内容；特别适合于各种定量分析与三维建模。

三、DEM 的表示方法

DEM 有多种表示方法，包括规则格网、三角网、等高线等。DEM 的最常见形式是规则矩形格网（Grid）和不规则三角网（TIN）。由外业数字测图方法野外实测生成的 DEM 一般为不规则格网 DEM。

1. 规则矩形格网

规则矩形格网又称为高程矩阵，如图 9-17(a) 所示。格网通常是正方形，它将区域空间切分为规则的格网单元，每个格网单元对应一个二维数组和一个高程值，用这种方式描述地面起伏称为格网数字高程模型。高程数据可直接由解析立体测图仪从立体航空相片上定量测量，还可由规则或不规则离散数据点内插产生。

规则格网的高程矩阵可以很容易地用计算机进行处理，有利于计算等高线、坡度、坡向和自动提取流域地形。格网 DEM 的缺点是不能准确表示地形的结构和细部。为避免这些问题，可采用附加地形特征数据，如地形特征点、山脊线、山谷线、断裂线等，以正确表示地形的关键特征。格网 DEM 的另一个缺点是在地形简单地区存在大量冗余数据。因此，在产生 DEM 数据时，地形变化复杂的地区可增加格网数（提高分辨率），而在地形起伏变化不大的地区则应减少格网数（降低分辨率）。若数据量过大，将给数据管理带来不便，通常要

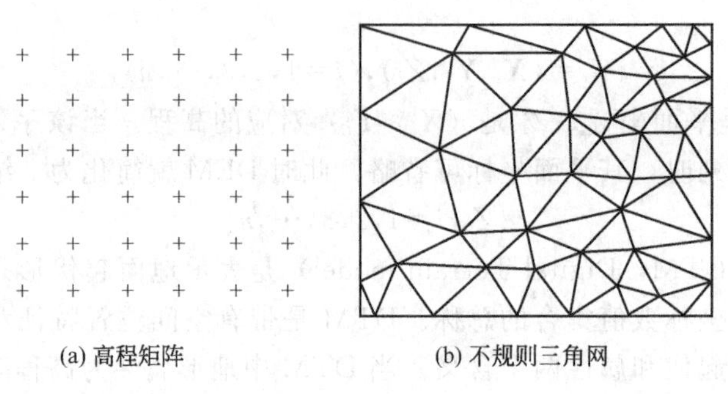

图 9-17 DEM 的表示方法

进行压缩存储。

2. 不规则三角网

不规则三角网是由不规则分布的数据点连成的三角形组成。三角形的三个顶点是已知高程点，三角面的形状和大小取决于不规则分布的观测点的密度和位置，如图 9-17(b) 所示。不规则三角网与高程矩阵的不同之处是能随地形起伏变化的复杂性而改变采样点的密度和决定采样点的位置，因而能克服地形起伏不大地区产生数据冗余的问题。同时还能按地形特征点，如山脊、山谷及其他重要地形特征获得 DEM 数据。

不规则三角网是直接利用数据点构成邻接三角形，这种方法保持了数据点的精度。但在三角形构网时，若只考虑几何条件，在某些区域可能出现与实际地形不相符的情况，如在山脊线处可能出现三角形边穿入山体，而在山谷处可能出现三角形边悬空。为此，在构网时要引入地性线，优先连接地性线上的边，然后再在此基础上构网。

为了建立 DEM，必须量测一些点的三维坐标，即采集 DEM 数据。采集 DEM 数据的方法有：全站仪野外数据采集、利用数字化仪或扫描仪对现有地形图数字化，数字摄影测量方法、全球定位系统 GPS、激光扫描和干涉雷达等。

四、数字高程模型的应用

自 20 世纪 50 年代末期开始，随着科学和社会的发展，人们越来越认识到数字高程模型对于社会经济发展的重要性，这使得数字高程模型发展非常迅速。在许多领域，如测绘、土木工程、地质、矿山工程、军事工程、景观建筑、道路设计、防洪减灾、农业、土地规划、资源环境、通讯及地理信息系统等领域都得到广泛的应用。

由 DEM 可进行地形属性数据的计算，如计算单点高程，计算地表面积，计算体积，剖面计算、绘制地形剖面图，计算坡度和坡向、制作坡度图和坡向图等。

土木工程是 DEM 应用最早的一个领域。工程中填、挖土方总量的计算，应用数字高程模型可大量节省内、外业工作量，所有数字计算和逻辑判断都由计算机自动完成，能使估算过程达到自动化和规范化水平，提高作业效率。

线路勘测设计主要涉及平面、纵横断面、土方量、透视图等几个方面。DEM 用于公路设计主要表现在不必进行进一步的野外测量，可由所建立的带状 DEM 内插出现状纵、横断面，自动绘制公路带状地形图，完成纵、横断面设计的计算与绘图并可生成道路透视图。

利用数字高程模型制作透视立体图是 DEM 的一个极其重要的应用。透视立体图能更好地反映地形的立体形态，非常直观。与采用等高线表示地形形态相比有其自身独特的优点，更接近人们的直观视觉，人们可以根据不同的需要，对于同一个地形形态作各种不同的立体显示。例如局部放大，改变放大倍率以夸大立体形态；改变视点的位置以便从不同的角度进行观察，甚至可以使立体图形转动，使人们更好地研究地形的空间形态。DEM 三维图形显示是通过三维到二维的坐标转换，隐藏线处理，把三维空间数据投影到二维屏幕上。图 9-18 所示为某地区 DEM 的透视立体图。

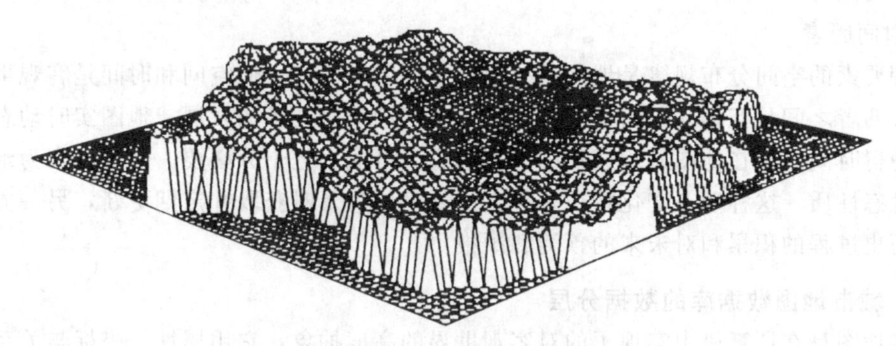

图 9-18　基于 DEM 制作的透视立体图

第五节　地图数据库

一、数据库概念

数据库是一种计算机数据管理技术，它是以一定的组织形式存储在一起的互相关联的数据集合。数据库通过对数据的组织、加工，能以多种组合方式为多个用户所共享。

数据库一般由三个基本部分构成。

(1) 数据集　一个结构化的相关数据的集合体，包括数据本身和数据间的联系。数据集独立于应用程序而存在，是数据库的核心和管理对象。

(2) 物理存储介质　此处指与数据存取有直接关系的外存储器，尤其是磁盘，这是保存数据的物理介质。因为数据库的数据量一般相当大，所以不可能把它们全部放在容量有限的内存（主存储器）之中，通常是放在这种外存储器中加以保存，而内存储器存储操作系统和数据库管理系统。

(3) 数据库软件　其核心是数据库管理系统（DBMS）。主要任务是对数据库进行管理和维护。具有对数据进行定义、描述、操作和维护等功能，接受并完成用户程序和终端命令对数据库的请求，负责数据库的安全。

地图数据库是在计算机中存储的各种数字地图及其管理软件的集合。地图数据库可以从两个方面来理解：一是把它看作软件系统，即“地图数据库管理系统”；二是把它看作地图信息的载体——数字地图。对于后者可以理解为以数字的形式把一幅地图的诸多内容要素以及它们之间的相互联系有机地组织起来，并存储在具有直接存取性能的介质上的一批相互关联的数据文件。地图数据库是地理信息系统的重要组成部分。

二、地图数据

地图数据包括空间数据、非空间数据和时间因素。

1. 空间数据

空间数据也叫图形数据，用来表示地理物体的位置、形态、大小和分布特征诸方面信息。根据空间数据的几何特点，地形图空间数据可分为点数据、线数据、面数据和混合性数据四种类型。

2. 非空间数据

非空间数据又叫非图形数据，主要包括专题属性数据和质量描述数据等。它表示地理实体的本质特性，是地理实体相互区别的重要标识。如土地利用、土壤类别等专题数据和地物要素分类信息等。

3. 时间因素

地理要素的空间分布规律是地理系统中的中心研究内容，但空间和时间是客观事物存在的形式，两者之间是互相联系而不能分割的。由于计算机技术的发展，地图实时动态显示的实现，使得时间因素在地图显示过程中的表示成为可能，且十分必要。时间因素为地理信息增加了动态性质。这种动态变化特征，一方面要求信息及时获取并定期更新，另一方面要重视自然历史过程的积累和对未来的预测和预报。

三、城市地图数据库的数据分层

数字地图是在计算机中实现了的对客观世界的高度抽象，它用属性、坐标与关系来描述存储对象，是面向地形物体的。这种以数字形式存储的抽象地图概括了多种用户的共同需求，它把地形物体的信息存储与它们在图形介质上的符号表示分离开来，提高了数据检索与图形表示的灵活性，随时可以形成满足特殊需要的分层地图。

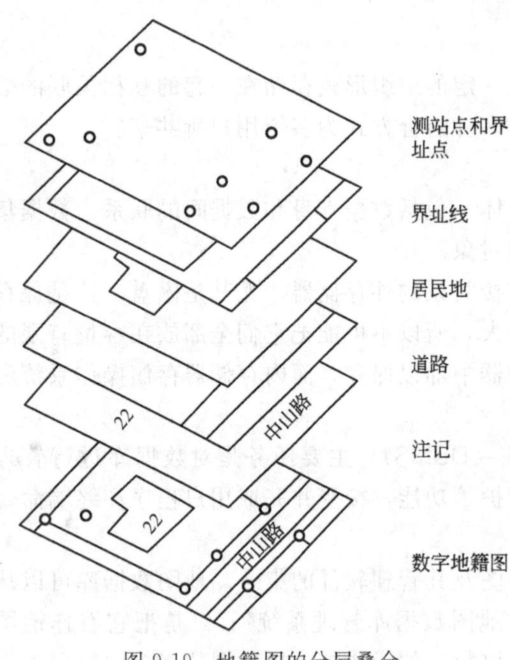

图 9-19 地籍图的分层叠合

城市地图数据库是计算机存储的各种城市数字地图及其管理软件的集合。城市 1∶500、1∶1000、1∶2000 比例尺地图按用途可分为地形图、平面图、地籍图、房产图和地下管线图等。各种地图表示的要素虽有所不同，但是很多要素的精度和表示是相同的。例如，用于反映土地产权、地界及其他地籍要素和必要的地形要素的地籍图，除权属边界的位置和属性外，其余要素与地形图的有关要素相同。因此，城市各种地图之间，有着共同的地形要素，也有不同的专题要素。这样，在城市地图数据库中，地图数据采取分层存储。按地图的要素内容，各层分别为：测量控制点、居民地、工矿建筑物、交通、管线、水系、境界、地貌与土质、植被、高程、注记、图廓等。在城市地图数据库中，不是一幅幅的数字地形图和各种专题图，而是不同的数据层，某一种专题图只是有关分层的叠合。这种分层存储的地图数据库结构有利于数据的共享和数据的更新。图 9-19 所示为地籍图的分层叠合。

思考题与习题

9-1 数字地形图与传统的纸质地形图有何不同？

9-2 地形图应用的基本内容有哪些？

9-3 怎样根据等高线确定地面点的高程？

9-4 怎样绘制已知方向的断面图？

9-5 面积量算的方法有哪几种？各适用于何种场合？

9-6 在地形图上如何进行土方计算？

9-7 什么是数字高程模型？它有何特点？

9-8 简述数字高程模型在工程中的应用。

9-9 图 9-20 所示为某幅 1∶1000 地形图中的一格，试完成以下工作。

(1) 求 A、B、C、D 四点的坐标及 AC 直线的坐标方位角。

(2) 求 A、D 两点的高程及 AD 连线的平均坡度。

(3) 沿 AC 方向绘制一纵断面图。

(4) 用解析法计算四边形 $ABCD$ 的面积。

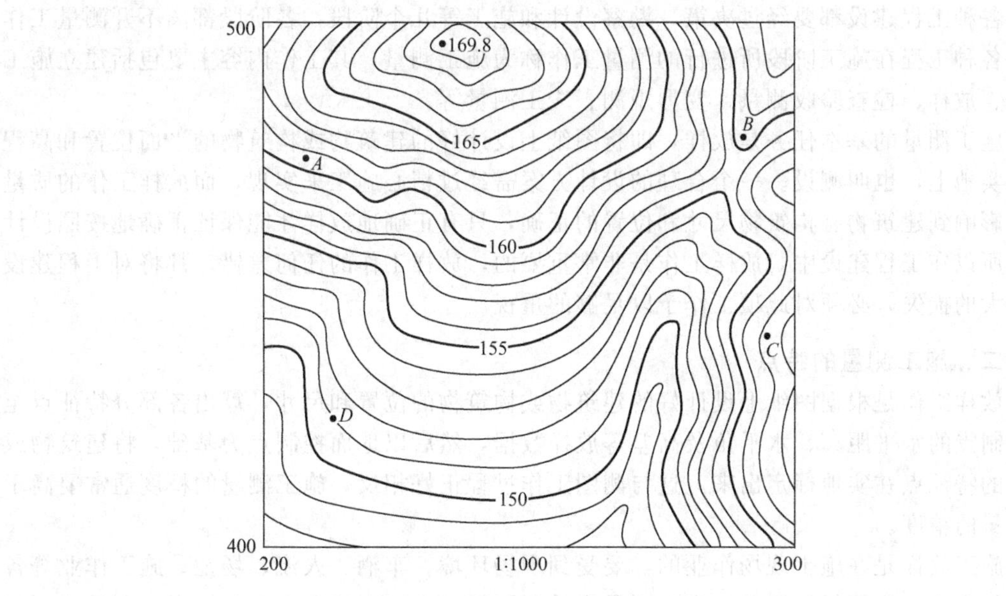

图 9-20 地形图应用练习图

第十章　施工测量基本工作

第一节　概　　述

一、施工测量的任务

各种工程建设都要经过决策、勘察设计和施工等几个阶段，各阶段都离不开测量工作。

各种工程在施工阶段所进行的测量工作称为施工测量，其工作内容主要包括建立施工控制网、放样、检查验收测量、变形观测、竣工测量等。

施工测量的基本任务是放样，即将图纸上设计好的建筑物或构筑物的平面位置和高程标定在实地上，也叫测设。一个合理的设计方案需经过精心施工来实现，而放样工作的质量将直接影响到建筑物、构筑物尺寸和位置的正确，只有正确地放样才能保证正确地按照设计施工。所以在工程建设中，放样工作是非常重要的，放样工作的任何差错，都将对工程建设造成巨大的损失，必须对此项工作予以足够的重视。

二、施工测量的特点

放样工作是根据图纸上设计好的建筑物或构筑物的位置和尺寸，算出各部分特征点至附近控制点的水平距离、水平角及高差等放样数据，然后以地面控制点为基础，将建筑物或构筑物的特征点在实地标定出来。这与测图工作过程正好相反。施工测量的精度通常要高于地形测量的精度。

施工放样是在施工现场作业的，要受到现场环境、车辆、人流、场地、施工作业等各种因素的干扰。为了保证测量精度，测量人员要了解有关工程施工方面的知识，而且必须与其他工种密切配合，协调工作。

施工测量贯穿于工程施工的全过程，测量人员应熟悉施工组织设计，掌握工程进度及现场情况，及时地进行各项测量工作，使测量精度与速度满足施工的需要。

三、施工测量的精度

施工测量的精度要求取决于建筑物和构筑物的结构形式、大小、材料、用途和施工方法等因素。通常，高层建筑测量精度要高于多层建筑；自动化和连续性厂房的测量精度要高于一般工业厂房；钢结构建筑的测量精度要高于钢筋混凝土结构、砖石结构建筑；装配式建筑的测量精度要高于非装配式建筑。测量精度不够，将对工程质量造成影响。

在施工现场由于各种建筑物、构筑物的分布较广，往往又不是同时开工兴建，为了保证各个建筑物和构筑物在平面位置和高程上都能满足要求，且相互连成一个整体，施工测量和测绘地形图一样，必须遵循从整体到局部，先控制后碎部的原则，首先在施工现场建立统一的平面控制网和高程控制网，然后以此为基准，测设出各个建筑物和构筑物的细部。

建设工程的点位中误差 $m_{点}$ 通常由测量定位中误差和施工中误差 $m_{施}$ 组成，测量定位中误差由建筑场区控制点的起始中误差 $m_{控}$ 和放样中误差 $m_{放}$ 组成，其关系式为

$$m_{点}^2 = m_{控}^2 + m_{放}^2 + m_{施}^2 \qquad (10\text{-}1)$$

在工程项目的施工质量验收规范中，规定了各种工程的位置、尺寸、标高的允许误差$\Delta_{限}$，施工测量的精度可按此限差进行推算。由于限差通常是中误差的二倍，所以

$$m_{点}=\frac{1}{2}\Delta_{限} \tag{10-2}$$

可以根据$m_{点}$来设计推算$m_{控}$、$m_{放}$及$m_{施}$。由于不同工程的控制点等级不同、控制点密度不同、放样点离控制点的距离不同、放样点的类型不同、施工方法及要求也不同，因此$m_{控}$、$m_{放}$、$m_{施}$之间并没有固定不变的比例关系。通常$m_{控}<m_{放}<m_{施}$。应当根据工程的具体情况，适当确定$m_{控}$、$m_{放}$之间的关系，因而设计出$m_{控}$、$m_{放}$。

在工程测量规范中，规定了部分建筑物、构筑物施工放样的允许误差，取其二分之一可直接确定出$m_{放}$。

四、测绘新技术在施工测量中的应用

大型工程建设如大型桥梁、高速公路、铁路工程、水坝工程、大型建筑物、大型体育场馆和机场跑道等。由于建设场地大、建筑结构特异、施工复杂、工期紧，对施工的准确、快速、高效的要求越来越高，因此对施工测量也提出了新的要求。卫星定位技术，特别是GPS RTK技术以其精度高、速度快、不需站间通视、全天候作业、费用省、操作简便等优良特性被广泛应用于我国大型工程建设施工中。例如，西气东输管道工程，管线长达6000多千米，分多个施工段进行施工，利用GPS技术沿设计线路建立带状控制网，既保证了自西向东控制网的精度，也保证了输油管道施工放样的精度和速度。又如青岛胶州湾大桥长达38km，大桥距海岸15km，采用常规测量十分困难，而利用网络RTK技术，在胶州湾建立三个GPS连续参考站，采用GPRS数字通信，即可直接用于大桥桥墩施工放样，满足平面精度2cm、高程精度5cm的要求。

精密与大型工程测量项目都有其自身的特点，如有的需要毫米级或更高精度，有的由于其空间变化的不规则性、多样性、复杂性、超规模而增加了施工测量难度，有的超出传统工程测量范畴，介入应力、应变监测等。这些对施工测量的方法、精度和实施都提出了挑战。卫星定位、激光技术、摄影测量、电子测量技术、计算机技术以及自动化技术等众多学科技术相互渗透与融合，结合工程特点设计和制造出一些专用仪器。例如，由GPS接收机、惯导仪、激光扫描仪、跟踪全站仪、CCD相机以及其他传感器等集成的地面移动式测量系统。这些专用仪器具有高精度、快速、遥测、无接触、可移动、连续、自动记录、微机控制等特点，并在工程测量中得到应用。

激光技术在施工测量中得到广泛应用。例如，激光跟踪仪是一种精密三维坐标测量仪器，它具有测量精度高、实时快速、动态测量、便于移动等优点，使其在精密大型工程测量中的应用范围越来越广，这将给大型设备安装与检测、精密变形监测、精密质量检查等带来极大方便。三维激光扫描仪可对被测对象在不同位置扫描，快速地获取目标在给定坐标系下的三维坐标，通过坐标转换和建模，可输出被测对象的各种图形和数字模型，还能直接转换到CAD成图，在精密大型工程测量中可用于结构安装的质量监测。其他用于施工测量的激光仪器还有激光导向仪、激光水准仪、激光经纬仪、激光铅垂仪、激光扫平仪、激光测距仪等。激光仪器测量精度高、工作方便，提高了工作效率，广泛应用于建筑施工、水上施工、地下施工、精密安装等测量工作。

许多工程测量实现了数据采集和数据处理自动化、实时化，数据管理趋向集成化、标准化、可视化，数据传输与应用网络化、多样化。测量机器人将作为多传感器集成系统在人工智能方面得到进一步发展，其应用范围在施工测量中得到进一步扩大，以减少人为误差、降

低劳动强度和提高工作效率。

第二节　施工放样的基本方法

一、测设已知水平距离

测设已知水平距离就是根据地面上一给定的直线起点，沿给定的方向，定出直线上另外一点，使得两点间的水平距离为给定的已知值。例如，在施工现场，把房屋轴线的设计长度在地面上标定出来；在道路及管线的中线上，按设计长度定出一系列点等。

1. 钢尺一般量距方法

施工放样通常是在建筑场地经过平整后进行的。放样已知设计距离的线段时，可从起点出发，沿指定方向，用钢尺直接测量，得到另一点。当建筑场地不是平地时，测量时可将钢尺一端抬高，使钢尺保持水平，用吊垂球的方法投点。为了校核，应作往返测量。若往返测量的较差在允许范围之内时，可根据不同建筑物的施工放样技术要求，取平均值作为最后结果。测设水平距离的一般方法也叫直接测设法，适用于测设距离较短（不超过一整尺段）的场合。

2. 全站仪测设法

当用全站仪测设时，只要在直线方向上移动棱镜的位置，使显示距离等于已知水平距离，即能确定终点桩的标志位置。为了检核可进行复测。用全站仪放样距离，应进行加常数、乘常数和气象改正。

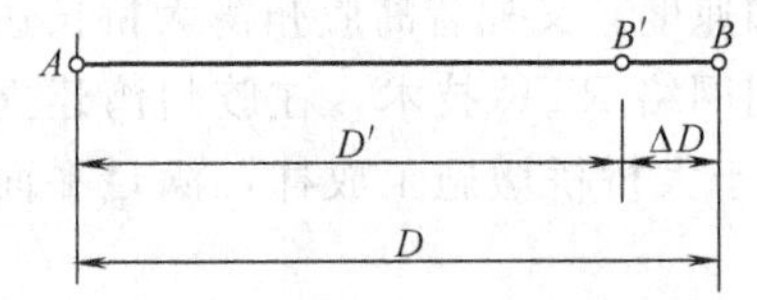

图 10-1　归化法测设水平距离

用全站仪测设，要将棱镜移动到正确位置较困难，实际作业时可用归化法。如图 10-1 所示，在 A 点要测设水平距离 AB，先定出一点 B'，用全站仪测出 AB' 的水平距离 D'，将 D' 与设计距离 D 比较，得 $\Delta D=D-D'$。因 ΔD 数值较小，只需将 B' 点沿直线方向用小钢尺进行修正，即归化，就可得 B 点。改正时，当 $\Delta D>0$，应向 AB' 延长线方向改正，即向外归化；反之，则应向内归化。定出 B 点后，再用全站仪检核。

二、测设已知水平角

测设已知水平角，就是根据地面上一点及一给定的方向，定出另外一个方向，使得两方向间的水平角为给定的已知值。例如，地面上已有一条轴线，要定出一些与之相垂直的轴线，则需测设出 90°角。

1. 一般方法

如图 10-2 所示，设地面上已有 AB 方向，要在 A 点以 AB 为起始方向，顺时针方向测设由设计给定的水平角 β，定出 AC 方向。为消除仪器误差，应采用盘左盘右测设。将经纬仪安置在 A 点，用盘左瞄准 B 点，读取水平度盘读数。设读数为 b，顺时针旋转照准部；当读数为 $b+\beta$ 时，固定照准部，在视线方向上定出 C' 点。然后，用盘右按上述方法定出 C'' 点，取 C'、C'' 的中点 C，则 $\angle BAC$ 即为所需测设的水平角 β。

2. 精密方法

如图 10-3 所示，先用一般方法测设出 C' 点，定 C' 点时可仅用盘左；然后用测回法多测回精确测出 $\angle BAC'$，设为 β'，计算 β' 与设计角值 β 的差值 $\Delta\beta=\beta-\beta'$；再根据 AC' 的距离 $D_{AC'}$，计算出垂距 e。

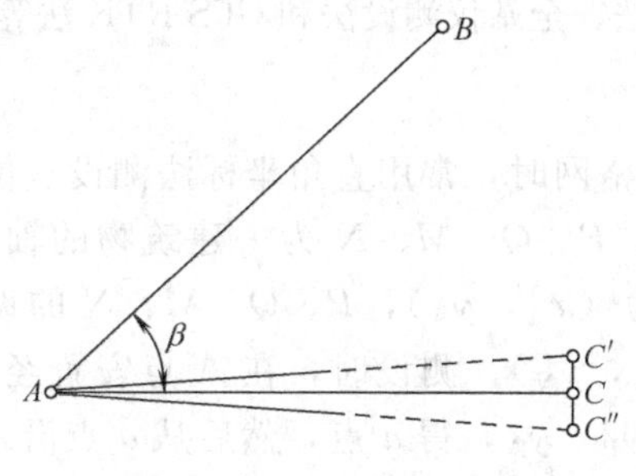

图 10-2　一般方法测设水平角

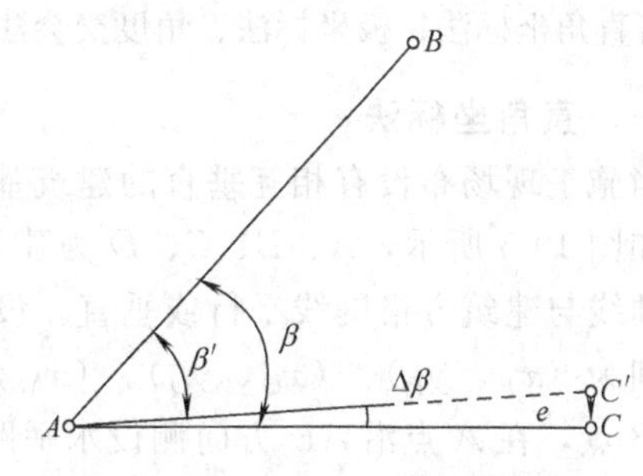

图 10-3　精密方法测设水平角

$$e=\frac{\Delta\beta}{\rho}D_{AC'} \tag{10-3}$$

式中，$\rho=206265''$。从 C' 作 AC' 的垂直线，以 C' 点为始点在垂线上量取 e，即得 C 点，则 $\angle BAC=\beta$。当 $\Delta\beta>0$ 时，应向外归化；反之，则应向内归化。

三、测设已知高程

测设已知高程，利用附近已知水准点，在给定的点位上标定出设计高程的高程位置。例如，场地平整、基础开挖、建筑物地坪标高位置确定等，都要测设出已知的设计高程。

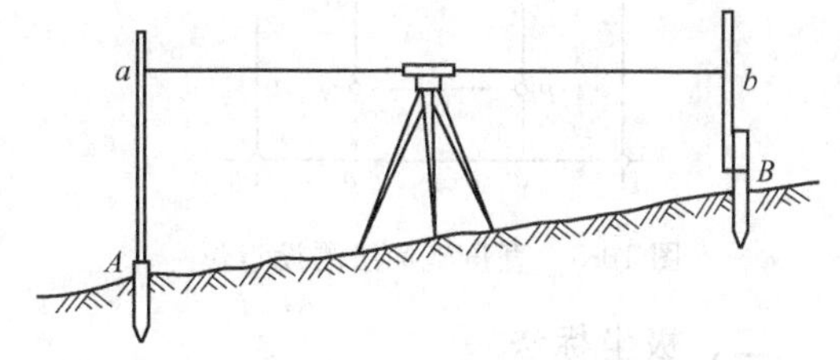

图 10-4　测设高程

如图 10-4 所示，设 A 为已知水准点，高程为 H_A，B 桩设计高程为 H_B，在 A、B 两点之间安置水准仪。先在 A 点立水准尺，得读数为 a，由此可得仪器高程为 $H_i=H_A+a$。要使 B 点高程为设计高程 H_B，则在 B 点水准尺上的读数应为

$$b=H_i-H_B \tag{10-4}$$

将 B 点水准尺紧靠 B 桩，上、下移动尺子，当读数正好为 b 时，则 B 尺底部高程即为 H_B，这时用笔在 B 桩上沿 B 尺底部作记号，即测设得设计高程的位置。

如欲使 B 点桩顶高程为 H_B，可将水准尺立于 B 桩顶上，如水准仪读数小于 b 时，逐渐将桩打入土中，使尺上读数逐渐增加到 b，这样 B 点桩顶高程就是设计高程 H_B。

【例 10-1】　设 $H_A=27.234\text{m}$，欲测设的高程 $H_B=28.000\text{m}$，仪器架在 A、B 两点之间，在 A 点上水准尺的读数 $a=1.623\text{m}$，则得仪器高程为

$$H_i=H_A+a=27.234+1.623=28.857\text{m}$$

在 B 点水准尺上的读数应为

$$b=H_i-H_B=28.857-28.000=0.857\text{m}$$

故当 B 尺读数为 0.857m 时，在尺底画线，此线高程即为 28.000m。

第三节　平面点位的测设

平面点位的测设就是根据已知控制点，在地面上标定出一些点的平面位置，使这些点的坐标为给定的设计坐标。例如，在工程建设中，要将建筑物的平面位置标定在实地上，其实质就是将建筑物的一些轴线交叉点、拐角点在实地标定出来。

根据设计点位与已有控制点的平面位置关系，结合施工现场条件，测设点的平面位置的

方法有直角坐标法、极坐标法、角度交会法、距离交会法、全站仪测设法和 GPS RTK 法等。

一、直角坐标法

当施工现场布设有相互垂直的建筑基线或建筑方格网时，常用直角坐标法测设点位。

如图 10-5 所示，A、B、C、D 为建筑方格网点，P、Q、M、N 为一建筑物的轴线点，房屋轴线与建筑方格网线平行或垂直。设 A 点坐标为（x_A，y_A），P、Q、M、N 的设计坐标分别为（x_P，y_P）、（x_Q，y_Q）、（x_M，y_M）、（x_N，y_N）。测设时，在 A 点安置经纬仪，瞄准 B 点，在 A 点沿 AB 方向测设水平距离 $\Delta y_{AP}=y_P-y_A$，得 a 点，然后从 a 点沿 AB 方向测设水平距离 $\Delta y_{PQ}=y_Q-y_P$，得 b 点；将经纬仪搬至 a 点，仍瞄准 B 点，逆时针方向测设出 90°角，得 ac 方向，从 a 点沿 ac 方向测设水平距离 $\Delta x_{AP}=x_P-x_A$，即得 P 点，再从 P 点沿 ac 方向测设水平距离 $\Delta x_{PM}=x_M-x_P$，则得 M 点；同样，将经纬仪搬至 b 点，可测设出 Q 点及 N 点。为检核点位是否正确，应检查各边长是否等于设计长度，四个内角是否等于 90°，误差在允许范围内即可。

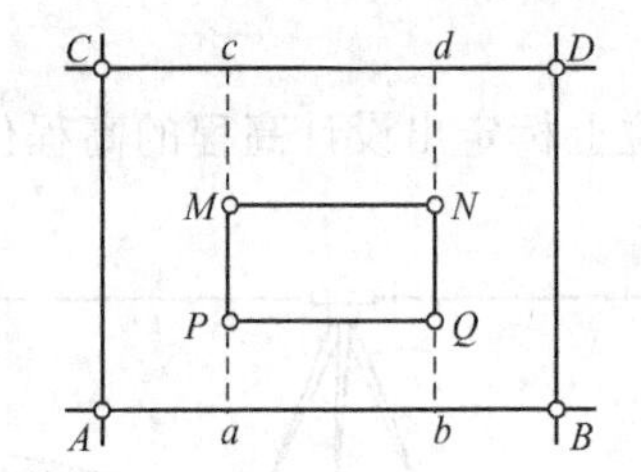

图 10-5　直角坐标法测设点位

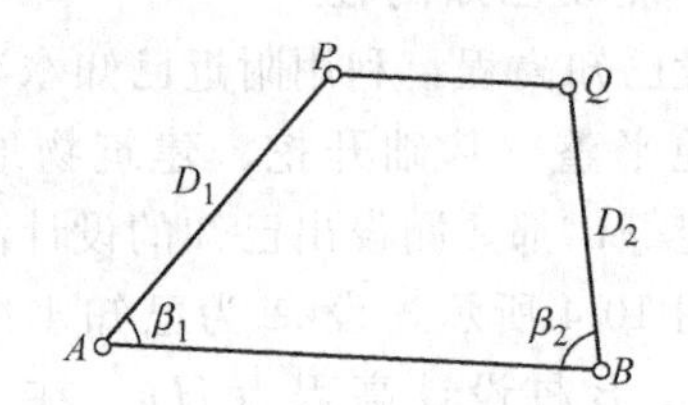

图 10-6　极坐标法测设点位

二、极坐标法

极坐标法是用测设一个水平角和一条边长来放样点位的方法。如图 10-6 所示，A、B 为控制点，P、Q 为要测设的点。为此，先根据 A、B 的已知坐标及 P、Q 的设计坐标计算测设数据 β_1、D_1 及 β_2、D_2。

$$\alpha_{AP}=\arctan\frac{y_P-y_A}{x_P-x_A} \tag{10-5}$$

$$\beta_1=\alpha_{AB}-\alpha_{AP} \tag{10-6}$$

$$D_1=\sqrt{(x_P-x_A)^2+(y_P-y_A)^2} \tag{10-7}$$

$$\alpha_{BQ}=\arctan\frac{y_Q-y_B}{x_Q-x_B} \tag{10-8}$$

$$\beta_2=\alpha_{BQ}-\alpha_{BA} \tag{10-9}$$

$$D_2=\sqrt{(x_Q-x_B)^2+(y_Q-y_B)^2} \tag{10-10}$$

测设 P 点时，将经纬仪安置在 A 点，瞄准 B 点，逆时针方向测设 β_1 角，得一方向线 。再在该方向线上测设水平距离 D_1，则可得 P 点。

测设 Q 点时，可将经纬仪搬至 B 点，瞄准 A 点，顺时针方向测设 β_2 角，得一方向线。在该方向线上测设水平距离 D_2，即可得 Q 点。

测设得到 P、Q 点后，可测量 PQ 之间的水平距离，并与设计长度比较，以作为校核。

用钢尺测量水平距离时，极坐标法适用于地面平坦且距离较短的场合。

三、角度交会法

当需测设的点位与已知控制点相距较远或不便于量距时，可采用角度交会法。

如图 10-7 所示，A、B、C 为控制点，P、Q 为要测设的点。先根据 A、B、C 的已知坐标及 P、Q 的设计坐标计算测设数据 β_1、β_2、β_3 及 β_4，计算方法同极坐标法。

测设 P 点时，同时在 A 点及 B 点安置经纬仪，在 A 点测设 β_1 角，在 B 点测设 β_2 角，两条方向线相交即得 P 点。测设 Q 点时，在 B 点及 C 点同时安置经纬仪，在 B 点测设 β_3 角，在 C 点测设 β_4 角，两方向线相交即得 Q 点。测设后，测量 PQ 的水平距离，并与设计长度比较，以作为校核。用角度交会法测设点位时，两交会方向的夹角称为交会角。为了保证精度，交会角应在 30°～150°之间。

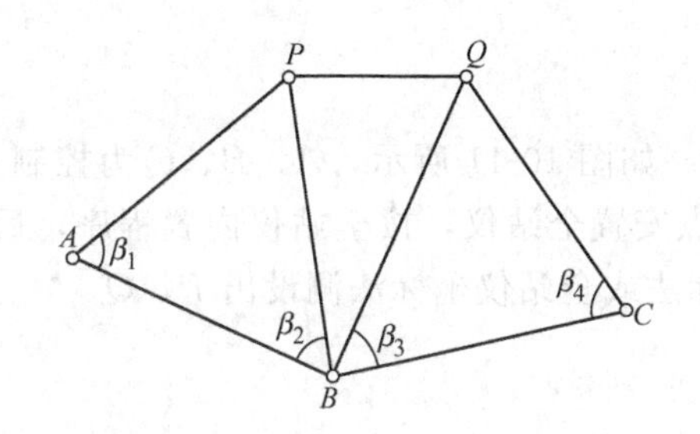

图 10-7 角度交会法测设点位

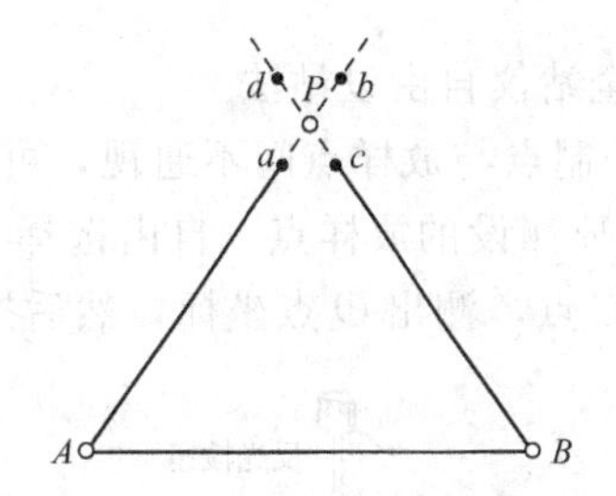

图 10-8 骑马桩的设置

当用一台经纬仪测设时，无法同时得到两条方向线，这时一般采用打骑马桩的方法。如图 10-8 所示，经纬仪架在 A 点时，得到了 AP 方向线。在大概估计 P 点位置后，沿 AP 方向，离 P 点一定距离的地方，在不影响施工的情况下，打入 a、b 两个桩，桩顶作标志，使其位于 AP 方向线上。同理，将经纬仪搬至 B 点，可得 c、d 两点。在 ab 与 cd 之间各拉一根细线，两线交点即为 P 点位置。在施工过程中，即使 P 点处由于开挖等影响，要恢复 P 点位置也非常方便。

四、距离交会法

当需测设的点位与已知控制点相距较近，一般相距在一尺段以内且测设场地较平坦时，可用距离交会法。

如图 10-9 所示，A、B、C 为控制点，P、Q 为要测设的点，先根据 A、B、C 的已知坐标及 P、Q 的设计坐标计算出测设数据 D_1、D_2、D_3 及 D_4，计算方法同极坐标法。

测设 P 点时，以 A 点为圆心，以 D_1 为半径画弧；以 B 点为圆心，以 D_2 为半径画弧。两条弧线的交点即为 P 点。测设 Q 点时，分别以 B 点及 C 点为圆心，以 D_3 及 D_4 为半径画弧，两弧相交即得 Q 点。测设后，可测量 PQ 的距离，与设计长度比较，以作为检核。

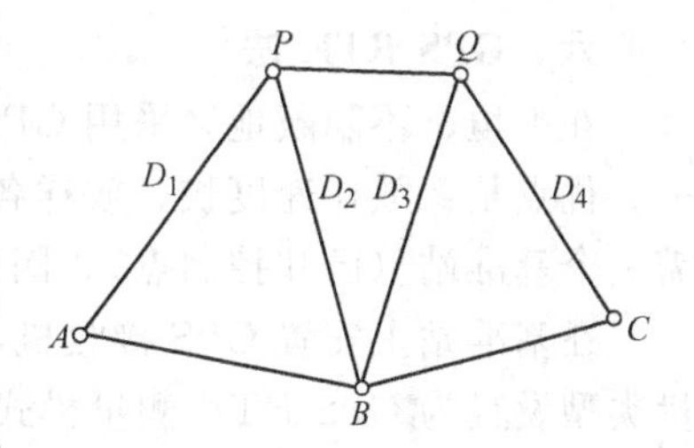

图 10-9 距离交会法测设点位

五、全站仪测设法

全站仪测设法适用于各种场合，当距离较远、地势复杂时尤为方便。

1. 全站仪极坐标法

用全站仪极坐标法测设点的平面位置，不需预先计算放样数据。如图 10-10 所示，如要测设 P 点的平面位置，其施测方法如下。

将全站仪安置在 A 点，瞄准 B 点，将水平度盘设置为 0°00′00″。然后，将控制点 A、B 的已知坐标及 P 点的设计坐标输入全站仪，即可自动算出测设数据水平角 β 及水平距离 D。测设水平角 β，并在视线方向上指挥持镜者把棱镜安置在 P 点附近的 P' 点。如持镜者在棱

镜端可看到显示的 AP' 的距离值 D'，则可根据 D' 与 D 的差值 $\Delta D=D-D'$，由持镜者在视线方向上用小钢尺对 P' 点进行归化，得 P 点；如果棱镜端无水平距离显示功能，则由观测者按算得的 ΔD 值指挥持镜者移动至 P 点。

2. 全站仪坐标法

如图 10-10 所示，将全站仪安置在 A 点，使仪器置于放样模式，输入控制点 A、B 的已知坐标及 P 点的设计坐标；瞄准 B 点进行定向；持镜者将棱镜立于放样点附近，照准棱镜，按坐标放样功能键，可显示出棱镜位置与放样点的坐标差，指挥持镜者移动棱镜，直至移动到 P 点。

3. 全站仪自由设站法

当控制点与放样点间不通视，可用自由设站法。如图 10-11 所示，A、B、C 为控制点，P、Q 为要测设的放样点。自由选择一点 O，在 O 点安置全站仪，按全站仪内置程序，后视 A、B、C 点，测出 O 点坐标，然后按全站仪极坐标法或全站仪坐标法测设出 P、Q。

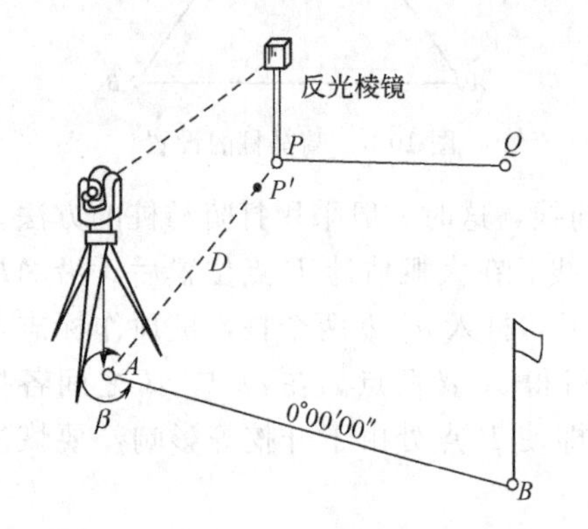

图 10-10 全站仪按极坐标法测设点位

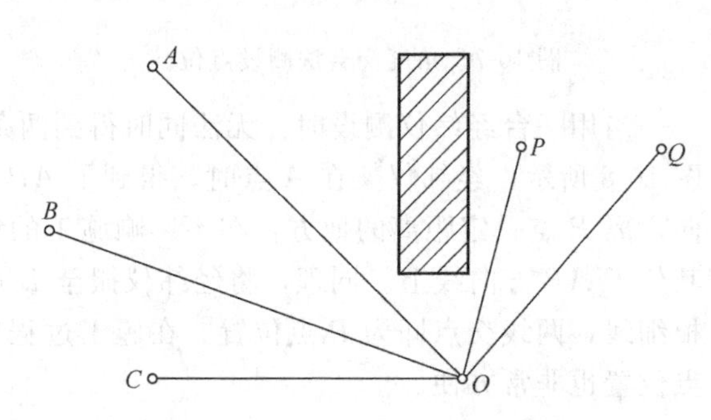

图 10-11 全站仪自由设站法

由于 O 点是自由选择的，定点非常方便。O 点也可作为增设的临时控制点，并建立标志。

六、GPS RTK 法

在平坦、不隐蔽地区采用 GPS RTK 实时动态定位放样已经成为广泛使用的放样方法之一。优点是：放样速度快、放样各点精度基本一致、成本低、可全天候作业，10～20km 只需一个基准站（已知控制点）。因此，对施工面积较小的工程，不需要布设施工控制网。

在基准站上安置 GPS 接收机，连接接收机与控制器。开机后通过控制器进行操作，测量类型设置为 GPS RTK 测量模式，输入基准站坐标和坐标转换参数，完成基准站设置。基准站 GPS 接收机连续接收所有可视 GPS 卫星信号，并通过数据链（发射电台）将观测值、基准站坐标等发送出去。在流动站上，将流动站设置为 GPS RTK 测量模式，完成流动站设置。流动站接收机在跟踪 GPS 卫星信号的同时，接收来自基准站的数据，进行处理后，获得流动站的坐标及精度，并在流动站的控制器上实时显示。随机软件可将实时位置与设计值相比较，计算与设计坐标的差异，进而指导放样人员沿设计线路行进，到达设计点的地面位置，在确认定位精度满足放样精度指标后，将数据存储，并在地面设置点位标志。

第四节 设计坡度的测设

已知坡度的测设就是根据一点的高程，在给定方向上定出其他一些点的高程位置，使这些点的高程位置在给定的设计坡度线上。例如，道路路面铺设、城市地下管线的铺设等，经常要测设由设计所给定的坡度线。

如图10-12所示，设A点高程为H_A，A、B两点间的水平距离为D_{AB}，AB直线的设计坡度为i_{AB}，则可算出B点的设计高程为

$$H_B = H_A + i_{AB} D_{AB} \tag{10-11}$$

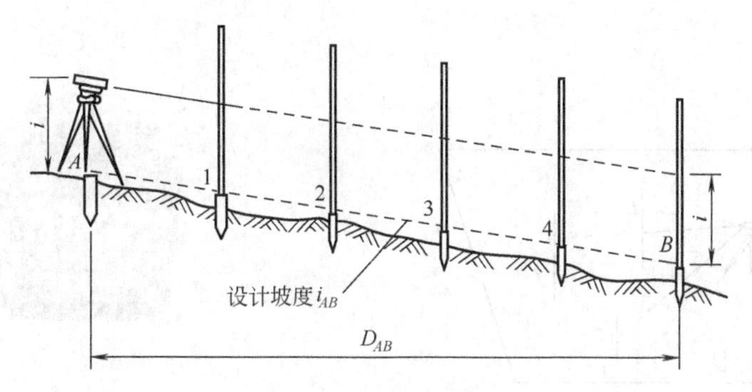

图10-12　坡度的测设

按测设高程的方法，在B点测设出H_B的高程位置，则A点与B点之间的设计坡度线就定出来了。在实际工作中，只有线路两端点的高程是不够的，通常需要在A、B两点之间定出一系列点，使它们的高程位置能位于同一坡度线上。测设时，将水准仪（当设计坡度较大时可用经纬仪）安置在A点，并使水准仪基座上的一只脚螺旋在AB方向上，另两只脚螺旋的连线与AB方向垂直，量取仪器高i，用望远镜瞄准立于B点的水准尺，调整在AB方向上的脚螺旋，使十字丝的中丝在水准尺上的读数为仪器高i，这时仪器的视线平行于所设计的坡度线。然后在AB中间的各点1、2、3…的桩上立水准尺，使桩上标尺读数为i，则桩顶连线为设计坡度线。

第五节　铅垂线和水平面的测设

一、铅垂线的测设

在基础、主体结构、高耸构筑物、竖井等工程施工过程中，经常要将点位沿竖直方向向上或向下传递，即要测设铅垂线。测设铅垂线可用经纬仪投测法、垂线法、激光铅垂仪投测法、光学垂准仪投测法等方法。

当高度不高时，用垂线法最直接，悬挂垂球后，垂球稳定时垂球线即为铅垂线。

用经纬仪投测时，如图10-13所示，在相互垂直的两个方向上，分别架设经纬仪，经整平后，瞄准上（或下）标志，上下转动望远镜，在视准轴方向得到两个铅垂面，则两铅垂面的交线即为铅垂线。这时，在经纬仪的视准轴方向上，用与角度交会法测设点位一样的方法可定出下（或上）标志，上下标志即在同一铅垂线上。

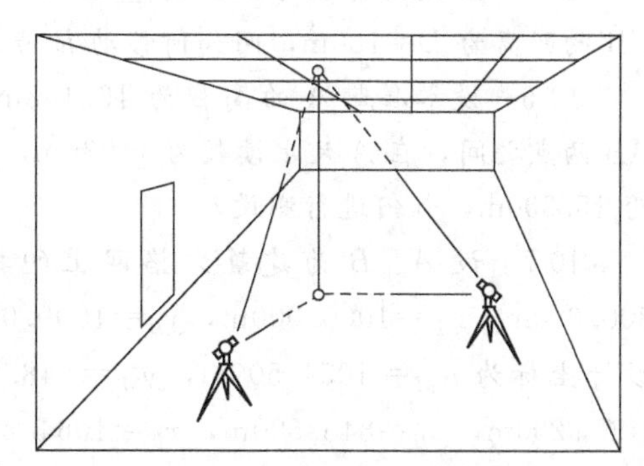

图10-13　铅垂线的测设

用激光铅垂仪投测法、光学垂准仪投测法测设铅垂线的方法见第十二章第三节。

二、水平面的测设

在基础、楼面、广场、跑道等工程施工过程中，经常要测设水平面。如图 10-14 所示，要测设一个高程为 H_A 的水平面，先用测设高程的方法在 A 点测设出 H_A，然后在适当位置架设水准仪，瞄准 A 点水准尺，得读数 l，瞄准其他各点，只要尺上读数为 l，则尺底位置就在高程为 H_A 的水平面上。

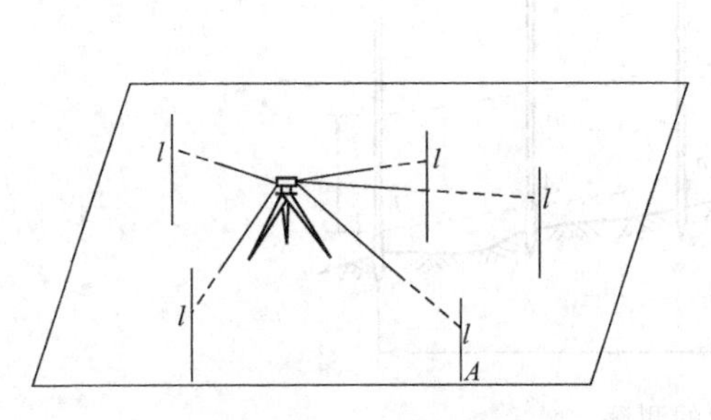

图 10-14　水平面的测设

图 10-15　JP300 激光扫平仪

激光扫平仪能方便快速地提供一个水平或垂直的基准面。图 10-15 所示为 JP300 全自动激光扫平仪，激光扫平仪内置的激光二极管发出的红色激光，经过仪器内部的光路转换，在上部的旋转头中发射出去，该旋转头在马达带动下自动旋转，使得发出的激光束在水平面内旋转，由于有自动安平装置，从而扫描的平面是一个水平基准面。仪器也能使激光在垂直面上扫描。JP300 全自动激光扫平仪可自动提供高精度的激光水平基准面及铅垂线或激光垂直基准面及水平线，也可提供激光坡面，具有自动超范围报警、可遥控操作等功能。扫描半径为 150m，水平扫描精度为±10″、垂直扫描精度为±15″、自动安平范围±5°。

思考题与习题

10-1　施工放样的基本方法是什么？

10-2　测设已知数值的水平距离、水平角及高程是如何进行的？

10-3　测设点位的方法有哪几种？各适用于什么场合？

10-4　如何用水准仪测设已知坡度的坡度线？

10-5　要测设角值为 120°的$\angle ACB$，先用经纬仪精确测得$\angle ACB'=120°00'15''$，已知 CB'的距离为 $D=180$m，问如何移动 B'点才能使角值为 120°？

10-6　设水准点 A 的高程为 16.163m，现要测设高程为 15.000m 的 B 点，仪器架在 AB 两点之间，在 A 尺上读数为 1.036m，则 B 尺上读数应为多少？如欲使 B 桩的桩顶高程为 15.000m，如何进行测设？

10-7　设 A、B 为建筑方格网上的控制点，其已知坐标为 $x_A=1000.000$m，$y_A=800.000$m，$x_B=1000.000$m，$y_B=1000.000$m。M、N、E、F 为一建筑物的轴线交点，其设计坐标为 $x_M=1051.500$m，$y_M=848.500$m，$x_N=1051.500$m，$y_N=911.800$m，$x_E=1064.200$m，$y_E=848.500$m，$x_F=1064.200$m，$y_F=911.800$m。试叙述用直角坐标法测设 M、N、E、F 四点的测设方法。

10-8　设 I、J 为控制点，已知 $x_I=158.27\mathrm{m}$，$y_I=160.64\mathrm{m}$，$x_J=115.49\mathrm{m}$，$y_J=185.72\mathrm{m}$。A 点的设计坐标为 $x_A=160.00\mathrm{m}$，$y_A=210.00\mathrm{m}$。试分别计算用极坐标法、角度交会法及距离交会法测设 A 点所需的放样数据。

10-9　要在 CB 方向测设一条坡度为 $i=-2\%$ 的坡度线，已知 C 点高程为 36.425m，CB 的水平距离为 120m，则 B 点高程应为多少？

第十一章 线路测量

第一节 概 述

铁路、公路、桥涵、隧道、城市道路、管道、架空索道、输电线路等均属于线型工程，它们的中线通称线路。各种线型工程在勘测设计阶段、施工阶段及运营管理阶段所进行的测量工作称为线路测量。

一、勘测设计阶段

线路工程的勘测设计是分阶段进行的，一般先进行初步设计，再进行施工图设计。勘测设计阶段测量的目的是为各阶段设计提供详细资料，可分为初测和定测。

初测是工程初步设计阶段的测量工作。根据初步提出的各个线路方案，对地形、地质及水文等进行较为详细的测量，从中确定最佳线路方案，为线路初步设计提供资料。它的测量成果是定测和施工测量的依据。初测的主要工作为平面和高程控制测量、带状地形图测绘等。

定测是将批准的初步设计中线路中线测设于实地上的测量工作。必要时可对设计方案作局部修改。定测的主要工作内容有：中线测量、纵断面测量和横断面测量，并进行详细的地质和水文勘测。定测资料是施工图设计和工程施工的依据。

二、施工阶段

线路工程施工阶段的测量工作是按设计文件要求的位置、形状及规格在实地正确地放样道路中线及其构筑物。施工阶段的测量工作主要有复测中线及放样等。

三、运营管理阶段

线路工程运营管理阶段的测量工作是为线路及其构筑物的维修、养护、改建和扩建提供资料，包括变形观测和维修养护测量等。

本章主要介绍线路中线测量、纵断面测量及横断面测量。

第二节 中线测量

中线测量是把线路初步设计的中线在实地进行测设的工作。由于线路的平面线型是由直线及曲线所构成，所以中线测量就是要把这些直线与曲线在实地标定出来，作为测绘纵横断面图、平面图以及施工放样的基础和依据。

中线测量的主要工作有测设线路的交点和测定转向角、测设直线段的转点桩和中桩、曲线测设等。

一、交点和转点的测设

1. 交点的测设

线路上两相邻直线方向的相交点称为交点，也叫转向点，如图 11-1 所示的 JD 点。在实地测设出路线的交点后，就可定出交点间两直线线路中心线的位置，交点是线路测量中的基本控制点。

线路通常不会全部是一条平面直线。线路由一方向转到另一方向，转变后方向与原方向间的夹角，称为转向角，如图 11-1 中所示的 α 角。线路转向通常可分为直线及曲线形式，在城市道路中通常为直线转向，如图 11-1(a) 所示；在高速公路、铁路中通常采用曲线形式，如图 11-1(b) 所示。在道路测设时，转向角与设计曲线半径是计算曲线要素的依据。

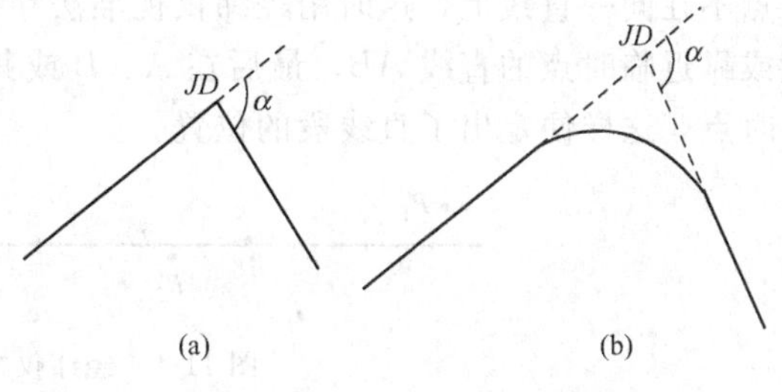

图 11-1　路线的交点和转向角

道路初步设计时，在地形图上定出了线路中线及交点的位置。交点的测设可根据实际情况的不同，采用以下几种方法。

(1) 根据导线点测设　根据线路初测阶段布设的导线点坐标以及道路交点的设计坐标，事先计算出有关放样数据，按极坐标法、距离交会法、角度交会法等测设点位的方法，测设出交点的实地位置。

(2) 根据原有地物测设　首先在地形图上根据交点与地物之间位置关系，量取交点至地物点的水平距离，然后在现场按距离交会法等测设出交点的实地位置。

(3) 穿线交点法　穿线交点法是根据图上定线的线路位置在实地测设交点的方法。它利用图上的导线点或地物点与线路的直线段之间的角度和距离关系，用图解法求出测设数据，然后依实地导线点或地物点，把线路的直线段独立地测设到地面上，最后将相邻两直线段延长相交，定出交点的实地位置。穿线交点法的施测步骤为：准备放线资料、放点、穿线、交点。

① 准备放线资料。当设计中线的直线段附近有导线点时，可用支距法放点。如图 11-2 所示，Ⅰ、Ⅱ、Ⅲ、Ⅳ为导线点，P_1、P_2、P_3、P_4 为纸上定线的线路直线段的临时定线点。以导线点为垂足，在图上量取各导线点至线路设计中心线的距离 d_1、d_2、d_3、d_4。

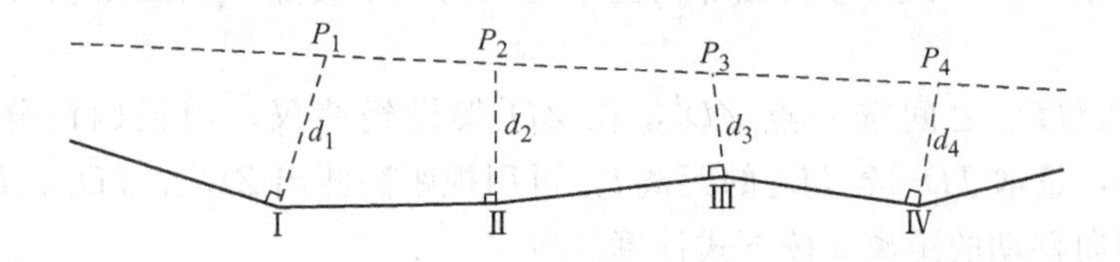

图 11-2　支距法测设直线

放点也可用极坐标法进行。如图 11-3 所示，设 P_1、P_2、P_3、P_4 为图上设计中线的临时定线点，Ⅰ、Ⅱ、Ⅲ为设计中线附近的导线点或地物点，在图上用量角器及比例尺分别量取 β_1、β_2、β_3、β_4、d_1、d_2、d_3、d_4，则可得各放样数据。

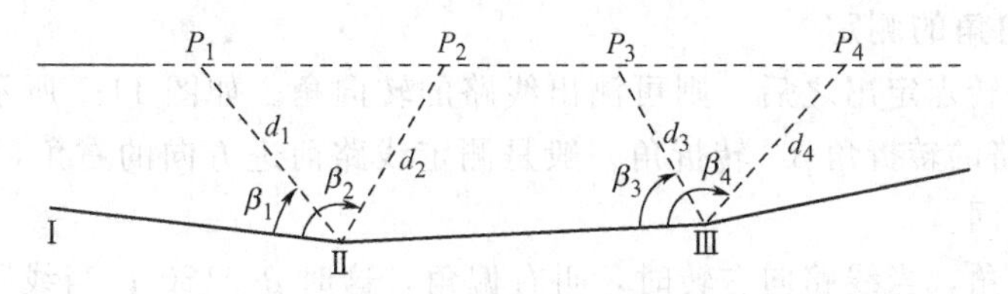

图 11-3　极坐标法测设直线

② 放点。在现场根据相应导线点或地物点及量得数据放样 P_1、P_2、P_3、P_4 等点。操作时可用经纬仪放样角度，用皮尺测量距离。

③ 穿线。由于图解数据和测设误差的影响，在现场所放出的这些点通常不在同一直线上，这时可用经纬仪穿线求得该线的最佳放样位置。如图 11-4 所示，P_1、P_2、P_3、P_4 等临时点不在同一直线上，这时用经纬仪视准法穿线，通过比较和选择，定出一条尽可能多的穿过或靠近临时点的直线 AB，最后在 A、B 或其方向上打下两个以上的转点桩，随即取消各临时点，这样便定出了直线段的位置。

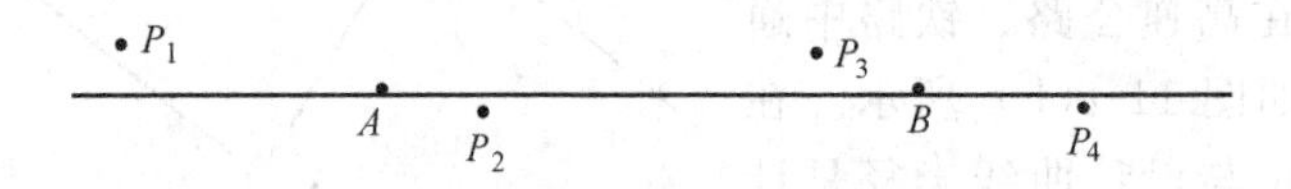

图 11-4　经纬仪视准法穿线

④ 交点。如图 11-5 所示，当相邻两直线 AB、CD 在实地定出后，采用正倒镜分中法将 AB、CD 直线延长相交，则可定出交点 JD。

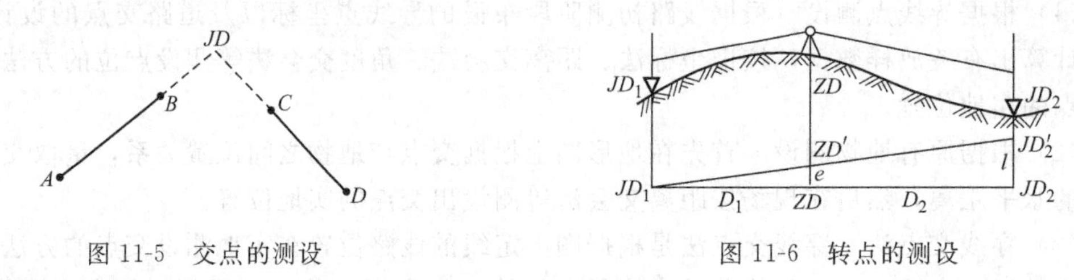

图 11-5　交点的测设　　　图 11-6　转点的测设

2. 转点的测设

当相邻两交点互不通视或直线较长时，需在其连线方向上测定一个或几个转点，以便在交点上测量转向角及在直线上量距时作为照准和定线的目标。通常交点至转点或转点至转点间的距离，不应小于 50m 或大于 500m，一般在 200～300m。另外，在线路与其他线路交叉处，以及线路上需设置桥涵等构筑物处也应设置转点。若相邻两交点互不通视，可采用下述方法测设转点。

如图 11-6 所示，JD_1、JD_2 为相邻而互不通视的两个交点，现欲在 JD_1 与 JD_2 之间测设一转点 ZD。

首先在 JD_1、JD_2 之间选一点 ZD'，在 ZD' 架设经纬仪，用正倒镜分中法延长直线 JD_1-ZD' 至 JD_2'，量取 JD_2 至 JD_2' 的距离 l，再用视距法测出 ZD' 至 JD_1、JD_2 的距离 D_1、D_2，则 ZD' 应横向移动的距离 e 按下式计算。

$$e=\frac{D_1}{D_1+D_2}l \tag{11-1}$$

将 ZD' 按 e 值移至 ZD，再将仪器移至 ZD 重复以上方法逐渐趋近，直至得到符合要求的转点。

二、线路转向角的测定

线路的交点和转点定出之后，则可测出线路的转向角。如图 11-7 所示，要测定转向角 α，通常先测出线路的转折角 β，转折角一般是测定线路前进方向的右角，可用 DJ_6 经纬仪按测回法观测一测回。

转向角也叫偏角，当线路向右转时，叫右偏角，这时 $\beta<180°$；当线路向左转时，称为左偏角，这时 $\beta>180°$。

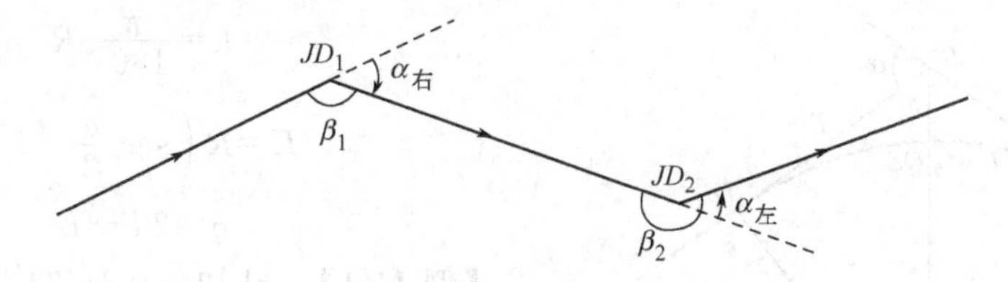

图 11-7 转向角的测定

转向角可按下式计算

$$\left.\begin{aligned}\alpha_{右}&=180^{\circ}-\beta\\\alpha_{左}&=\beta-180^{\circ}\end{aligned}\right\}\tag{11-2}$$

三、里程桩的设置

里程桩又称中桩、中线桩，在线路中线上测设中桩的工作称为中桩测设。中桩标定了中线位置、路线形状和里程。中桩包括起点桩、终点桩、千米桩、百米桩、平曲线控制桩、桥梁或隧道轴线控制桩、转点桩和断链桩，并应根据竖曲线的变化适当加桩。线路中线桩的间距，直线部分不大于 50m，平曲线部分为 20m；当公路曲线半径为 30～60m 或缓和曲线长度为 30～50m 时，不大于 10m；公路曲线半径小于 30m、缓和曲线长度小于 30m 或回头曲线段，不大于 5m。

中桩测设时，自线路起点通过测量设置。每个桩的桩号表示该桩距线路起点的里程，如某桩距线路起点的距离为 14256.75m，则其桩号 14＋256.75。

我国道路是用汉语拼音的缩写名称来表示桩点的，如表 11-1 所示。如某桩为直线与圆曲线的连接点，至线路起点的距离为 14256.75m，则可表示为 ZY14＋256.75。

表 11-1 道路桩点名称表

标志名称	简称	汉语拼音缩写	标志名称	简称	汉语拼音缩写
交点		JD	复曲线公切点		GQ
转点		ZD	第一缓和曲线起点	直缓点	ZH
圆曲线起点	直圆点	ZY	第一缓和曲线终点	缓圆点	HY
圆曲线中点	曲中点	QZ	第二缓和曲线终点	圆缓点	YH
圆曲线终点	圆直点	YZ	第二缓和曲线起点	缓直点	HZ

第三节 圆曲线测设

圆曲线的测设通常分两步进行，第一步先测设曲线的主点，第二步进行曲线的详细测设。

一、圆曲线主点测设

圆曲线的主点包括圆曲线的起点 ZY，圆曲线的中点 QZ 和圆曲线的终点 YZ，如图 11-8 所示。

1. 圆曲线测设元素的计算

圆曲线的测设元素有切线长 T、曲线长 L、外矢距 E 及切曲差 q。这些测设元素均可根据线路的转向角 α 及圆曲线半径 R 计算而得，其计算公式为

$$T=R\tan\frac{\alpha}{2}\tag{11-3}$$

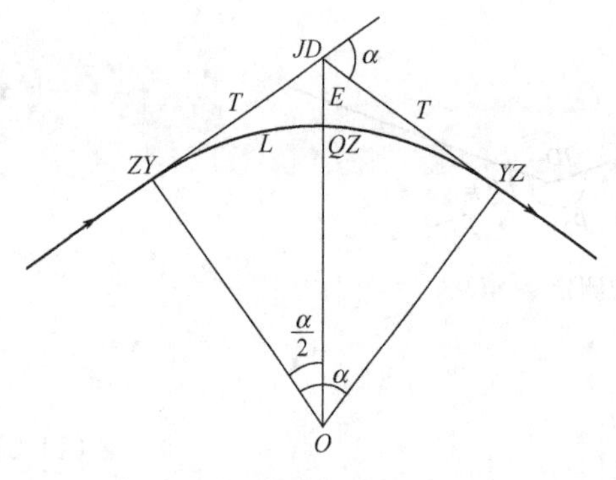

图 11-8 圆曲线测设元素

$$L=\frac{\pi}{180°}\alpha R \tag{11-4}$$

$$E=R\left(\sec\frac{\alpha}{2}-1\right) \tag{11-5}$$

$$q=2T-L \tag{11-6}$$

【例 11-1】 已知 $\alpha=36°24'$，$R=150\text{m}$，求圆曲线测设元素。

解：$T=150\times\tan\frac{36°24'}{2}=49.317\text{m}$

$$L=\frac{\pi}{180°}\times36°24'\times150=95.295\text{m}$$

$$E=150\times\left(\sec\frac{36°24'}{2}-1\right)=7.899\text{m}$$

$$q=2\times49.317-95.295=3.339\text{m}$$

2. 主点桩号计算

圆曲线上各主点的桩号通常根据交点的桩号来推算，如已知交点桩号，则可求出圆曲线主点的桩号。其计算公式如下。

$$\left.\begin{aligned}ZY\text{ 桩号}&=JD\text{ 桩号}-T\\QZ\text{ 桩号}&=ZY\text{ 桩号}+\frac{L}{2}\\YZ\text{ 桩号}&=QZ\text{ 桩号}+\frac{L}{2}\end{aligned}\right\} \tag{11-7}$$

为检验计算是否正确无误，可用切曲差 q 来验算，其检验公式为

$$YZ\text{ 桩号}=JD\text{ 桩号}+T-q \tag{11-8}$$

【例 11-2】 已知交点的桩号为 4＋125.20，圆曲线主点测设元素见例 11-1，求圆曲线上各主点的桩号。

解：ZY 桩号＝4＋125.20－49.32＝4＋75.88

QZ 桩号＝4＋75.88＋95.30/2＝4＋123.53

YZ 桩号＝4＋123.53＋95.30/2＝4＋171.18

检核：YZ 桩号＝4＋125.20＋49.32－3.34＝4＋171.18

3. 主点测设

(1) 测设圆曲线起点 ZY　如图 11-8 所示，在交点 JD 安置经纬仪，后视相邻交点方向，自 JD 点沿该方向量取切线长 T，在地面标定出曲线起点 ZY。

(2) 测设圆曲线终点 YZ　在 JD 点用经纬仪前视相邻交点方向，自 JD 点沿该方向量取切线长 T，在地面标定出曲线终点 YZ。

(3) 测设圆曲线中点 QZ　在 JD 点用经纬仪后视 ZY 点方向（或前视 YZ 点方向），测设水平角 $(180°-\alpha)/2$，定出路线转折角的分角线方向（即曲线中点方向），然后沿该方向量取外矢距 E，在地面标定出曲线中点 QZ。

二、圆曲线细部点测设

在地形变化小，而且圆曲线长 L 较短（通常小于 40m）时，仅测设圆曲线的 3 个主点就能满足施工图设计及施工的要求，因此无需再测设曲线上加桩。

如果地形变化大，或者曲线较长，仅测设主点是不能确切地反映圆曲线的线型的。这

时，为了满足施工的要求，应在曲线上每隔一定距离测设一个细部点，并钉一木桩作为标志，这项工作称为圆曲线细部点测设。

圆曲线细部点测设的方法，应结合现场地形情况、道路精度要求以及使用仪器情况合理选用，常用的方法有极坐标法、偏角法和切线支距法等。

1. 极坐标法

（1）测设数据的计算　如图 11-9 所示，曲线起点（或终点）至曲线上任一点的弦线与切线之间的夹角（弦切角）称为偏角。图中 δ_i 为细部点的偏角，l_i 为弧长，c_i 为弦长，φ_i 为圆心角。根据几何原理，偏角等于该弦所对圆心角的一半，则有

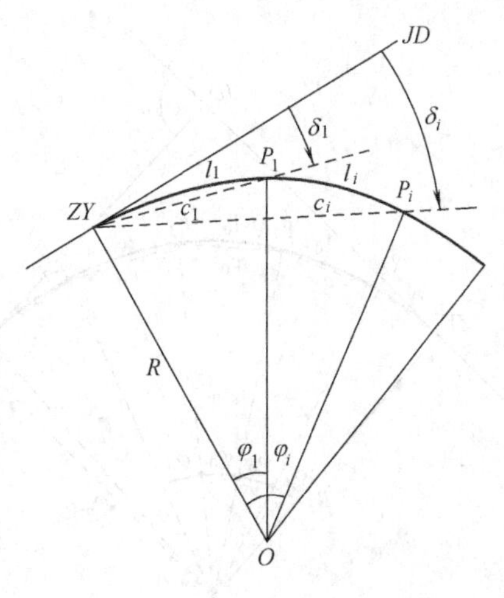

图 11-9　极坐标法测设圆曲线

$$\varphi_i=\frac{l_i}{R}\rho \tag{11-9}$$

$$\delta_i=\frac{\varphi_i}{2}=\frac{l_i}{2R}\rho \tag{11-10}$$

$$c_i=2R\sin\delta_i \tag{11-11}$$

【例 11-3】 如图 11-9 所示，已知一圆曲线的半径 $R=150$m，曲线起点桩号为 4＋75.88，曲线终点桩号为 4＋171.18，桩距为 20m。用极坐标法测设圆曲线细部点时，各点的测设数据见表 11-2。

表 11-2　极坐标法测设圆曲线细部点测设数据

曲线桩号	至曲线起点弧长/m	偏角值 °	′	″	至曲线起点弦长/m
ZY4＋75.88	0.00	0	00	00	0.00
$P_1$4＋80	4.12	0	47	13	4.12
$P_2$4＋100	24.12	4	36	24	24.09
$P_3$4＋120	44.12	8	25	35	43.96
$P_4$4＋140	64.12	12	14	46	63.63
$P_5$4＋160	84.12	16	03	57	83.02
YZ4＋171.18	95.30	18	12	04	93.71

（2）测设步骤　用极坐标法测设圆曲线细部点时，将仪器安置于 ZY 点，照准 JD 方向，使水平度盘读数为 0°00′00″，依次测设 δ_i 角及相应的弦长 c_i，则得曲线上各点。

当用全站仪或光电测距仪测设圆曲线时，用极坐标法测设较为方便。

2. 偏角法

（1）测设数据的计算　由式(11-10) 可知，圆曲线偏角与曲线起点至细部点的弧长成正比，当曲线上两细部点之间的弧长为定值时，则偏角的增量也为定值。通常偏角法按整桩号设桩，如图 11-10 所示，为使曲线上第一个细部点 P_1 为整桩，曲线起点至 P_1 的弧长一般为零数 l_1，偏角为 δ_1；在以后的细部点测设时，各桩之间的弧长是相等的，设两桩之间弧长为整数 l_0，偏角增量为 $\Delta\delta_0$；最后一段弧长为 l_n，其偏角增量为 $\Delta\delta_n$，则各桩的偏角可按以下公式计算。

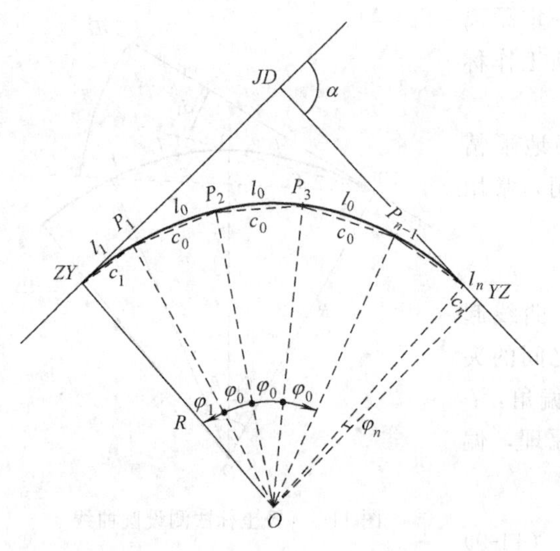

图 11-10　偏角法测设圆曲线

$$\delta_1=\frac{l_1}{2R}\rho \tag{11-12}$$

$$\Delta\delta_0=\frac{l_0}{2R}\rho \tag{11-13}$$

$$\delta_2=\delta_1+\Delta\delta_0$$

$$\delta_3=\delta_1+2\Delta\delta_0$$

$$\cdots$$

$$\delta_i=\delta_1+(i-1)\Delta\delta_0 \tag{11-14}$$

$$\cdots$$

$$\Delta\delta_n=\frac{l_n}{2R}\rho \tag{11-15}$$

$$\delta_n=\delta_{n-1}+\Delta\delta_n \tag{11-16}$$

δ_n 即为曲线终点 YZ 点的偏角，其值可用二分之一转向角来检核，即

$$\delta_n=\delta_{YZ}=\frac{\alpha}{2} \tag{11-17}$$

各点之间的弦长为

$$\left.\begin{aligned}c_1&=2R\sin\delta_1\\c_0&=2R\sin\Delta\delta_0\\c_n&=2R\sin\Delta\delta_n\end{aligned}\right\} \tag{11-18}$$

曲线细部点间的弧长 l_0 根据曲线半径的大小可取 5m、10m、20m、50m 等几种。

【例 11-4】 如图 11-10 所示，已知一圆曲线的半径 $R=150$m，曲线起点桩号为 4＋75.88，曲线终点桩号为 4＋171.18，桩距为 20m。用偏角法测设圆曲线细部点时各点的测设数据见表 11-3。

表 11-3　偏角法测设圆曲线细部点

曲线桩号	相邻桩点间弧长/m	偏角值 °	′	″	相邻桩点间弦长/m
ZY4＋75.88		0	00	00	
	4.12				4.12
$P_1$4＋80		0	47	13	
	20.00				19.985
$P_2$4＋100		4	36	24	
	20.00				19.985
$P_3$4＋120		8	25	35	
	20.00				19.985
$P_4$4＋140		12	14	46	
	20.00				19.985
$P_5$4＋160		16	03	57	
	11.18				11.178
YZ4＋171.18		18	12	04	

(2) 测设步骤　例 11-4 用偏角法测设圆曲线细部点的操作步骤如下。

① 安置经纬仪于 ZY 点，照准 JD，使水平度盘读数 0°00′00″。

② 转动照准部，使水平度盘读数为 0°47′13″，定出 P_1 点的方向，自 ZY 点沿视线方向用钢尺量取弦长 4.120m，即得 P_1 点。

③ 转动照准部，使水平度盘读数为 4°36′24″，定出 P_2 点的方向，自 P_1 点量取弦长 19.985m，使其与 P_2 点方向相交定出 P_2 点。同法，可定出曲线上其他各点。

④ 测设至 YZ 点，以作为检核。测设出的 YZ 点，应与测设圆曲线主点所定的点位一

致，如不重合，应在允许偏差之内。

用偏角法测设圆曲线时，若曲线较长，为了减少误差积累，提高测设精度，可自 ZY 点及 YZ 点分别向 QZ 点测设，分别测设出曲线上一半细部点。

3. 切线支距法

切线支距法是以圆曲线起点或终点为原点，其切线为 X 轴，垂线为 Y 轴，按曲线上各点的坐标值在实地测设曲线的方法，也叫直角坐标法。

（1）测设数据的计算 如图 11-11 所示，以 ZY 为原点，各细部点的坐标分别为（x_i，y_i）。设曲线上各点 P_i 至曲线起点（或终点）的弧长为 l_i，l_i 所对的圆心角为 φ_i，曲线半径为 R，则各点的坐标可用如下公式计算。

$$\varphi_i=\frac{l_i}{R}\rho \qquad (11\text{-}19)$$

$$\left.\begin{aligned} x_i&=R\sin\varphi_i \\ y_i&=R(1-\cos\varphi_i) \end{aligned}\right\} \qquad (11\text{-}20)$$

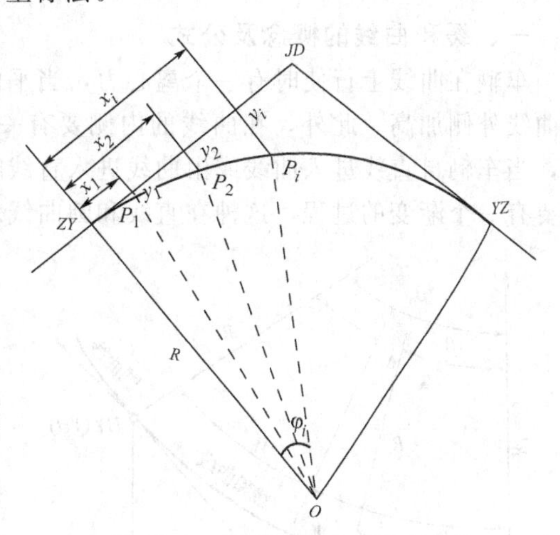

图 11-11 切线支距法测设圆曲线

【例 11-5】 如图 11-11 所示，已知 ZY 点的桩号为 4＋75.88，YZ 点的桩号为 4＋171.18，曲线半径 $R=150$m，各整桩间弧长为 20m，算得用切线支距法测设圆曲线的测设数据见表 11-4。

表 11-4 切线支距法测设圆曲线细部点

曲线桩号	相邻桩点间弧长/m	各桩点至 ZY 或 YZ 点弧长/m	切线距离 x/m	支距 y/m
ZY4＋75.88	4.12	0.00	0.00	0.00
$P_1$4＋80	20.00	4.12	4.12	0.06
$P_2$4＋100	20.00	24.12	24.02	1.94
$P_3$4＋120	3.53	44.12	43.49	6.44
QZ4＋123.53		47.65	46.85	7.50
YZ4＋171.18	11.18	0.00	0.00	0.00
$P'_1$4＋160	20.00	11.18	11.17	0.42
$P'_2$4＋140	16.47	31.18	30.96	3.23
QZ4＋123.53		47.65	46.85	7.50

（2）测设步骤 例 11-5 用切线支距法测设的步骤如下。

① 用钢尺自 ZY 点（或 YZ 点）沿切线方向测设出 x_1、x_2、x_3……在地面上定出各垂足点。

② 在各垂足点处，安置经纬仪或方向架，定出垂线方向，分别在各自的垂线方向上测设 y_1、y_2、y_3……定出各细部点。

③ 用此法测得的 QZ 点应与测设主点时所定的 QZ 点相符，以作检核。

4. 全站仪自由设站极坐标法

当用全站仪测设圆曲线时，可以用极坐标法测设。如用全站仪自由设站极坐标法测设则更为方便灵活。全站仪自由设站极坐标法测设的方法是先建立一个坐标系，如可以按切线支距法的方法计算出圆曲线上各点的坐标，然后在合适的位置自由选择一点 O，在 O 点安置全站仪，按全站仪内置程序，后视 ZY、QZ、JD、YZ 等点，测出 O 点坐标，即可按全站仪极坐标法或全站仪坐标法测设出圆曲线细部点。

第四节 缓和曲线测设

一、缓和曲线的概念及公式

车辆在曲线上行使时有一个离心力，当平面曲线的半径较小时，为了平衡离心力，通常将曲线外侧加高。此外，在曲线的内侧要有一定量的加宽。而在直线道路上，两侧是等高的，当车辆自直线进入曲线或由曲线进入直线时，曲线超高和加宽不能突然出现或消失，这就要有一个渐变的过程，这种在直线和圆曲线之间插入的曲率半径连续渐变的曲线称为缓和曲线。

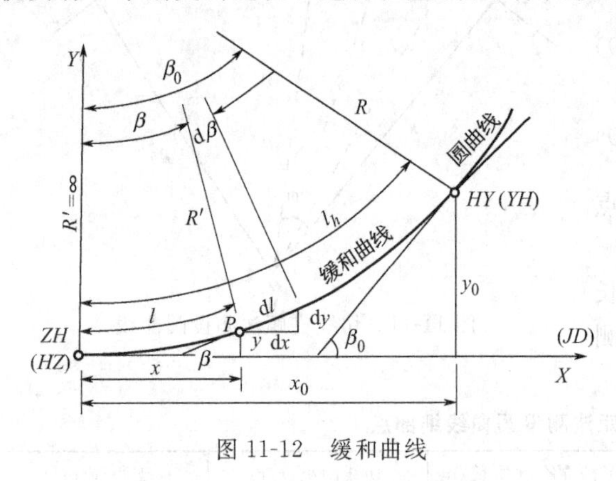

图 11-12 缓和曲线

1. 基本公式

我国采用回旋线（也称螺旋线）作为缓和曲线，在直线和圆曲线之间插入缓和曲线后，其曲率半径由无穷大逐渐变化到圆曲线半径 R，如图 11-12 所示。

回旋线的特性是曲线上任何一点的曲率半径 R' 与起点至该点的曲线长 l 成反比，即

$$R'=\frac{c}{l} \tag{11-21}$$

式中，l 以 ZH 点或 HZ 点为起点；c 为常数，当由设计给定缓和曲线的曲线全长 l_h 及圆曲线半径 R 时，则有

$$c=Rl_h \tag{11-22}$$

2. 切线角公式

缓和曲线上任何一点 P 处的切线与起点（ZH 点或 HZ 点）处切线的交角 β，称为切线角。该角值与 P 点曲线长 l 所对的中心角相等，如图 11-12 所示。P 点处的微分弧段 dl 所对的中心角为 $d\beta$，则

$$d\beta=\frac{dl}{R'}\rho=\frac{l}{c}\rho dl=\frac{l}{Rl_h}\rho dl$$

积分得

$$\beta=\frac{l^2}{2Rl_h}\rho \tag{11-23}$$

缓和曲线全长 l_h 所对的中心角 β_0 为

$$\beta_0=\frac{l_h}{2R}\rho \tag{11-24}$$

3. 参数方程

如图 11-14 所示，设以缓和曲线起点为坐标原点，该点切线为 X 轴，半径为 Y 轴，则 P 点处的微分弧段 dl 在坐标轴上的投影 dx、dy 为

$$\left.\begin{aligned}dx&=\cos\beta dl\\dy&=\sin\beta dl\end{aligned}\right\}\tag{11-25}$$

将 $\cos\beta$、$\sin\beta$ 按级数展开，并将式（11-23）代入上式，舍去高次项，积分后得缓和曲线的参数方程

$$\left.\begin{aligned}x&=l-\frac{l^5}{40R^2l_h{}^2}\\y&=\frac{l^3}{6Rl_h}\end{aligned}\right\}\tag{11-26}$$

当 $l=l_h$ 时，得缓和曲线终点（HY 或 YH 点）的坐标。

$$\left.\begin{aligned}x_0&=l_h-\frac{l_h{}^3}{40R^2}\\y_0&=\frac{l_h{}^2}{6R}\end{aligned}\right\}\tag{11-27}$$

二、带有缓和曲线的圆曲线测设

1．主点测设

（1）内移量和切线增量　如图 11-13 所示，在直线与圆曲线之间插入缓和曲线时，必须将原圆曲线向内移动一段距离 p，才能使圆曲线和缓和曲线衔接，此时切线增长了 m。内移圆曲线可采用保持圆曲线圆心不动，即将原圆曲线半径减少 p 的方法实现，此时圆曲线长度缩短了，圆曲线所对的圆心角也减少了 $2\beta_0$。

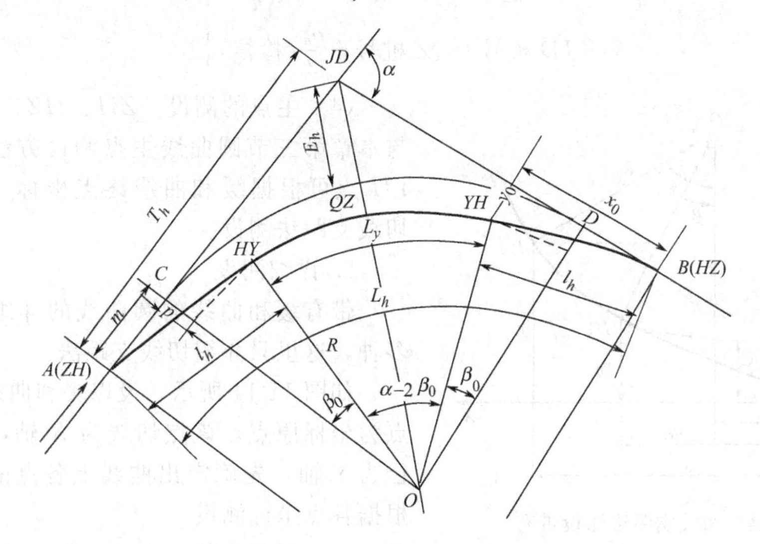

图 11-13　带有缓和曲线的圆曲线

设圆曲线半径为 R，由图可知

$$\left.\begin{aligned}p&=y_0-R(1-\cos\beta_0)\\m&=x_0-R\sin\beta_0\end{aligned}\right\}\tag{11-28}$$

将 $\cos\beta_0$、$\sin\beta_0$ 按级数展开，并将式(11-24)、式(11-27) 代入式(11-28)，舍去高次项，则得内移量 p 和切线增量 m 为

$$p=\frac{l_h{}^2}{24R}\tag{11-29}$$

$$m=\frac{l_h}{2}-\frac{l_h{}^3}{240R^2} \tag{11-30}$$

式中，β_0、p、m 称为缓和曲线常数。

（2）主点测设元素的计算　带有缓和曲线的圆曲线的主点测设元素包括切线长 T_h、曲线长 L_h、外矢距 E_h 及切曲差 q_h。测出转向角 α 后，根据设计的圆曲线半径 R、缓和曲线长度 l_h，主点测设元素可分别按下式计算。

$$\left.\begin{aligned}T_h&=(R+p)\tan\frac{\alpha}{2}+m\\L_h&=\frac{\pi}{180°}R\alpha+l_h\\E_h&=(R+p)\sec\frac{\alpha}{2}-R\\q_h&=2T_h-L_h\end{aligned}\right\} \tag{11-31}$$

（3）主点桩号计算　如已知交点桩号，则可求出曲线各主点的桩号，其计算公式如下。

$$\left.\begin{aligned}&ZH\text{ 桩号}=JD\text{ 桩号}-T_h\\&HY\text{ 桩号}=ZH\text{ 桩号}+l_h\\&QZ\text{ 桩号}=ZH\text{ 桩号}+\frac{L_h}{2}\\&YH\text{ 桩号}=ZH\text{ 桩号}+L_h-l_h\\&HZ\text{ 桩号}=YH\text{ 桩号}+l_h\\&JD\text{ 桩号}=QZ\text{ 桩号}+\frac{q_h}{2}\text{(检核)}\end{aligned}\right\} \tag{11-32}$$

（4）主点的测设　ZH、HZ、QZ 点的测设与本章第三节圆曲线主点测设方法相同，HY、YH 点可根据缓和曲线终点坐标（x_0，y_0）用切线支距法测设。

2. 详细测设

带有缓和曲线的圆曲线的详细测设方法有多种，这里只介绍切线支距法。

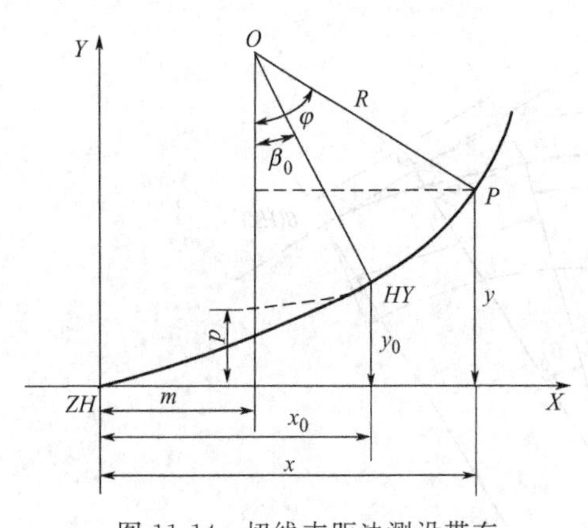

图 11-14　切线支距法测设带有缓和曲线的圆曲线

如图 11-14 所示，设以缓和曲线 ZH 或 HZ 点为坐标原点，该点切线为 X 轴，过原点的半径为 Y 轴，先确定出曲线上各点的坐标，然后根据各点坐标测设。

（1）缓和曲线上各点坐标　缓和曲线上某点至 ZH 或 HZ 点的曲线长为 l 时，由式(11-26）可得该点坐标

$$x=l-\frac{l^5}{40R^2l_h{}^2}$$

$$y=\frac{l^3}{6Rl_h}$$

（2）圆曲线上各点坐标　如图 11-14 所示，设圆曲线上 P 点至 HY 或 YH 点的曲线长为 l'，则

$$\varphi=\frac{l'}{R}\rho+\beta_0 \tag{11-33}$$

P 点坐标为

$$\left.\begin{aligned} x&=R\sin\varphi+m \\ y&=R(1-\cos\varphi)+p \end{aligned}\right\} \tag{11-34}$$

曲线上各点的测设方法与圆曲线切线支距法相同。

第五节　复曲线测设

一、复曲线的类型

由两个或两个以上不同半径的同向圆曲线组成的曲线称为复曲线。在线路转向时，如水平方向上受到地形的限制，可设置复曲线。按连接方式的不同，复曲线可分为以下三种类型。

① 由两圆曲线直接连接而成。

② 两端有缓和曲线，中间用两圆曲线直接连接而成。

③ 两端有缓和曲线，圆曲线之间也用缓和曲线连接而成。

二、不设缓和曲线的复曲线测设

设置复曲线时，设计只给出其中一个圆曲线的半径 R_1，这个圆曲线叫主圆曲线，副圆曲线的半径 R_2 由计算而得。如图 11-15 所示，JD_1、JD_2 为相邻两交点，两点连线叫切基线，长度 $D_{JD_1JD_2}$ 可用钢尺在现场量出，转向角 α_1、α_2 用经纬仪测出。

1. 测设元素计算

(1) 主圆曲线　切线长 T_1、曲线长 L_1、外矢距 E_1 及切曲差 q_1 分别按下式计算。

$$\left.\begin{aligned} T_1&=R_1\tan\frac{\alpha_1}{2} \\ L_1&=\frac{\pi}{180°}\alpha_1 R_1 \\ E_1&=R_1\left(\sec\frac{\alpha_1}{2}-1\right) \\ q_1&=2T_1-L_1 \end{aligned}\right\} \tag{11-35}$$

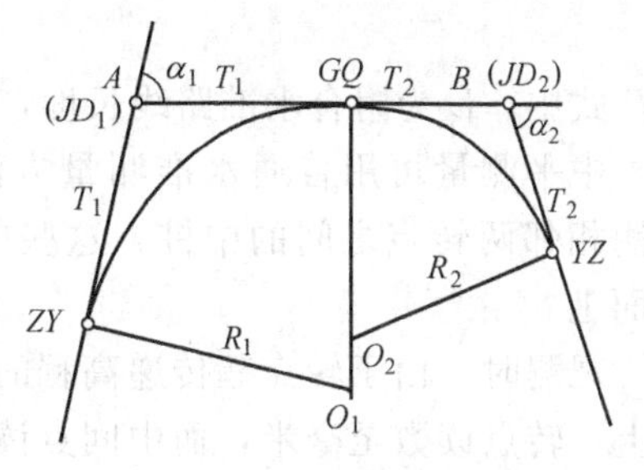

图 11-15　复曲线测设

(2) 副圆曲线　切线长 T_2、半径 R_2、曲线长 L_2、外矢距 E_2 及切曲差 q_2 分别按下式计算。

$$\left.\begin{aligned} T_2&=D_{JD_1JD_2}-T_1 \\ R_2&=T_2/\tan\frac{\alpha_2}{2} \\ L_2&=\frac{\pi}{180°}\alpha_2 R_2 \\ E_2&=R_2\left(\sec\frac{\alpha_2}{2}-1\right) \\ q_2&=2T_2-L_2 \end{aligned}\right\} \tag{11-36}$$

2. 复曲线测设

① 自 JD_1 分别向前、向后沿切线方向量取 T_1，定出 ZY 点和 GQ 点。

② 自 JD_2 沿切线方向向前量取 T_2，定出 YZ 点。

③ 圆曲线其他主点及细部点的测设方法见本章第三节圆曲线测设。

第六节　纵断面和横断面测量

线路中线测量完成后，要进行纵、横断面测量，为进一步进行施工图设计提供资料。

一、纵断面测量

测量中线上各桩地面高程的工作叫纵断面测量。为了保证测量精度，路线水准测量通常分两步进行，即先进行基平测量，然后进行中平测量。

1. 基平测量

基平测量是沿线路设立水准点，并测定其高程，以作为线路测量的高程控制。水准点应靠近线路，并应在施工干扰范围外布设。在点位上，根据需要埋设标石。

高程系统一般应采用 1985 国家高程基准。在已有高程控制网的地区也可沿用原高程系统，特殊地区亦可采用假定高程系统。

高速公路、一级公路高程控制测量采用四等水准测量，铁路、二级及二级以下公路及其他线路工程可采用五等水准测量。

2. 中平测量

中平测量是测定线路中线上的各中桩地面高程的工作。根据中平测量的成果，绘制成纵断面图，可供设计线路纵坡之用。

中平测量通常附合于基平所测定的水准点，即以相邻水准点为一测段，从一水准点出发，逐个测出中桩的地面高程，然后附合至另一水准点上。各测段的高差允许闭合差为

$$f_{h允}=\pm 50\sqrt{L}\text{mm} \tag{11-37}$$

式中，L 为附合水准路线长度，km。

中平测量可用普通水准测量方法进行施测。观测时，在每一测站上先观测转点，再观测相邻两转点之间的中桩，这些中桩点称为中间点，立尺时应将尺子立在紧靠中桩的地面上。

观测时，由于转点起传递高程的作用，因此水准尺应立在尺垫上、较为稳固的桩顶或岩石上，转点读数至毫米，而中间点读数至厘米。

3. 纵断面图的绘制

纵断面图表示线路中线方向的地面高低起伏，它根据中平测量的成果绘制而成。

纵断面图以距离（里程）为横坐标，以高程为纵坐标，按规定的比例尺将外业所测各点画出，依次连接各点则得线路中线的地面线。为了明显表示地势变化，纵断面图的高程比例尺通常比水平距离比例尺大 10 倍。纵断面图的比例尺通常如表 11-5 所示。

表 11-5　线路纵断面图的比例尺

带状地形图	铁路		公路	
	水平	垂直	水平	垂直
1∶1000	1∶1000	1∶100		
1∶2000	1∶2000	1∶200	1∶2000	1∶200
1∶5000	1∶10000	1∶1000	1∶5000	1∶500

在纵断面图的下部通常注有地面高程、设计高程、设计坡度、里程、线路平面以及工程

地质特征等资料。

4. 纵断面图的绘制举例

下面以一实例，说明纵断面测量的观测、记录、计算以及纵断面图的绘制方法。

（1）观测　如图 11-16 所示为某段二级公路的中线，选择一适当位置安置水准仪。先后视水准点 *BM.*1，然后前视转点 *TP.*1，再观测 0＋000、0＋050、0＋100、0＋108、0＋120 等中间点。第 1 站观测后，将水准仪搬至第 2 站，先后视转点 *TP.*1，然后前视转点 *TP.*2，再观测 0＋140、0＋160、0＋180、0＋200、0＋221 等各中间点，完成第 2 站的观测。用同样方法向前测量，直到附合到水准点 *BM.*2，则完成了这一测段的观测工作。

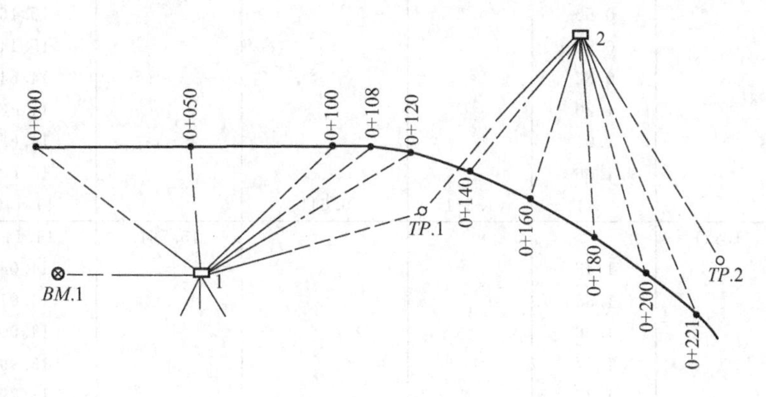

图 11-16　中平测量

（2）记录与计算　在观测读数的同时，将观测数据分别记录于纵断面测量记录表中后视读数、前视读数、中视读数栏内（表 11-6）。

记下各站的数据后，即可计算各站前、后视的高差及附合水准路线的观测高差。本例中，观测高差 $h_{测}=2.301\text{m}$。已知水准点 *BM.*1 及 *BM.*2 的高程分别为 $H_1=12.315\text{m}$、$H_2=14.591\text{m}$，该附合路线的高差理论值为

$$h_{理}=14.591-12.315=2.276\text{m}$$

则高差闭合差为

$$f_h=h_{测}-h_{理}=2.301-2.276=0.025\text{m}$$

算得允许闭合差为

$$f_{h允}=\pm 50\sqrt{L}=\pm 50\sqrt{0.4}=\pm 32\text{mm}$$

由于 $f_h<f_{h允}$，可进行中桩地面高程的计算。在线路纵断面测量中，各中桩的高程精度要求不是很高（读数只需读至厘米），因此在线路高差闭合差符合要求的情况下，可不进行高差闭合差的调整，直接计算各中桩的地面高程。每一测站的各项计算可按下列公式依次进行。

$$\left.\begin{aligned}&\text{视线高程}=\text{后视点高程}+\text{后视读数}\\&\text{转点高程}=\text{视线高程}-\text{前视读数}\\&\text{中桩高程}=\text{视线高程}-\text{中视读数}\end{aligned}\right\}\qquad(11\text{-}38)$$

（3）纵断面图的绘制　如图 11-17 所示，在图的上半部有两条自左向右贯穿全图的折线。细折线表示线路中线的地面线，是根据中平测量的中桩地面高程绘制的；粗折线表示线

表 11-6 纵断面测量记录

测站	点号	后视读数/m	中视读数/m	前视读数/m	前后视高差/m	视线高程/m	测点高程/m	备注
1	*BM*.1	2.191				14.506	12.315	
	0+000		1.62				12.89	
	+050		1.90				12.61	
	+100		0.62				13.89	
	+108		1.03				13.48	*ZY*
	+120		0.91				13.60	
	TP.1			1.007	1.184		13.499	
2	*TP*.1	2.162				15.661	13.499	
	0+140		0.50				15.16	
	+160		0.52				15.14	
	+180		0.82				14.84	
	+200		1.20				14.46	
	+221		1.01				14.65	*QZ*
	+240		1.06				14.60	
	TP.2			1.521	0.641		14.140	
3	*TP*.2	1.421				15.561	14.140	
	0+260		1.48				14.08	
	+280		1.55				14.01	
	+300		1.56				14.00	
	+320		1.57				13.99	
	+335		1.77				13.79	*YZ*
	+350		1.97				13.59	
	TP.3			1.388	0.033		14.173	
4	*TP*.3	1.724				15.897	14.173	
	0+384		1.58				14.32	
	+391		1.53				13.37	*JD*
	+400		1.57				14.33	
	BM.2			1.281	0.443		14.616	(14.591)

路的纵坡设计线，是按设计要求绘制的。此外，在折线上方还标注有水准点的编号、高程和位置，竖曲线示意图及曲线元素。如果在该纵断面图的范围内有桥梁、涵洞及道路交叉点等，其类型、孔径、里程桩号及有关说明等也应标明在断面图的上部。

纵断面图的高程按规定的比例尺进行注记，在确定纵坐标上具体高程刻划点的起算高程时，可根据线路上各中桩的地面高程而定。如图 11-17 所示，从 10m 开始，其目的是使绘出的地面线以及设计坡度线处于纵断面图上的适当位置。

在纵断面图的下半部分以表格形式注记纵断面测量及纵坡设计等方面的资料、数据，自上而下依次表示的为坡度与距离、设计高程、地面高程、填挖土、桩号、直线与曲线等栏。图 11-17 中所示各栏内容的计算与绘制方法如下。

① 桩号。自左向右按规定的水平距离比例尺标注各中桩的桩号。桩号的标注位置表示了纵断面图上各中桩的横坐标位置。

② 地面高程。在对应于各中桩桩号的位置上，根据中平测量所测得的数据标注出各中桩的地面高程。按各点的地面高程，在相应各中桩横坐标位置上按规定的垂直比例尺画虚线，则可依次定出各中桩地面高程的相应位置，然后用细直线连接各相邻点，即得线路中线方向的地面线。

③ 坡度与距离。在所绘出的地面线的基础上，可进行纵坡设计。设计时要考虑施

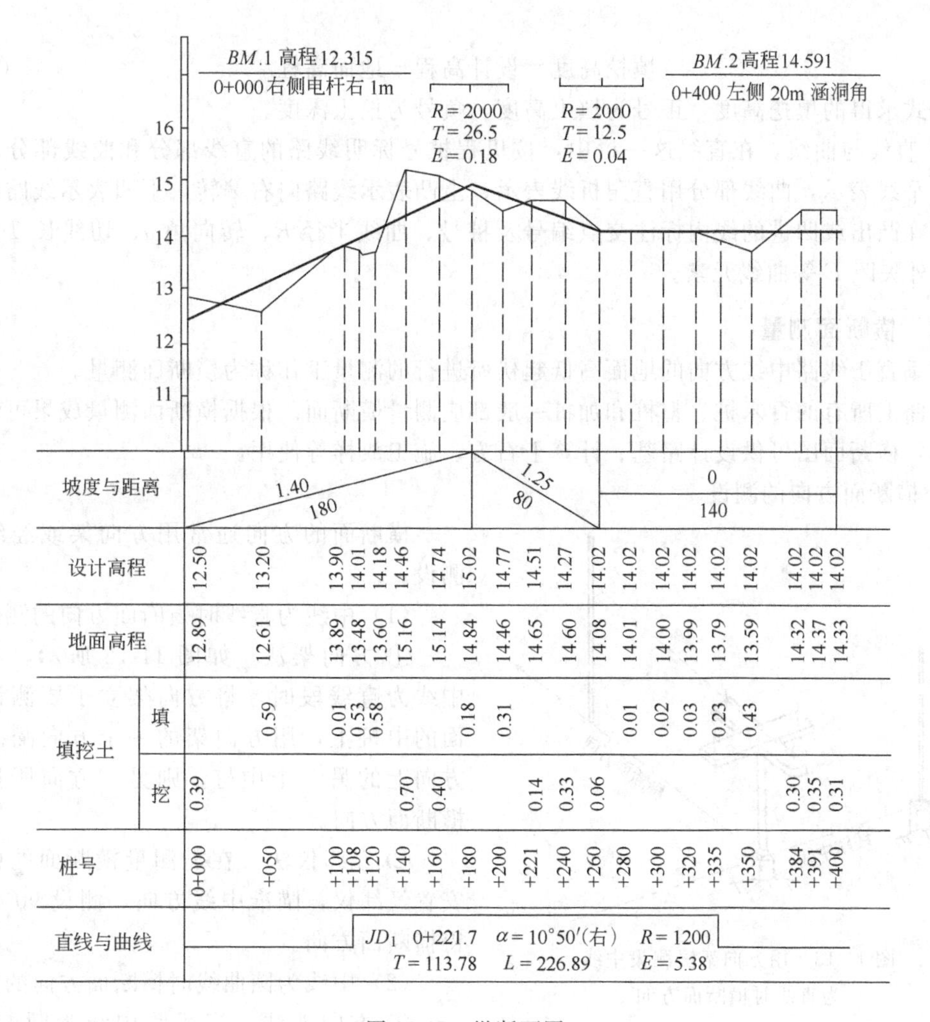

图 11-17 纵断面图

工时土石方工程量尽量少、填挖方尽量平衡、小于限制坡度等方面的因素。用粗实线表示设计坡度线的位置。坡度设计后，在坡度与距离栏内分别用斜线或水平线表示设计坡度的方向，以上升的斜线表示上坡，以下降的斜线表示下坡，以水平线表示平坡。不同坡度的路段以竖线分隔。在坡度线的上方注记坡度值（以百分比表示），下方注记坡长。某坡段的坡长可根据坡段的起点和终点在横坐标上量取，其设计坡度可按下式计算。

$$设计坡度=\frac{终点设计高程-起点设计高程}{水平距离} \tag{11-39}$$

④ 设计高程。在设计高程这一栏内，分别填写各中桩的设计高程。中桩的设计高程可按下式计算。

$$设计高程=起点高程+设计坡度\times该点至起点的水平距离 \tag{11-40}$$

【例 11-6】 某坡段的设计坡度为－1.25％，起点桩号为 0＋180，起点的设计高程为 15.02m，在该坡段上桩号为 0＋240 的中桩的设计高程应为

$$15.02-1.25\%\times(240-180)=14.27\text{m}$$

⑤ 填挖土。在填挖土这一栏中，填写各中桩处填挖高度。如某点设计高程大于地面高程，则应填土；如某点的设计高程小于地面高程，则应挖土。某处的填挖高度可按下式

计算。

$$填挖高度=设计高程-地面高程 \tag{11-41}$$

上式求得的填挖高度，正号为填土高度，负号为挖土深度。

⑥ 直线与曲线。在直线这一栏中，按里程桩号标明线路的直线部分和曲线部分。直线段用水平线表示，曲线部分用直角折线表示；上凸表示线路向右偏转，下凹表示线路向左偏转，并在凸出或凹进的线内标注交点编号及桩号、曲线半径 R、转向角 α、切线长 T、曲线长 L、外矢距 E 等曲线元素。

二、横断面测量

对垂直于线路中线方向的地面高低起伏所进行的测量工作称为横断面测量。

线路上所有的百米桩、整桩和加桩一般都应测量横断面。根据横断面测量成果可绘制横断面图，横断面图可供设计路基、计算土石方、施工放样等使用。

1. 横断面方向的测设

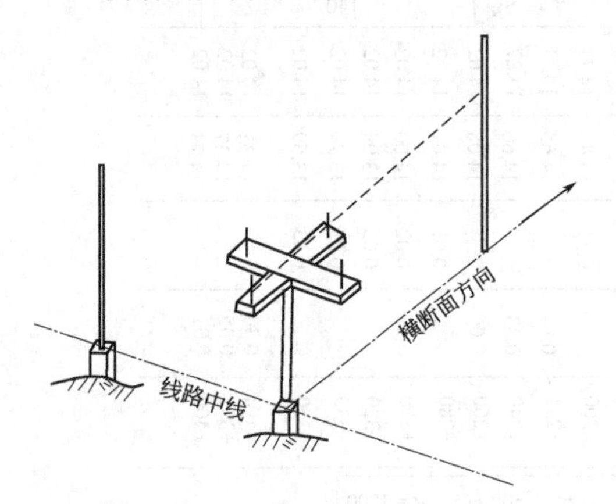

图 11-18 用方向架法测设中线为直线时横断面方向

横断面的方向通常用方向架或经纬仪来测设。

(1) 中线为直线时横断面方向的测设

① 方向架法。如图 11-18 所示，当线路中线为直线段时，将方向架立于要测设横断面的中桩上，用方向架的一个方向瞄准中线方向上的另一个中桩，则另一方向所指即为横断面方向。

② 经纬仪法。在需测量横断面的中桩上安置经纬仪，瞄准中线方向，测设 90°角，即得横断面方向。

(2) 中线为圆曲线时横断面方向的测设

① 方向架法。当线路中线为圆曲线时，其横断面方向就是中桩点与曲线圆心的连线。因此，只要找到圆曲线的半径方向，就确定了中桩点横断面方向。测设时，通常用带活动定向杆（如图 11-19 所示）的方向架进行，施测方法如下。

如图 11-20 所示，将方向架立于圆曲线的起点 ZY 点（即 P_0 点），用固定定向杆 ab 瞄准切线方向，则另一固定定向杆 cd 所指方向为 ZY 点的圆心方向。然后，用活动定向杆 ef 瞄准圆曲线上另一桩点 P_1，固紧定向杆 ef。将方向架移至 P_1 点，用 cd 瞄准 ZY 点，由图可看出$\angle P_1P_0O=\angle OP_1P_0$，因而可得 ef 方向即为 P_1 点的横断面方向。

如要定出 P_2 点的横断面方向，可先在 P_1 点用 cd 对准 P_1O 方向，然后松开活动定向杆 ef 的固定螺丝，转动 ef 杆使其对准 P_2 点，再固紧定向杆 ef。最后将方向架移至 P_2 点，用 cd 瞄准 P_1 点，则 ef 方向即为 P_2 点的横断面方向。同法可依次定出圆曲线上其他高点的横断面方向。

② 经纬仪法。首先在圆曲线起点安置经纬仪，后视切线方向，测设 90°角，则得 P_0 点的横断面方向。然后测出水平角$\angle P_1P_0O$ 的值。将经纬仪搬至 P_1 点后，瞄准 P_0 点，测设$\angle P_0P_1O=\angle P_1P_0O$，则得 P_1 点的横断面方向。同法可定出其他各点的横断面方向。用经纬仪测量时，可只用盘左或盘右一个位置施测。

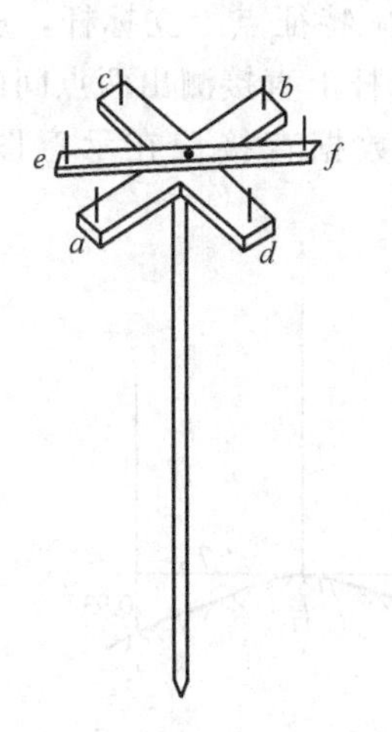

图 11-19 带活动定向杆的方向架

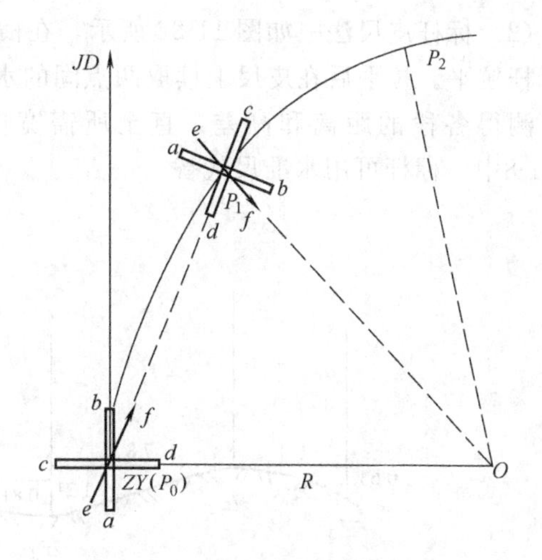

图 11-20 用方向架法测设中线为圆曲线时横断面方向

2. 横断面的测量方法

由于在纵断面测量时，已经测出了中线上各中桩的地面高程，所以测量横断面时，只需要测出横断面方向上各地形特征点至中桩的水平距离及高差。横断面测量的方法通常有以下几种。

(1) 水准仪皮尺法　如图 11-21 所示，水准仪安置后，以中桩为后视，以中桩两侧横断面方向上各地形特征点为中视，读数至厘米。用皮尺分别量出各特征点至中桩的水平距离，可量至分米。横断面水准测量记录见表 11-7。

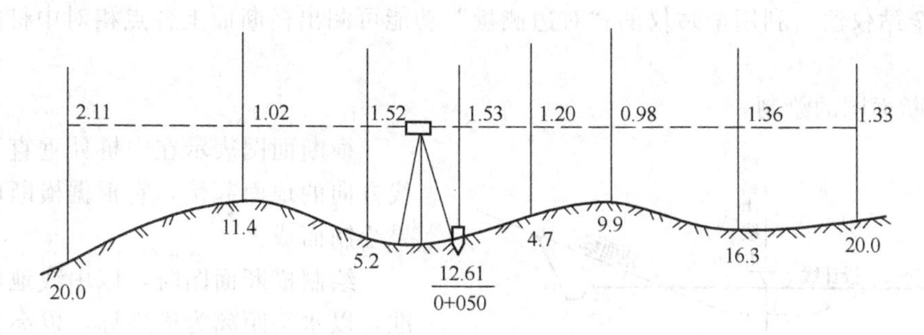

图 11-21 水准仪皮尺法测量横断面

表 11-7 横断面测量记录

测站	地形点距中桩距离/m	后视读数/m	前视读数/m	中视读数/m	视线高程/m	高程/m
1	0＋050	1.53			14.14	12.61
	左＋5.2			1.52		12.62
	左＋11.4			1.02		13.12
	左＋20.0			2.11		12.03
	右＋4.7			1.20		12.94
	右＋9.9			0.98		13.16
	右＋16.3			1.36		12.78
	右＋20.0			1.33		12.81

（2）标杆皮尺法　如图 11-22 所示，在横断面方向上左$_1$ 特征点上立标杆，皮尺靠中桩及标杆拉平。拉平后在皮尺上读取两点间的水平距离，在标杆上直接测出两点间的高差。同法可测得各段的距离和高差，直至所需宽度为止。测量数据直接记在示意图上或记入表 11-8中。标杆可用水准尺代替。

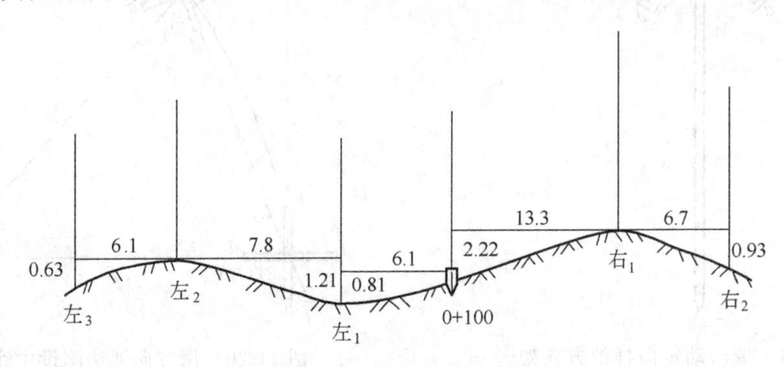

图 11-22　标杆皮尺法测量横断面

表 11-8　横断面测量记录

$\dfrac{\text{相邻两点间高差}}{\text{相邻两点间距离}}$（左侧）/m	桩号	$\dfrac{\text{相邻两点间高差}}{\text{相邻两点间距离}}$（右侧）/m
$\dfrac{-0.63}{6.1}$　$\dfrac{1.21}{7.8}$　$\dfrac{-0.81}{6.1}$	0＋100	$\dfrac{2.22}{13.3}$　$\dfrac{-0.93}{6.7}$

（3）经纬仪视距法　安置经纬仪在中桩上，定出横断面方向后，用视距测量方法测出各地形特征点至中桩的水平距离及高差。本法可用于地形复杂、横坡较陡的地区。

（4）全站仪法　利用全站仪的“对边测量”功能可测出横断面上各点相对中桩的水平距离和高差。

3. 横断面图的绘制

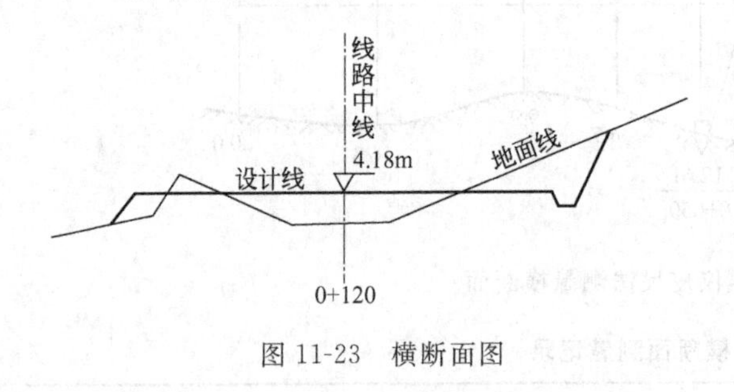

图 11-23　横断面图

横断面图表示在中桩处垂直于线路中线方向的地面起伏，它根据横断面测量成果绘制而成。

绘制横断面图时，以中线地面高程为准，以水平距离为横坐标，以高程为纵坐标，绘出各地面特征点，依次连接各点便成地面线，如图 11-23 所示。

为了便于计算面积，横断面图的高程比例尺和水平距离比例尺是相同的，一般采用 1∶100 或 1∶200。

横断面图绘出后，可根据纵断面图上该中桩的设计高程，将路基断面设计线画于横断面图上，如图 11-23 所示，从而可算出填挖面积，进而计算土石方量。

思考题与习题

11-1　什么是中线测量？中线测量包括哪些主要工作？

11-2　圆曲线测设元素有哪些？如何计算？

11-3　怎样计算圆曲线的主点桩号？

11-4　简述用偏角法和切线支距法测设圆曲线细部点的步骤。

11-5　道路纵断面测量的目的是什么？有哪些工作内容？

11-6　如何绘制纵断面图？

11-7　施测道路横断面通常有哪些方法？怎样进行？

11-8　已知圆曲线交点 JD 的桩号为 5＋295.78，转向角 $\alpha=10°25'$，圆曲线半径 $R=800$m，试求 ZY、QZ、YZ 点的桩号。

11-9　根据题 11-8 计算的结果，若要在圆曲线上每隔 20m 设一细部点，试计算用偏角法及切线支距法测设各细部点的测设数据。

11-10　根据表 11-9 计算各中桩高程，并按距离比例尺 1∶1000，高程比例尺 1∶100，在毫米方格纸上绘出纵断面图，标出地面线和设计坡度－1.8%、过 0＋060 的高程为 36m 的一条设计线，并在道路纵断面图上注明有关数据。

表 11-9　纵断面测量记录

测站	点号	后视读数/m	中视读数/m	前视读数/m	视线高程/m	测点高程/m
1	*BM*.4	1.432				36.425
	0＋000		1.59			
	0＋020		1.75			
	0＋040		1.84			
	0＋060		2.00			
	0＋080			2.011		
2	0＋080	1.651				
	0＋100		1.53			

11-11　根据表 11-10 横断面测量记录，按距离与高程比例尺均为 1∶200 绘出中桩 2＋040 及 2＋060 处的两个横断面图。

表 11-10　横断面测量记录

$\frac{相邻两点间高差}{相邻两点间距离}$(左侧)/m	中心桩号	$\frac{相邻两点间高差}{相邻两点间距离}$(右侧)/m
$\frac{-1.0}{5.8}$　$\frac{-1.5}{6.1}$　$\frac{-0.8}{3.1}$	2＋040	$\frac{0.5}{5.2}$　$\frac{1.4}{5.4}$　$\frac{2.5}{4.4}$
$\frac{-1.6}{4.5}$　$\frac{-0.7}{7.1}$　$\frac{0.2}{3.4}$	2＋060	$\frac{0.9}{2.7}$　$\frac{0.4}{6.2}$　$\frac{3.1}{6.1}$

第十二章 建筑施工测量

第一节 概 述

建筑物是指供生活、学习、工作、居住以及从事生产和文化活动的房屋，按用途可分为民用建筑、工业建筑和农业建筑三大类。

建筑工程施工阶段的测量工作可分为工程施工准备阶段的测量工作、施工过程中的测量工作及竣工测量。施工准备阶段的测量工作包括施工控制网的建立、场地布置、工程定位和基础放线等。施工过程中的测量工作是在工程施工中，随着工程的进展，在每道工序之前所进行的细部测设，如基桩或基础模板的测设、工程砌筑中墙体皮数杆设置、楼层轴线测设、楼层间高程传递、结构安装测设、设备基础及预埋螺栓测设、建筑物施工过程中的沉降观测等。当工程的每道工序完成后，应及时进行验收测量，以检查施工质量，然后才可进行下一道工序作业，工程完工后，要进行竣工测量。由此可见，施工放样是每道工序作业的先导，而验收测量是各道工序的最后环节，也就是说，施工测量贯穿于整个施工过程，它对保证工程质量和施工进度都起着重要的作用。为作好施工测量工作，测量人员要了解施工方案、掌握施工进度，同时对所测设的标志一定要经反复校核无误后，方可交付施工，避免因测设错误而造成工程质量事故。

由于在建筑工程施工现场中，各种材料和机械器具的堆放、各种工程的破土动工，特别是机械化施工作业等原因，施工现场内的测量标志很容易受到损坏。因此，在整个施工期间应采取各种有效措施，保护好测量标志，这是顺利完成施工测量作业的重要保证。另外，测量作业前应对所用仪器和工具进行检验与校正。在施工现场中，由于干扰因素很多，测设方法和计算方法要力求简捷，同时要特别注意人身和仪器的安全。

一、施工放样应具备的资料

建筑施工放样时，均应具备下列资料：总平面图，建筑物的设计与说明，建筑物构筑物的轴线平面图，建筑物基础平面图，设备基础图，土方开挖图，建筑物结构图，管网图，场区控制点坐标、高程及点位分布图等。

二、建筑物施工放样的主要技术要求

我国《工程测量规范》对建筑物施工放样的主要技术要求见表 12-1。

表 12-1 建筑物施工放样、轴线投测和标高传递的允许偏差

项 目	内 容	允许偏差/mm
基础桩位放样	单排桩或群桩中的边桩	±10
	群桩	±20

续表

项　目	内　　容		允许偏差/mm
各施工层上放线	外廓主轴线长度 L/mm	$L \leqslant 30$	±5
		$30 < L \leqslant 60$	±10
		$60 < L \leqslant 90$	±15
		$L > 90$	±20
	细部轴线		±2
	承重墙、梁、柱边线		±3
	非承重墙边线		±3
	门窗洞口线		±3
轴线竖向投测	每层		3
	总高 H/m	$H \leqslant 30$	5
		$30 < H \leqslant 60$	10
		$60 < H \leqslant 90$	15
		$90 < H \leqslant 120$	20
		$120 < H \leqslant 150$	25
		$H > 150$	30
标高竖向传递	每层		±3
	总高 H/m	5	±5
		10	±10
		15	±15
		20	±20
		25	±25
		30	±30

第二节　建筑施工控制测量

建筑工程施工测量的基本任务是测设。为了使图纸上设计好的建筑物、构筑物的平面位置和高程能在实地正确地按设计要求标定出来，必须遵循从整体到局部，先控制后碎部的原则。因此，施工以前必须在建筑现场建立施工控制网。

在勘测设计阶段所建立的控制网，可以作为施工放样的基准。但在勘测设计阶段的控制网时，往往从测图方面考虑，各种建筑物的设计位置尚未确定，一般不适应施工测量的需要，无法满足施工测量的要求。此外，常有相当数量的测图控制点在场地布置和平整中被破坏，或者因建筑物的修建成为互不通视而很难利用。因此，在工程施工之前，一般在建筑场地需要在原测图控制网的基础上，建立施工控制网，作为工程施工和运行管理阶段进行各种测量的依据。

为工程建筑物的施工放样布设的测量控制网称为施工控制网。施工控制网分为平面控制网和高程控制网，如按控制范围可分为场区控制及建筑物的控制。控制网点应根据施工总平面图和施工总布置图设计。

一、施工平面控制

1. 场区平面控制及建筑物的平面控制

（1）场区平面控制　建筑场区的平面控制网可根据场区地形条件和建筑物、构筑物的布置情况，布设成建筑方格网、导线网、GPS 网或三角形网等。

场区的平面控制网，应根据等级控制点进行定位、定向和起算。场区平面控制网的等级和精度应符合下列规定：建筑场地大于 $1km^2$ 或重要工业区，应建立一级或一级以上精度等级的平面控制网；建筑场地小于 $1km^2$ 或一般性建筑区，可建立二级精度的平面控制网；当原有控制网作为场区控制网时，应进行复测检查。控制网点位应选在通视良好、土质坚实、便于施测、利于长期保存的地点，并应埋设相应的标石，必要时增加强制对中装置。控制点标石的埋设深度，应根据冻土线和场地平整的设计标高确定。

（2）建筑物的平面控制　建筑物的平面控制网可按建筑物、构筑物特点，布设成十字轴线或矩形控制网。

建筑物的控制网应根据场区控制网进行定位、定向和起算。建筑物的控制网应根据建筑物结构、机械设备传动性能及生产工艺连续程度，分别布设成一级或二级控制网。其主要技术要求应符合表 12-2 的规定。

表 12-2　建筑物施工平面控制网的主要技术要求

等级	边长相对中误差	测角中误差/(″)
一级	≤1/30000	$7\sqrt{n}$
二级	≤1/15000	$15\sqrt{n}$

注：n 为建筑物结构的跨数。

建筑物的施工平面控制测量，应符合下列规定。

① 控制点应选在通视良好、土质坚实、利于长期保存、便于施工放样的地点。

② 控制网加密的指示桩，宜选在建筑物行列轴线或主要设备中心线方向上。

③ 主要的控制网点和主要设备中心线端点，应埋设混凝土固定标桩。

④ 控制网轴线起始点的测量定位误差，不应大于 2cm；两建筑物（厂房）间有联动关系时，不应大于 1cm，定位点不得少于 3 个。

⑤ 水平角观测的测回数应根据测角中误差的大小及仪器的精度等级确定。

⑥ 矩形网的角度闭合差，不应大于测角中误差的 4 倍。

⑦ 边长测量宜采用电磁波测距的方法，二级网的边长测量也可采用钢尺量距。

⑧ 矩形网应按平差结果进行实地修正，调整到设计位置。当增设轴线时，可采用现场改点法进行配赋调整；点位修正后，应进行矩形网角度的检测。

建筑物的围护结构封闭前，应根据施工需要将建筑物外部控制转移至内部，以便于日后内部继续使用。内部的控制点宜设置在已建成的建筑物、构筑物的预埋件或预埋测量标板上。当由外部控制向建筑物内部引测时，其投点误差，一级不应超过 2mm，二级不应超过 3mm。

小规模或高精度的独立施工项目，可不布设场区平面控制网，而直接布设建筑物的平面控制网。

2. 测量坐标系与施工坐标系的坐标换算

施工坐标系亦称建筑坐标系，是供工程建筑物施工放样用的一种平面直角坐标系。其坐标轴与建筑物主轴线一致或平行，以便于建筑物的施工放样。施工坐标系的原点一般设置于总平面图的西南角上，以便使所有建筑物、构筑物的设计坐标均为正值。

当施工坐标系与测量坐标系不一致时，两者之间的坐标可以进行坐标换算。如图 12-1 所示，设 XOY 为测量坐标系，$X'O'Y'$ 为施工坐标系，（$x_{O'}$，$y_{O'}$）为施工坐标系的原点在测量坐标系中的坐标，α 为施工坐标系的纵轴在测量坐标系中的方位角。设施工坐标系中某点 P 的坐标为（x'_P，y'_P），则可按下式将其换算为测量坐标（x_P，y_P）。

$$\left.\begin{aligned} x_P &= x_{O'} + x'_P\cos\alpha - y'_P\sin\alpha \\ y_P &= y_{O'} + x'_P\sin\alpha + y'_P\cos\alpha \end{aligned}\right\} \tag{12-1}$$

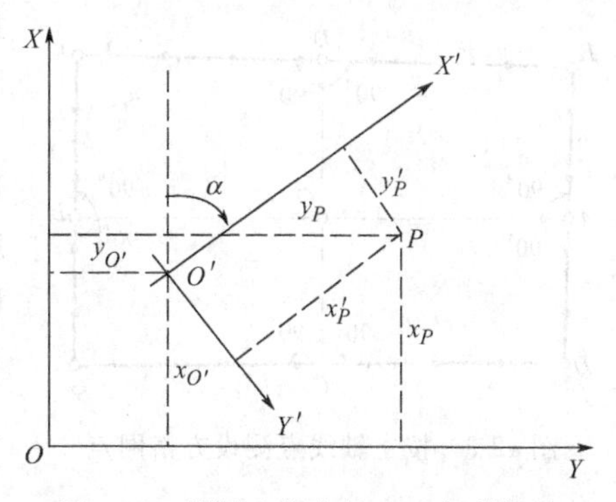

图 12-1　测量坐标与施工坐标的换算

如已知 P 点的测量坐标，则可按下式将其换算为施工坐标。

$$\left.\begin{aligned} x'_P &= (x_P - x_{O'})\cos\alpha + (y_P - y_{O'})\sin\alpha \\ y'_P &= -(x_P - x_{O'})\sin\alpha + (y_P - y_{O'})\cos\alpha \end{aligned}\right\} \tag{12-2}$$

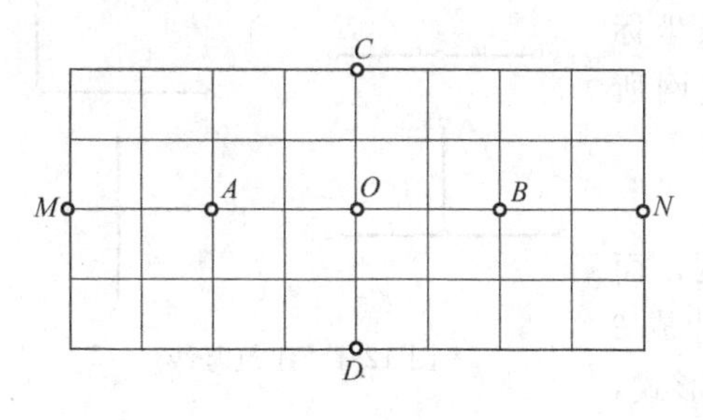

图 12-2　建筑方格网

3. 建筑方格网

由正方形或矩形的格网组成的工业建设场地的施工控制网称为建筑方格网，如图 12-2 所示。建筑方格网通常采用建筑坐标系。建筑方格网的主要技术要求，应符合表 12-3 的规定。

表 12-3　建筑方格网的主要技术要求

等级	边长/m	测角中误差/(″)	边长相对中误差
一级	100～300	5	≤1/30000
二级	100～300	8	≤1/20000

布设建筑方格网，可采用布网法或轴线法测设。布网法是目前较普遍采用的方法，特点是一次整体布网，经统一平差后求得各点的坐标，然后改正至设计坐标位置。采用轴线法时，应先布设主轴线，如图 12-2 中的 $MAOBN$ 及 COD，然后再根据轴线测设其他方格网点。

建筑方格网的主轴线点，依据场区的已知测量控制点和主轴线点的设计坐标，用测设点位的方法进行测设，目前一般采用全站仪按极坐标法测设。施测建筑方格网的主要技术要求如下。

① 轴线宜位于场地的中央，与主要建筑物的基本轴线平行；长轴线上的定位点不得少于 3 个；轴线点的点位中误差不应大于 5cm。

② 放样后的主轴线点位应进行角度观测，检查直线度；测定交角的测角中误差，不应超过 2.5″；直线度的限差应在 180°±5″以内。

③ 轴交点应在长轴线上测量全长后确定。

④ 短轴线应根据长轴线定向后测定，其测量精度应与长轴线相同，交角的限差应在 90°±5″以内。

测设出主轴线后，在长短轴线的各主轴线点上，分别安置经纬仪，以轴交点 O 为起始方向，精密地测设 90°角，用交会法定出一些方格网点。这样就得到了包括主轴线点在内的若干个大矩形组成的方格网，如图 12-3 所示。然后，在各大矩形的各边按方格网边长精密

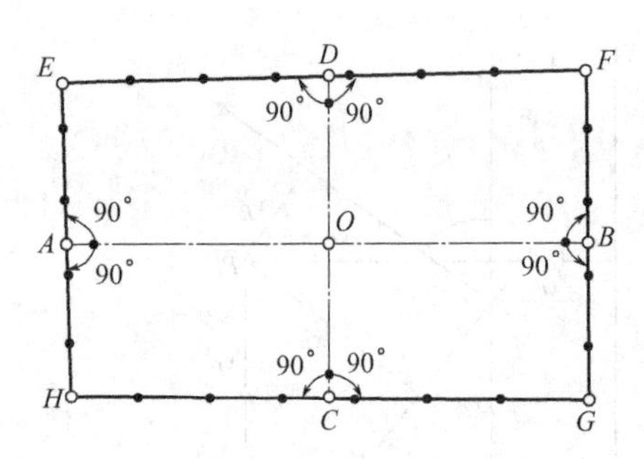

图 12-3 按主轴线点测设方格网点

量距，定出其他各点，再将经纬仪安置在各大矩形的其他各点上，用交会法定出所有的方格网点。

为了保证各方格网点正确地位于设计点位上，还应进行建筑方格网的测量，精确测出方格网的角度或各边长，通过平差计算，算得各方格网点的精确坐标，再与设计坐标比较，可确定出归化数据，并将实地标志修正归化到设计位置上。

建筑方格网适用于地势平坦，建筑物、构筑物布置整齐的场区平面控制。由于建筑方格网的格网线与建筑物轴线平行或垂直，因此用直角坐标法进行建筑物的定位、放样较为方便。但建筑方格网必须按总平面图布置，点位容易受施工影响而损坏，测设时工作量较大。由于全站仪的普及，用极坐标法放样非常方便，所以建筑方格网正逐渐被导线网所代替。

4. 建筑基线

当建筑场地面积较小时，可不布设建筑方格网，而布设建筑基线。建筑基线至少由 3 点组成，可设计成 3 点一字形、3 点 L 形、4 点丁字形、5 点十字形等形式，如图 12-4 所示。

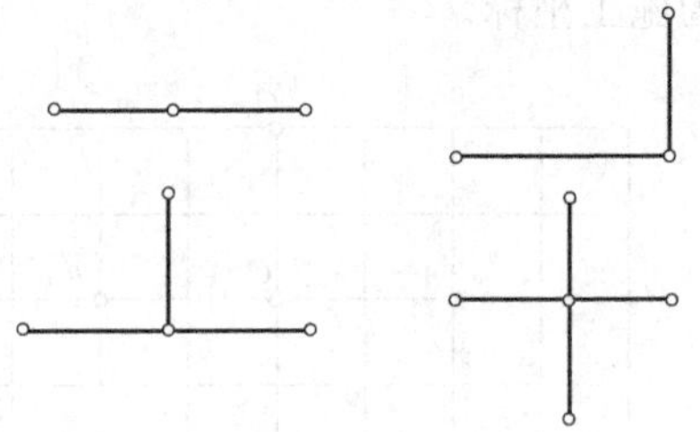

图 12-4 建筑基线

建筑基线也叫施工轴线，测设方法同建筑方格网主轴线点。

二、施工高程控制

1. 场区高程控制

场区高程控制网应布设成闭合环线、附合路线或结点网形。大中型施工项目的高程测量精度一般不低于三等水准测量的要求。

场地水准点的间距宜小于 1km。场地水准点距离建筑物、构筑物不宜小于 25m；距离回填土边线不宜小于 15m。

2. 建筑物的高程控制

建筑物高程控制应采用水准测量，附合路线的闭合差不应低于四等水准测量的要求。建筑物高程控制的水准点，可设置在建筑物的平面控制网的标桩上或外围的固定地物上，也可单独埋设。水准点的个数不应少于 2 个。当场地高程控制点距离施工建筑物小于 200m 时，可直接利用。其密度应尽量满足安置一次仪器就能测设出所需的高程点。建筑方格网点、导线网点均可兼作高程控制点。

当施工中水准点标桩不能保存时，应将其高程引测至稳固的建筑物或构筑物上，引测的精度，不应低于四等水准测量。

第三节 民用建筑施工测量

民用建筑是供人们工作、学习、生活、居住等使用的建筑，包括居住建筑和公共建筑两大部分，如住宅、商店、医院、学校、办公楼、饭店、娱乐场所等建筑物。按层数可分为低层、多层、中高层、高层、超高层建筑。由于其结构特征不同，其放样的方法和精度要求亦有所不同，但放样过程基本相同。

民用建筑施工放样的主要工作包括建筑物的定位、龙门板和轴线控制桩的设置、基础施工测量及主体施工测量等。

一、建筑物的定位

建筑物的定位就是在实地标定建筑物外廓轴线的工作。在建筑物定位前，应做好以下准备工作：熟悉设计图纸、进行现场踏勘、检测测量控制点、清理施工现场、拟定放样方案及绘制放样略图。

根据施工现场情况及设计条件，建筑物的定位可采用以下几种方法。

1．根据测量控制点测设

当建筑物附近有导线点等测量控制点时，可根据控制点和建筑物各角点的设计坐标用极坐标法或角度交会法测设建筑物的位置。

2．根据建筑方格网测设

如建筑场区内布设有建筑方格网，可根据附近方格网点和建筑物角点的设计坐标用直角坐标法测设建筑物的位置。

3．根据建筑物控制网测设

当建筑物布设有专供建筑物放样用的十字轴线或矩形控制网时，可根据建筑物的平面控制网点和建筑物角点的设计坐标用直角坐标法测设建筑物的位置。

4．根据建筑红线测设

建造房屋要按照统一的规划进行，建筑用地的边界，要经规划部门审批并由土地管理部门在现场直接放样出来。建筑用地边界点的连线称为建筑红线（也叫规划红线）。各种房屋建筑必须建造在建筑红线的范围之内。设计单位与建设单位往往从合理利用规划土地的角度出发，将房屋设计在与建筑红线相隔一定距离的地方，放样时，可根据实地已有的建筑用地边界点来测设。

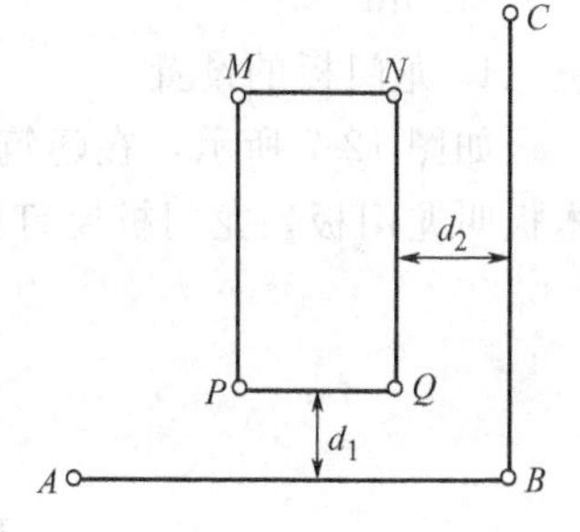

图 12-5　根据建筑红线测设建筑物轴线

如图 12-5 所示，A、B、C 为建筑用地边界点，P、Q、M、N 为拟建房屋角点，建筑物与建筑红线之间的设计距离分别为 d_1、d_2，这时就可根据 A、B、C 的已知坐标及 P、Q、M、N 的设计位置用直角坐标法来测设 P、Q、M、N 的实地位置。

有时建筑红线与建筑物边线不一定平行或垂直，这时可用极坐标法、角度交会法或距离交会法来测设。

5．根据与现有建筑物的关系测设

在建筑区新建、扩建或改建建筑物时，一般设计图上都绘出了新建筑物与附近原有建筑物的相互关系。如图 12-6 所示的几种例子，图中绘有斜线的是现有建筑物，没有斜线的是新设计的建筑物。

如图 12-6(a) 所示，可用延长直线法定位，即先作 AB 边的平行线 $A'B'$，然后在 B' 点安置经纬仪作 $A'B'$ 的延长线 $E'F'$，再安置经纬仪于 E' 和 F' 测设 90°而定出 EG 和 FH。如图 12-6(b) 所示，可用平行线法定位，即在 AB 边的平行线上的 A' 和 B' 两点安置经纬仪，分别测设 90°而定出 GE 和 HF。如图 12-6(c) 所示，可用直角坐标法，即先在 AB 边的平行线上的 B' 点安置经纬仪作 $A'B'$ 的延长线，定出 E' 点，然后在 E' 点安置经纬仪测设 90°角，定出 E、F 点，最后在 E 和 F 点安置经纬仪测设 90°角而定出 G 和 H。

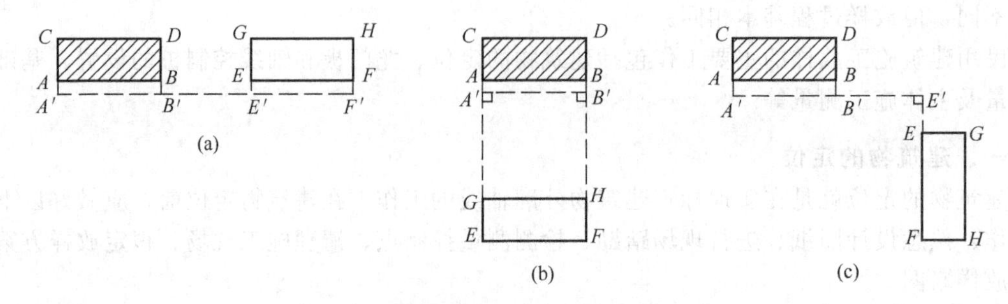

图 12-6 根据现有建筑物测设建筑物轴线

建筑物定位后，应进行检核，并经规划部门验线后，才能进行施工。

二、龙门板和轴线控制桩的设置

建筑物定位后，开始进行建筑物细部轴线测设。建筑物的细部轴线测设就是根据建筑物定位的角点桩（即外墙轴线交点，简称角桩），详细测设建筑物各轴线的交点桩（或称中心桩）。然后根据中心桩，用白灰画出基槽边界线。由于施工时要开挖基槽，各角桩及中心桩均要被挖掉。因此，在挖槽前要把各轴线延长到槽外的龙门板或轴线控制桩上，作为挖槽后恢复轴线的依据。

龙门板及轴线控制桩的布设位置一般根据土质和基槽深度而定，通常离外墙基槽边缘约1.0～1.5m。

1. 龙门板的设置

如图 12-7 所示，在建筑物施工时，沿房屋四周钉立的木桩叫龙门桩，钉在龙门桩上的木板叫龙门板。龙门桩要钉得牢固、竖直，桩的外侧面应与基槽平行。

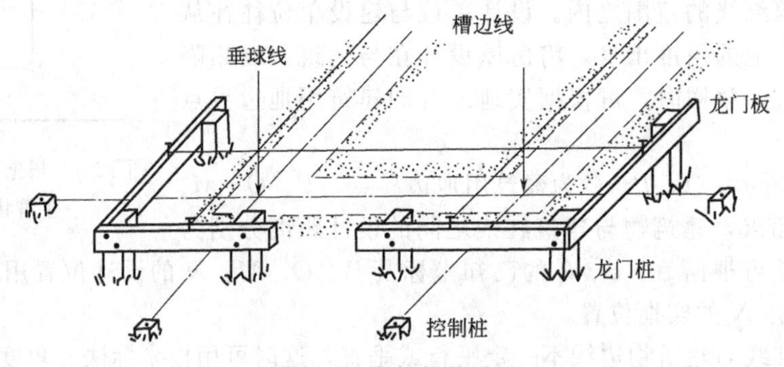

图 12-7 龙门板的设置

建筑物室内（或室外）地坪的设计高程称为地坪标高。设计时常以建筑物底层室内地坪标高为高程起算面，也称±0 标高。施工放样时根据建筑场地水准点的高程，在每个龙门桩上测设出室内地坪设计高程线，即±0 标高线。若现场条件不允许，也可测设比±0 标高高或低一定数值的标高线，但一个建筑物只能选用一个±0 标高。

龙门板的上边缘要与龙门桩上测设的地坪标高线齐平。龙门板钉好后，用经纬仪将各轴线测设到龙门板的顶面上，并钉小钉表示，常称之为轴线钉。施工时可将细线系在轴线钉上，用来控制建筑物位置和地坪高程。

龙门板应注记轴线编号。龙门板虽然使用方便，但占地大、影响交通，故在机械化施工时，一般只设置轴线控制桩。

2. 轴线控制桩的设置

如图 12-8 所示，在建筑物施工时，沿房屋四周在建筑物轴线方向上设置的桩叫轴线控制桩（简称控制桩，也叫引桩）。它是在测设建筑物角桩和中心桩时，把各轴线延长到基槽开挖边线以外，不受施工干扰并便于引测和保存桩位的地方。桩顶面钉小钉标明轴线位置，以便在基槽开挖后恢复轴线之用。如附近有固定性建筑物，应把各线延伸到建筑物上，以便校对控制桩。

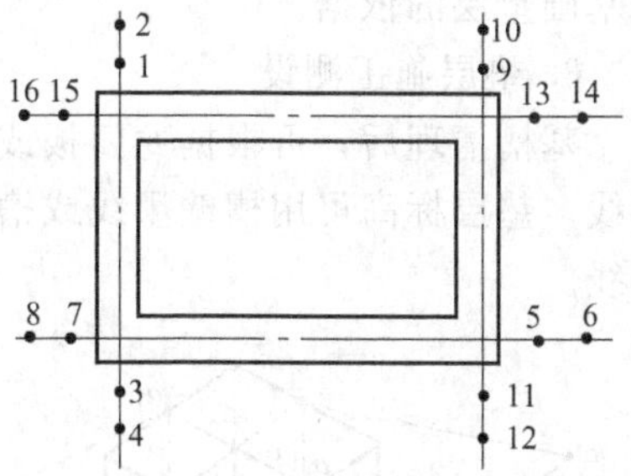

图 12-8　轴线控制桩的设置

三、基础施工测量

建筑物±0 以下部分称为建筑物的基础，按构造方式基础可分为条形基础、独立基础、片筏基础和箱形基础。基础以下的土层为地基，地基用来承受基础传来的整个建筑物的荷载，它不是建筑物的组成部分，有些地基要进行处理，如打桩，桩位应根据桩的设计位置进行定位，定位误差一般不大于 5cm。

1. 基槽开挖边线放线

基础开挖前，要根据龙门板或控制桩所示的轴线位置和基础宽度，并顾及到基础挖深时应放坡的尺寸，在地面上用白灰放出基槽的开挖边线。

2. 基槽标高测设

基槽的开挖深度，应根据设计标高控制。当设计的标高与“±0 标高”之间的高差很大时，可以用悬挂的钢尺来代替水准尺，以测设出槽底的设计标高。如图 12-9 所示，设地面上 A 点高程 H_A 已知，现欲在深基坑内测设设计高程 H_B。悬挂一支钢尺，零刻划在下端，尺下面挂一重量相当于钢尺检定时拉力的重锤，在地面上和坑内各安置一次水准仪。设在地面上对 A 点尺上读数为 a_1，对钢尺读数为 b_1，在坑内对钢尺读数为 a_2，则对 B 尺应有读数为 b_2。根据

$$h_{AB}=H_B-H_A=(a_1-b_1)+(a_2-b_2)$$

得

$$b_2=H_A-H_B+a_1-b_1+a_2 \tag{12-3}$$

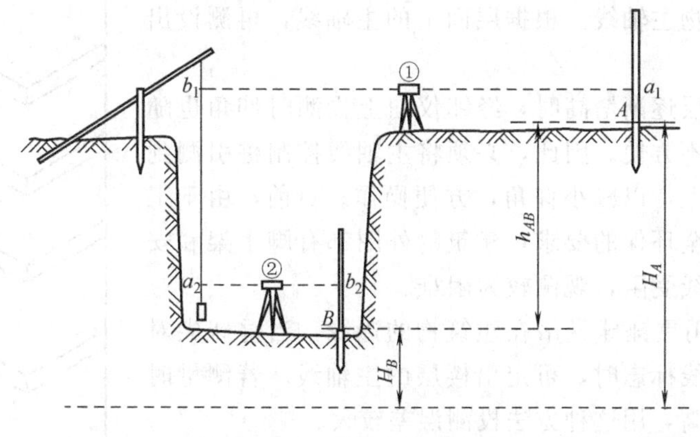

图 12-9　基槽标高测设

用逐渐打入木桩的方法，使立在 B 点水准尺上读数为 b_2，则 B 点高程为设计高程。

测设基槽标高时，应控制好开挖深度，一般不宜超挖。当基槽开挖接近设计标高时，通常用上述测设高程的方法，在槽壁上每隔 2～3m 及拐角处，测设一距离槽底设计标高一整分米数（如 0.5m）的水平桩（水平方向打入），并沿水平桩在槽壁上弹墨线，作为挖槽或铺

设基础垫层的依据。

3. 垫层施工测设

基槽清理后，可根据龙门板或控制桩所示的轴线位置和垫层宽度，在槽底放样出垫层的边线。垫层标高可用槽壁墨线或槽底小木桩控制。如垫层需支模板，可在模板上弹出标高控制线。

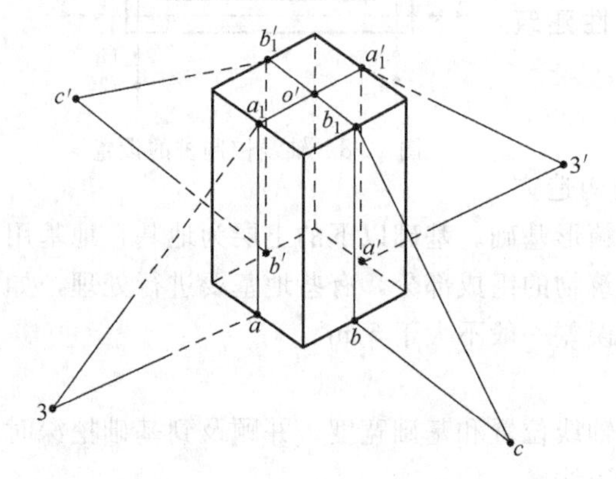

图 12-10　经纬仪法投测建筑物轴线点

4. 基础测设

垫层做完后，根据龙门板或控制桩所示轴线及基础设计宽度在垫层上弹出中心线及边线。由于整个建筑将以此为基准，所以要按设计尺寸严格校核。

四、主体施工测量

建筑物主体施工测量的主要任务是将建筑物的轴线及标高正确地向上引测。目前由于高层建筑越来越多，测量工作将显得非常重要。

1. 高层建筑物轴线投测

建筑物轴线测设的目的是保证建筑物各层相应的轴线位于同一竖直面内。

建筑物的基础工程完工后，用经纬仪将建筑物主轴线及其他中心线精确地投测到建筑物的底层，同时把门、窗和其他洞口的边线也弹出，以控制浇筑混凝土时架立钢筋、支模板以及墙体砌筑。

投测建筑物的主轴线时，应在建筑物的底层或墙的侧面设立轴线标志，以供上层投测之用。轴线投测方法主要有以下几种。

(1) 经纬仪投测法　通常将经纬仪安置于轴线控制桩上，瞄准轴线方向后向上用正倒镜分中法，将主轴线投测到上一层面，如图 12-10 所示。同一层面纵横轴线的交点，即为该层楼面的施工控制点，其连线也就是该层面上的建筑物主轴线。根据层面上的主轴线，再测设出层面上其他轴线。

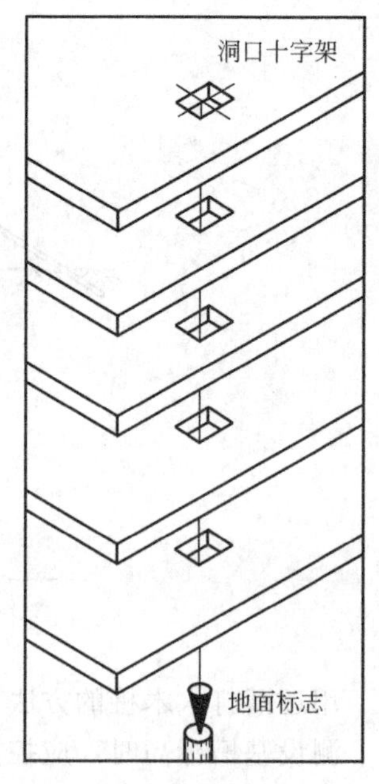

图 12-11　重锤法投测建筑物轴线点

当建筑物的楼层逐渐增高时，经纬仪向上投测时仰角也随之增大，观测将很不方便。因此，必须将主轴线控制桩引测到远处或附近建筑物上，以减小仰角，方便操作。目前，由于工程施工的需要及安全环保的要求，建筑物外围都有脚手架和安全网，使经纬仪视线受阻，观测较为困难。

(2) 重锤法　用重锤球悬吊在建筑物的边缘，当垂球尖对准在底层设立的轴线标志时，可定出楼层的主轴线。若测量时风力较大或楼层较高，用这种方法投测误差较大。

在高层建筑施工时，常在底层适当位置设置与建筑物主轴线平行的辅助轴线，在辅助轴线端点处预埋标志。在每层楼的楼面相应位置处都预留孔洞（也叫垂准孔），供吊垂球之用。

如图 12-11 所示，投测时在垂准孔上面安置十字架，挂上垂球，对准底层预埋标志。当垂球静止时，固定十字架，十字架中心即为辅助轴线在楼面上的投测点，并在洞口四周作出标记，作为以后恢复轴线及放样的依据。

(3) 激光铅垂仪投测法 由于高层建筑越造越高，用大垂球和经纬仪投测轴线的传统方法已越来越不能适应工程建设的需要。利用激光铅垂仪投测轴线，使用较方便，且精度高，速度快。

激光铅垂仪是将激光束导至铅垂方向用于竖向准直的一种仪器，如图 12-12(a) 所示。激光光源通常为氦-氖激光器，在仪器上装置高灵敏度管水准器，借以将仪器发射的激光束导至铅垂方向。使用时，将激光铅垂仪安置在底层辅助轴线的预埋标志上，当激光束指向铅垂方向时，只需在相应楼层的垂准孔上设置接收靶即可将轴线从底层传至高层，如图 12-12 (b) 所示。

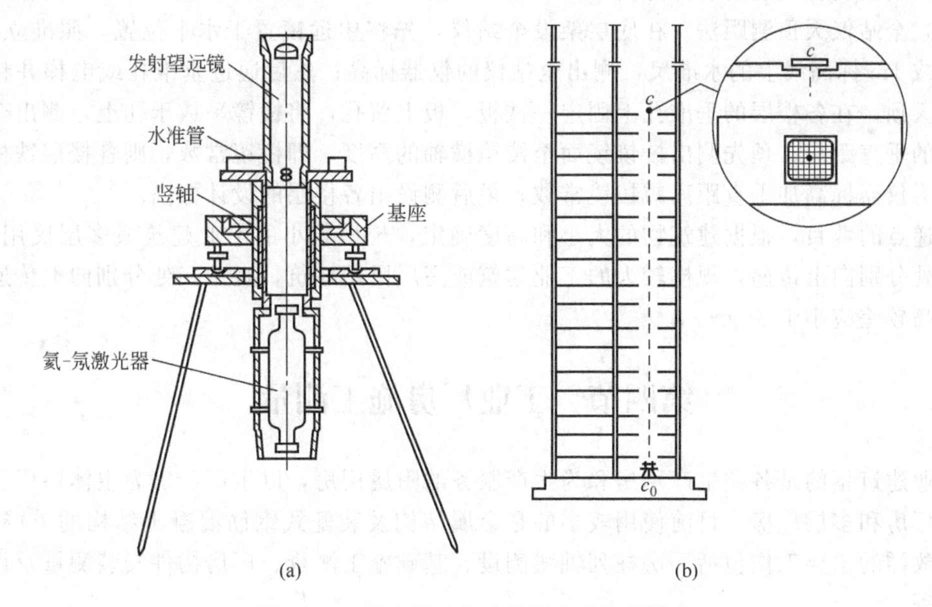

图 12-12 激光铅垂仪法投测建筑物轴线点

由于激光具有方向性好、发散角小、亮度高等特点，激光铅垂仪在高层建筑的施工中得到了广泛的应用。

(4) 光学垂准仪投测法 光学垂准仪是一种能够瞄准铅垂方向的仪器，如图 12-13 所示为 DZG1-Z 光学垂准仪。在整平仪器上的水准管气泡后，仪器的视准轴即指向铅垂方向。它的目镜用转向棱镜设置在水平方向，以便于观测。

图 12-13 DZG1-Z 光学垂准仪

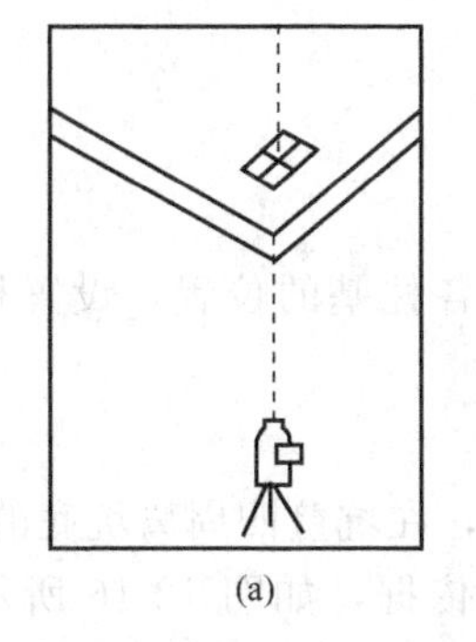

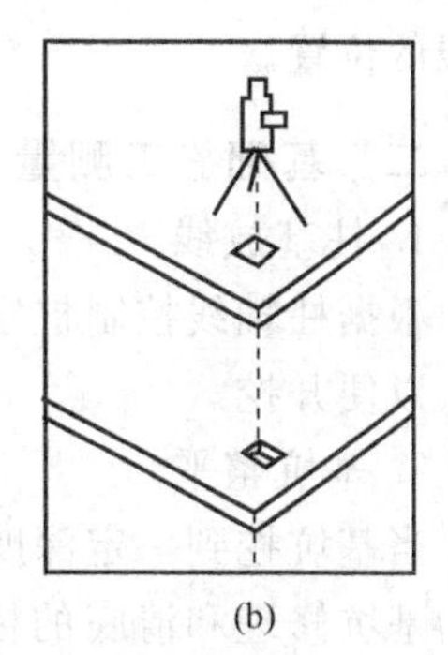

图 12-14 光学垂准仪法投测建筑物轴线点

有些光学垂准仪具有自动补偿装置，使用时只要使圆水准器气泡居中，就可得到一条指向天顶的竖直光线，既能向上作铅垂投点，又能向下作铅垂投点，如图 12-14 所示。

用光学垂准仪投测轴线时，将仪器架在底层辅助轴线的预埋标志上，当得到指向天顶的垂准线后，在相应楼层上的垂准孔上设置标志，就可将轴线从底层传递到高层。

2. 高层建筑物高程传递

(1) 钢尺测量法　从底层±0 标高线沿墙面或柱面直接垂直向上测量，画出上层楼面的设计标高线或高出设计标高 1m 的 1m 标高线。

(2) 水准测量法　在高层建筑的垂直通道（如楼梯间、电梯井、垂准孔等）中悬吊钢尺，钢尺下端挂一重锤，用钢尺代替水准尺，在下层与上层各架一次水准仪，将高程传递上去，从而测设出各楼层的设计标高。

(3) 全站仪天顶测距法　在底层架设全站仪，先将望远镜置于水平位置，照准立于±0 标高线或 1m 标高线上的水准尺，测出全站仪的仪器标高；然后通过垂准孔或电梯井将望远镜指向天顶，在各楼层的垂准孔上固定一铁板，板上留孔，将棱镜平放于孔上，测出全站仪至棱镜的垂直距离；预先测出棱镜镜面至棱镜横轴的高度，即棱镜常数，则各楼层铁板的顶面标高为仪器标高加垂直距离减棱镜常数；最后测设出各楼层的设计标高。

传递点的数目，根据建筑物的大小和高度确定，规模较小的工业建筑或多层民用建筑，宜从两处分别向上传递，规模较大的工业建筑或高层民用建筑，宜从三处分别向上传递。传递的标高较差应小于 3mm。

第四节　工业厂房施工测量

工业建筑指的是各类生产用房和为生产服务的附属用房，以生产厂房为主体。厂房可分为单层厂房和多层厂房，目前使用较多的是金属结构及装配式钢筋混凝土结构的单层厂房，其施工放样的主要工作包括厂房柱列轴线测设、基础施工测量、厂房构件安装测量及设备安装测量等。

一、厂房柱列轴线测设

对于跨度较小、结构安装简单的厂房的定位与轴线测设，可按民用建筑施工放样的方法进行。对大型的、跨度大的、结构安装及设备安装复杂的厂房，其柱列轴线通常根据厂房矩形控制网来测设。

如图 12-15 所示，为一两跨、九列柱子的厂房，P、Q、R、S 为厂房矩形控制网。在矩形控制网的四条边上，从控制网角桩开始，按厂房各轴线间的设计间距即可测设出厂房柱列轴线的位置。

二、基础施工测量

1. 柱基放线

根据柱轴线控制桩定出各柱基的位置，设置柱基中心线桩，并按基坑尺寸画出基槽灰线，以便开挖。

2. 基坑整平

当基坑挖到一定深度后，在坑壁四周离坑底的设计标高 0.3～0.5m 处设置几个水平桩，作为基坑修理和清底的标高依据，如图 12-16 所示。另外，还应在基坑内测设出垫层的标高，即在坑底设置小木桩，使桩顶高程为垫层的设计高程或在垫层模板上弹出垫层标高线。

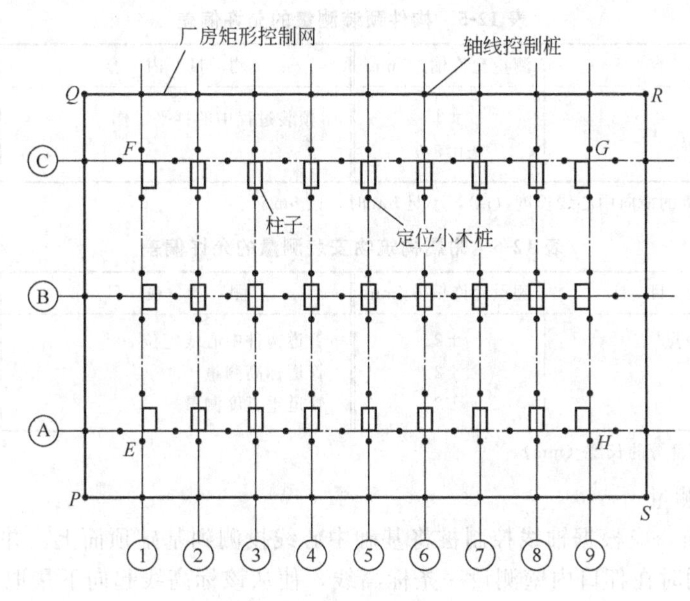

图 12-15　厂房柱列轴线测设

3. 基础模板的定位

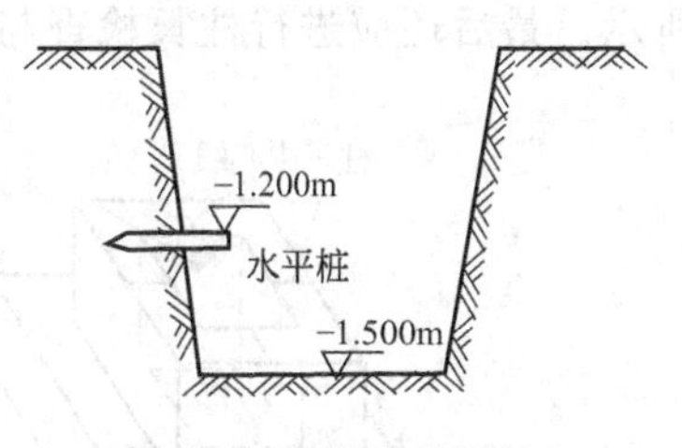

图 12-16　基坑水平桩

垫层铺设完后，根据坑边定位小桩（即柱基中心线桩），用拉线的方法，吊垂球，把柱基轴线投测到垫层上。再根据柱基的设计尺寸用墨斗弹出墨线，作为柱基立模和布置钢筋的依据。立模时，将模板底线对准垫层上的定位线，并用垂球检查模板是否竖直。最后，将柱基顶面设计标高测设在模板内壁上，作为浇筑混凝土的依据。

三、厂房构件安装测量

1. 厂房构件安装测量技术要求

厂房构件安装测量工作开始前，必须熟悉设计图，掌握限差要求，并制定作业方法。柱子、桁架或梁的安装测量允许偏差，应符合表 12-4 的规定；构件预装测量的允许偏差，应符合表 12-5 的规定；附属构筑物安装测量的允许偏差，应符合表 12-6 的规定。

表 12-4　柱子、桁架或梁安装测量的允许偏差

测　量　内　容		测量允许偏差/mm
钢柱垫板标高		±2
钢柱±0 标高检查		±2
混凝土柱(预制)±0 标高检查		±3
柱子垂直度检查	钢柱牛腿	5
	柱高 10m 以内	10
	柱高 10m 以上	H/1000，且≤20
桁架和实腹梁、桁架和钢架的支承结点间相邻高差的偏差		±5
梁间距		±3
梁面垫板标高		±2

注：H 为柱子高度（mm）。

表 12-5 构件预装测量的允许偏差

测量内容	测量允许偏差/mm	测量内容	测量允许偏差/mm
平台面抄平	±1	预装过程中的抄平工作	±2
纵横中心线的正交度	$\pm 0.8\sqrt{l}$		

注：l 为自交点起算的横向中心线长度（m），不足 5m 时，以 5m 计。

表 12-6 附属构筑物安装测量的允许偏差

测量项目	测量允许偏差/mm	测量项目	测量允许偏差/mm
栈桥和斜桥中心线投点	±2	管道构件中心线定位	±5
轨面的标高	±2	管道标高测量	±5
轨道跨距测量	±2	管道垂直度测量	$H/1000$

注：H 为管道垂直部分的长度（mm）。

2. 柱子安装测量

在柱子吊装前，应根据轴线控制桩将基础中心线投测到基础顶面上，并用墨线标明，如图 12-17 所示。同时在杯口内壁测设一条标高线，使从该标高线起向下量取一个整分米数时即可得到杯底的设计标高，并在柱子的侧面弹出柱中心线，并作小三角形标志，如图 12-18 所示。最后还应进行柱长检查与杯底找平，以保证吊装后的柱子牛腿面符合设计高程。

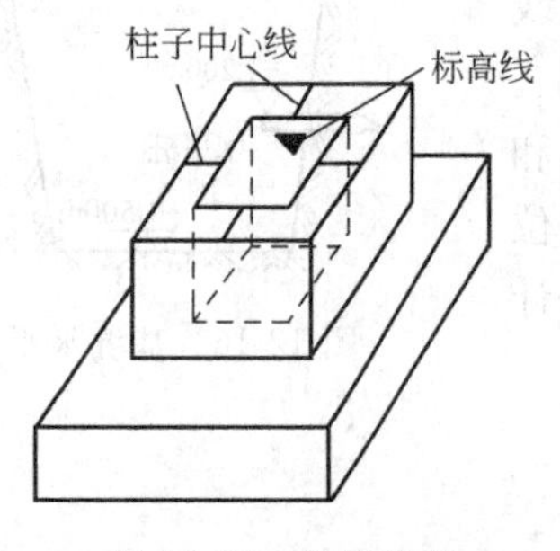

图 12-17 杯形柱基

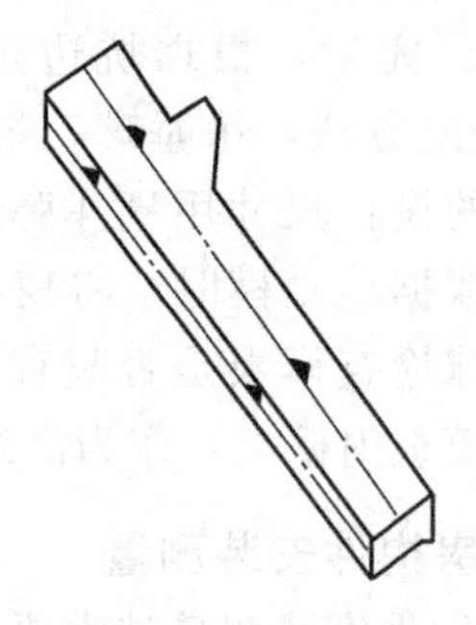

图 12-18 柱子中心线

吊装时，柱子插入基础杯口内后，使柱子上的轴线与基础上的轴线对齐，基本竖直后，先用楔子将其固定。柱脚位置确定后，接着进行柱子竖直校正，这时用两架经纬仪分别安置在互相垂直的两条柱列轴线附近，对柱子竖直校正。校正后，应立即灌浆，固定柱子的位置。

3. 吊车梁安装测量

首先按设计高程检查两排柱子牛腿的实际高程，并以检查结果作为修平牛腿面或加垫块的依据。然后在牛腿面上定出吊车梁的中心线。同时，在吊车梁顶面和两端面上弹出中心线，供安装定位用。最后进行吊车梁的吊装就位，使吊车梁两端面上的中心线与牛腿面上的吊车梁中心线对齐。安装完后，可将水准仪架到吊车梁上进行梁面标高检测。

4. 吊车轨道安装测量

吊车轨道安装测量主要是将轨道中心线投测到吊车梁上，由于在地面上看不到吊车梁顶面，故通常采用平行线法。如图 12-19 所示，首先在地面上测设出吊车轨道中心线，从轨道中心线向厂房中心线方向量出 1m 得平行线 EE'，然后安置经纬仪在 E，瞄准 E'，抬高望远镜。另一作业员在吊车梁上移动横放的木尺，当视线对正尺上 1m 时，尺的零点则在轨道中心线上，若有误差应加以改正，并重新弹出墨线。

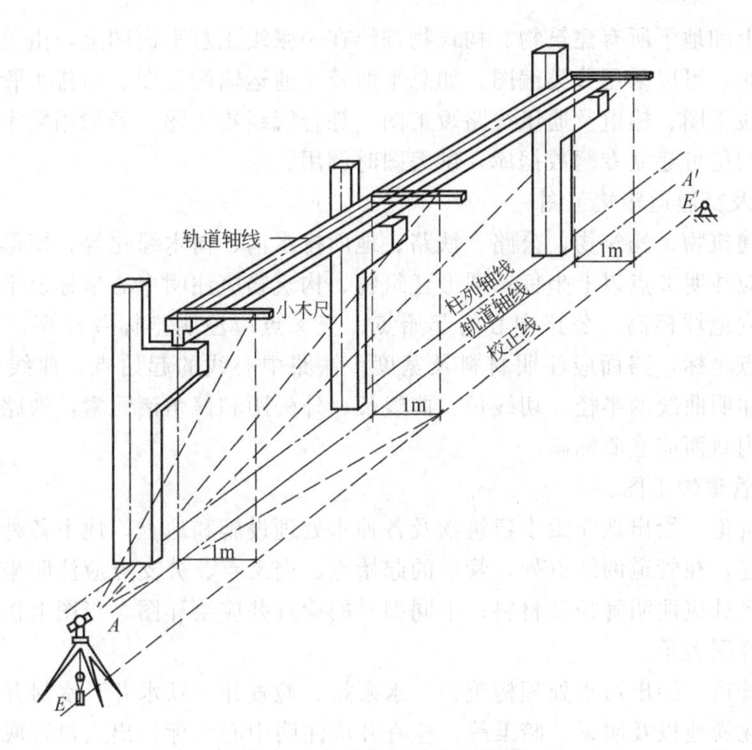

图 12-19　吊车轨道安装测量

根据校正后的轨道中心线安装轨道。安装完毕后，应进行轨道中心线、轨道跨距及标高的检查，直至全部符合要求为止。

第五节　竣工测量与竣工图编绘

为了确切地反映工程施工后的实际情况，为工程验收和以后的管理、维修、扩建、改建及事故处理提供依据，需要及时进行竣工测量，并编绘竣工总平面图。由于施工过程中的设计变更等原因，使得建（构）筑物的实际竣工情况往往与原设计不完全相符，因此设计总平面图不能完全代替竣工总平面图。竣工总平面图的测绘一般分为两部分工作：一部分为外业实地测量，称为竣工测量；另一部分是根据竣工资料进行编绘。竣工总图宜采用数字竣工图。

一、竣工测量

在每一个单项工程完成后，必须由施工单位进行竣工测量，提供工程的竣工测量成果，作为编制竣工总平面图的依据。竣工测量与地形图测绘的方法大致相似，主要区别在于内容和精度不同，竣工测量要测定许多细部点的坐标和高程。

竣工测量时，应采用与原设计总平面图相同的平面坐标系统和高程系统。竣工测量的内容应满足编制竣工总平面图的要求。

二、竣工总平面图的编绘

编绘竣工总图前，应收集汇编相关的重要资料，如总平面布置图、施工设计图、设计变更资料、施工检测记录、竣工测量资料及其他相关资料。

竣工总图的比例尺宜为 1∶500。图幅大小、图例符号及注记应与原设计图一致。

如果把地上和地下所有建筑物、构筑物都绘在一张竣工总平面图上，由于线条过于密集而不便于使用时，可以采用分类编图。如总平面及交通运输竣工图、给排水管道竣工图、动力及工艺管道竣工图、输电及通讯线路竣工图、综合管线竣工图。若采用数字测图，可设几个图层，每个图层可建立专题数据库，供编图时调用。

1. 总平面及交通运输竣工图

绘出地面建筑物、构筑物、公路、铁路、地面排水沟、树木绿化等；矩形建筑物、构筑物的外墙角，应注明2点以上坐标；圆形建筑物、构筑物应注明中心坐标及半径；主要建筑物都应注明室内地坪标高；公路中心的起始点、交叉点应注明坐标及标高，弯道应注明交角、半径及交点坐标，路面应注明材料及宽度；铁路中心线的起始点、曲线交点应注明坐标，曲线上应注明曲线的半径、切线长、曲线长、外矢距和偏角诸元素，铁路的起始点、变坡点及曲线的内轨面应注明标高。

2. 给排水管道竣工图。

(1) 给水管道　绘出地面给水建筑物及各种水处理设施和地上、地下各种管径的给水管线及其附属设施。在管道的结点处，管道的起始点、交叉点、分支点应注明坐标；变坡处应注明标高；变径处应注明管径及材料；不同型号的检查井应绘详图。当图上按比例绘制有困难时可用放大详图表示。

(2) 排水管道　绘出污水处理构筑物、水泵站、检查井、跌水井、水封井、各种排水管道、雨水口、化粪池以及明渠、暗渠等。检查井应注明中心坐标、出入口管底标高、井底标高和井台标高；管道应注明管径、材料和坡度；不同类型的检查井应绘出详图。

此外，还应绘出有关建筑物及道路。

3. 动力及工艺管道竣工图

绘出管道及有关的建筑物、构筑物，管道的交叉点、起始点应注明坐标、标高、管径及材料。对于地沟埋设的管道应在适当地方绘出地沟断面，并表示沟的尺寸及沟内各种管道的位置。

4. 输电及通讯线路竣工图

绘出总变电所、配电站、车间降压变电所、室外变电装置、柱上变压器、铁塔、电杆、地下电缆检查井等；通讯线路应绘出中继线、交接箱、分压盒（箱）、电杆、地下通讯电缆入孔等。各种线路的起始点、分支点、交叉点的电杆应注明坐标，线路与道路交叉处应注明净空高，地下电缆应注明深度或电缆沟的沟底标高；各种线路应注明线径、导线数、电压等数据。各种输变电设备应注明型号与容量。绘出有关的建筑物、构筑物及道路。

5. 综合管线竣工图

当竣工总图中图面负载较大但管线不甚密集时，除总图外，可将各种专业管线合并绘制成综合管线图。

思考题与习题

12-1　施工平面控制测量有哪几种形式？各适用于什么场合？

12-2　施工坐标系的坐标与测量坐标系的坐标如何进行变换？

12-3　建筑施工放样时应具备哪些资料？

12-4　简述民用建筑施工中的主要测量工作。

12-5　龙门板的作用是什么？如何进行设置？

12-6　试述基槽施工中控制开挖深度的方法。

12-7　高层建筑施工中如何传递高程与投测轴线？

12-8　柱子安装过程中如何进行竖直校正工作？

12-9　为什么要进行竣工测量和编绘竣工图？

12-10　设 P 点在施工坐标系中坐标为 $x'_P=3456.37$m，$y'_P=4536.48$m，施工坐标系原点在测量坐标系中的坐标为 $x_{O'}=32193.62$m，$y_{O'}=19608.14$m，施工坐标系纵轴在测量坐标系中的方位角为45°，试求 P 点在测量坐标中的坐标。

12-11　如图12-20所示，欲用建筑方格网测设一房屋，已知 $x_A=375$m，$y_A=325$m，$x_D=420$m，$y_D=325$m，房宽为25m，试写出用直角坐标法测设房屋四角的步骤。

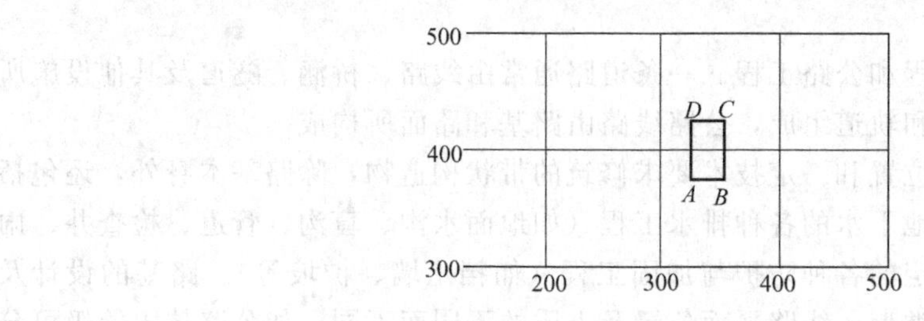

图12-20　用建筑方格网测设一房屋

第十三章　道路与地下管道施工测量

第一节　概　述

一、道路施工测量

道路工程主要指铁路工程和公路工程。一条道路通常由线路、桥涵、隧道及其他设施所组成，其中铁路线路由路基和轨道组成，公路线路由路基和路面所构成。

道路的路基是按照路线位置和一定技术要求修筑的带状构造物，除路基本身外，还包括为排除路基范围内地表水和地下水的各种排水工程（如地面水沟、盲沟、管道、检查井、雨水井等）以及为保证路基稳定的各种防护与加固工程（如挡土墙、护坡等）。路基的设计及施工要求应视道路的等级、类型、线路平面位置及土质的不同而不同，如公路技术等级可分为高速公路、等级公路（一至四级）、等外公路。路基通常可分为路堤、路堑及半堤半堑三种形式。在原地面上用土石等材料填筑起来的路基叫路堤，如图 13-1(a) 所示；在原地面挖开建成的路基叫路堑，如图 13-1(b) 所示，在陡坡地段，一侧填土一侧挖土建成的路基叫半堤半堑，如图 13-1(c) 所示。

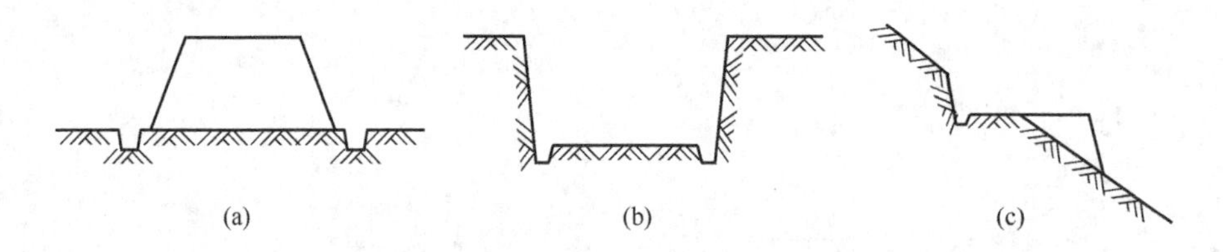

图 13-1　路基的形式

公路路面是用各种筑路材料铺筑在公路路基上供车辆行驶的构造物，一般由面层、基层、垫层组成。根据路面面层的使用品质、材料组成以及结构强度和稳定性，路面可分为高级、次高级、中级、低级四个等级。铁路的轨道是指在路基以上的部分，包括钢轨、轨枕、道床、防爬设备、道岔等。

道路施工测量是将道路中线及其构筑物在实地按设计文件要求的位置、形状及规格正确地进行放样。在施工前及施工过程中，需要进行恢复中线、测设边坡、测设竖曲线等工作，以作为施工的依据。

当各项工程施工结束后，还应进行竣工测量，以检查施工质量，并为以后使用、养护工作提供必要的资料。

二、管道施工测量

管道工程包括给水、排水、煤气、天然气、灌溉、输油、电缆等工程，在城市和工业建筑中，要铺设许多地下管线及架空管线。通常地下管道工程除管线外，还包括检查井等构筑物。管道分为压力管道和自流管道，为了保证管道的施工质量及使用安全，必须按设计要求的位置、高程及坡度进行施工。一般自流管道的测量精度应高于压力管道的测量精度。

管道工程测量的主要内容有地形图测绘、中线测量、纵横断面测量、施工测量及竣工测量等。管道施工测量的任务是将管道中线及其构筑物在实地按设计文件要求的位置、形状及高程正确地进行放样。在施工前及施工过程中，需要恢复中线、测设挖槽边线等，作为施工的依据。

第二节 道路施工测量

道路施工测量的主要工作有：中线恢复测量、施工控制桩的测设、线路纵坡的测设、路基边桩的测设、路基边坡的测设、竖曲线的测设及路面的测设等。

一、中线恢复测量

从线路勘测到开始施工这段时间里，往往有一部分桩点被碰动或丢失。为了保证线路中线位置的准确可靠，在线路施工测量中，首要的任务就是恢复线路中线，即把丢失损坏的中桩重新恢复起来，以满足施工的需要。在有些地方，当交点桩、转点桩损坏时，为了恢复中桩的需要，应先恢复交点桩及转点桩。恢复线路中线的测量方法与中线测量相同。

二、施工控制桩的测设

在施工开挖过程中，线路中桩将要被挖掉，为了在施工中能控制中线位置，需在不受施工破坏干扰、便于保存引用的地方，测设施工控制桩（也称护桩）。测设施工控制桩的方法通常有平行线法及延长线法两种。

1. 平行线法

平行线法是在路基以外距线路中线等距离处分别测设两排平行于中线的施工控制桩，如图 13-2 所示。平行线法通常用于地势平坦、直线段较长的线路。为了便于施工，控制桩的间距一般为 10～20m。

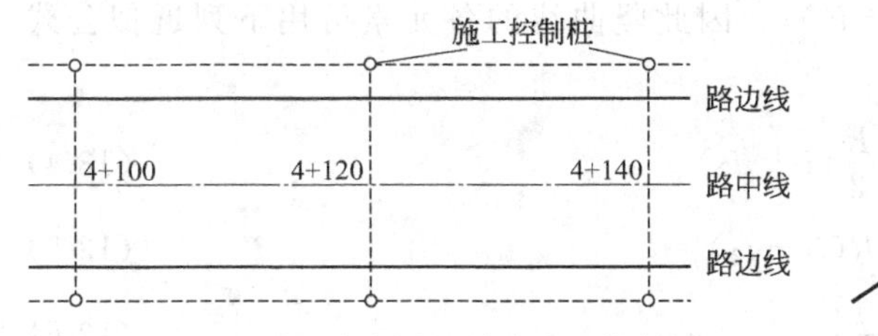

图 13-2 平行线法测设道路施工控制桩

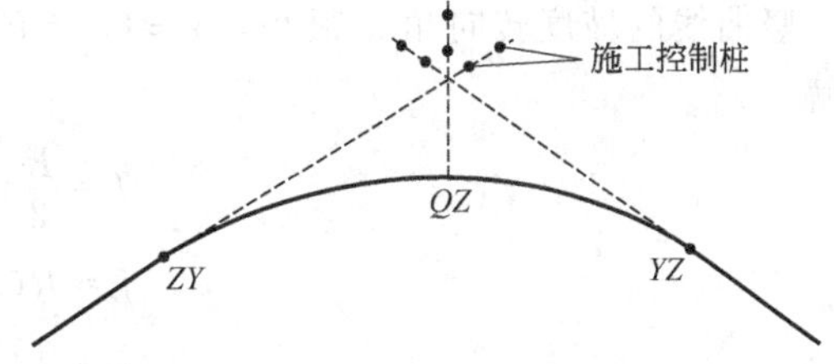

图 13-3 延长线法测设道路施工控制桩

2. 延长线法

延长线法主要用于控制 JD 桩的位置。如图 13-3 所示，此法是在道路转弯处的中线延长线上，以及曲线中点 QZ 至交点 JD 的延长线上，分别设置施工控制桩。延长线法通常用于地势起伏较大、直线段较短的山区道路。为便于交点损坏后的恢复，应量出各控制桩至交点的距离。

三、线路纵坡的测设

通常，道路要根据地面的实际情况设计成一定的坡度。对于直线段的线路纵坡，我们可按第十章测设设计坡度的方法进行测设。对于曲线段的线路纵坡，可以先根据道路里程及设计坡度，计算出各点的高程，然后测设高程，即得线路纵坡。

四、竖曲线测设

竖曲线是在道路纵坡的变换处竖向设置的曲线，它是道路建设中在竖直面上连接相邻不同坡道的曲线。线路的纵断面是由不同数值的坡度线相连接而成的，为了行车安全，当相邻坡度值的代数差超过一定数值时，必须以竖曲线连接，使坡度逐渐改变。

竖曲线可分为凸形竖曲线和凹形竖曲线，其线型通常为圆曲线，如图 13-4 所示。

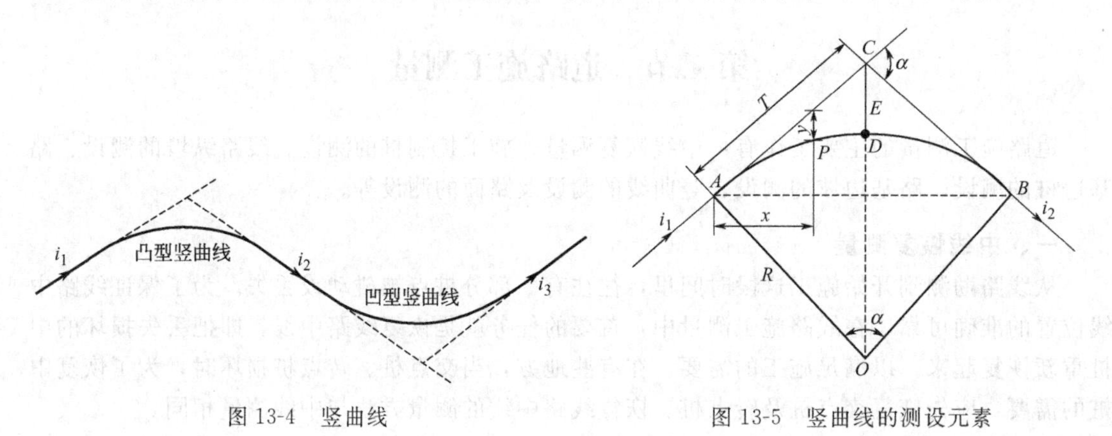

图 13-4 竖曲线　　　图 13-5 竖曲线的测设元素

竖曲线测设时，应根据线路纵断面设计中所设计的竖曲线半径 R 和竖曲线双侧坡道的坡度 i_1、i_2 来计算测设数据。如图 13-5 所示，竖曲线的测设元素有切线长 T、曲线长 L 和外矢距 E，计算公式如下。

$$T=R\tan\frac{\alpha}{2} \tag{13-1}$$

$$L=R\frac{\alpha}{\rho} \tag{13-2}$$

$$E=R\left(\sec\frac{\alpha}{2}-1\right) \tag{13-3}$$

竖曲线的坡度转向角 α 很小，$\alpha\approx(i_1-i_2)\rho$，因此竖曲线的各元素可用下列近似公式求解

$$T=\frac{R}{2}(i_1-i_2) \tag{13-4}$$

$$L=R(i_1-i_2) \tag{13-5}$$

$$E=\frac{T^2}{2R} \tag{13-6}$$

在测设竖曲线细部点时，通常按直角坐标法计算出竖曲线上某细部点 P 至竖曲线起点或终点的水平距离 x，以及该细部点至切线的纵距 y（也称高程改正值）。由于 α 角较小，所以 x 值与 P 点至竖曲线起点或终点的曲线长度很接近，故可用其代替，而 y 值可按下式计算。

$$y=\frac{x^2}{2R} \tag{13-7}$$

求出 y 值后，即可根据设计坡道的坡度，计算得切线坡道在 P 点处的坡道高程。则竖曲线上各点的设计高程可用下式计算。

在凸形竖曲线内

$$设计高程=坡道高程-y \tag{13-8}$$

在凹形竖曲线内

$$设计高程=坡道高程+y \tag{13-9}$$

【例 13-1】 某凸形竖曲线，$i_1=1.40\%$，$i_2=-1.25\%$，变坡点桩号为 1+180，其设计高程为 15.20m，竖曲线半径为 $R=2000$m，试求竖曲线元素以及起、终点的桩号和高程、曲线上每 10m 间距整桩的设计高程。

竖曲线元素为

$$T=\frac{2000}{2}\times(1.40\%+1.25\%)=26.5(\text{m})$$

$$L=2000\times(1.40\%+1.25\%)=53.0(\text{m})$$

$$E=\frac{26.5^2}{2\times2000}=0.18(\text{m})$$

竖曲线起点桩号为

$$1+(180-26.5)=1+153.5$$

终点桩号为

$$1+(180+26.5)=1+206.5$$

起点高程为

$$15.20-26.5\times1.40\%=14.83(\text{m})$$

终点高程为

$$15.20-26.5\times1.25\%=14.87(\text{m})$$

竖曲线上细部点的设计高程计算结果见表 13-1。

表 13-1　竖曲线桩点高程计算

桩　号	各桩点至起点或终点距离 x/m	纵距 y/m	坡道高程/m	竖曲线高程/m	备　注
1+153.5	0.0	0.00	14.83	14.83	起点
1+160	6.5	0.01	14.92	14.91	$i_1=1.40\%$
1+170	16.5	0.07	15.06	14.99	变坡点
1+180	26.5	0.18	15.20	15.02	
1+206.5	0.0	0.00	14.87	14.87	终点
1+200	6.5	0.01	14.95	14.94	$i_2=1.25\%$
1+190	16.5	0.07	15.07	15.00	变坡点
1+180	26.5	0.18	15.20	15.02	

五、路基边桩的测设

在路基施工前，应把路基两侧的边坡与原地面相交的坡脚点（或坡顶点）测设出来，打上路基边桩，以便施工。路基边桩的位置与路基的填土高度、挖土深度、边坡坡度及边坡处的地形情况有关。

1. 图解法

在绘有路基设计断面的横断面图上，量出坡脚点（或坡顶点）至中桩的水平距离，然后在现场用皮尺沿横断面方向测设出该长度，即得边桩的位置。

2. 解析法

解析法是通过计算求出路基边桩至中桩的水平距离，然后现场测设该距离，得到边桩的位置。

(1) 平坦地段路基边桩的测设　如图 13-6 所示为路堤，图 13-7 所示为路堑，则路堤边

桩至中桩的距离为

$$l=\frac{B}{2}+mh \tag{13-10}$$

路堑坡顶至中桩的距离为

$$l=\frac{B}{2}+S+mh \tag{13-11}$$

以上两式中，B 为路基设计宽度；1∶m 为路基边坡坡度；h 为填土高度或挖土深度；S 为路堑边沟顶宽。

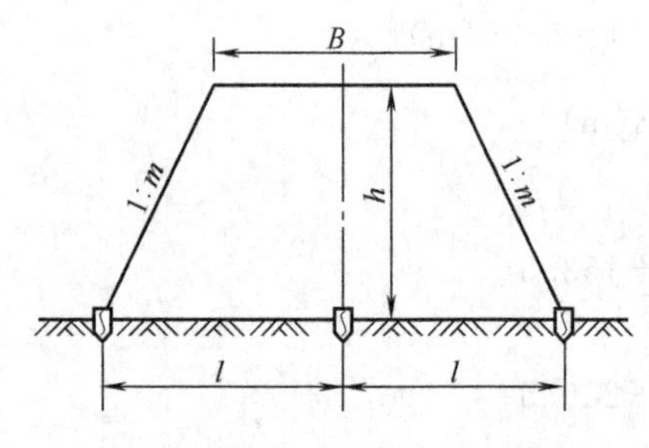

图 13-6　平坦地段路堤边桩测设

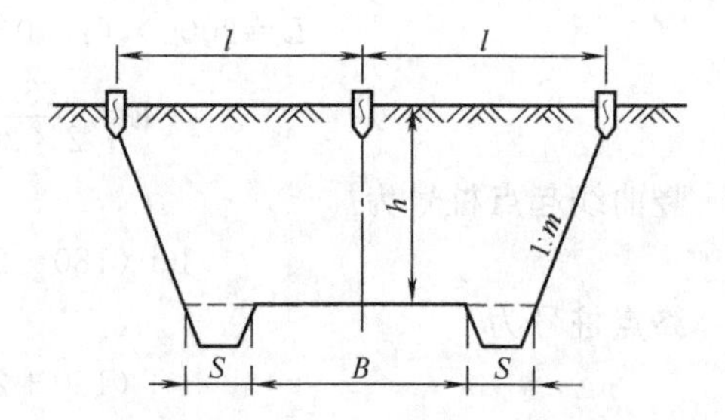

图 13-7　平坦地段路堑边桩测设

（2）倾斜地段路基边桩的测设　图 13-8 和图 13-9 所示为在山坡上的路基，由图可得路堤边桩至中桩的距离为

斜坡上侧

$$l_1=\frac{B}{2}+m(h-h_1) \tag{13-12}$$

斜坡下侧

$$l_2=\frac{B}{2}+m(h+h_2) \tag{13-13}$$

路堑边桩至中桩的距离为

斜坡上侧

$$l_1=\frac{B}{2}+S+m(h+h_1) \tag{13-14}$$

斜坡下侧

$$l_2=\frac{B}{2}+S+m(h-h_2) \tag{13-15}$$

式中，h_1 为斜坡上侧边桩与中桩的高差；h_2 为斜坡下侧边桩与中桩的高差。

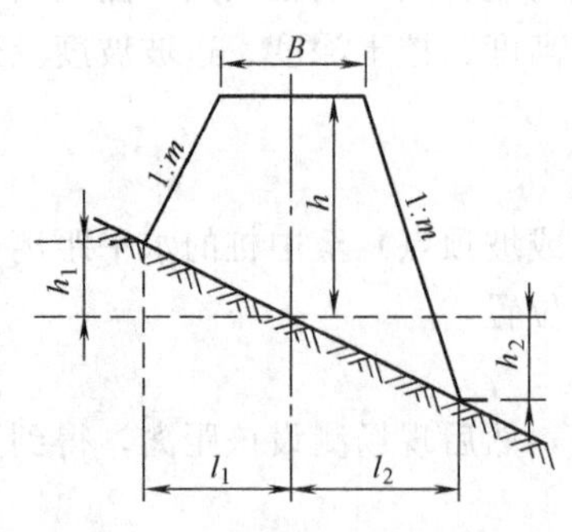

图 13-8　倾斜地段路堤边桩测设

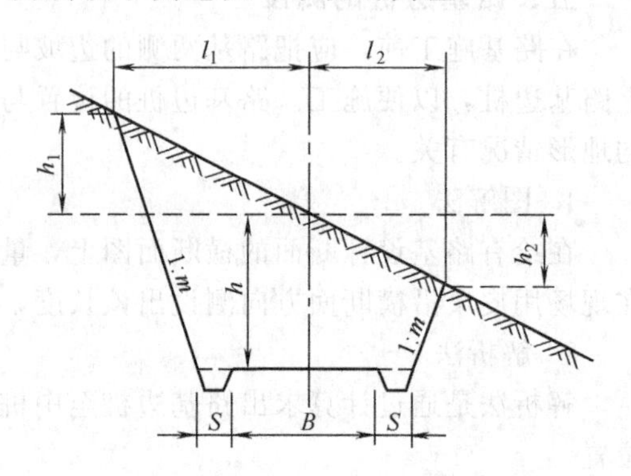

图 13-9　倾斜地段路堑边桩测设

式(13-12)～式(13-15) 中，B、m、h、S 均为设计数据，而 h_1、h_2 在边桩定出前是未知数，因此在实际作业时，通常采用逐渐趋近法来测设边桩，其测设步骤如下。

① 根据地面实际情况，参考路基横断面图，估计边桩至中桩的距离 $l_{估}$，按估计值实地定出估计桩位。

② 测出估计桩位与中桩地面间的高差，按此高差用式(13-12)、式(13-13) 或式(13-14)、式(13-15) 算出与其对应的边桩至中桩的距离 l，如 l 与 $l_{估}$ 相符，则估计桩位就是实际边桩桩位。

③ 如 l 与 $l_{估}$ 不相符，则重新估计边桩位置。若 $l>l_{估}$，则将原估计位置向路基外侧移动，反之则向路基内侧移动。

④ 重复以上工作，逐渐趋近，直到计算值与估计值相符或非常接近为止，从而定出边桩位置。

【例 13-2】 如图 13-8 所示，设路基设计宽度为 12m，中心桩处填土高度为 4.5m，边坡设计坡度为 1∶1，则测设斜坡上侧（即图中左侧）边桩的过程如下。

估计 $l_{估}$ 为 10m，定出估计桩位。

测出估计桩位与中桩地面的高差，设测得为 $h_1=1.5$m，则算得

$$l_1=\frac{12}{2}+1\times(4.5-1.5)=9\text{m}$$

因算出的 l_1 比估计值 $l_{估}$ 小，边桩位置将从 10m 处向路基内侧移动，正确位置应在 9～10m 之间。

重新估计 $l_{估}$，设 $l_{估}$ 为 9.5m，定出点位后设测得高差为 1.1m，则算得

$$l_1=\frac{12}{2}+1\times(4.5-1.1)=9.4\text{m}$$

此值与估计值较为接近，从而得左侧边桩位置。

六、路基边坡的测设

测设出边桩后，为了保证路基填挖边坡能按设计要求进行施工，应把设计边坡在实地标定出来。

1. 用竹竿绳索测设边坡

当路堤填土不高时，可用一次挂线。如图 13-10 所示，设 O 为中桩，A、B 为路基边桩，在地面上定出 C、D 两点，使 CO 及 DO 的水平距离均为路基设计宽度的一半。放样时，在 C、D 处竖立竹竿，在其上等于填土高度处做记号 C'、D'，用绳索连接 AC'及 BD'，即得设计边坡。

当路堤填土较高时，可采用分层挂线。如图 13-11 所示。在每层挂线前都应当标定中线并对层面进行抄平。

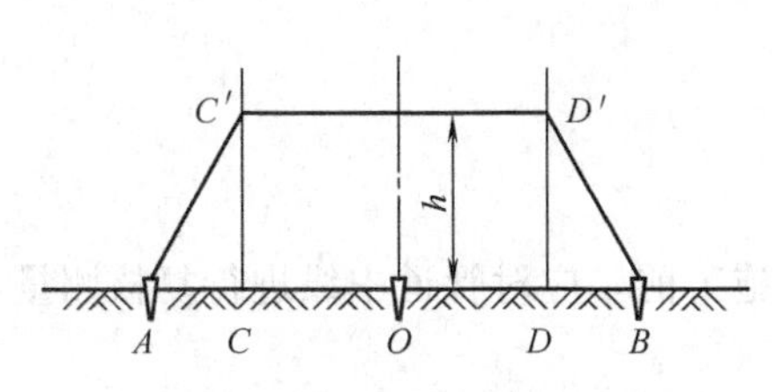

图 13-10　路堤边坡测设

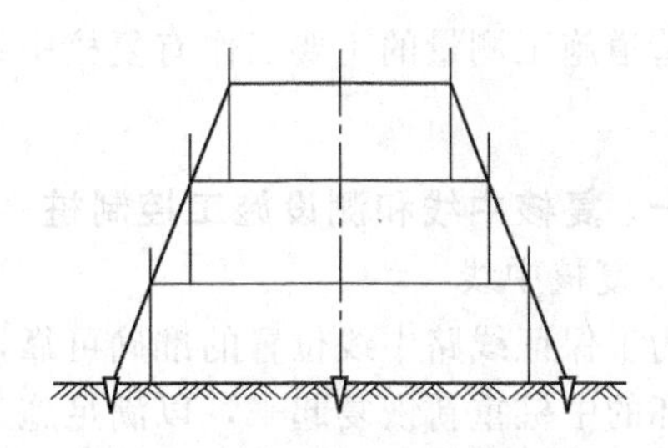

图 13-11　分层挂线测设边坡

2. 用边坡样板测设边坡

首先按照设计边坡坡度做好边坡样板，施工时按边坡样板放样。

如图 13-12 所示为用活动边坡样板测设边坡。当边坡样板上的水准器气泡居中时，边坡尺的斜边指示的方向即为设计边坡，借此可指示与检查路堤的填筑。

如图 13-13 所示为用固定边坡样板测设边坡。在开挖路堑时，在坡顶边桩外侧按设计边坡设立固定样板，施工时可随时指示开挖及检查修整。

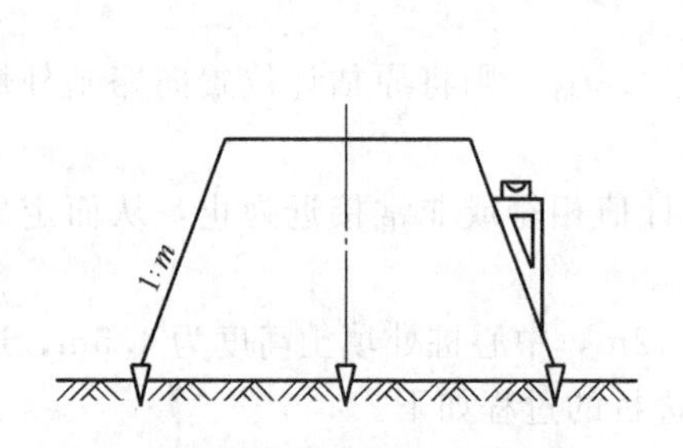

图 13-12　活动边坡样板测设边坡

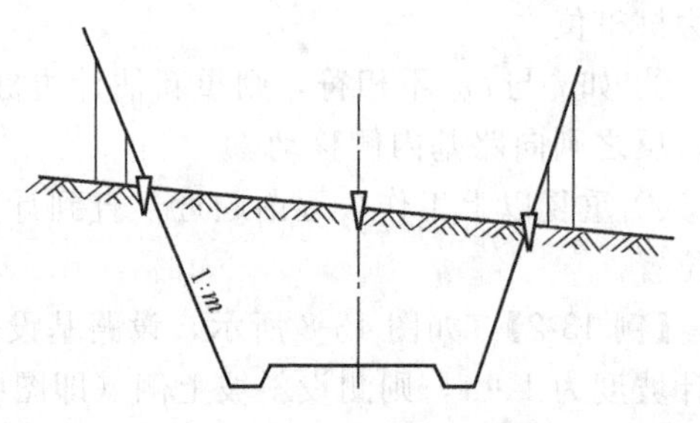

图 13-13　固定边坡样板测设边坡

七、路面的测试

在公路工程中，路基施工完成后，即可进行路面的施工。为有利于路面排水，在保证行车平稳的要求下，路面应做成中间高并向两侧倾斜的拱形，称为路拱。路拱有双斜坡、双斜坡中间插入圆曲线、抛物线型等形式。路拱横坡度通常为 1%～4%。

公路路基两侧未铺筑路面的部分叫路肩，路肩起着路面的侧向支承和临时停车的作用，如图 13-14 所示。高速公路、一级公路通常还设置有中央分隔带。

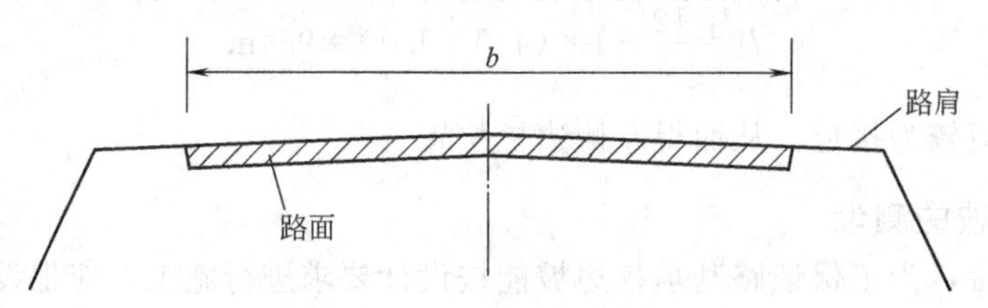

图 13-14　路面与路肩

在道路横断面方向上，各处路面的厚度一般是相等的。

路面测设时，首先在路基顶面上恢复线路中线，钉出路面边桩，同时使各桩的桩顶高程等于铺筑路面后的路面高程（考虑路面横坡），路拱的测设可采用路拱样板进行。然后就可进行路面的施工。

第三节　地下管道施工测量

管道施工测量的主要工作有复核中线和测设施工控制桩、槽口放线、施工控制标志的测设等。

一、复核中线和测设施工控制桩

1. 复核中线

为了保证线路中线位置的准确可靠，在管道施工前，应对管道中线进行复核测量，把丢失损坏的中桩重新恢复起来，以满足施工的需要。

2. 测设施工控制桩

在施工中，各管道中线桩要被挖掉。为了便于恢复中线和附属构筑物的位置，应在不受施工干扰、引测方便、易于保存桩位的地方，测设施工控制桩。管线施工控制桩分为中线控制桩和井位等附属构筑物位置控制桩两种。中线控制桩的位置一般测设在管线起止点及各转折点处中心线的延长线上，井位控制桩通常测设在与管道中线的垂直的方向上，如图 13-15 所示。

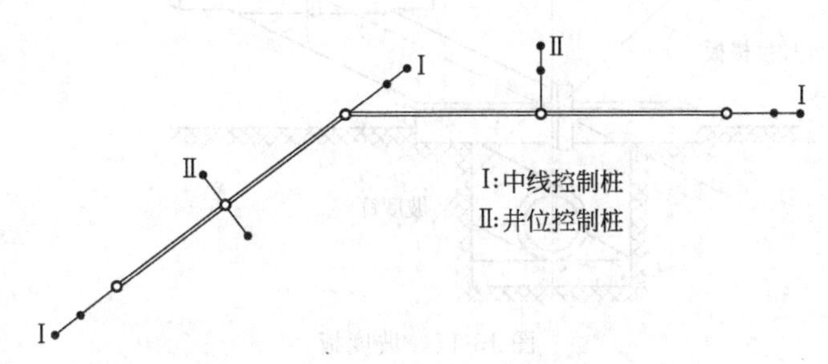

图 13-15　管道施工控制桩

控制桩可使用大木桩，钉好后应采取必要的保护措施。

当管线直线段较长时，也可在中线一侧测设一条与中线平行的轴线，利用该轴线来恢复开挖后中线及构筑物的位置。

二、槽口放线

槽口放线是根据设计要求的管线埋深及土质情况、管径大小等计算出开槽宽度，然后在地面上定出槽边线的位置，撒出灰线，作为开挖的边界线。

当地面平坦时，如开槽断面为图 13-16(a) 所示情况时，则槽口半宽采用式(13-16) 计算；如开槽断面为图 13-16(b) 所示情况时，则槽口半宽可用式(13-17) 计算。

$$d=b+mh \tag{13-16}$$

$$d=b+m_1h_1+c+m_2h_2 \tag{13-17}$$

式中，d 为槽口半宽；b 为槽底宽度；m 为边坡率；h 为挖深；m_1 为下槽边坡率；h_1 为下槽挖深；m_2 为上槽边坡率；h_2 为上槽挖深；c 为工作面宽度。

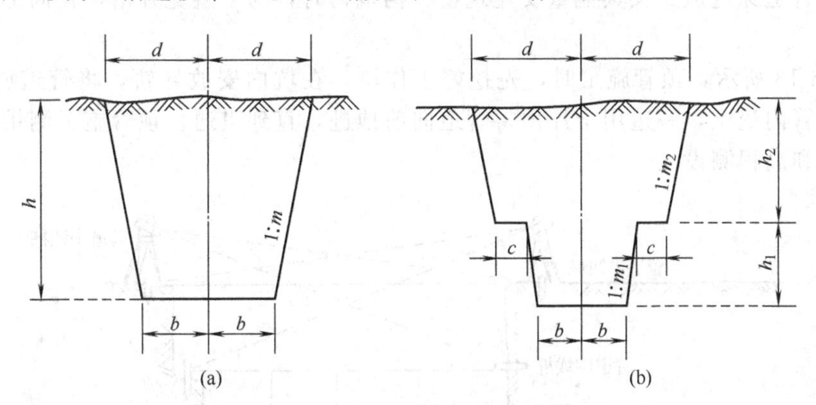

图 13-16　地面平坦时的槽口宽度

当地面为倾斜面时，可在管线横断面图上量取中线两侧的槽口宽度。

三、施工控制标志的测设

1. 设置坡度板

管道施工测量的主要工作是控制管道中线和高程。为了保证管道位置和高程的正确，通常在开槽前在槽口上每隔 10～15m 设置一坡度板，如图 13-17 所示。坡度板通常跨槽设置，板身牢固，板面近于水平。

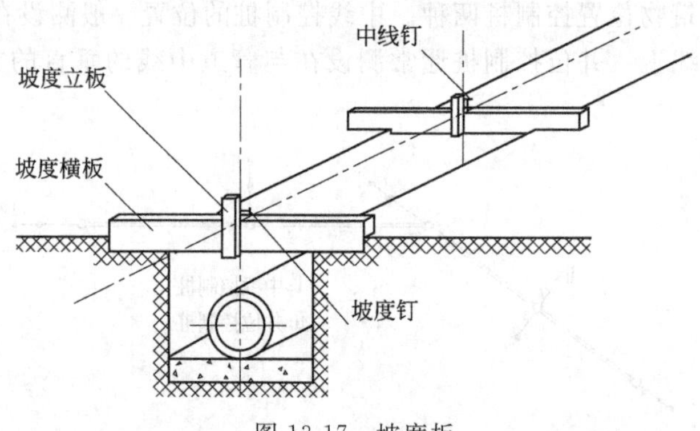

图 13-17　坡度板

2. 测设中线钉

坡度板埋好后，安置经纬仪于中线控制桩上，将管道中线投测到坡度板上，并钉上小钉。各中线钉的连线即为管道中心线。当槽口开挖后，在中线钉上挂上垂球，即可将中线位置投测到管槽内。

3. 测设坡度钉

为了控制管道的埋深，应将高程标志测设于坡度板上。为此，根据附近水准点，用水准仪测出中心线上各坡度板的板顶高程。板顶高程和管底设计高程之差，即为从板顶至管底的开挖深度，称为下反数。为使一段管线内的各坡度板具有相同的整分米数的下反数，在各坡度板中线钉的一侧钉一高程板，也叫坡度立板。然后从坡度板顶高程起算，在高程板上量取一段高度，并钉一小钉（即坡度钉），使由各坡度钉起的下反数恰好为整分米数。这样，在施工过程中，施工人员可随时方便地根据该下反数，检查开挖深度。

四、顶管施工测量

当地下管道穿过道路及其他重要建筑物、构筑物时，为了避免开槽，在局部可采用顶管施工。

如图 13-18 所示，顶管施工时，先挖好工作坑，在坑内安放导轨，将管道放在导轨上，然后一边从管内挖土，一边用千斤顶将管道向前顶进，直到贯通。顶管施工测量的工作主要有中线测设和高程测设。

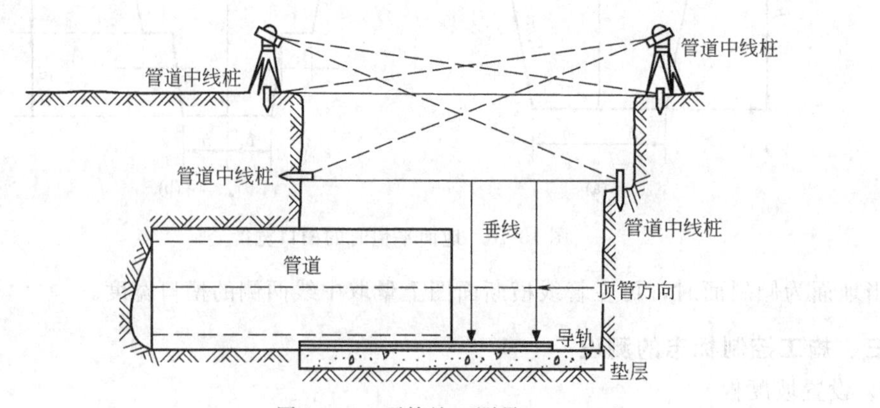

图 13-18　顶管施工测量

1．顶进作业前的测量工作

根据地面管道中线及设计图纸的要求，先在地面确定工作坑的位置，并定出开挖边界。当条件允许时，工作坑应尽量长些，以提高中线测设精度。在工作坑挖到设计层面后，根据地面上的管道中线桩，用经纬仪将管道中线引测到前后坑壁及坑底，然后将经纬仪安置在坑底中线桩上，照准坑壁上中线桩，这样就得到了顶管的中线方向；也可通过坑壁上的中线桩拉一细线，用悬挂垂球的方法标定中线方向。

在工作坑内需设置临时水准点，当工作坑开挖至设计位置后，应浇筑一定厚度的混凝土垫层。

在工作坑内安置导轨，要根据导轨轨高、轨顶宽度以及管壁厚度、管的外径来确定两根导轨的间距。用顶管中线方向及临时水准点检查中心线及高程，无误后固定导轨。

2．顶进过程中的测量工作

顶管施工时，在管内前端水平放置一把尺子，尺上有刻划并标明中心点，以此检查并校正顶管的方向偏差。

如采用激光经纬仪或激光指向仪，沿中线方向发射激光束指示顶管前进方向，将使顶管方向的检查和校正更为方便。

将水准仪安置在坑内，后视临时水准点，前视立于管内的短水准尺，可测得管底各点的高程。将测得高程与设计高程比较，即得管底高程和坡度的校正值。

思考题与习题

13-1　道路施工测量的主要工作有哪些？

13-2　竖曲线的测设元素有哪些？如何计算？

13-3　地下管道施工测量的主要工作有哪些？

13-4　地下管道施工中，如何控制线路中线？

13-5　某凹形竖曲线，$i_1=-3\%$，$i_2=2\%$，变坡点桩号为 3＋340，其设计高程为 100.00m，竖曲线半径 $R=1000$m，试求竖曲线元素以及起、终点的桩号和高程，曲线上每 10m 间距整桩的设计高程。

第十四章 桥梁与隧道施工测量

第一节 概 述

桥梁是道路跨越河流、山谷或其他公路铁路交通线时的主要构筑物。桥梁按功能可分为铁路桥、公路桥、铁路公路两用桥、人行桥等。按轴线长度桥梁可分为特大桥、大桥、中桥、小桥。按结构类型桥梁可分为梁式桥、拱桥、刚架桥、斜拉桥等。桥梁结构通常可分为上部结构和下部结构。上部结构是桥台以上部分，即桥跨结构，一般包括梁、拱、桥面和支座等；下部结构包括桥墩、桥台和它们的基础。

现代桥梁无论是钢梁还是钢筋混凝土梁，一般先按照设计尺寸预制，然后在现场安装拼接而成。为了保证施工精度，必须做好各部分的测量工作，将桥梁设计的意图准确地转移到实地上去，指导桥梁各部分的施工。

当道路越过山岭地区，在遇到地形障碍时，为了缩短线路长度、提高车辆运行速度等，常采用隧道形式。在城市，为了节约土地，也常在建筑物下、道路下、水体下建造隧道。隧道通常由洞身、衬砌、洞门等组成。隧道按长度可分为特长隧道、长隧道、中隧道和短隧道。

开挖隧道时，由于挖掘速度较慢，为了加快工程进度，一般总是由隧道两头对向开挖。有时，为了增加掘进面，还要在中间打竖井、斜井，进行多头对向开挖。由于隧道工程一般投资大，施工时间长，为保证隧道在施工期间按设计的方向和坡度贯通，并使开挖断面的形状符合设计要求的尺寸，尽量做到不欠挖、不超挖，要求各项测量工作必须反复核对，确保准确无误。如由于测量工作的失误，引起对向开挖的隧道无法正确贯通，将会造成巨大的损失。

本章主要介绍桥梁工程与隧道工程施工阶段的测量工作。桥梁施工测量的内容主要包括桥梁施工控制网的建立、桥梁墩台中心定位、桥墩细部放样及桥梁上部结构的测设等。隧道施工测量的内容主要为隧道洞外控制测量、隧洞开挖中的测量工作、竖井联系测量等。

第二节 桥梁施工测量

一、桥梁施工控制网的建立

1. 平面控制测量

建立桥梁施工控制网的目的是测出桥轴线的长度及进行桥梁施工放样。桥梁轴线的位置是在桥位勘测设计时，根据线路的走向、地形、地质、河床等情况选定设计的。在施工前必须准确无误地在实地标定出来，并测出桥轴线的长度。只有精确测得桥轴线的长度，才能精确定出桥墩台的位置。

桥梁施工项目，应建立桥梁专用控制网，对于跨度较小的桥梁，也可利用勘测阶段所布设的等级控制点，但必须经过复测，并满足桥梁控制网的等级和精度要求。桥梁施工控制网的等级选择应符合表 14-1 的规定。

表 14-1　桥梁施工控制网等级的选择

桥长 L/m	跨越宽度 l/m	平面控制网的等级	高程控制网的等级
$L>5000$	$l>1000$	二等或三等	二等
$2000<L\leqslant 5000$	$500<l\leqslant 1000$	三等或四等	三等
$500<L\leqslant 2000$	$200<l\leqslant 500$	四等或一级	四等
$L\leqslant 500$	$l\leqslant 200$	一级	四等或五等

桥梁施工平面控制网一般布设成自由网，根据线路测量控制点定位。桥梁控制网可采用 GPS 网、三角形网、导线网等形式。控制网边长一般为主桥轴线长度的 0.5～1.5 倍。当控制网跨越江河时，每岸不少于 3 点，其中轴线上每岸宜布设 2 点。如图 14-1 所示为某桥梁的 GPS 施工控制网。

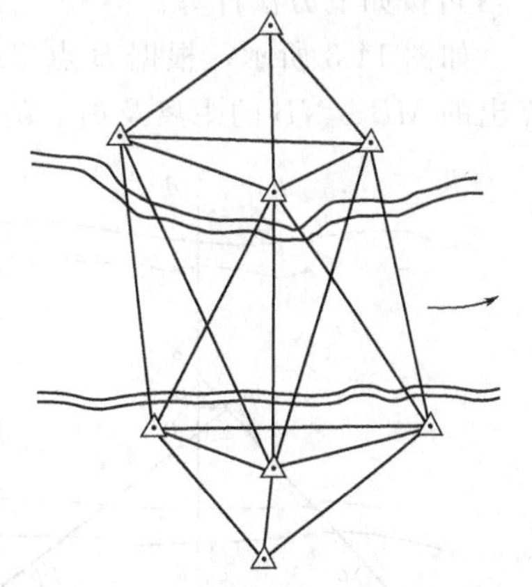
图 14-1　某桥梁 GPS 施工控制网

2. 高程控制测量

桥梁施工高程控制网每岸水准点不应少于 3 个。两岸的水准测量路线，应组成统一的水准网。跨越江河时，根据需要可进行跨河水准测量。

当水准路线跨越江河，视线长度在 200m 以内时，可用一般观测方法进行，即用第二章介绍的水准测量方法进行测量。但在测站上应变换仪器高观测两次，两次高差之差应不超过 7mm，取两次结果的中数作为河流两岸两点间的高差。

当视线长度超过 200m 时，应根据跨河宽度和仪器设备等情况，选用跨河水准测量方法进行观测。跨河水准测量方法及其适用范围和观测测回数、限差规定见表 14-2。

表 14-2　跨河水准测量的技术要求

方　　法	等　　级	最大视线长度 S/km	单测回数	半测回观测组数	测回高差互差不大于/mm
直接读尺法	三	0.3	2		8
	四	0.3	2		16
微动觇板法	三	0.5	4		$30S$
	四	1.0	4		$50S$
经纬仪倾角法或测距三角高程法	三	2.0	8	3	$24\sqrt{S}$
	四	2.0	8	3	$40\sqrt{S}$

二、桥梁墩台中心定位

桥梁的支承结构为桥台与桥墩。桥台是桥梁两端桥头的支承结构，是道路与桥梁的连接点。桥墩是多跨桥的中间支承结构。

1. 桥台定位

可按设计的里程放样两个桥台的中心位置。再根据桥台的设计尺寸放样出桥台的各部分位置。

2. 桥墩定位

桥墩中心位置可用电磁波测距仪或全站仪测设。首先在桥轴线上的控制点上架设仪器，根据桥墩中心至控制点的设计距离，在桥轴线方向上测设该距离，即得桥墩中心的位置。

桥墩的中心位置也可用经纬仪交会的方法进行测设。如图 14-2 所示，A、B 为桥轴线，M、B、N 都是桥梁三角网的控制点。根据 M、B、N 点的已知坐标以及桥墩点 P 的设计坐标，则可计算出放样数据 α、β。在 M、B、N 三点各安置一台经纬仪，在 M 点及 N 点分别测设 α、β 角，则可交会出 P 点的位置。

由于测量误差的影响，三方向线一般不正好交于一点，而构成误差三角形$\triangle P_1P_2P_3$。误差三角形在桥轴线方向的边为 P_1P_2，其边长对墩底和墩顶定位分别不应大于 2.5cm 和 1.5cm，若符合要求，可取 P_3 在桥轴线上的垂足 P 作为桥墩的中心位置。

通常在桥梁的设计图纸上，只有 P 点的里程，不一定有 P 点的坐标值，这时放样数据 α、β 可按如下方法计算。

如图 14-3 所示，根据 B 点里程及 P 点里程可求得 BP 距离，再根据桥梁控制测量中计算出的 MB、NB 的距离及 δ_1、δ_2 角，则可计算出 α、β。

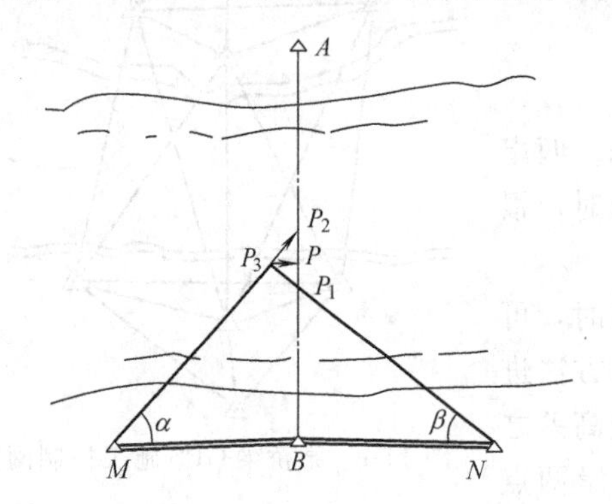

图 14-2 交会法测设桥墩中心位置

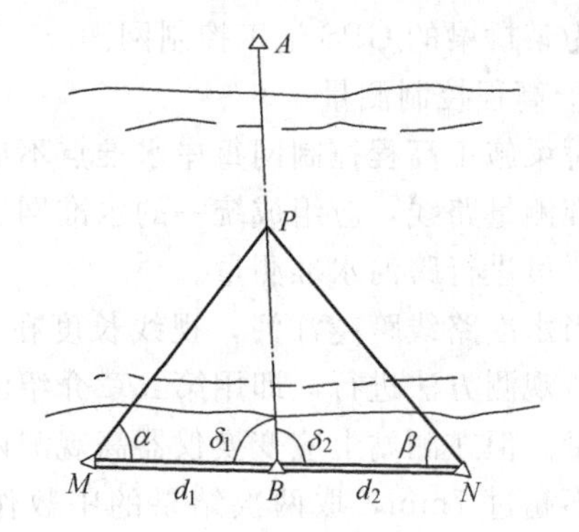

图 14-3 交会法测设桥墩中心位置数据计算

桥墩中心位置也可利用全站仪按极坐标法测设。

三、桥墩细部放样

定出桥墩中心位置后，应测设出桥墩定位桩，根据桥墩定位桩及桥墩的设计尺寸可放样出桥墩各部分的位置。

四、桥梁上部结构的测设

桥墩台施工完成后，即可进行桥梁上部结构的施工。为了保证预制梁安全准确地架设，首先要在桥墩、台上测设出桥梁中线的位置，并根据设计高程进行桥墩台高程的检核，以使桥梁中线及高程与道路线路平面、纵断面的衔接符合设计的要求。

各座桥梁的上部有多种不同结构，所以在安装时应根据各自的特点进行测设。特别注意的是，预埋部件应在桥墩台施工过程中及时准确地按设计要求进行放样及施工。

第三节 隧道施工测量

一、隧道洞外控制测量

1. 平面控制测量

隧道平面控制测量的主要任务是测定各洞口控制点的相对位置，以便根据洞口控制点按设计方向进行开挖，并能以规定精度贯通。在隧道施工过程中，是以洞内导线来控制掘进方向的，隧道平面控制就是要测出各进洞口起始点的坐标和洞内导线起始边的方位角，为洞内导线提供精确的起始数据。

隧道工程施工前，应熟悉隧道工程的设计图纸，并根据隧道的长度、路线形状和对贯通误差的要求，进行隧道控制网的设计。隧道洞外平面控制网可采用 GPS 网、三角形网、导线网等形式，高程控制网一般布设成水准网。隧道洞外平面控制测量的等级见表 14-3。

表 14-3　隧道洞外平面控制测量的等级

平面控制网类型	平面控制网等级	测角中误差/″	隧道长度 L/km
GPS 网	二等	—	$L>5$
	三等	—	$L\leqslant5$
三角形网	二等	1.0	$L>5$
	三等	1.8	$2<L\leqslant5$
	四等	2.5	$0.5<L\leqslant2$
	一级	5	$L\leqslant0.5$
导线网	三等	1.8	$2<L\leqslant5$
	四等	2.5	$0.5<L\leqslant2$
	一级	5	$L\leqslant0.5$

隧道洞外平面控制网宜布设成自由网，根据线路测量的控制点进行定位和定向。控制网布设时应沿隧道两洞口的连线方向布设。各个洞口（包括辅助坑道口）均应布设两个以上且相互通视的控制点。

（1）直接定线法　在地形比较简单，隧道不太长的直线隧道，当隧道的洞口位置已在现场选定时，可用直接定线法在现场直接标定隧道的轴线方向。

如图 14-4 所示，A、D 为隧道的进、出口，现要把 AD 直线方向标定于地面上。由于 A、D 两点不通视，需在 AD 直线上定出 B、C 点，使 A、B、C、D 在同一直线上。

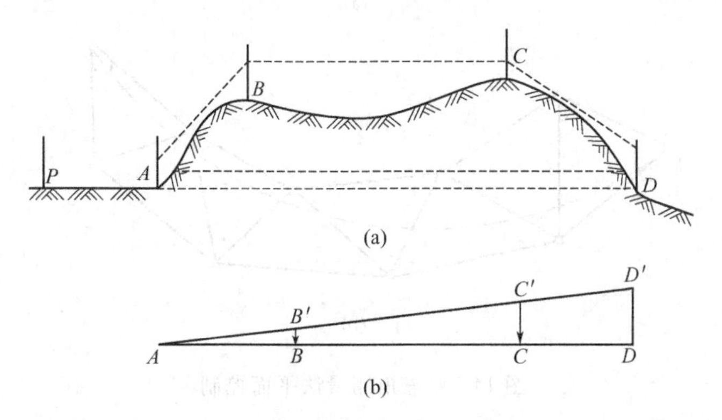

图 14-4　直接定线法平面控制

首先，在 A 点架设经纬仪，盘左瞄准线路直线段上一点 P，倒转望远镜，得 PA 延长线方向，在该方向上取一点；盘右瞄准 P 点，倒转望远镜，同样在视线方向上定出一点。如盘左、盘右所定的两点重合，则该点即为 PA 的延长线，如两点不重合，则取两点的中数。这种方法叫正倒镜分中法。用这种方法延长直线得到 B' 点。

然后将仪器搬至B'点，同样用正倒镜分中法将直线AB'延长到C'；再将仪器搬至C'，将$B'C'$延长到D'。如果D'与D不重合，量出$D'D$的长度。另外，在延长直线的同时，用视距法测出AB'、$B'C'$、$C'D'$的长度。按下式计算$C'C$的长度。

$$C'C=\frac{D'D}{AD'}AC' \tag{14-1}$$

在C'点垂直于AC'的方向上，量取$C'C$则得C点。

定出C点后，再自C点延长DC至B、自B延长CB至A，看其是否与原A点重合。如不重合，则作第二次趋近，直至B、C两点位于AD直线上为止。在B、C点埋桩，AB及DC方向即为在隧道两端向洞内掘进的方向。AD的距离可用光电测距仪测得AB、BC、CD距离后求得，其相对误差应小于1/5000。

(2) 导线测量法　隧道平面控制的导线通常采用电磁波测距导线，导线的转折角通常用DJ_2级经纬仪施测。导线相对闭合差一般要求达到（1/10000）～(1/5000)。

导线的布设一般按隧道线形来确定。对于直线隧道，应尽量沿两洞口连线的方向布设成直伸形式。对于曲线隧道，当两端洞口附近为直线时，其两端可沿直线方向布设；如两端洞口附近为曲线，中部为直线时，两端应沿切线方向布设，中部尽量沿中线方向布设；若整个线路均在曲线上时，应尽量按两端洞口的连线方向布设导线。

(3) 三角测量法　当隧道较长，且地形复杂时，可采用三角测量法。一般布设成与路线相同方向延伸的单三角锁，三角锁的形状取决于隧道中线的形状、施工方案以及地形条件。对于直线隧道，三角锁应尽量靠近中线。如图14-5(a) 所示。对于曲线隧道，则沿两端洞口的连线方向布设；如施工时需在隧道中线上开凿竖井，则三角锁应尽量接近中线方向，如图14-5(b) 所示。

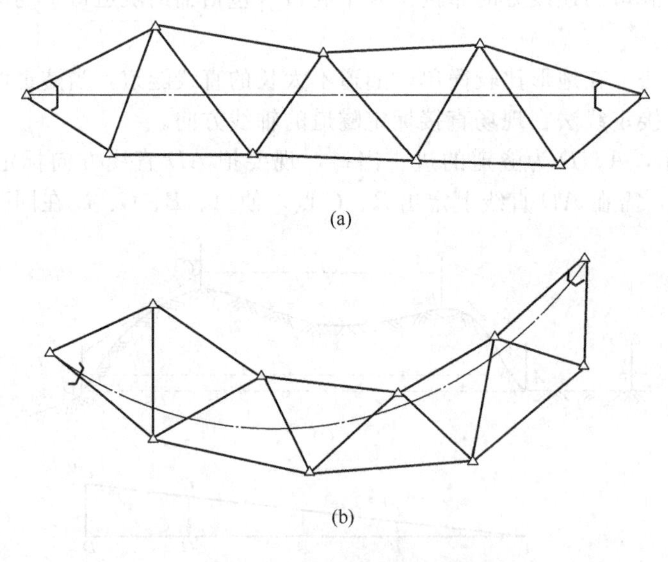

图14-5　三角测量法平面控制

(4) GPS测量法　用GPS技术布设隧道平面控制网，由于不需要各控制点之间相互通视，且对边长和网的图形无特殊限制，可以使控制网的精度更均匀，所以GPS方法对通视条件差的地区以及长隧道的洞外控制测量特别有利。图14-6所示为某隧道洞外GPS平面控制网示意图。在进、出口线路中线上布设进、出口点（J、C），进、出口再各布设3个定向点（J_1、J_2、J_3和C_1、C_2、C_3），进、出口点与相应定向点之间应通视。GPS网采用独立

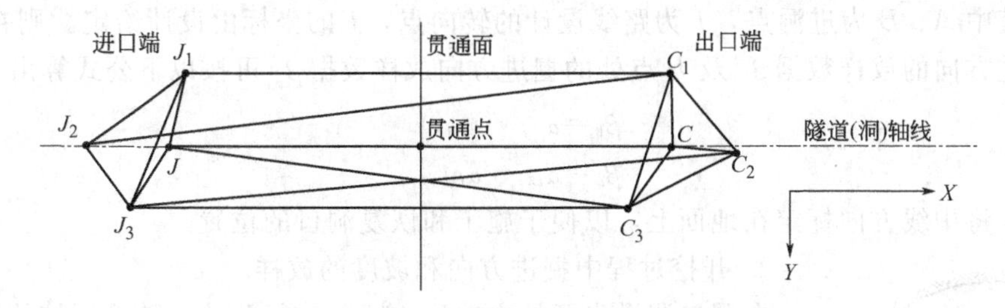

图 14-6　某隧道洞外 GPS 平面控制网示意图

的工程平面直角坐标系，以从进口点到出口点的方向为 X 方向，与之垂直的方向为 Y 方向。

2．高程控制测量

隧道高程控制测量的任务是按规定的精度测出隧道洞口附近水准点的高程，作为高程引测进洞的依据。

隧道高程控制测量宜采用水准测量方法。隧道高程控制测量的等级要求见表 14-4。

表 14-4　隧道洞外、洞内高程控制测量的等级

高程控制网类型	等级	每千米高差全中误差/mm	洞外水准路线长度或两开挖洞口间长度 S/km
水准网	二	2	$S>16$
	三	6	$6<S\leqslant16$
	四	10	$S\leqslant6$

隧道两端的洞口水准点、相关洞口水准点（含竖井和平洞口）和必要的洞外水准点应组成闭合或往返水准路线。

二、隧洞开挖中的测量工作

1．洞口掘进方向

地面平面控制测量和高程控制测量完成后，即可求得隧道洞口附近控制点的坐标和高程。然后根据洞内路线中线上各点的设计坐标进行反算，算出这些点至洞外控制点的距离与夹角。利用这些数据，测设出洞口的掘进方向。

当采用多段对向开挖时，利用地面与地下联系测量的成果，按同样方法可定出各竖井处的掘进方向。

如图 14-7 所示，A、B、C、D、E、F、G 为地面平面控制点，A、B 两点位于直线隧道的中心线上，则根据控制点的已知坐标，可算得对向开挖的掘进方向的放样数据 β_1、β_2。

如图 14-8 所示为一曲线隧道的平面控制网，A、B、C、D、E、F、G、H 为地面平面

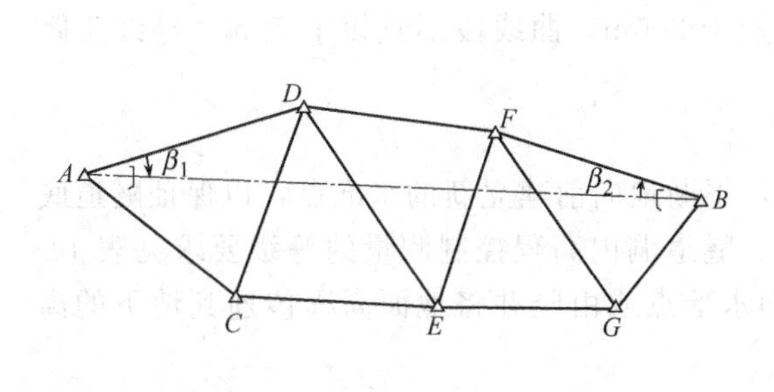

图 14-7　直线隧道洞口掘进方向

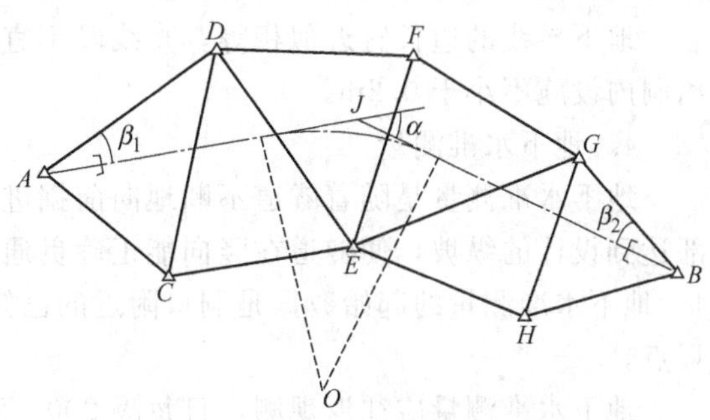

图 14-8　曲线隧道洞口掘进方向

控制点，其中 A、B 为进洞点，J 为路线设计的转向点，J 的坐标由设计给定。则在 A 点处的隧道掘进方向的放样数据 β_1 及 B 点处的掘进方向放样数据 β_2 可按以下公式算出。

$$\left.\begin{aligned}\beta_1=\alpha_{AJ}-\alpha_{AD}\\ \beta_2=\alpha_{BG}-\alpha_{BJ}\end{aligned}\right\} \tag{14-2}$$

然后，将中线方向标定在地面上，以便于施工和恢复洞口的位置。

2. 开挖过程中掘进方向和坡度的放样

在洞口测设出开挖方向后，即可进行开挖，随着开挖的进展，应逐步向洞内引测隧道中线。通常每掘进 20m 左右时，需埋设一个中线桩，中线桩可埋设在洞的底部或顶部，也可在顶部与底部同时埋设，如图 14-9 所示。

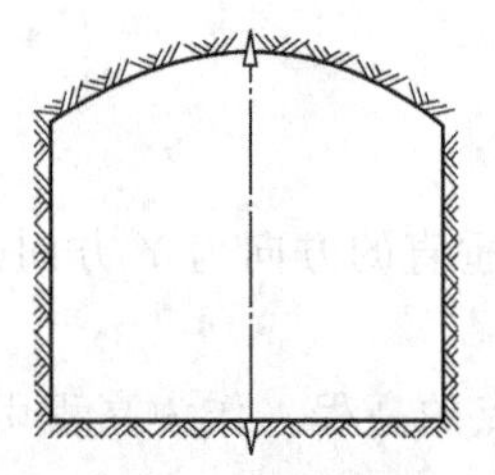

图 14-9　隧道洞内中线桩的设置

测设隧道曲线段中线桩时，由于洞内工作面狭小，通常采用逐点搬站的偏角法进行中桩测设。当隧道不断向前掘进时，为了确保掘进方向的准确性，应使洞内导线向前延伸，然后根据地下导线点来放样掘进方向。

隧道的高程可由洞口水准点引入，当隧道向前掘进时，应每隔 50m 布设一个地下水准点，然后根据地下水准测量成果来控制洞底高程。当隧道设计有一定的坡度时，应按测设坡度方法测设出洞中各处的设计高程。

在施工开挖过程中，为了能随时控制洞底高程，通常在隧道岩壁上每隔一定距离（一般为 5～10m）标出比洞底设计高程高出 1m 的腰线点，相邻两点的连线称为腰线。

3. 地下导线测量

地下导线测量是为了建立必要的洞内平面控制，以便在洞内确定隧道中线，指导隧道的进一步开挖。地下导线是随着隧道的掘进而不断向前布设的，当开挖到一定距离后，导线测量必须及时跟上，以保证各开挖面之间能正确地贯通。隧道洞内平面控制的等级要求见表 14-5。

表 14-5　隧道洞内平面控制的等级

洞内平面控制网类型	洞内导线网测量等级	导线测角中误差/(″)	两开挖洞口间长度 L/km
导线网	三等	1.8	$L\geqslant5$
	四等	2.5	$2\leqslant L<5$
	一级	5	$L\leqslant2$

地下导线的起始测量数据由在隧道洞口的地面控制点给出。当采用竖井多掘进面对向开挖时，在竖井处可通过竖井定向测量方法获得起始数据。

地下导线的边长宜近似相等，直线段不宜短于 200m，曲线段不宜短于 70m，导线边距离洞内设施不小于 0.2m。

4. 地下水准测量

地下水准测量是随着隧道不断地向前掘进，不断地向前建立新的水准点，以保证隧道底部达到设计的纵坡，使隧道在竖向能正确贯通。隧道洞内高程控制测量的等级要求见表 14-4。地下水准测量的起始数据是洞口附近的已知水准点或由竖井将地面高程传递到地下的高程点。

地下水准测量应往返观测，且每隔 200～500m 设一水准点。

5. 隧道断面测量

隧道断面测量主要是测量隧道的横断面，即测绘隧道施工断面的形状和尺寸。隧道整个断面一次或部分开挖完成以后，在即将衬砌以前，应对全断面或部分断面进行测绘，借此判断开挖断面是否符合设计的净空要求以及了解超挖、欠挖情况。根据断面测量结果可计算已完成的土石方量和回填量。

隧道横断面测量一般沿中线每隔一定距离（如 5～10m）进行一次，可根据隧道中线和腰线直接测量至轮廓点的距离进行测绘。

6. 盾构法施工测量

盾构法施工是地下暗挖隧道的一种施工方法。盾构施工原理是利用盾构的盾壳在开挖隧道时充作临时支护，然后在盾壳的保护下拼装管片，形成永久衬砌。盾构是一个能支承地层压力而又能在地层中推进的钢筒结构，如图 14-10 所示，在钢筒的前面设置各种类型的支撑和开挖土体的装置，钢筒中段安装顶进所需的千斤顶，钢筒尾部是具有一定空间的壳体，在盾尾内可以拼装预制的隧道衬砌环。

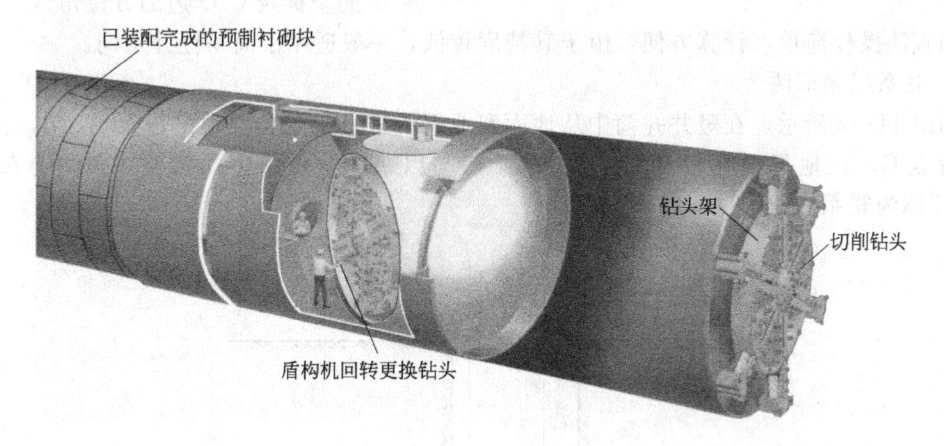

图 14-10 盾构机

盾构法施工的测量工作主要包括洞外控制测量，竖井联系测量，地下导线和高程测量，盾构机姿态定位测量。

盾构机姿态定位测量一般采用由激光全站仪、激光靶、计算机及掘进软件等组成的自动导向系统。导向系统依据地下导线点和水准点来确定盾构机的位置和掘进方向。激光全站仪安置在地下导线点上，全站仪自动测出测站与激光靶之间的距离、方位角、竖直角，计算出激光靶的三维坐标。激光束照射在激光靶上，激光靶可以测定激光相对于激光靶平面的偏角，掘进机的仰俯角和滚动角通过安装在激光靶内的倾斜计来测定。激光靶将各项测量数据传向主控计算机，计算出盾构机轴线上前后两个参考点的空间位置，并与隧道设计轴线比较，得到盾构机轴线与设计轴线的偏差值以及盾构机的坡度，并在屏幕上显示。通过控制系统对各千斤顶施以不同的推力，来调整盾构机的位置和掘进方向。在推进时只要控制好姿态，盾构机就能精确地沿着隧道设计轴线掘进，保证隧道能顺利准确地贯通。

第四节 竖井联系测量

当隧道较长时，为了加快工程进展，需增加掘进工作面，通常是在隧道中线上开凿竖井，将整个隧道分成若干段，然后进行各段的对向开挖。

在竖井开凿后，首先必须将地面上的坐标与高程传递到地下，取得地下导线与地下水准测量的起算数据，然后才能进行开挖。

经过竖井将地面和地下控制网联系在同一坐标和高程系统中的测量工作，称为竖井联系测量。这种地面与地下的联系测量包括竖井定向测量和竖井高程传递两部分。

一、竖井定向测量

1. 瞄直法

如图 14-11 所示，在竖井井筒中吊两根垂线 A、B，在地上定出 BA 的延长线，得 C 点，在地下定出 AB 的延长线，得 C'点，因此有 C、A、B、C' 在同一方向上。分别在 C、C′点安置经纬仪，测出联系角 φ、φ'，量出 CA、AB、BC′的长度。然后根据地上点 C 点坐标及 DC 的方位角推算出地下点 C′的坐标及 C′D′边的方位角。

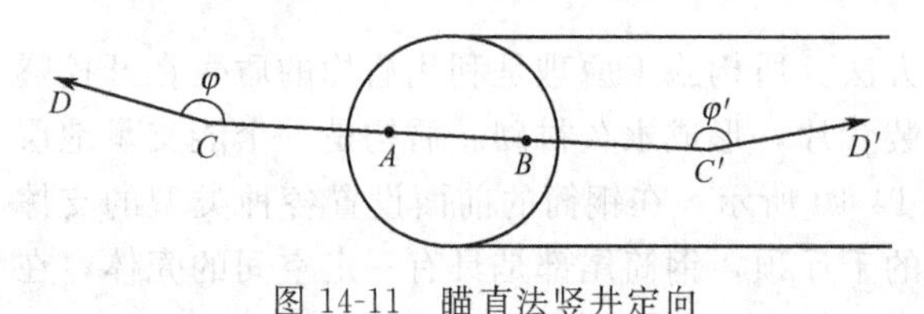

图 14-11 瞄直法竖井定向

瞄直法操作简单、计算方便，由于其精度较低，一般适用于简易竖井定向。

2. 联系三角形法

如图 14-12 所示，在竖井井筒中从地面到地下坑道自由悬挂两根吊锤线 A、B，在地面设临时点 C，在地下设临时点 C′，则 C 和 C′与以 AB 为公用边的狭长三角形△ABC 和△ABC′称为联系三角形。

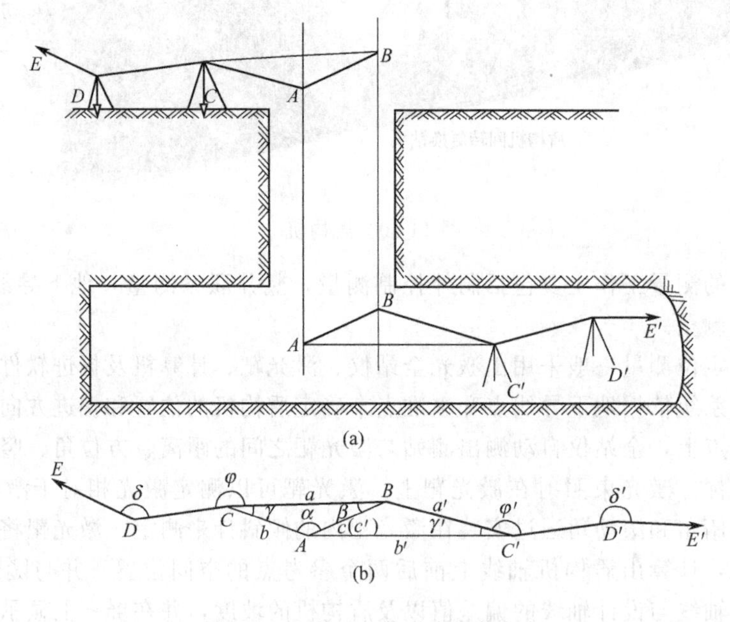

图 14-12 联系三角形法竖井定向

当已知地面点 D 的坐标及 DE 的方位角时，在地上观测联系角 δ、φ 以及联系三角形△ABC 的一个内角 γ，测量地面三角形的边长 a、b、c 及 CD 的长度，则可计算出 α、β 角，从而可按导线 $EDCBA$ 算出垂线 A、B 的坐标及 AB 的方位角。然后在地下，观测角度 δ'、φ'和 γ'，测量边长 a'、b'、c'及 $C'D'$ 的长度，则可根据 A、B 的坐标和方位角，按导线 $BAC'D'E'$ 算出地下控制点 D'的坐标和井下起始边 $D'E'$的方位角。

为提高方位角传递的精度，联系三角形的 C、C′点，一般应尽可能在 AB 的延长线上，并尽量靠近垂球线。

3. 陀螺经纬仪法

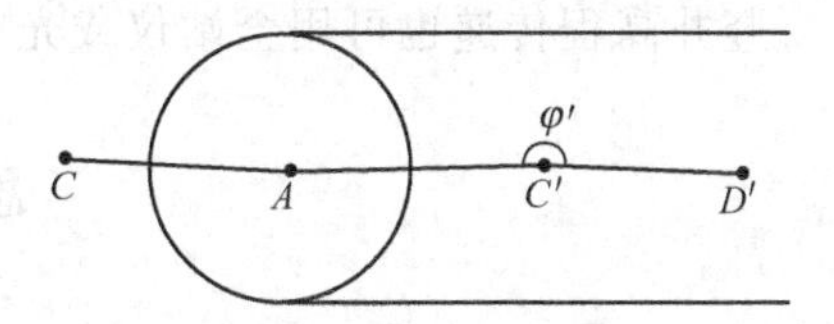

图 14-13　陀螺经纬仪法竖井定向

陀螺经纬仪是陀螺仪和经纬仪通过锁紧装置结合一体以测定真方位角的仪器。在陀螺仪内悬挂有能三向自由旋转的陀螺。当陀螺高速旋转时，由于受地球自转的影响，旋转轴向着测站真子午面两侧作往复摆动，通过对摆动的观测，可以确定真北方向。再用经纬仪测定水平方向值，即可确定某边的真方位角。

用陀螺经纬仪进行竖井定向时，首先在地面已知点 C 安置仪器，如图 14-13 所示，测出 CA 的真方位角，量取 CA 的距离后即可算出 A 点锤线的坐标。然后将陀螺经纬仪安置于井下导线点 C'，测出 $C'A$ 的真方位角，量取 AC' 的距离后，则可求出 C' 点的坐标。再测出水平角 φ，则可推算出地下起始边 $C'D'$ 的方位角。

用陀螺经纬仪进行竖井定向时，只需在竖井井筒中悬挂一根吊锤线。

另外，采用陀螺经纬仪测定方位角时，所测的是真方位角。这时应根据隧道所在地区的子午线收敛角，将真方位角改算成坐标方位角，然后再推算井下各点的坐标及方位角。

二、竖井高程传递

竖井高程传递是经过竖井将地面控制点的高程传递到地下坑道的测量工作，亦称高程联系测量。

1. 钢尺法

如图 14-14 所示，在竖井井筒中悬挂一根特制的长钢尺，钢尺零点端挂上重锤。在地面和井下安置两架水准仪分别读取水准点上的读数 a 和 b，并同时读取钢尺读数 m 和 n，则井下 B 点高程为

$$H_B = H_A + a - [(m-n) + \sum \Delta I] - b \tag{14-3}$$

式中，$\sum \Delta I$ 为钢尺的尺长、温度、拉力和钢尺自重等四项改正数的总和。

2. 钢丝法

当竖井较深时，可采用钢丝法。首先在竖井井口附近设置临时比尺台，如图 14-15 中 CD，台上安设经过检定的钢尺，并加以标准拉力。在井筒中自由悬挂一根钢丝，下悬一标准重锤。然后用地面和地下的两架水准仪分别读取水准点上的读数 a 和 b，并按水平视线在钢丝上作两个标志（如图中 m、n）。转动 E 处的绞车，提升钢丝，用比尺台上的钢尺量取钢丝上 m、n 两标志间的长度 l，B 点高程为

$$H_B = H_A + a - (l + \sum \Delta I) - b \tag{14-4}$$

式中，$\sum \Delta I$ 为钢尺的尺长、温度和钢丝的温度等三项改正数的总和。

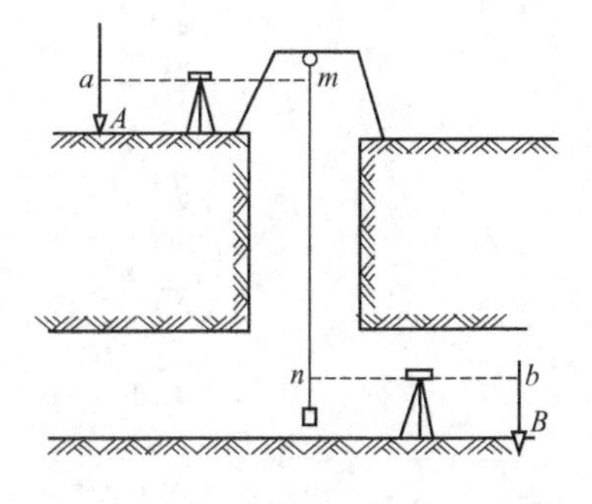

图 14-14　钢尺法竖井高程测量

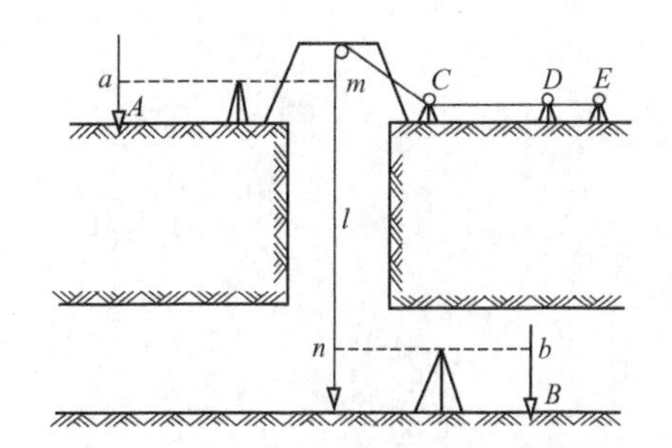

图 14-15　钢丝法竖井高程测量

竖井高程传递也可用全站仪或光电测距仪测出井深，将高程导入地下。

思考题与习题

14-1　桥梁施工测量的主要工作有哪些？

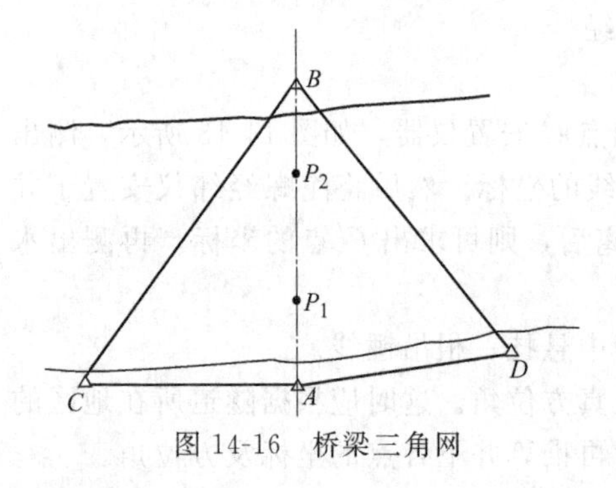

图 14-16　桥梁三角网

14-2　隧道施工测量的主要工作有哪些？

14-3　为什么要进行竖井联系测量？

14-4　隧道施工中，地下导线的作用是什么？

14-5　如图 14-16 所示为一桥梁三角网，已知 $D_{AB}=78.001$m，$D_{AC}=46.114$m，$D_{AD}=52.187$m，$D_{BC}=98.245$m，$D_{BD}=88.479$m，其中 A、B 位于桥轴线上，P_1、P_2 为两个桥墩位置，已知 $D_{AP_1}=20.000$m，$D_{AP_2}=58.000$m，试计算角度交会法测设桥墩中心位置 P_1、P_2 的放样数据。

第十五章 建筑物的变形观测

第一节 概 述

变形观测又称变形监测或变形测量。变形观测是测定建筑物（构筑物）及其地基在建筑物（构筑物）荷重和外力作用下随时间而变形的工作。主要内容有沉降观测、位移观测、倾斜观测、裂缝观测和挠度观测等。变形观测是监测重要建筑物在各种应力作用下是否安全的重要手段，也是验证设计理论和检验施工质量的重要依据。工业与民用建筑物、构筑物、建筑场地、地基基础等，为对其维护及保证其使用安全，常要进行变形观测。

一、变形观测的特点

与一般的测量工作相比，变形观测有以下特点：精度要求高、时效性要求强、与施工同步进行、需要重复观测、几何变形与物理参数同时监测、观测时间长、数据处理方法严密等。

二、变形测量点的分类

1. 变形观测点

变形观测点是设置在变形体上的照准标志点，点位要设立在能准确反映变形体变形特征的位置上，也称变形点、观测点。

2. 基准点

基准点即确认固定不动的点，用于测定工作基点和变形观测点。点位要设立在变形区以外的稳定地区，每个工程至少应有 3 个基准点。

3. 工作基点

工作基点是作为直接测定变形观测点的相对稳定的点，也称工作点。对通视条件较好或观测项目较少的工程，可不设立工作基点，而直接在基准点上测定变形点。

三、变形观测的基本要求

① 重要工程建筑物、构筑物，在工程设计时，应对变形监测的内容和范围做出统筹安排，并由监测单位制订详细的监测方案。首次观测，宜获取监测体初始状态的观测数据。

② 由基准点和部分工作基点构成的监测基准网，应每半年复测一次；当对变形监测成果发生怀疑时，应随时检核监测基准网。

③ 变形监测网应由部分基准点、工作基点和变形观测点构成。监测周期应根据监测体的变形特征、变形速率、观测精度和工程地质条件等因素综合确定。监测期间，应根据变形量的变化情况适当调整。

④ 各期的变形监测，应满足下列要求：在较短的时间内完成；采用相同的图形（观测路线）和观测方法；使用同一仪器和设备；观测人员相对固定；记录相关的环境因素，包括荷载、温度、降水、水位等；采用统一基准处理数据。

⑤ 变形监测作业前，应收集相关水文地质、岩土工程资料和设计图纸，并根据岩土工

程地质条件、工程类型、工程规模、基础埋深、建筑结构和施工方法等因素，进行变形监测方案设计。方案设计应包括监测的目的、精度等级、监测方法、监测基准网的精度估算和布设、观测周期、项目预警值、使用的仪器设备等内容。

⑥ 每期观测前，应对所使用的仪器和设备进行检查、校正，并做好记录。

⑦ 每期观测结束后，应及时处理观测数据。当数据处理结果出现下列情况之一时，必须即刻通知建设单位和施工单位采取相应措施：变形量达到预警值或接近允许值，变形量出现异常变化，建（构）筑物的裂缝或地表的裂缝快速扩大。

⑧ 监测项目的变形分析，对于较大规模的或重要的项目，宜包括下列五项内容：观测成果的可靠性，监测体的累计变形量和两相邻观测周期的相对变形量分析，相关影响因素（荷载、气象和地质等）的作用分析，回归分析，有限元分析。较小规模的项目，至少应包括前三项的内容。

⑨ 变形监测项目，应根据工程需要，提交下列有关资料：变形监测成果统计表，监测点位置分布图，建筑裂缝位置及观测点分布图，水平位移量曲线图，等沉降曲线图（或沉降曲线图），有关荷载、温度、水平位移量相关曲线图，荷载、时间、沉降量相关曲线图，位移（水平或垂直）速率、时间、位移量曲线图，变形监测报告等。

四、变形监测的等级划分及精度要求

我国《工程测量规范》规定的变形监测的等级划分及精度要求见表15-1。

表 15-1 变形监测的等级及精度要求

等级	垂直位移监测		水平位移监测	适用范围
	变形观测点的高程中误差/mm	相邻变形观测点的高差中误差/mm	变形观测点的点位中误差/mm	
一等	0.3	0.1	1.5	变形特别敏感的高层建筑、高耸构筑物、工业建筑、重要古建筑、大型坝体、精密工程设施、特大型桥梁、大型直立岩体、大型坝区地壳变形监测等
二等	0.5	0.3	3.0	变形比较敏感的高层建筑、高耸构筑物、工业建筑、古建筑、特大型和大型桥梁、大中型坝体、直立岩体、高边坡、重要工程设施、重大地下工程、危害性较大的滑坡监测等
三等	1.0	0.5	6.0	一般性的高层建筑、多层建筑、工业建筑、高耸构筑物、直立岩体、高边坡、深基坑、一般地下工程、危害性一般的滑坡监测、大型桥梁等
四等	2.0	1.0	12.0	观测精度要求较低的建(构)筑物、普通滑坡监测、中小型桥梁等

注：1. 变形监测点的高程中误差和点位中误差，是指相对于邻近基准点的中误差。

2. 特定方向的位移中误差，可取表中相应等级点位中误差的 $1/\sqrt{2}$ 作为限值。

3. 垂直位移监测，可根据需要按变形观测点的高程中误差或相邻变形观测点的高差中误差，确定监测精度等级。

第二节 建筑物的沉降观测

测定建筑物、构筑物上所设观测点的高程随时间而变化的工作称为沉降观测。沉降观测

时，在能表示沉降特征的部位设置沉降观测点，在沉降影响范围之外埋设水准基点，用水准测量方法定期测量观测点相对于水准基点的高差，也可以用液体静力水准仪等专用仪器进行。从各个沉降观测点高程的变化中可以了解建筑物的上升或下降的情况。另外，测定一定范围内地面高程随时间而变化的工作，也是沉降观测，通常称为地表沉降观测。

一、沉降观测点的布设

沉降观测点应设置在能够反映建筑物、构筑物变形特征和变形明显的部位。标志应稳固、明显、结构合理，不影响建筑物、构筑物的美观和使用。点位应避开障碍物，便于观测和长期保存。沉降观测点分两种形式，如图 15-1 所示为墙壁或柱子上的观测点，如图 15-2 所示为埋设于基础底板上的观测点。

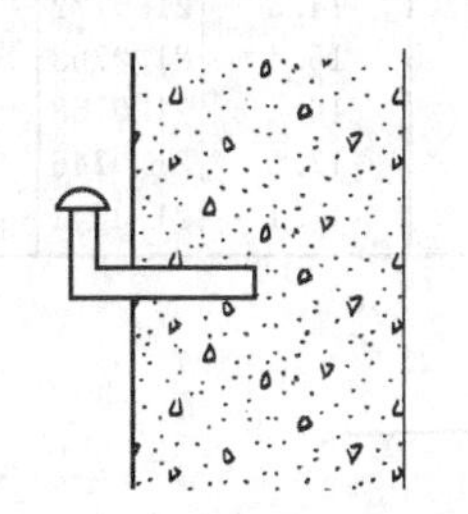

图 15-1　墙壁或柱子上沉降观测点

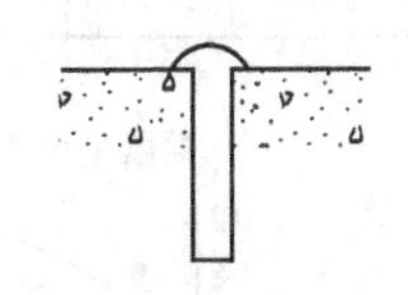

图 15-2　基础底板上沉降观测点

工业与民用建（构）筑物沉降观测点应布设在建（构）筑物的下列部位。

① 建（构）筑物的主要墙角及沿外墙每 10～15m 处或每隔 2～3 根柱基上。

② 沉降缝、伸缩缝、新旧建（构）筑物或高低建（构）筑物接壤处的两侧。

③ 人工地基和天然地基的接壤处、建（构）筑物不同结构分界处的两侧。

④ 烟囱、水塔和大型储藏罐等高耸构筑物基础轴线的对称部位，且每一构筑物不得少于 4 个点。

⑤ 基础底板的四周和中部。

⑥ 当建（构）筑物出现裂缝时，布设在裂缝两侧。

沉降观测标志应稳固埋设，高度以高于室内地坪（±0 面）0.2～0.5m 为宜，对于建筑立面后期有贴面装饰的建（构）筑物，宜预埋螺栓式活动标志。

二、观测方法

沉降观测的观测方法视沉降观测点的精度要求而定，观测方法有：精密水准测量、液体静力水准测量、电磁波测距三角高程测量等。

高层建筑施工期间的沉降观测周期，应每增加 1～2 层观测 1 次；建筑物封顶后，应每 3 个月观测 1 次，观测一年。如果最后两个观测周期的平均沉降速率小于 0.02mm/日，可以认为整体趋于稳定，如果各点的沉降速率均小于 0.02mm/日，即可终止观测。否则，应继续每 3 个月观测 1 次，直到建筑物稳定为止。工业厂房或多层民用建筑的沉降观测总次数，不应少于 5 次，竣工后的观测周期，可根据建（构）筑物的稳定情况确定。

三、观测成果整理

每次观测结束后，应检查记录中的数据和计算是否准确，精度是否合格。然后把各次观测点的高程，列入沉降观测成果表中，并计算两次观测之间的沉降量和累计沉降量。同时也要注明日期及荷重情况，如表 15-2 所示。为了更清楚地表示出沉降、荷重和时间三者之间的关系，可画出各观测点的荷载、沉降量、时间关系曲线图，如图 15-3 所示。

表 15-2 沉降观测成果

观测日期	荷重/$t \cdot m^{-2}$	观测点								
		1			2			3		
		高程/m	本次沉降/mm	累计沉降/mm	高程/m	本次沉降/mm	累计沉降/mm	高程/m	本次沉降/mm	累计沉降/mm
2008 年 03 月 15 日	0	21.0671	0	0	21.0835	0	0	21.0914	0	0
2008 年 04 月 01 日	4.0	21.0642	2.9	2.9	21.0814	2.1	2.1	21.0893	2.1	2.1
2008 年 04 月 15 日	6.0	21.0614	2.8	5.7	21.0793	2.1	4.2	21.0875	1.8	3.9
2008 年 05 月 10 日	8.0	21.0602	1.2	6.9	21.0764	2.9	7.1	21.0842	3.3	7.2
2008 年 06 月 05 日	10.0	21.0596	0.6	7.5	21.0751	1.3	8.4	21.0821	2.1	9.3
2008 年 07 月 05 日	12.0	21.0583	1.3	8.8	21.0720	3.1	11.5	21.0802	1.9	11.2
2008 年 08 月 05 日	12.0	21.0572	1.1	9.9	21.0701	1.9	13.4	21.0784	1.8	13.0
2008 年 10 月 05 日	12.0	21.0560	1.2	11.1	21.0692	0.9	14.3	21.0772	1.2	14.2
2008 年 12 月 05 日	12.0	21.0553	0.7	11.8	21.0681	1.1	15.4	21.0763	0.9	15.1
2009 年 02 月 05 日	12.0	21.0552	0.1	11.9	21.0674	0.7	16.1	21.0758	0.5	15.6
2009 年 04 月 05 日	12.0	21.0542	1.0	12.9	21.0665	0.9	17.0	21.0746	1.2	16.8
2009 年 06 月 05 日	12.0	21.0541	0.1	13.0	21.0664	0.1	17.1	21.0744	0.2	17.0

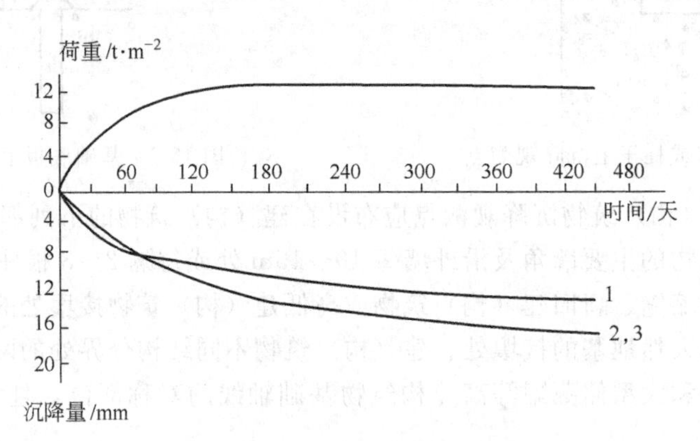

图 15-3 荷载、沉降量、时间关系曲线图

第三节 建筑物的倾斜观测

当建筑物、构筑物受到不均匀沉降或其他外力影响时，往往会产生倾斜。测量建筑物、构筑物倾斜率随时间而变化的工作叫倾斜观测。一般在建筑物立面上设置上下两个观测标志，上标志通常为建筑物、构筑物中心线或其墙、柱等的顶部点，下标志为与上标志相应的底部点。它们的高差为 h，测出上标志与下标志间的水平距离 ΔD，则两标志的倾斜率 i 为

$$i=\frac{\Delta D}{h} \tag{15-1}$$

倾斜率也称倾斜度，ΔD 称为倾斜值。

一、倾斜观测点的布设

进行建（构）筑物的主体倾斜观测时，整体倾斜观测点宜布设在建（构）筑物竖轴线或其平行线的顶部和底部，分层倾斜观测点宜分层布设高低点。观测标志可采用固定标志、反射片或建（构）筑物的特征点。

二、观测方法

倾斜观测的方法有以下几种。

1．基础差异沉降推算法

建筑物、构筑物主体的倾斜观测应测定顶部与其相应底部观测点的偏移值。对整体刚度较好的建筑物，其基础与主体的倾斜率是一样的，如图 15-4、图 15-5 所示。测出建筑物基础两端点的沉降差 Δh，则可采用基础差异沉降推算主体的倾斜值 ΔD。

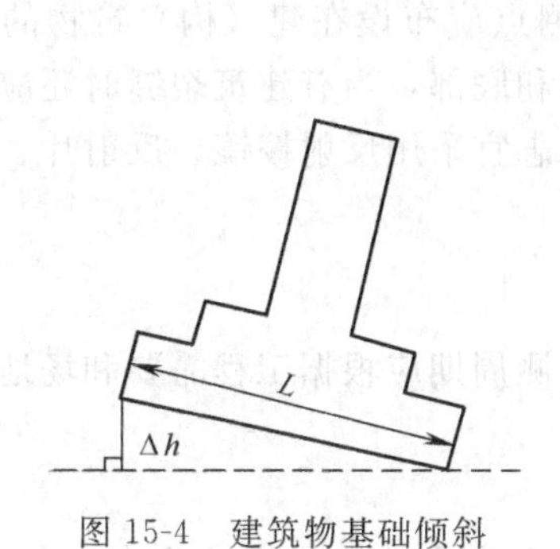

图 15-4　建筑物基础倾斜

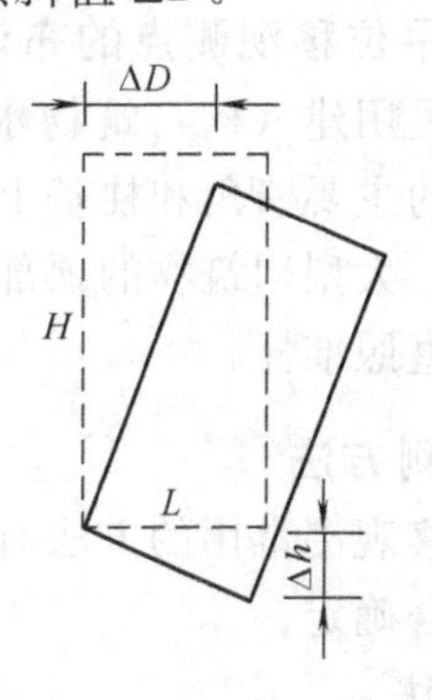

图 15-5　建筑物主体倾斜

$$i=\frac{\Delta h}{L}=\frac{\Delta D}{H} \tag{15-2}$$

$$\Delta D=\frac{\Delta h}{L}H \tag{15-3}$$

式中，L 为基础两端点的水平距离；H 为建筑物的高度。

2．前方交会法

用前方交会法测量上下两处水平截面中心的坐标，从而推算独立构筑物在两个坐标轴方向的倾斜值。这种方法常用于水塔、烟囱等高耸构筑物的倾斜观测。

3．经纬仪投点法

用经纬仪把上标志中心投影到下标志附近，量取它与下标志中心的距离，即可测得与经纬仪视线垂直方向的倾斜值。

4．垂线法

用铅垂线作为基准，在上标志处固定金属丝，下端悬重锤，将上标志中心投测到下面，可量出上、下标志中心的倾斜值。

5．倾斜仪法

倾斜仪是测量物体随时间的倾斜变化及铅垂线随时间变化的仪器。一般能连续读数、自动记录和进行数字传输，而且精度较高。倾斜仪常见的有水管式倾斜仪、水平摆倾斜仪、气泡倾斜仪及电子倾斜仪等。

6．激光准直法

用激光铅垂仪，将低点（高）点向上（下）投测，可测出高低两点的倾斜值。激光铅垂仪的使用见第十二章。

第四节　建筑物的水平位移观测

建筑物、构筑物的位置在水平方向上的变化称为水平位移，水平位移观测是测定建筑物、构筑物的平面位置随时间变化的移动量。一般先测出观测点的坐标，然后将两次观测的坐标进行比较，算得位移量 δ 及位移方向 α。

$$\delta=\sqrt{\Delta x^2+\Delta y^2} \tag{15-4}$$

$$\alpha=\arctan\frac{\Delta y}{\Delta x} \tag{15-5}$$

一、水平位移观测点的布设

工业与民用建（构）筑物水平位移测量的变形观测点应布设在建（构）筑物的下列部位：建筑物的主要墙角和柱基上以及建筑沉降缝的顶部和底部，当有建筑裂缝时还应布设在裂缝的两边，大型构筑物的顶部、中部和下部。观测标志宜采用反射棱镜、反射片、照准觇标或变径垂直照准杆。

二、观测方法

水平位移观测常用的方法有以下几种，水平位移观测周期应根据工程需要和场地的工程地质条件综合确定。

1. 交会法

用交会法进行水平位移监测时，宜采用三点交会，角交会法的交会角应在60°～120°之间；边交会法的交会角宜在30°～150°之间，边长应采用电磁波测距仪测定。

2. 极坐标法

用极坐标法进行水平位移监测时，宜采用双测站极坐标法，其边长应采用电磁波测距仪测定。

3. 三角形网法

用三角网、三边网、边角网测出各观测点的坐标，观测边长宜采用电磁波测距。

4. 准直法

有时只要求测定建筑物在某特定方向上的位移量，观测时，可在与其垂直方向上建立一条基准线，在建筑物上埋设一些观测标志，定期测量观测标志偏离基准线的距离，就可了解建筑物随时间位移的情况。在基准点上安置仪器，测定观测点方向与基准线的水平角来确定水平位移的方法称为测小角法；用拉紧的金属线构成基准线的方法称为引张线法；用激光准直仪的激光束构成基准线的方法称为激光准直法。

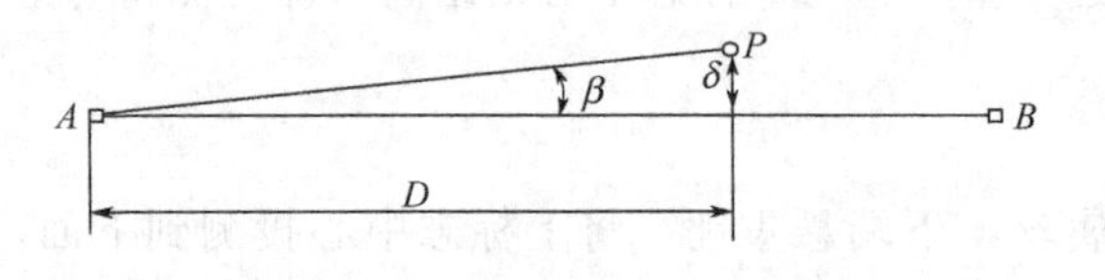

图 15-6　测小角法观测水平位移

测小角法的原理如图 15-6 所示。AB 为基准线，在 A 点安置经纬仪，在 B 点及观测点 P 上设立观测标志，测出水平角 β。由于水平角 β 较小（不大于 30″），则根据经纬仪到标志的水平距离 D，可用下式推算出 P 点在垂直于基准线方向上的偏离量 δ。

$$\delta=\frac{\beta}{\rho}D \tag{15-6}$$

式中，$\rho=206265''$。

第五节　建筑物的裂缝观测与挠度观测

一、裂缝观测

当建筑物受差异沉降或其他因素的影响，其墙、柱、梁、板等部位可能会产生裂缝，测定建筑物上裂缝发展情况的观测工作叫裂缝观测。通过观测可测定裂缝的位置、走向、长度和宽度的变化。裂缝观测结果常与其他数据一起供探讨建筑物变形的原因、变形的发展趋势和判断建筑物的安全等所参考。

裂缝观测时，根据裂缝分布情况，选择其代表性的位置，在裂缝两侧设置观测标志，如图 15-7(a) 所示。对于较大的裂缝，应在最宽处及裂缝末端各布设一对观测标志，两侧标志的连线与裂缝走向大致垂直，用直尺、游标卡尺或其他量具定期测量两侧标志间的距离，测量建筑物表面上裂缝的长度并记录测量的日期。标志间距的增量即代表裂缝宽度的增量。如图 15-7(b) 所示为在裂缝两侧设置的金属片标志，在标志上画竖线，若竖线错开，则表示裂缝在扩大。

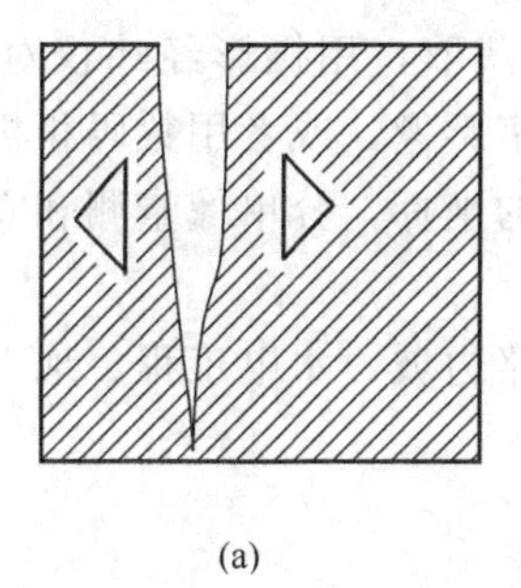

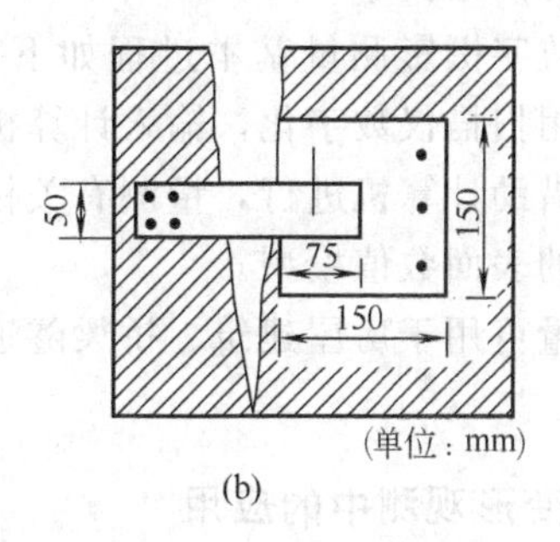

图 15-7　裂缝观测标志

对宽度不大的细长裂缝，也可在裂缝处划一跨越裂缝且垂直于裂缝的横线，定期直接在横线处测量裂缝的宽度。还可在裂缝及两侧抹一层长约 20cm、宽度为 4～5cm 的石膏。定期观测，若石膏开裂，表示裂缝继续扩大。

二、挠度观测

测定建筑物构件受力后产生弯曲变形的工作叫挠度观测。对于平置的构件，如图 15-8 所示，至少在两端及中间设置 A、B、C 三个沉降点，进行沉降观测，测得某时间段内这三点的沉降量分别为 h_a、h_b 和 h_c，则此构件的挠度 f 为

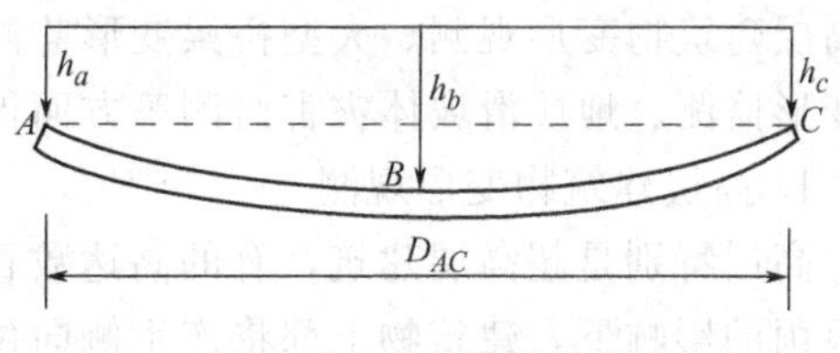

图 15-8　平置构件的挠度

$$f=\frac{2h_b-h_a-h_c}{2} \tag{15-7}$$

对于直立的构件，至少要设置上、中、下三个位移观测点进行位移观测，利用三点的位移量可算出挠度。高层建筑物的主体挠度观测可采用垂线法。垂线一般设置于建筑物的垂直通道内或专用套管中，代表铅垂线的金属丝上端固定在建筑物的上部，下端悬重锤，使其自由悬挂，在建筑物的不同高度观测，测出各点相对于铅垂线的偏离值。如用激光铅垂仪观测则更为方便。

第六节　变形观测方法和自动化

用于变形观测的方法有常规的大地测量方法、摄影测量方法以及现代的 GPS 测量和三维激光扫描测量等方法。本节介绍地面摄影测量方法、GPS 测量和三维激光扫描测量在变形观测中的应用以及变形监测的自动化。

一、地面摄影测量在变形观测中的应用

地面摄影测量是利用在地面基线两端点上的摄影机拍摄的相片对目标进行的测量。摄影测量方法有下述显著的特点：不需要接触被监测的变形体；外业工作量小，观测时间短，可获取快速变形过程，可同时确定变形体上任意点的变形；摄影影像的信息量大，利用率高，利用种类多，可以对变形前后的信息做各种后处理，通过底片可观测到变形体任一时刻的状态。目前，摄影测量的硬件和软件发展很快，相片坐标精度可达 2～4μm，目标点精度可达摄影距离的十万分之一。发展起来的数字摄影测量和实时摄影测量为该技术在变形监测中的应用开拓了更好的前景。

变形观测的数字摄影测量基本过程如下：影像获取，用摄影经纬仪对观测目标进行摄像，获得相片后用扫描仪数字化，输入计算机得数字影像，或者用数码相机直接获得数字影像；坐标量测，借助计算机进行，量测有关标志点的坐标，分单像量测和立体量测；平差计算，建立变形体的表面数值模型。

地面摄影测量可用于房屋建筑、桥梁隧道、道路边坡、水电工程、地下工程、高耸构筑物等的变形观测。

二、GPS 在变形观测中的应用

GPS 精密定位技术不仅可以满足变形监测工作的精度要求，而且有助于监测工作的自动化与实时化。运用 GPS 技术进行工程建筑物、构筑物的变形观测时，在离变形区适当距离的稳定地方选择一基准点，作为 GPS 观测的基准站；在变形体上选择若干观测点，作为 GPS 观测的流动站；对于精密工程测量的平面点，应有强制对中装置。观测时，在基准站与观测点上，分别安置 GPS 接收机进行连续地自动观测，并采用适当的数据传输技术，实时地将测量数据自动地传送到数据处理中心，并进行处理、分析、保存和显示。GPS 技术在高层建筑物变形观测、大型桥梁变形监测、水库大坝变形观测、地表沉降观测、道路及堤岸变形监测、地质滑坡体灾害监测等方面得到广泛应用。

1. 高层建筑物变形观测

高层特别是超高层建筑，有的高达数百米，且高宽比大，其对抗风、抗震的要求很高。在风雨的影响下，建筑物上部将产生侧向位移，为了保证建筑结构的安全，特别是能承受暴风雨、强台风的袭击，在结构设计中应进行严格的侧移设计。必要时，应对已建工程进行监测，为建筑结构的安全性评价提供数据，并对原设计进行验证。由于高层建筑物是刚性体，在受到地基沉降等影响而产生倾斜时，这时建筑物是静止的，用常规方法也能监测。但建筑物也有一定的弹性，在强风力的影响下，建筑物的侧向位移是在一定的振幅范围内变化的，这时用常规方法是很难实现监测的。

GPS 接收机具有全自动化信号接收能力，在配备相应的实时数据处理和变形分析软件，完全可以实现对高层建筑物的外部变形自动化监测。

例如，深圳地王大厦（主楼高 324.95m）曾在强台风期间用 GPS 技术进行顶层位移观测。分析结果表明，利用 GPS 进行大型结构物动态测试，不但可以测量位移量，还可以测出基振频率和振幅。在厦门建设银行大厦（高度 172.6m）的动态变形观测中发现，GPS 动态监测技术完全可以确定数值小于 1mm 甚至更小的结构振动幅值，这将为高层建筑施工纠偏提供可靠的科学依据。

又如中央电视台新台址，主楼含两栋分别为 52 层、高 234m 和 44 层、高 194m 的塔楼，两塔楼主轴双向倾斜 6°，并由悬臂钢结构连接。两栋塔楼分别在 162m 以上高空以大跨度外

伸，悬挑 75.165m 和 67.165m，然后折形相交对接，在大楼顶部形成折形门式结构体系。悬臂共 14 层、宽 39.1m、高 56m，用钢量为 1.8 万吨。施工过程中随着塔楼的逐层增高，结构构件的应力和变形在不断地变化，合拢前随着结构施工的推进，两悬臂塔楼独自且相向变形，同时变形也越来越大，至合拢时两塔楼顶端的水平位移约 250mm，因此对变形监测的要求很高。在悬臂合拢阶段施工测量与变形监测中，投入了 GPS 接收机以及 TC2003 全站仪等高精度的仪器设备，在现场数小时连续观测，及时处理监测成果，保证了主楼大悬臂顺利地成功合拢。

2. 大型桥梁变形监测

相对于传统桥梁变形监测手段，GPS 技术能直接获取三维坐标、实时计算并显示三维位移、全天候 24h 连续观测。除此之外，监测系统可提供风力效应监测、温度效应监测、公路负荷效应监测、铁路负荷效应监测、大跨度桥梁的自振特性监测、大桥钢索索力监测以及大桥主要构件应力监测。GPS 技术已经在大型桥梁变形监测中得到广泛应用，如由主跨为三跨（176m＋406m＋176m）的双塔双索面钢箱梁斜拉桥和主跨 1490m 的单跨双铰简支钢箱梁悬索桥两部分组合构成的润扬长江大桥，全长 2200m、塔高 205m、主跨度 1377m 的香港青马大桥，全长 4678m、正桥 1876.1m 的世界上第一座主塔墩立在深水区的双塔双索面预应力钢筋混凝土斜拉桥——武汉长江二桥，还有我国第一座真正意义上的跨海大桥东海大桥、上海南浦大桥、山东滨州黄河大桥、香港汲水门大桥和汀九大桥、广州虎门大桥等众多桥梁都使用 GPS 技术对大桥进行变形监测。

3. 大坝变形观测

水库大坝的安全至关重要。为了确保大坝安全，需要对大坝的变形进行连续地观测。当发生水库空库，最高水位、高温、低温、水位骤变，位移量显著增大及地震、洪水等情况时，应及时增加观测次数，并及时提出观测结果。这样可以掌握大坝的动态，验证大坝的性能，及时发现异常，及时采取措施改善水库运行方式和延长使用寿命。大坝的变形观测是一项长期性、经常性工作，如果处置不当，将会造成严重后果，国内国外均有沉痛的教训。采用 GPS 技术进行大坝变形观测，大大提高了观测速度，降低了观测工作的劳动强度，能快速及时地提供观测成果。

例如，清江隔河岩水电站大坝长 653m，坝高 151m。清江隔河岩水库大坝外观变形 GPS 自动化监测系统于 1998 年 3 月投入运行，该系统是一个全自动化系统，由数据采集、数据传输、数据处理与分析等子系统构成，监测点的位置精度达到亚毫米级。该系统的建立，实现了我国大坝外观监测技术的现代化、高科技化和自动化。该系统在 1998 年抗洪抢险中发挥了巨大的作用，确保了荆江大堤安全度汛，避免了灾难性的分洪。

此外，GPS 技术已在浙江天荒坪抽水蓄能电站水库大坝、河南黄河小浪底水电站大坝、云南澜沧江漫湾水电站大坝等众多大坝变形监测中取到了较好效果。

进行 GPS 变形监测时，如果每个监测点上都安置一台 GPS 接收机，则势必造成高额的仪器费用投入。可建立 GPS 多天线阵列变形监测系统，在每个监测点上只需安装天线，即一台接收机控制多个天线。它采用一个特制天线转换开关（GPS 多天线转换开关）来实现多个 GPS 天线与一台接收机相连接，接收机按预先设置的程序分时扫描每一台天线并实现 GPS 卫星的跟踪观测，通过数据处理软件（包括多天线识别与分离模块）来完成数据处理。无疑这种监测系统将大幅度降低监测的成本。

三、三维激光扫描仪在变形观测中的应用

三维激光扫描技术是一种新型无接触式测量技术，它通过内置扫描棱镜的快速激光测距仪发射的激光进行扫描测量，不需要目标点反射棱镜而直接接收自然物表面的激光反射信号即可精确测得扫描点的三维坐标。激光扫描仪都带有丰富的后处理软件，通过测得的三维“点云”数据，可以直接生成物体表面的空间三维模型。实现了目标实体实时三维仿真模型的建立和可视化。此技术已被应用在工程建筑和变形监测方面，并将成为一种重要的变形监测方法得到广泛应用。

图 15-9　GX200 全功能三维激光扫描仪

三维激光扫描仪具有扫描速度快、精度高、安全稳定、操作方便等特点，只需一个人操作即可进行所有的测量工作。图 15-9 所示为 GX200 全功能三维激光扫描仪，主要性能指标为：扫描距离可达 200～350m，扫描速度达 5000 点/秒，扫描标准差为 1.4mm/50m、2.5mm/100m、6.5mm/200m，建模的表面精度±2mm，视野 360°×60°连续扫描。

四、变形监测的自动化

现代工程建筑物的规模、造型和难度对变形监测提出了更高的要求。目前，测量技术的发展使变形监测自动化成为可能并得到广泛应用，许多变形监测仪器实现了自动化观测。基于信号转换的传感技术，可以把变形监测中需要确定的距离、角度、高差、倾角等几何量及其微小变化转化为电信号，采用不同的传感器进行获取。将这些用于变形监测以及精密测量的传感器安装在伸缩仪、应变仪、准直仪、铅直仪、测斜仪以及静力水准测量系统中，通过数据获取、信号处理、数据转换与通信，可将成百上千个测点上的监测数据传送到数据终端或数据处理中心，实现变形的持续监测及数据的自动记录、传输与处理。

多传感器的混合测量系统将得到迅速发展和广泛应用，如 GPS 接收机与电子全站仪或测量机器人集成。智能型测量机器人，将作为多传感器集成系统用于变形监测的许多领域。

思考题与习题

15-1　为什么要对建筑物进行变形观测？主要有哪几项观测项目？

15-2　变形观测有哪些特点？

15-3　变形观测的基本要求有哪些？

15-4　如何布设沉降观测点？

15-5　某点的沉降观测数据如下表所示，试绘图表示沉降量与时间的关系。

观测日期	02.09.10	02.11.12	02.12.15	03.02.20	03.04.20	03.06.09	03.07.26
观测高程/m	7.3432	7.3363	7.3321	7.3254	7.3173	7.3116	7.3035
观测日期	03.10.03	03.12.06	04.02.04	04.04.10	04.06.03	04.08.03	04.10.06
观测高程/m	7.2978	7.2927	7.2886	7.2849	7.2820	7.2812	7.2801

15-6　在一建筑物上设了一变形观测点，通过三次观测，其坐标值分别为 $x_1=9929.089m$，$y_1=10211.976m$，$x_2=9929.076m$，$y_2=10211.980m$，$x_3=9929.064m$，

y_3＝10211.975m，求此变形观测点每次观测的水平位移量及总位移量。

15-7　由于地基不均匀沉降，使建筑物发生倾斜，现测得建筑物前后基础的不均匀沉降量为0.023m。已知该建筑物的高为19.20m，宽为7.20m，求倾斜量及倾斜率。

15-8　一圆形尖顶古塔，现测得其顶部坐标为x_1＝20.604m，y_1＝27.008m，底部中心坐标为x_2＝20.673m，y_2＝26.927m，求倾斜量及倾斜方向。

第十六章 测量实验

实验一　DS_3 水准仪的使用

1. 目的与要求

① 认识 DS_3 水准仪各部件的功能及学会使用方法。

② 练习 DS_3 水准仪的安置，熟练掌握普通水准尺的读数。

2. 仪器工具

每组 DS_3 水准仪 1 套（含三脚架），水准尺 1 对，尺垫 1 对，记录板 1 块。

3. 方法与步骤要点

① DS_3 水准仪的认识。熟悉 DS_3 水准仪各部件的名称和操作方法，掌握制动、微动螺旋的使用，掌握望远镜正确调焦和消除视差的方法。

② DS_3 水准仪的安置。打开三脚架，使其高度适当，脚架顶面大致水平且架设稳固，将仪器用中心螺旋与脚架固连。

粗平　移动一只脚架腿使圆水准器气泡大致居中，调节脚螺旋使圆水准器气泡居中，注意气泡移动方向与左手拇指调节脚螺旋时的运动方向是一致的。

精平　每次读数前，调节微倾螺旋使符合水准器气泡居中。

③ 水准尺读数。在相距 20～50m 的两点处，放上尺垫并立尺，在距两尺距离大致相等处安置水准仪，精平后用中丝在水准尺上读数。观测员应一次性报出 4 位读数。

4. 注意事项

① 水准仪安置在三脚架上后，应立即将中心螺旋旋紧，严防仪器从脚架上摔落。

② 读数前应消除视差，并使符合水准器气泡两端影像吻合表示气泡居中。

③ 记录员听到观测员读数后必须向观测员回报，经观测员默许后方可记入手簿，以防听错而记错。数据记录应字迹清晰，不得涂改。

④ 每根尺上的黑红面读数差扣除常数后应小于 3mm。

实验二　普通水准测量

1. 目的与要求

① 学习用 DS_3 水准仪作普通水准测量的作业方法。

② 每人施测一条不少于 4 个测站的闭合水准路线（可只用黑面读数）。

③ 熟悉普通水准测量的记录方法，并计算水准路线的闭合差 $f_h=\sum h_{ij}$ 进行检核。

2. 仪器工具

每组 DS_3 水准仪 1 套（含三脚架），水准尺 1 对，尺垫 1 对，记录板 1 块。

3. 方法与步骤要点

① 由教师指定一已知水准点，选定一条闭合水准路线。

② 第一测站上施测时，观测员通过目估使前后视距离大致相等，记录员记录前后尺的尺号。仪器整平后即可读数，按后前的顺序依次读取水准尺黑面读数，记入手簿；注意仪器精平；只需对水准尺的黑面进行读数，读数一律为 4 位。

③ 两根水准尺是交替前进的，即第 i 测站的前尺原地不动变为第 $i+1$ 测站的后尺，第 i 测站的后尺前移变为第 $i+1$ 测站的前尺。每测站前后视距都应尽量相等，除起点外，中间的转点上都应放置尺垫。

④ 重复步骤②、③，依次沿水准路线方向施测，直至水准尺再次立于起始水准点为止，该闭合水准路线施测完成。

⑤ 计算闭合差，并检核闭合差是否满足 $f_h=\sum h_{ij}\leqslant\pm 40\sqrt{L}$(mm)。

4. 注意事项

① 迁站时应检查中心螺旋是否旋紧。搬站过程中应一只手托住仪器，一只手抱着脚架，使仪器在上、脚架在下略微成倾斜状。同时应注意清理工具以防遗漏或丢失。

② 同一测站只能用脚螺旋整平水准仪圆水准器使气泡居中一次（该测站返工时应重新整平圆水准器气泡）。

③ 扶尺员应认真将水准尺扶直，未经记录员同意不得移动尺垫。

实验三 DS_3 水准仪的检验

1. 目的与要求

① 了解水准仪各轴线间应满足的条件。

② 掌握水准仪的检验与校正方法。

2. 仪器工具

每组 DS_3 水准仪 1 套（含三脚架），水准尺 1 对，尺垫 1 对，记录板 1 块，皮尺 1 把，校正针 1 支，小螺丝刀 1 把。

3. 方法与步骤要点

(1) 一般性检验　仪器安置后，进行一般性项目检查，包括脚架的牢固性和灵活性；仪器的制动、微动、调焦螺旋和脚螺旋是否有效；望远镜成像是否清晰。

(2) 圆水准器水准轴应平行于仪器旋转轴的检验与校正

检验　调节脚螺旋使圆水准器气泡严格居中；将仪器旋转 180°；检测圆水准器气泡是否居中，若居中说明此条件符合，若气泡偏出分划圈外，则需校正。

校正　松动圆水准器底部的固紧螺丝，用校正针调节圆水准器的校正螺丝，使气泡向居中方向退回偏离量的一半；转动脚螺旋使气泡居中，再进行检核；如此反复检校，直至圆水准器气泡在任何位置均在分划圈内严格居中；最后旋紧固紧螺丝。

(3) 十字丝横丝应垂直于仪器旋转轴的检验与校正

检验　用十字丝的横丝一端准确瞄准一明显的点状目标（点不可太大）；转动微动螺旋，若横丝始终与目标点相重合，则此条件满足，否则需校正。

校正　松开十字丝分划板座的固定螺丝，转动分划板座，再按上述检验方法检验横丝是否与目标点重合，反复检验校正直至条件满足，最后旋紧分划板座的固定螺丝。

(4) 管水准轴平行于视准轴的检验与校正（水准仪 i 角检验与校正）

检验　在地面上选择 A、B 两点，其长度 S 约为 60～80m，A、B 两点放尺垫；先将水准仪置于 AB 的中点，测得 A、B 点黑面高差 $h_1'=a_1'-b_1'$，同时测出红面高差 h_1''，若 $h_1'-$

$h_1'' \leqslant 5\text{mm}$，则取 $h_1=(h_1'+h_1'')/2$ 作为正确高差；然后将仪器搬至 AB 延长线 B 点附近（距 B 点水准尺 3～5m），测出 A、B 点黑面高差 $h_2=a_2-b_2$；若 $h_2-h_1 \leqslant 5\text{mm}$，则此条件满足，否则需要校正；或者计算

$$i=\frac{(h_2-h_1)\rho}{S}$$

若 $i \leqslant \pm 20''$，则此条件满足，否则需要校正。

校正　计算出仪器在 B 点附近时 A 尺黑面的正确读数 $a_2'=h_1+b_2$，转动微倾螺旋使十字丝中丝精确对准水准尺上读数为 a_2' 处，此时水准管气泡不居中，则先松后紧拨动水准管校正螺丝，使水准管气泡居中，重复检校，直到 $h_2-h_1 \leqslant 5\text{mm}$ 或 $i \leqslant \pm 20''$。

4. 注意事项

① 检校仪器应按上述规定程序进行，不能颠倒。在确认检验数据无误后，才能进行校正。

② 校正时，校正螺丝一律要先松后紧，用力不宜过大，校正完毕，应旋紧各校正螺丝。

③ 每项检验应填写水准仪检验与校正记录表。

实验四　电子水准仪的使用

1. 目的与要求

① 认识电子水准仪的基本构造及性能，了解各操作键的名称及其功能，并熟悉使用方法。

② 掌握使用电子水准仪进行水准测量的基本操作方法。

2. 仪器工具

每组电子水准仪 1 台（含三脚架、电子水准仪使用说明），条码水准尺 1 对，尺垫 1 对，记录板 1 块。

3. 方法与步骤要点

① 认识电子水准仪的基本构造及性能，了解各操作键的名称及其功能（参阅电子水准仪使用说明）。

② 练习电子水准仪的安置方法。

③ 在一个测站上，使用电子水准仪进行水准测量。

4. 注意事项

① 电子水准仪安放到三脚架上后，必须旋紧中心螺旋，严防仪器从脚架上摔落。

② 应在有足够亮度的地方竖立标尺。瞄准目标时，必须消除视差。

③ 测量结束后，关闭电源。

实验五　DJ_6 光学经纬仪的使用

1. 目的与要求

① 认识 DJ_6 光学经纬仪的基本结构及主要部件的名称和作用。

② 掌握 DJ_6 光学经纬仪的基本操作和读数方法。

2. 仪器工具

每组 DJ_6 光学经纬仪 1 套（含三脚架），记录板 1 块。

3. 方法与步骤要点

① 经纬仪的认识。熟悉 DJ_6 经纬仪各部件的名称和操作方法，练习用望远镜精确瞄准目标，掌握正确调焦方法，消除视差。

② DJ_6 光学经纬仪的安置。在一选定的地面标志点处打开三脚架，使其高度适中且架设稳固，脚架架头中心大致对准地面标志点。将经纬仪用中心螺旋与脚架固连。

对中整平：第一步，固定三脚架的一条腿，两手握住另外两条腿移动三脚架，同时通过光学对中器准确对准地面标志中心，固定这两条腿；第二步，此时照准部并不水平，伸缩三脚架腿使照准部水准管气泡大致居中；第三步，用脚螺旋调平管水准器使气泡精确居中，并检查对中器的中心是否偏离了标志中心，若偏离不大可松开中心连接螺旋平移基座（不可旋转）使精确对中；若偏离较大则重复以上步骤；第四步，检查整平是否破坏，若破坏且气泡偏离不大则用脚螺旋整平，再重复第三步，使仪器精确对中并整平。

③ 在一个指定点上，练习用光学对中器对中、整平经纬仪的方法。

④ 学会 DJ_6 光学经纬仪的读数方法。

⑤ 练习配置水平度盘的方法。

4. 注意事项

① 将经纬仪由箱中取出并安放到三脚架上时，必须是一只手拿住经纬仪的一个支架，另一只手托住基座的底部，并立即旋紧中心连接螺旋，严防仪器从脚架上掉下。

② 安置经纬仪时，应使三脚架架头大致水平，以便能较快地完成对中、整平操作。在三脚架架头上移动经纬仪完成对中后，要立即旋紧中心连接螺旋。

③ 操作仪器时，应用力均匀。转动照准部或望远镜，要先松开制动螺旋，切不可强行转动仪器。旋紧制动螺旋时用力要适度，不宜过紧。微动螺旋、脚螺旋均有一定调节范围，宜使用中间部分。

④ 使用带分微尺读数装置的 DJ_6 光学经纬仪，读数时应估读到 $0.1'$，即 $6''$，故读数的秒值部分应是 $6''$ 的整倍数。手簿记录、计算一律取至秒。

实验六 测回法观测水平角

1. 目的与要求

掌握用 DJ_6 光学经纬仪按测回法观测水平角的方法及记录要求。

2. 仪器工具

每组 DJ_6 光学经纬仪 1 套（含三脚架），记录板 1 块。

3. 方法与步骤要点

在一个测站上对 2 个目标作一测回的测回法观测。

① 上半测回——盘左：瞄准左目标 A，进行读数，读数为 a_1；顺时针方向转动照准部，瞄准右目标 B，进行读数，读数为 b_1；计算上半测回角值 $\beta_{左}=b_1-a_1$。

② 下半测回——盘右：瞄准右目标 B，进行读数，读数为 b_2；逆时针方向转动照准部，瞄准左目标 A，进行读数，读数为 a_2；计算下半测回角值 $\beta_{右}=b_2-a_2$。

若上、下半测回角值之差小于 $40''$，可计算一测回角值 $\beta=\frac{1}{2}(\beta_{左}+\beta_{右})$。

③ 若是多测回观测，应在各测回的盘左配置度盘。设共测 n 个测回，则第 i 个测回的度盘位置为略大于 $(i-1)180°/n$。观测完毕后，当即检查各测回角值互差是否超限（各测

回角值互差：±24″）。不超限，则计算平均角值。

4．注意事项

① 瞄准目标时，尽可能瞄准其底部，以减少目标倾斜引起的误差。

② 同一测回观测时，切勿转动度盘变换手轮，以免发生错误。

③ 观测过程中若发现气泡偏移超过一格时，应重新整平并重测该测回。

④ 记录员应向观测员回报读数，经默许后方可记入观测手簿。所有读数应当场记入手簿中。

⑤ 计算半测回角值时，当左目标读数 a 大于右目标读数 b 时，则应加 360°。

实验七　方向观测法测水平角

1．目的与要求

掌握用 DJ_6 光学经纬仪按方向观测法测水平角的方法及记录要求，了解各项限差。

2．仪器工具

每组 DJ_6 光学经纬仪 1 套（含三脚架），记录板 1 块。

3．方法与步骤要点

在一个测站上对 4 个目标作两测回的方向法观测。

① 一测回操作顺序如下。

上半测回：盘左，零方向水平度盘读数应配置在比 0°稍大的读数处；从零方向开始，顺时针依次照准各目标，读数，归零并计算归零差；检查归零差是否超过限差规定。

下半测回：盘右从零方向开始，逆时针依次照准各目标，读数，归零并计算归零差；检查归零差是否超过限差规定。

计算 $2c$、平均读数及一测回归零方向值。

② 进行第二测回观测时，操作方法和步骤与第一测回相同，仅是盘左零方向要配置水平度盘位置，应配置在比 90°稍大的读数处。多测回观测时，度盘配置的要求与测回法相同。若同一方向各测回方向值互差不超过限差规定，则计算各测回平均方向值。

③ DJ_6 经纬仪方向法观测的各项限差如下。

半测回归零差：±18″；

同一方向各测回方向值互差：±24″。

4．注意事项

应选择距离稍远、易于照准的清晰目标作为起始零方向。其余注意事项参阅测回法。

实验八　竖直角观测

1．目的与要求

① 练习竖直角的观测方法及记录要求。

② 掌握竖盘指标差检测方法。

2．仪器工具

每组 DJ_6 经纬仪 1 套（含三脚架 1 个），记录板 1 块。

3．方法与步骤要点

在测站上安置仪器，对中、整平，对选定远处四个目标（标牌或其他明显标志）采用中丝法观测竖角一测回。

① 盘左：依次瞄准各目标，使十字丝的中丝切目标于某一位置；转动竖盘指标水准管微动螺旋，使竖盘指标水准管气泡居中；读取竖盘读数 L；记录并计算盘左半测回竖角值。

② 盘右：观测方法同盘左，读取竖盘读数 R；记录并计算盘右半测回竖角值。

③ 计算指标差及一测回竖角值。指标差变化允许值为 25″，如果超限，则应重测。

④ 限差要求如下：

指标差互差：±25″；

同一目标各测回竖直角互差：±25″。

⑤ 若时间许可，每人再对一个目标用三丝法进行一测回的观测。

4. 注意事项

① 观测时，对同一目标要用十字丝横丝切准同一部位。每次读数前都要使指标水准管气泡居中。

② 计算竖角和指标差时，应注意正、负号。

③ 用三丝法观测时，观测员要与记录员配合好，明确观测次序，以免把盘左、盘右的上下丝读数记录错。

实验九　DJ_6 光学经纬仪的检验

1. 目的与要求

① 加深对经纬仪主要轴线之间应满足条件的理解。

② 掌握 DJ_6 经纬仪的室外检验与校正的方法。

2. 仪器工具

每组 DJ_6 光学经纬仪 1 套（含三脚架），记录板 1 块，校正针 1 支，小螺丝刀 1 把。

3. 方法与步骤要点

① 一般性检验。

仪器安置后，进行一般性项目检查，包括脚架的牢固性和灵活性，仪器的制动、微动、调焦螺旋和脚螺旋是否有效，望远镜成像是否清晰等。

② 照准部管水准轴垂直于竖轴的检验与校正。

检验　先将仪器大致整平，转动照准部使管水准器与任意两个脚螺旋连线平行，转动这两个脚螺旋使水准管气泡居中。将照准部旋转 180°，如气泡仍居中，说明条件满足，否则需校正。

校正　转动与管水准器平行的两个脚螺旋，使气泡向中心移动偏离值的一半。用校正针拨动水准管一端的上、下校正螺丝，使气泡居中。此项检验和校正需反复进行，直至照准部旋转至任何位置时水准管气泡偏离居中位置不超过 1 格时为止。

③ 十字丝竖丝垂直于横轴的检验与校正。

检验　整平仪器，用十字丝竖丝照准一清晰小点，固定照准部，转动望远镜微动螺旋，使望远镜上下微动，若该点始终沿竖丝移动，说明条件满足，否则需进行校正。

校正　卸下目镜处的十字丝护盖，松开四个压环螺丝，微微转动十字丝环，直至望远镜上下微动时，该点始终在竖丝上为止。然后拧紧四个压环螺丝，装上十字丝护盖。

④ 视准轴垂直于横轴的检验与校正。

检验　整平仪器，选择一个与仪器同高的目标点 A，用盘左、盘右观测。盘左读数为

L'、盘右读数为 R'，若 $R'=L'\pm180°$，则视准轴垂直于横轴，否则需进行校正。

校正　先计算盘右瞄准目标点 A 应有的正确读数 R 和视准轴误差 c

$$R=R'+c=\frac{1}{2}(L'+R'\pm180°),\ c=\frac{1}{2}(L'-R'\pm180°)$$

转动照准部微动螺旋，使水平度盘读数为 R，旋下十字丝环护罩，用校正针拨动十字丝环的左、右两个校正螺丝使其一松一紧（先略放松上、下两个校正螺丝，使十字丝环能移动），移动十字丝环，使十字丝交点对准目标点 A。检校应反复进行，直至视准轴误差 c 在 $\pm60''$ 内。最后将上、下校正螺丝旋紧，旋上十字丝环护罩。

⑤ 横轴垂直于竖轴的检验。

检验　在离墙 20～30m 处安置仪器。盘左照准墙上高处一点 P(仰角 30°左右)，放平望远镜，在墙上标出十字丝交点的位置 m_1；盘右再照准 P 点，将望远镜放平，在墙上标出十字丝交点位置 m_2。如 m_1、m_2 重合，则表明条件满足，否则需计算 i 角。

$$i=\frac{d}{2D\tan\alpha}\rho$$

式中，D 为仪器至 P 点的水平距离；d 为 m_1、m_2 的距离；α 为照准 P 点时的竖角；$\rho=206265''$。

当 $i>60''$时，应校正。由于横轴是密封的，且需专用工具，故此项校正应由专业仪器检修人员进行。

⑥ 竖盘指标差检验与校正。

检验　用盘左、盘右照准同一水平目标，在竖盘指标水准管气泡居中时，分别读取竖盘读数 L 和 R。按竖盘指标差计算公式计算出指标差 x。若 $|x|>60''$，则需进行校正。

校正　经纬仪位置不动，仍用盘右照准原目标。转动竖盘指标管水准器微动螺旋，使指标对准竖盘正确读数值（$R-x$），此时竖盘指标水准管气泡不再居中。用校正针拨动竖盘指标管水准器校正螺丝使气泡居中。此项检验校正需反复进行，直到竖盘指标差 x 满足要求为止。

对于有竖盘指标自动归零补偿器的经纬仪，其竖盘指标差的检验方法同上，但校正工作应由专业仪器检修人员进行。

4. 注意事项

① 实验课前，各组要准备几张画有十字线的白纸，用作照准标志。

② 要按实验步骤进行检验、校正，不能颠倒顺序。在确认检验数据无误后，才能进行校正。

③ 每项校正结束时，要旋紧各校正螺丝。

④ 选择检验场地时，应顾及视准轴和横轴两项检验，既可看到远处水平目标，又能看到墙上高处目标。

⑤ 每项检验后应立即填写经纬仪检验与校正记录表中相应项目。

实验十　全站仪的使用

1. 目的与要求

① 了解全站仪的基本结构与性能，各操作部件的名称和作用。

② 掌握全站仪的基本操作方法。

2. 仪器工具

每组全站仪（包括棱镜、棱镜杆、脚架、说明书）1套，记录板1块。

3. 方法与步骤要点

① 了解全站仪的基本结构与性能及各操作部件的名称和作用（参阅全站仪说明书）。

② 了解全站仪键盘上各按键的名称及其功能、显示符号的含义并熟悉使用方法。

③ 掌握全站仪的安置方法。在一个测站上安置全站仪，练习水平角、竖角、距离及坐标的测量。

4. 注意事项

① 全站仪是结构复杂、价格昂贵的先进测量仪器，在使用时必须严格遵守操作规程，爱护仪器。

② 必须及时将中心螺旋旋紧。

③ 在阳光下使用全站仪测量时，一定要撑伞遮掩仪器，严禁用望远镜对准太阳。

④ 在装卸电池时，必须先关闭电源。

⑤ 迁站时，即使距离很近，也必须取下全站仪装箱搬运，并注意防震。

实验十一　四等水准测量

1. 目的与要求

① 学习用 DS_3 水准仪进行四等水准测量的作业方法。

② 每组施测一条不少于4个测站的闭合水准路线。

③ 掌握四等水准测量的记录要求，计算水准路线的闭合差 $f_h=\sum h_{ij}$ 并检核。

2. 仪器工具

每组 DS_3 水准仪1套（含三脚架1个），水准尺1对，尺垫1对，记录板1块。

3. 方法与步骤要点

① 从一水准点开始选定一条闭合水准路线。

② 每测站的观测顺序为后后前前，即黑、红、黑、红。

③ 每测站读数结束，应立即进行各项计算，并按下表进行检核，满足要求后才能搬站。

四等水准测量技术要求

视线长度	前后视距差	前后视距累积差	黑红面读数差	黑红面高差之差	高差闭合差
≤80m	≤5.0m	≤10.0m	≤3.0mm	≤5.0mm	$\leqslant\pm20\sqrt{L}$mm

④ 依次设站进行观测，直至终点。计算高差闭合差，并进行检核。

4. 注意事项

① 迁站时应检查中心螺旋是否旋紧；搬站时应依照正确方法搬动仪器。

② 同一测站只能用脚螺旋整平水准仪圆水准器使气泡居中一次（该测站返工时应重新整平圆水准器气泡），从后视转为前视（或相反），望远镜不能重新调焦。

实验十二　经纬仪测绘法测绘地形图

1. 目的与要求

① 掌握经纬仪测绘法测绘大比例尺地形图的作业方法。

② 每组以1∶500比例尺完成1～2个测站点的外业碎部测图和内业清绘。

2. 仪器工具

① 每组 DJ_6 经纬仪 1 台（带脚架），小平板 1 块（带脚架），视距尺 1 根，铁花杆 1 根，皮尺（30m）1 把，小钢卷尺（2m）1 把，量角器 1 块，记录板 1 块。

② 每组聚酯薄膜 1 张，小针 1 根。自备 4H 或 3H 铅笔，橡皮，三角板，计算器。

3. 方法与步骤要点

① 由教师指定各组的测区范围，并给出两个测站点 A、B 的坐标和高程。

② 实验课前，各组应在聚酯薄膜上绘制好坐标格网，并根据给定的比例尺和已知点坐标将 A、B 点展绘在图纸上。

③ 一个测站上的测图步骤如下。

定向　将点 A 作为测站点，在测站安置经纬仪，量取仪器高。在 B 点竖立铁花杆作为照准标志。经纬仪盘左照准 B 点并将水平度盘配置为 $0°00'00''$。在测站旁安置小平板，并在图纸上画出 AB 方向线（只需画出能在量角器上读数的一小段），用小针将量角器圆孔中心钉在 A 点处。

测碎部点　标尺员按一定路线选择地形特征点并竖立视距尺，观测员瞄准标尺依次读出水平度盘读数、视距、中丝读数和竖盘读数。绘图员转动量角器，使零方向线对准量角器上等于水平度盘读数的刻划线，再按比例尺由水平距离定出碎部点位置。在观测员观测下一个目标的间隙，利用可编程的计算器根据竖盘读数和中丝读数及仪器高等算出该点的高程。碎部点位置用点表示，在点的右侧标注其高程。同法测出其余碎部点，及时绘出地物和勾绘等高线，对照实地进行检查。

定向检查　在测站周围碎部点测绘完毕时，应立即对经纬仪进行归零检查，归零差应小于 $4'$。

④ 图纸的清绘整饰：按（《国家基本比例尺地图图式第 1 部分：1∶500　1∶1000　1∶2000 地形图图式》GB/T 20257.1—2007）的要求，描绘地物和地貌，勾绘等高线，并进行图面整饰。

4. 注意事项

① 每个测站开始绘图前一定要进行测站定向。

② 注意量角器的正确使用方法。

③ 小组成员轮流担任观测员、绘图员、标尺员、记录员等工种。在测站上应边测、边算、边绘，掌握施测地形碎部点的最佳工作顺序。

④ 观测与计算的精度如下：角度 $1.0'$，视距 0.1m，仪器高 0.01m，目标高 0.01m，高差 0.01m，高程 0.01m。

⑤ 小组携带的仪器、工具较多，要注意保管，做到“站站清”，防止丢失或损坏。

实验十三　测设圆曲线

1. 目的与要求

① 掌握圆曲线主点元素的计算和主点的测设方法。

② 掌握用偏角法进行圆曲线细部点测设的基本方法。

2. 仪器工具

每组 DJ_6 经纬仪 1 台（含脚架），钢尺 1 把，木桩、铁钉若干，榔头 1 把，记录板 1 块。

3. 方法与步骤要点

（1）圆曲线放样数据的计算

已知数据　圆曲线转向角 α 和半径 R，交点 JD 的桩号，以及细部点间的弦长 c_0（由教师给出）。

圆曲线测设元素及主点桩号的计算　按相应公式计算圆曲线的曲线长 L、切线长 T、外矢距 E 和各主点的桩号。

细部点数据的计算　按给定的弦长 c_0，首先计算出曲线上各细部点所对应的偏角，计算相邻细部点所对应的弦长。

（2）主点测设

① 在指定场地上选取 JD 点，设定 ZY（或 YZ）的方向，在 JD 点安置好仪器，用测回法一测回测设圆曲线的转向角 α。

② 望远镜瞄准 ZY 点方向，用钢尺自 JD 量取切线长 T，标定 ZY 点。同法，标定 YZ 点。

③ 测设水平角 $(180°-\alpha)/2$，定出路线转折角的分角线方向（即曲线中点方向），然后沿该方向量取外矢距 E，在地面标定出曲线中点 QZ。

（3）偏角法测设圆曲线的细部点

① 将经纬仪安置于 ZY（或 YZ）点，对中整平，后视 JD 点，使水平度盘读数为 $0°00'00''$。转动照准部，使水平度盘读数为第一个细部点 P_1 的偏角值 δ_1，定出 P_1 点的方向，自 ZY 点沿视线方向用钢尺量取弦长 c_1，标定 P_1 点。

② 转动照准部，使水平度盘读数为 δ_2，自 P_1 点量取水平长度 c_0 与视线方向相交定出 P_2 点。同法，可定出曲线上其他各点。

③ 测设至 YZ 点，以作为检核。闭合差限差为半径方向 $\pm 0.1\text{m}$，切线方向 $\pm L/1000$（L 为曲线长度）。

4. 注意事项

① 应在实习前将全部测设数据计算出来，并且要两人独立计算，加强校核，以防算错。

② 为了方便，可绘制测设草图，将测设的数据全部标定在草图相应的位置。

③ 曲线细部点的测设是在主点测设的基础上进行的，因此测设主点时要十分细心。

实验十四　纵断面图测绘

1. 目的与要求

掌握用水准仪进行纵断面测量和绘制纵断面图的方法。

2. 仪器工具

每组 DS_3 水准仪 1 套（含三脚架），水准尺 1 对，尺垫 1 对，记录板 1 块，皮尺 1 把，木桩若干个，榔头 1 把。

3. 方法与步骤要点

① 中平测量。

场地选择　在适当区域选择一长约 200～300m 的线路，间隔 20m 打桩，在线路方向变化处和坡度变化处加桩，用皮尺量距，依次给出各桩的桩号并标注。在线路两端附近给定已知水准点。

观测　在两已知水准点间沿所定线路选择一些转点进行水准测量。选择一适当位置安置水准仪，后视 $BM.01$（已知水准点），前视 ZD_1（转点），间视该测段内各中桩的水准尺，记录各次读数。第 1 站观测后，将水准仪搬至第 2 站，后视 ZD_1，前视 ZD_2（转点），间视该测段内各中桩的水准尺，记录各次读数，完成第 2 站的观测。用同样方法向前测量，直到附合到水准点 $BM.02$。

检核　计算各站前后视的高差及附合水准路线的观测高差。允许闭合差为 $f_{h允}=\pm 50\sqrt{L}$ (mm)，L 为水准路线长度，单位：km。

② 绘制断面图。

选择恰当的里程和高程的比例尺；依照图 11-17 所示在毫米方格纸上绘制纵断面图；按要求填写有关数据和说明文字。

4. 注意事项

① 中平测量时，先观测转点，后观测中间点（中桩），水准尺应立在紧靠中桩的地面上，读数至厘米。

② 中平测量闭合差检核时，中间点的高差不参与检核。

③ 纵断面图上的高程比例尺一般比水平距离比例尺大 10 倍或 20 倍。

实验十五　建筑物轴线放样

1. 目的与要求

掌握建筑物轴线测设的基本方法。

2. 仪器工具

经纬仪（含脚架），标杆，钢尺 1 把，木桩和小铁钉若干个，榔头 1 把，记录板 1 块。

3. 方法与步骤要点

① 实验前由教师将控制点和轴线交点的坐标提供给各实验小组，各组应按极坐标法放样的要求，用坐标反算公式计算出放样数据。

② 在测量控制点上安置经纬仪，根据放样数据，按测设已知水平角和水平距离的方法定出各轴线交点，将建筑物轴线测设到地面上。

③ 对已测设的建筑物轴线边长、角度进行检核。边长相对误差应小于 1/3000，角度误差应小于 $1'$。

4. 注意事项

① 放样定向时，测站到定向点的距离应尽可能的远大于测站到放样点的距离，以减少定向误差的影响。

② 加强对放样数据计算和测设过程的检核，严防出错。

参考文献

[1] 测绘学名词审定委员会. 测绘学名词. 第2版. 北京：科学出版社，2002.

[2] 宁津生，刘经南，陈俊勇等. 测绘学概论. 武汉：武汉大学出版社，2004.

[3] 宁津生，刘经南，陈俊勇等. 现代大地测量理论与技术. 武汉：武汉大学出版社，2006.

[4] 胡明城. 现代大地测量学的理论及其应用. 北京：测绘出版社，2003.

[5] 胡明城，鲁福. 现代大地测量学：上册. 北京：测绘出版社，1993.

[6] 潘正风，杨正尧，程效军等. 数字测图原理与方法. 武汉：武汉大学出版社，2004.

[7] 管泽霖，管铮，翟国君. 海面地形与高程基准. 北京：测绘出版社，1996.

[8] 武汉测绘科技大学《测量学》编写组. 测量学. 北京：测绘出版社，1996.

[9] 孔祥元，郭际明，刘宗泉. 大地测量学基础. 武汉：武汉大学出版社，2006.

[10] 武汉大学测绘学院测量平差学科组. 误差理论与测量平差基础. 武汉：武汉大学出版社，2003.

[11] 徐绍铨，张华海，杨志强等. GPS测量原理及应用. 修订版. 武汉：武汉大学出版社，2003 .

[12] 李征航，黄劲松. GPS测量与数据处理. 武汉：武汉大学出版社，2005.

[13] 魏二虎，黄劲松. GPS测量操作与数据处理. 武汉：武汉大学出版社，2004 .

[14] 李德仁，周月琴，金为铣. 摄影测量与遥感概论. 北京：测绘出版社，2001.

[15] 张正禄等. 工程测量学. 武汉：武汉大学出版社，2005.

[16] 李志林，朱庆. 数字高程模型. 武汉：武汉测绘科技大学出版社，2000.

[17] 叶晓明，凌 模. 全站仪原理误差. 武汉：武汉大学出版社，2004.

[18] 詹长根、唐祥云、刘丽. 地籍测量学. 第2版. 武汉：武汉大学出版社，2005.

[19] 顾孝烈、鲍峰、程效军. 测量学. 第3版. 上海：同济大学出版社，2006.

[20] 马耀峰等. 地图学原理. 北京：科学出版社，2004.

[21] 毋河海. 地图数据库系统. 北京：测绘出版社，1991.

[22] 张希黔，黄声享，姚刚. GPS在建筑施工中的应用. 北京：中国建筑工业出版社，2003.

[23] 余学祥，徐绍铨，吕伟才. GPS变形监测数据处理自动化. 徐州：中国矿业大学出版社，2004.

[24] 邹永廉等. 土木工程测量. 北京：高等教育出版社，2004 .

[25] 覃辉，唐平英，余代俊. 土木工程测量. 第2版. 上海：同济大学出版社，2005.

[26] 胡伍生、潘庆林. 土木工程测量. 第3版. 南京：东南大学出版社，2007.

[27] 林文介，文鸿雁，程朋根. 测绘工程学. 广州：华南理工大学出版社，2003.

[28] 王侬，过静珺. 现代普通测量学. 北京：清华大学出版社，2001.

[29] 过静珺. 土木工程测量. 武汉：武汉理工大学出版社，2000.

[30] 翟翊等. 现代测量学. 北京：解放军出版社，2003.

[31] 刘玉珠. 土木工程测量. 广州：华南理工大学出版社，2001.

[32] 张坤宜等. 交通土木工程测量. 武汉：武汉大学出版社，2003.

[33] 文孔越等. 土木工程测量. 北京：北京工业大学出版社，2002.

[34] 杨俊，赵西安. 土木工程测量. 北京：科学出版社，2003.

[35] 陈丽华等. 土木工程测量. 第2版. 杭州：浙江大学出版社，2002.

[36] 陈丽华等. 建筑工程测量. 杭州：浙江科学技术出版社，2001.

[37] 梁盛智. 测量学. 重庆：重庆大学出版社，2002.

[38] 城市测量规范（CJJ 8—99）. 北京：中国建筑工业出版社，1999.

[39] 工程测量规范（GB 50026—2007）. 北京：中国计划出版社，2008.

[40] 国家一、二等水准测量规范（GB 12897—2006）. 北京：中国标准出版社，2006.

[41] 国家三、四等水准测量规范（GB 12898—91）. 北京：中国标准出版社，1992.

[42] 全球定位系统（GPS）测量规范（GB/T 18314—2001）. 北京：中国标准出版社，2001.

[43] 全球定位系统城市测量技术规程（CJJ 73—97）. 北京：中国建筑工业出版社，1997.

[44] 国家基本比例尺地形图分幅和编号（GB/T 13989—92）. 北京：中国标准出版社，1993.

[45] 国家基本比例尺地图图式 第1部分：1∶500 1∶1000 1∶2000 地形图图式（GB/T 20257. 1—2007）. 北京：中国标准出版社，2008.

[46] 1∶500 1∶1000 1∶2000 外业数字测图技术规程（GB/T 14912—2005）. 北京：中国标准出版社，2005.

参考文献